中国水利教育协会
高等学校水利类专业教学指导委员会　　共同组织

全国水利行业“十三五”规划教材（普通高等教育）

水资源规划及管理

主　编　梅亚东
参　编　高仕春　付　湘　艾学山
　　　　万　飚　董前进

中国水利水电出版社
www.waterpub.com.cn
·北京·

内 容 提 要

本书比较系统地阐述了水资源规划及管理的基本原理和方法。全书共分 11 章，第 1 章为绪论；第 2 章为水资源评价，包括水资源量评价、质量评价及综合评价；第 3～5 章为需水预测、供水预测及水资源配置；第 6～9 章为水资源工程规划，包括城镇给水规划、灌溉规划、河流水电规划及防洪与排水规划；第 10 章为水资源节约与保护；第 11 章为水资源管理。注意吸收我国水资源领域的新成果和与我国技术规范标准相衔接是本书的特点。

本书可作为水文与水资源工程、水利水电工程等专业的专业课教学用书，亦可供从事水资源评价、规划、设计及管理的技术管理人员参考。

图书在版编目（CIP）数据

水资源规划及管理 / 梅亚东主编. -- 北京 : 中国水利水电出版社, 2017.8(2023.12重印)
全国水利行业“十三五”规划教材. 普通高等教育
ISBN 978-7-5170-5639-3

Ⅰ. ①水… Ⅱ. ①梅… Ⅲ. ①水资源管理－高等学校－教材 Ⅳ. ①TV213.4

中国版本图书馆CIP数据核字(2017)第208922号

书　名	全国水利行业“十三五”规划教材（普通高等教育） **水资源规划及管理** SHUIZIYUAN GUIHUA JI GUANLI
作　者	主　编　梅亚东 参　编　高仕春　付　湘　艾学山　万　飚　董前进
出版发行	中国水利水电出版社 （北京市海淀区玉渊潭南路 1 号 D 座　100038） 网址：www.waterpub.com.cn E－mail：sales@mwr.gov.cn 电话：(010) 68545888（营销中心）
经　售	北京科水图书销售有限公司 电话：(010) 68545874、63202643 全国各地新华书店和相关出版物销售网点
排　版	中国水利水电出版社微机排版中心
印　刷	北京印匠彩色印刷有限公司
规　格	184mm×260mm　16 开本　16.75 印张　397 千字
版　次	2017 年 8 月第 1 版　2023 年 12 月第 2 次印刷
印　数	4001—6000 册
定　价	**49.00** 元

前言

水资源对于人类社会发展的支撑作用不言而喻。随着人口的不断增加和经济规模的快速扩张，在中国和世界许多国家水问题越来越突出，水资源开发、利用与保护面临着越来越复杂的局面。例如，在水资源开发中如何平衡河道内用水与河道外用水关系？如何更有效地配置水资源，以实现经济、社会、环境多重目标？如何按照人们对水的需求，恰当地选择水工程规模？如何利用水价、水权及信息技术提高水资源管理效率等。在研究和解决面临的水资源问题过程中，促进了水资源规划及管理的理论与方法的发展。

本书作为本科教材，旨在较系统地介绍水资源规划及管理的基本原理、基本方法和基本内容、工作步骤，同时吸纳水资源领域的不断涌现的新成果，尤其是改革开放40多年来我国在水资源规划管理领域取得的理论方法创新成果，反映了我国在习近平生态文明思想的指导下，贯彻人与自然和谐共生理念的治水实践和所取得的举世瞩目新成就，以增加教学内容的时效性、先进性，并注意介绍我国现行规范标准，突出我国水利水电事业在世界上的领先地位和引领作用。

本书共分11章。第1章为绪论，论述了水资源功能、特性，扼要介绍了水资源规划及管理概念、基本内容；第2章为水资源评价，主要介绍区域水资源量评价，水资源量可利用量概念，水资源质量评价及水资源综合评价；第3章为需水预测，介绍经济社会需水和生态环境需水预测的内容及方法，为水资源配置提供基本依据；第4章为供水预测，介绍蓄水工程、引水工程及提水工程的可供水量计算原理和区域供水量计算方法；第5章为水资源配置，着重介绍水资源配置的基本概念和基于系统模拟、系统优化和博弈论的三种配置方法；第6～8章分别介绍城镇给水规划、灌溉规划及河流水电规划的原理与方法；第9章介绍防洪规划、城市雨水排水规划和农田排水规划的原理与方法。第6～9章主要是进一步阐释水需求与水资源工程规模之间的关系；第10章介绍水资源节约与保护内容，重点是介绍用水评价指标和用水定额的编制；第11章重点介绍我国水资源管理的基本制度、水价管理、水权管理及水资源管理信息系统等内容。不同学校的专业可根据课程教学要求和课时数，选用相应的教学内容。为便于掌握学习，各章附有思考题。

武汉大学自2002年起即在水文与水资源工程专业开设“水资源规划及管理”课程，并编写了相应的讲义。10多年来，根据教学实践，并结合水资源领域的新发展，不断补充完善教学内容，最终形成了本书。全书主要编写人员如下：艾学山参与编写第2章、第10章；董前进参与编写第8章；万飚参与编写第7章、第11章；付湘参与编写第5章；高仕春参与编写第3章、第4章，并协助统稿工作；梅亚东编写绪论、第6章、第9章，并负责全书修改定稿。

在本书编写过程中，参考了有关教材、著作和论文，其中部分主要的参考文献已列于书后。在此编者谨向所有原作者表示衷心感谢。由于水资源领域的研究仍处于迅速发展中，加上编者学识有限，书中错误之处在所难免，欢迎读者指正。

编者

2017年3月28日

目 录

第1章 绪　　论

1.1 水资源及其特性

1.1.1 水资源的涵义

水是地球上分布最广泛的物质之一。地球表面积约 $5.1\times10^8 km^2$，其中 70.8%被海洋覆盖。海洋是地球上最大的储水处，地球总储水量约 $13.86\times10^8 km^3$，海洋储水量占全球总储水量的 96.54%，为 $13.38\times10^8 km^3$，而作为人类主要活动地的陆地，其储水量约 $0.48\times10^8 km^3$，仅占全球总储水量的 3.46%。地球上第二大的储水处是以固体形式储存水的冰川及永久冰盖，总储水量约 $0.24\times10^8 km^3$，地下水（重力水）总储水量约 $0.23\times10^8 km^3$，是第三大贮水处。其他储水处还包括湖泊、河流、沼泽和土壤水、大气水、生物水等，总储水量占全球总储水量的 0.015%。

地球上的水以气态、液态和固态三种形式存在于空中、地表和地下。在太阳辐射和地球引力的推动下，地球表层的水在一个既没有起点亦没有终点的循环中不断运动或改变存在的模式。例如，通过降水、蒸发、渗透、表面的流动和地下流动等，水可由一个地方移动到另一个地方。而水由一个地方移动至另一个地方所需的时间可以秒作单位，也可以是以数千年计。地球上各类储水处由于其储存条件的差异，水的平均停留时间有很大的不同。例如，水在蒸发或蒸腾后及凝结或降水前，会存于大气层中大约 10 日。又如水会通过蒸发、蒸腾、河水的流动和地下水的补充离开土壤，土壤水平均停留时间为 1～2 个月。河流水平均停留时间为 2～6 个月，湖泊水为 50～100 年，浅层地下水为 100～200 年，深层地下水在离开前可于地底停留超过 1 万年。总的来说，在各类储水处中，以大气水、土壤水和河川水最为活跃。

从广义上说，地球表层的全部水对人类都有着直接或间接的利用价值，都可以称为水资源。《大不列颠百科全书》（网络版，2015 年）将水资源解释为：地球上任何天然水体，无论其是气态、液态还是固态，都对人类具有潜在的用途，都是水资源。这一解释为“水资源”赋予十分广泛的涵义。实际上，资源的本质体现在其“可利用性”。不能为人类所利用的不能称为资源。就目前的技术、经济条件而言，对含盐量高的海水，除极少量作为冷却水外，很难直接作为居民饮用水和工农业生产用水。而分布在极地和高山、高原的冰川和冰帽，以及埋藏在地下较大深度的地下水，目前也无法进行大规模的开发和利用。

联合国教科文组织（UNESCO）和世界气象组织（WMO）共同制定的《水资源评价活动——国家评价手册》（1988 年）中，将水资源定义为：“水资源是指可资利用或有可能被利用的水源，这一水源具有足够的数量和可用的质量，并能在某一地点为满足某种用途而可被利用”。这个定义在突出水资源的可利用性同时，强调应有足够的数量和质量合格。

在《中国大百科全书》（水利卷）（1992年）中，水资源被定义为：自然界各种形态（气态、液态和固态）的天然水，并将可供人类利用的水资源作为供评价的水资源。我国1980年进行的水资源评价和2002年进行水资源综合规划时，均定义为：水资源是指与人类生存与发展密切相关的、当前技术经济条件下可供人类直接利用的，能不断更新的天然淡水，其补给来源为大气降水。主要指地表水和浅层地下水。通常以淡水体的年补给量作为水资源的定量指标，如用河川径流量表示地表水资源，用含水层补给量表示地下水资源量。这一定义突出了水资源量的动态补给和更新，强调的是水资源利用的持续性，反映了可持续发展对水资源持久利用的要求。

以地表水和浅层地下水来定义水资源，实际上是比较狭义的，因为它并未包括蒸散发这部分水量。从水循环角度分析，全球陆地年平均降水量约为119000km^3，陆地蒸发量约为76350km^3，径流量约为42650km^3，通过森林、草地、湿地和雨养农田的蒸散返回大气的水量约占降水量的64%。对植物（或农作物）生长而言，蒸散发是必要的和有价值的。为此，20世纪90年代瑞典水文学家Falkenmark提出了“绿水”与“蓝水”概念。绿水（green water）是源于降水、存储于土壤并通过蒸发、蒸腾消耗掉的水资源，是看不见的地表蒸发和植物蒸腾的气态水，其中植物生长蒸腾的绿水是生产性绿水；蓝水（blue water）是看得见的地表径流和地下径流的液态水，就是通常所称的水资源。绿水具有极为重要的生态功能，它不仅为所有陆地植物提供生长的必备条件，而且调节着全球的气温和陆地的降水模式。显然，传统上对水资源的评价和开发利用多集中于可见的、能被人类直接利用的蓝水资源，而忽视绿水资源的评价、利用和管理，是不够全面的。

随着对水资源需求的增加和由于技术、经济条件变化，可被利用的水源类型也在不断扩大，特别在缺水地区，雨水、海水、微咸水及中水（再生水）正成为重要的补充水源。通常，雨水、中水（再生水）、微咸水、矿井水、海水等又称为非常规水资源（或非传统水资源），以区别于河川径流和地下水。在当代水资源日益短缺情势下，非常规水资源的利用与管理也越来越受到重视。

1.1.2 水资源的作用

水（化学式：H_2O）是由氢、氧两种元素组成的无机物，在常温常压下为无色无味的透明液体。在自然界，纯水是罕见的，水通常是含有酸、碱、盐等物质的溶液，习惯上仍然把这种水溶液称为水。水是地球上最常见的物质之一，是包括人类在内所有生命生存的重要资源，也是生物体最重要的组成部分。通常讲水是生命之源、生产之要和生态之基，或者水具有生态功能、环境功能和资源功能，都是对其重要作用的概括。除此之外，水还具有文化功能。

（1）生态功能。水对于生物极为重要，是所有生物体的重要组成部分，是不可替代的。正常生理条件下，体液在机体内流动、循环，把养料和废物分别运送到一定的部位。水又是一种优良的溶剂，它为生命提供了一个合适的介质环境，其中的pH值、离子种类和离子浓度决定着各种物理化学及生物化学过程和反应速度。水还是光合作用、葡萄糖酵解等多种重要反应的直接参加者。由于水可以通过蒸发而降低温度，因此水对于维持生物体温度的稳定起很大作用，如动物的汗液及植物的蒸腾作用。同样，生活在水中的有机体能得到水的保护，而不会因空气中温度的急遽变化而有致命的危险。在一个区域范围内，水是决定植被群落和生产力的关键因素之一，还可以决定动物群落的类型、动物行为等。

（2）环境功能。水具有调节气候作用。虽然大气中仅含全球水量的百万分之一，然而，大气和水之间的循环相互作用，确定了地球水循环运动，形成支持生物的气候。大气中的水汽能阻挡地球辐射量的60%，保护地球不致冷却。海洋和陆地水体在夏季能吸收和积累热量，使气温不致过高；在冬季则能缓慢地释放热量，使气温不致过低。雨雪等降水活动对气候形成有重要的影响。在温带季风性气候中，季风带来了丰富的水汽，形成明显的干湿两季。由于不同的气候条件，水还会以冰雹、雾、露水、霜等形态出现并影响气候和人类的活动。

水具有很好的溶解性和物质运输功能。水可以输送多种材料和营养物质。因此，水可以接纳、稀释和降解人类产生的废弃物，是环境净化器。但另一方面，水也可以把环境污染物输送、扩散到更远、更广泛的区域。此外，水是地表物质迁移的强大动力和主要载体，水侵蚀岩石土壤，挟带泥沙，冲淤河道，营造平原，改变地表形态。

（3）资源功能。水是人类生活的重要资源，在饮用、烹调、清洁、洗涤等方面的作用不可或缺。水是人类赖以生存的最基本的物质基础。江河、湖泊及海洋中丰富的水产资源是人类食物重要来源；没有水的灌溉，粮食就不能增产，农业生产就不能提供人口增长所需要的食物；工业产品制造、加工、冷却、空调、净化、洗涤等方面也离不开水。此外，水能资源的开发利用提供了巨大的清洁的成本低廉的电力，水运是重要运输手段。

在20世纪由于人口增长、工业发展及农业灌溉面积的扩大，导致全球淡水提取量和与水资源有关的基础设施急剧扩展。这期间，全球人口从16亿人增至60亿人；灌溉土地面积从约$5\times10^7hm^2$增至超过$2.5\times10^8hm^2$。同期全球淡水资源的提取量增加了近7倍。目前全球工业提取水量的比例约占30%，农业提取水量的比例约占60%，生活取水量约占10%。而且用水量结构处在不断变化中。水电作为技术最成熟、供应最稳定的可再生清洁能源，在全球能源供应中占有重要地位。2007年全球水电装机达到848.4GW，发电量3045TW·h/年，约占全球电力供应量的20%。根据国际大坝委员会的统计资料，中国水电所占比重为14%（2007年，按发电量计）。

（4）文化功能。水在神话、宗教、哲学、科学、文学、美术、体育等中都有所体现。在文明的早期，人们开始探讨世界各种事物的组成或者分类，水在其中扮演了重要角色。古代西方提出的四元素说中就有水；中国古代的五行学说中水代表了所有的液体，以及具有流动、润湿、阴柔性质的事物。《道德经》第八章以水比喻最高的道德标准：“上善若水。水善利万物而不争，处众人之所恶，故几于道。”

自然水体包括江河、湖泊、瀑布和泉溪等，形态万千，五光十色，能够引发人类的丰富想象，并激发人们的各种情致，启迪人们的道德价值认知。历代文人墨客，怡情山水，写出了许多经典诗篇，至今为人们所吟唱。水体还提供休闲娱乐功能，如划船、游泳、垂钓、漂流和沿岸露营、野餐等，这些活动既有强身健体的功用，又有休闲放松的作用，是人类娱乐生活的重要组成部分。

正是由于水资源的重要作用，我国将以水资源可持续利用支撑经济社会可持续发展作为我们国家水利发展战略目标。

1.1.3　水资源的特性

作为自然界的重要组成物质和最为活跃的环境控制因子，水资源具有不同于其他自然资源的性质。只有充分认识它的特性，才能合理、高效地利用。

（1）可再生性和有限性。水资源与其他矿产资源的本质区别在于其所具有的可再生性（或可更新性），水资源是在水循环中形成的一种动态资源。地表水和地下水在开发利用后，能够得到大气降水的补给，处在不断的开采、消耗与补给、恢复的循环之中，可以不断地供给人类利用和满足生态环境需要。因此，水循环的持久性赋予水资源可持续利用的特性。另一方面，由于不同水体的更新周期不一样，例如，平均而言河水更新一次需 2～6 个月，在一定时期内，不同水体的补给量是不同的和有限的。在估算水资源数量时，随统计时段长度的不同，水资源量也不同。为了防止因水资源过量利用而造成地表、地下水体枯竭，给生态环境带来严重的不良后果，水资源的开发利用应以参与水循环的动态水量为上限。一定时期内补给量的有限性决定了水资源可利用量是有限的。

（2）时空分布不均匀性。全球水资源的分布极不均匀，如大洋洲的径流模数为 51.0L/(s·km^2)，亚洲为 10.5L/(s·km^2)，澳大利亚仅为 1.3L/(s·km^2)。最高的和最低的相差数倍或数十倍。我国水资源在区域上也呈极不均匀分布，总体上表现为东南多，西北少；沿海多，内陆少；山区多，平原少。另外，由于降水的年际年内变化，地表水和地下水具有明显的时间变化不均匀性。对于局部区域而言，时空分布不均匀性可能更为突出。时空分布不均匀性给开发利用带来许多困难。为了满足各地区各部门的用水要求，必须修建蓄水、引水、提水和跨流域调水工程，在一定程度上对天然水资源进行时空再分配。即便如此，由于降水和径流的不确定性，水工程系统所提供的水量仍然是起伏变化的。特别是在极端情况下，提供的水量小于需要的水量（即缺水）仍然不可避免。

（3）用途广泛性与竞争性。水具有生态功能、环境功能、资源功能和文化功能。水的多重功能决定了其用途广泛性。城乡居民生活需要水；农业灌溉、工业生产需要水；水力发电、河流航运、水产养殖也需要水；为了保持河流自净能力、河流湖泊一定水面面积和水深，同样需要水。这些用途往往具有较强的竞争性。有时，通过水库调节，可以兼顾多用途目的，如一个水库可以防洪、灌溉、发电、满足城市供水，以及供人们休闲娱乐。但大多情况下，不可能满足全部用途。随着经济社会发展，在一些地区出现了用水冲突，即某些用户需水要求不能够满足的情况。如何使水资源利用更为合理，是长期要解决的问题。

（4）利、害两重性。人类既受益于水资源，亦受制于水资源，这是不争之事实。由于降水和径流时空分布不均匀，在干旱季节，常因为缺水而导致人畜饮水困难，农作物减产，经济受损。在一些地区或国家，由于人口激增和经济快速发展，水资源短缺更成为一种常态。2012 年世界水资源报告指出，日益增长的食品需求、快速城市化及气候变化给全球供水造成越来越大的压力。有报告称，到 2015 年，世界上 86%的发展中地区居民都可饮用安全水，但仍有近 10 亿人口不能获得这样的机会。即使在城市，不能饮用安全水的人口比例还在增加。报告指出，到 21 世纪中叶，世界食品需求将增加 70%，这将导致农业用水需求至少增加 19%。对于水资源稀少的地区来说，水已经超出生活资源的范围，而成为战略资源，由于水资源的稀有性，“水战争”爆发的可能性越来越高。另一方面，许多地区或国家在雨季常因降水过多和径流量过大，发生严重的洪涝灾害。这些都说明，水资源既可造福于人类，但也可因水量过多或过少，或利用不当，而危害人类。

除上述特性外，水资源还有一些其他特点。例如，单位重量水的价值往往较低，相对于现场利用的经济价值而言，运输与储存水的成本往往较高。因此，大规模的运输网络，适用于运送更有价值的液体（例如石油），而不太适合于运送水。又如水的流动性强，质量易变。水易于流动、蒸发、渗透和泄漏。一条特定的河流中的水，从上游到河口过程中，可能会为许多不同的用户所利用。完全被某个特定用户全部消耗的情况很少见的。上游用户的回归水可能不仅数量上减少，并且质量上变差，导致对下游用户利益的损害。因此，必须在整个流域范围统筹考虑水量水质问题。

1.2　水资源开发利用与保护

水资源开发一般指通过各种水工程和水管理措施对水资源进行调节控制和再分配，以满足人类生活、社会经济活动和环境对水资源竞争性需求的行为。水资源开发方式多种多样且不断发展，从早期用水车提水，开挖渠道输水，到近现代筑坝建库调蓄水量、利用水力发电及兴建跨流域长距离调水工程；从单一建筑物到建筑物群的开发，进而产生水工程系统的开发；从单独开发地表水、地下水到地表水和地下水联合开发。至 20 世纪中叶，水资源开发已趋向于多水源、多种工程技术措施进行全面综合开发。目前常见的水工程（或水资源工程）类型包括：为农作物灌溉而兴建的灌溉工程，为水力发电而建的水电工程，为防御地区洪水而建的防洪工程，为城镇供水而建的供水工程，为城市或农田排水而建的排水工程。此外还有为改善航运条件的通航（航道）工程，和近年来流行的为美化环境兴建的水景观工程等。

水资源利用通常指用水主体运用和使用已开发水资源的方式和方法的总和。人类社会和自然界用水主体繁多，用水方式多种多样。按取用水特点划分，水资源利用可分为河道内用水和河道外用水，河道内用水包括航运、水力发电、水产养殖、水上娱乐及河道内生态环境用水等。湖泊等水域利用也属于河道内用水。河道外用水，指从河道（或湖泊、水库等水体）取水在河道之外使用，包括城乡居民生活用水、工农业生产用水、生态环境用水等。根据用水过程水量消耗情况，又可分为消耗性用水和非消耗性用水两类，这里消耗性用水指水被使用后不能全部回流到天然水体这种情况，一般讲河道外用水几乎都是消耗性用水，典型的如农业灌溉，河道内用水则属于非消耗性用水。按照用水主体类型划分，传统上将用水分成生活用水、工业用水和农业用水三大类。进入 2000 年后，为突出生态环境用水，将用水分为生活、生产和生态环境用水三大类，其中各大类又进一步细分为若干小类。如生产用水分为第一产业（农业）、第二产业和第三产业用水。如果将人类生活、生产用水合称为社会经济用水的话，水资源利用可简单地分为两大类，即社会经济用水和生态环境（生态系统）用水。前者包括雨养农业、林业、牧场等利用的绿水和灌溉、工业、生活等利用的蓝水，人类通过用水活动，获取水量、水产品、农产品及能源等。后者包括与“绿水”相关的陆生生态系统用水和与“蓝水”相关的水生生态系统用水。由于水资源有限性，在一些地区某个时期社会经济用水和生态系统用水竞争激烈，最佳的用水方式是在经济社会用水和生态系统用水之间实现某种均衡。

由于用水主体对水的需求通常与天然水资源的时空分布不匹配，人们不得不通过水工程对天然水资源进行调控和再分配。因此，水资源利用与水资源开发常常联系在一起。

水资源保护是指为保护地表和地下水资源，防止水体污染、水源枯竭和水生态破坏，而采取一系列法律、行政、技术和经济措施。水域形态、水量、水质、水流动构成了水资源保护四大要素。农业、工业和城市用水不断增加，导致了有限的淡水资源更为紧张，有些地区出现水源枯竭，有些地区出现严重的水质恶化，水生态系统功能退化；在城市化过程中，湖泊、湿地消失、河道被侵占；一些地区过度开采地下水，导致地下水位下降，引发地面的坍塌和沉陷，地裂缝和海水入侵等环境问题，并形成地下水位降落漏斗。所有这些说明，我国水资源保护既有必要且十分紧迫。水资源保护不是以恢复或保持地表水、地下水天然状态为目的的活动，而是一种积极的、促进水资源开发利用更合理、更科学的活动。

人类开发利用水资源的历史十分悠久。远在公元前4000年以前，非洲尼罗河和西亚的两河流域已经出现了灌溉。中国大约在公元前2000年前后已经有了农田沟洫、水井、城市排水和舟楫。不过，早期由于技术限制，人类对水更多的是被动适应，是趋利避害。随着经济社会的发展和科学技术进步，水资源开发的目的和范围日趋扩大，而且追求多目标开发利用。进入20世纪60年代，由于人口剧增和经济快速发展，水资源短缺和水资源质量退化的问题在世界范围内已十分突出。到20世纪末，水的重要性已提高到关系国家安全的高度。水资源开发利用保护也进入了一个新的阶段，即追求可持续利用，更强调人水和谐，更加注意经济效益、社会效益和生态环境效益的协调。在可持续发展思想指导下，当前水资源开发利用保护出现了如下战略性的转变。

（1）更加重视生态环境。人类生存和发展离不开生态环境的支撑。如果人类过度掠夺水资源，使生态环境遭受到严重破坏，其后果最终还是由人类自身来承担。另一方面，人类的水资源开发利用活动如灌溉、建水库、调水等，和其他活动如农业、城市化等，也会带来复杂的环境效应，包括改变水循环路径、水文情势和水资源时空分布规律等。因此人们不得不从更广泛的范围考虑水资源问题，开发利用目标应由以往的强调经济发展逐步转移到水资源与经济、环境协调发展上。改变过去只强调最大限度获取天然水资源量，忽视水资源开发过程中可能引发的环境与生态灾害，更加重视水资源的合理分配与调度，均衡经济社会用水与生态系统用水。

（2）更加强调需求管理。经济社会发展是水资源开发利用与保护的强劲驱动力。传统的解决水资源供需问题的思路，都是先根据经济社会发展对水的需求，规划建设水工程，以保障水的正常供应。水的供应促进了经济社会的发展，反过来又提出新的水需求，又规划建设新的水工程。这种模式称为“以需定供”模式，显然这是一个正反馈过程。由于水资源有限性，“以需定供”不是一种可持续的模式。

由于水资源有限性和各地水资源条件的不同，当一个地区水资源开发利用接近其资源量上限时，经济社会发展需要水怎么办？这就需要“节流”，也就是通过节约用水，抑制需水过快增长；通过减少浪费，提高水的利用率；通过调整产业结构、转变经济发展方式，提高水的产出率。这种模式以区域水资源可利用量为限制，反推区域水资源需求量，所以称为“以供定需”模式。“以供定需”体现了适水发展的思路，能更好平衡生态环境用水与经济社会用水关系，达成人水和谐。

(3) 更加突出水资源可持续利用。我国人均水资源量不到世界平均水平的1/4，而且从全国范围看，水资源与耕地、人口分布不匹配，可以说是先天的水资源条件不足。另一方面，目前水资源浪费严重、用水效率低下、水污染严重，又进一步加剧了我国水资源紧张的局面。应该从国家安全、生存危机这样的高度，充分认识水资源可持续利用的紧迫性，实施水资源可持续利用管理。

所谓“可持续利用管理”，是指水的利用应能维持从现在到未来经济、环境和社会福利而不破坏水资源可持续性赖以存在的水文循环和生态系统的完整性。它要求水资源利用应维护水循环的完整性和生态系统的完整性，这样才能保证淡水源源不断；应高效利用水资源，节约用水；应在不同地区、不同社会群体及代际之间公平分配水资源。最终实现经济、社会、环境的协调发展。

1.3 水资源规划

对于人类社会而言，水资源是如此重要，以至于人们不仅要关注水资源及其利用的现状，而且更要关注水资源未来状况，并试图通过统筹谋划，来保障未来的水资源足以满足人类社会的需要。

所谓的水资源规划是指对区域（或流域）水资源开发、利用、保护的总体部署和实施安排。美国的古德曼认为：水资源规划就是在开发利用水资源的活动中，对水资源的开发目标及其功能在相互协调的前提下作出的总体安排。我国陈家琦教授认为：水资源规划是指在统一的方针、任务和目标的约束下，对有关水资源的评价、分配和供需平衡分析及对策，以及方案实施后可能对经济、社会和环境的影响方面而制定的总体安排。显然，按照陈的定义，水资源规划主要是解决水资源供需不平衡问题。广义的水资源规划则不仅包括水的开发利用，而且包括水灾害治理及水资源保护等内容。

根据规划的目的与要求的不同，水资源规划可分为宏观层次水资源规划和工程层次水资源规划。

1.3.1 宏观层次水资源规划

主要解决水资源与社会经济发展、生态环境保护相互协调问题。它以规划范围内经济、社会发展对水资源的需求为牵引，以资源、环境的承载能力为限度，通过对社会经济发展方向、规模、产业结构和资源环境数量、质量、分配、使用的过程分析，识别制约社会经济发展的环境、资源要素和搞清经济、社会与资源、环境协调发展的主要矛盾和解决途径，从而制定具有指导意义的水资源开发、利用和保护的目标、总体布局和实施方案。

例如，2002年我国开展的水资源综合规划，其任务是要在进一步查清我国水资源及其开发利用现状、分析和评价水资源承载能力的基础上，根据经济社会可持续发展和生态环境保护对水资源的要求，提出水资源合理开发、优化配置、高效利用、有效保护和综合治理的总体布局及实施方案，促进我国人口、资源、环境和经济的协调发展，以水资源的可持续利用支持经济社会的可持续发展。水资源综合规划包括以下主要内容。

(1) 水资源调查评价。搜集规划区域降水、蒸发、河流泥沙、河川径流、地下水、水质等多年实测资料，对资料进行可靠性、合理性及代表性审查，对区域地表和地下水资源数量、质量及其可利用量进行评价，并分析区域水资源年内、年际变化趋势和分区规律。

(2) 水资源开发利用调查评价。搜集区域社会经济、供水工程情况及供水量、用水量、废水排放量等资料，对区域供水、用水、耗水及排水进行分析，计算区域的综合用水指标、农业用水指标、工业用水指标和生活用水指标等，评价其用水水平、用水效率及其变化趋势，揭示水资源开发利用中存在的问题。

(3) 需水预测。根据区域社会经济和生态环境协调发展要求，在充分考虑当地水资源条件、供水可能、用水与节水水平、需水管理、水价及水市场因素对需求的调节作用基础上，分区分类对未来年份的需水进行预测。

(4) 节约用水。节水与供水、用水、耗水、排水等过程密切联系，是水资源配置过程中要考虑的重要环节。根据对当地水资源条件、经济社会发展状况、科学技术水平、水价等因素的综合分析，参考有关部门制定的相关节水标准与用水标准，确定各地区的分类用水定额、用水效率等指标及其适用范围。为需水预测和水资源配置提供不同节水力度的方案。

(5) 供水预测。以区域水资源开发利用现状为基础，以当地水资源开发利用潜力分析为控制条件，通过技术经济综合比较，制定不同的水资源开发利用模式（方案），并进行未来年份可供水量预测，为水资源供需分析与合理配置提供比选方案。

(6) 水资源保护。根据区域水资源保护总目标，以水功能区划为基础，根据不同类型水功能区的水质目标和纳污能力，确定相应的陆域及入河污染物排放总量控制目标。根据污染物排放控制量或削减量目标，拟定相应的防治对策措施。

(7) 水资源配置。以统筹考虑区域水量和水质的供需分析为基础，将流域水循环和水资源利用的供、用、调、耗、排水过程紧密联系，按照公平、高效和可持续利用的原则，合理确定不同水源在不同分区不同用水主体之间的分配方案，分析各分区不同类型用水主体需水得到满足的程度。

(8) 总体布局与实施方案。根据水资源条件和合理配置结果，提出调整经济布局和产业结构的建议，提出水资源调配体系的总体格局，制定合理抑制需求、有效增加供水、积极保护生态环境的综合措施及其实施方案，并对实施效果进行预估、评价。

图1.1所示为水资源综合规划主要内容及其之间的关系。

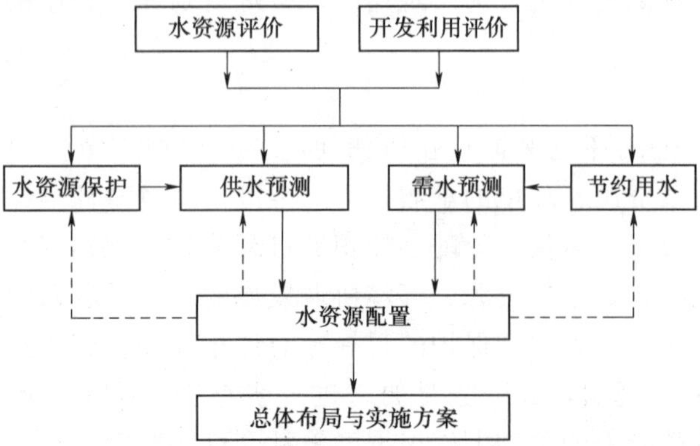

图1.1　水资源综合规划主要内容及相互联系

1.3.2 工程层次水资源规划

工程层次水资源规划以水资源工程为对象，也称为水资源工程规划。这里，水资源工程是指在江河、湖泊和地下水源上开发、利用、控制、调配和保护水资源的各类工程，包括通常所说的灌溉工程、供水工程、防洪工程、发电工程、排水（涝）工程、水景观工程等。对于专业性水资源规划，例如防洪除涝规划、农业灌溉规划、水能规划、城市供水规划等，一般也是以工程为主线，亦可归于工程层次水资源规划。工程层次的水资源规划一般是在宏观层次规划指导下进行，并构成宏观层次规划的组成部分。

在水资源调查评价的基础上，水资源工程规划主要研究解决以下4个方面问题。

（1）需求问题。在区域范围内，经济社会发展对水的需求应该是综合性的全方位的，包括水资源的开发利用（如城镇供水、农业灌溉、水力发电、航运等）、水灾害治理（如防洪、排涝等）及水资源保护。通过工程来满足上述需求是目前常见的选择。具体到某一个水资源工程，可能仅面对一项需求，例如提水泵站仅承担供水任务，也可能面对多项需求，例如水库通常具有多重用途，既有防洪作用，又有供水或发电任务。如果一个水资源工程承担多项任务，该工程就称为综合利用工程。因此，明确工程要承担的任务是规划或设计首先要考虑的。

其次，应明确需求量及需求应满足的程度。例如城镇供水规划，规划水平年需水量和最高日最高时流量就是重要的与需求有关的参数。因为前者与水源的水量分配有关，后者与供水管网规模有关。

众所周知，降水和径流具有随机性，所以水资源工程未来的来水量具有随机性。受其影响，在工程规模一定的情况下，工程供水量也有大有小，具有某种不确定性。如果要求需求量100%保证得到满足，则必然导致工程规模过大，从投入成本和收益比较角度，可能并不经济。这就涉及需求满足程度问题。

所谓保证率是指水资源工程在多年期间能使规定的任务要求得到满足的程度，以百分数计。例如某工程供水保证率为75%，即表示该工程就长期平均而言，100年中有75年可保证正常供水，而不是每100年中一定能（或只能）有75年保证正常供水。水资源规划中对各项任务要求一般都要选定一个设计保证率作为规划标准，并据以决定工程的规模。灌溉、供水、发电、航运等均属对水资源的利用，其保证率是以通过工程措施能满足有关用水要求不受破坏的概率表示。防洪、排水等属于对水灾害的控制，其保证率多以通过工程措施可使防护对象不受洪、涝危害的某一重现期的洪水或暴雨表示。

设计保证率的选定是国家在一定时期中技术政策和经济政策的具体体现。从理论上讲，各项任务的设计保证率都要在规划中根据其重要性、特点，结合国家或地区的经济状况和有关工程的自然条件，通过技术经济论证最终选定。但由于涉及的因素太多太复杂，一般情况下，当规划水平年距基准年不远时，可依据有关规程规范确定。如果规划水平年较远（20～30年），则要预计到经济社会发展和技术进步，对设计保证率或设计标准进行专门论证。

（2）工程布局与规模。满足需求的措施通常分为两类：①工程措施；②非工程措施。工程措施就是通过新建（或扩建、改建）工程，扩大供给能力，满足需求。这就涉及工程的布局、规模等问题。例如，为解决某个灌区的灌溉用水，确定从灌区邻近河流取水灌溉，取水有几种方案待选，如无坝引水、低坝引水、泵站提水等，相应的取水建筑物型式、尺寸，输水渠道布置、断面尺寸也要进行方案比选。这些都是规划设计阶段要研究解决的问题。

水资源工程一般可分为两类：①增益型，即工程建成投入运行后，有产出从而带来经济效益的，如供水工程、灌溉工程、水电工程等；②减灾型，也就是工程投运后，没有直接产出，但可以减轻灾害损失。最典型的就是防洪工程、排涝工程。对于减灾型工程，灾害损失的减少就是其经济效益。一般而言，在一定经济社会水平和技术条件下，随着工程规模的增加，其效益是边际递减的，而工程投资与运行费用则是边际递增的。按照经济学原理，当边际效益等于边际成本时，相应的规模就是最优的规划设计规模，如图1.2所示。

(3) 工程建设顺序。水资源开发利用常涉及为数众多的工程，规划实施完成的年限有的长达几十年，最典型的例子就是梯级水电开发。在漫长的规划实施过程中，哪个工程先建、哪个工程后建，就存在经济上优选问题。具体到某个工程而言，假设需求随时间变化的函数关系已给定，如果工程过早投入，可导致供给能力大于需求量，造成部分供给能力空闲，也就是产生投资积压。如果工程投入过晚，又会造成供给不能满足需求要求，带来短缺损失，那么恰当的投入时机在哪里？因此，确定工程建设顺序，在适当的时机投入合适的工程，也是规划设计应回答的问题。如图1.3所示，斜实线表示某区域需水量变化，虚阶梯线表示供水量落后需水量情形，实阶梯线表示供水量超前需水量的情形。供水量突变点即为供水工程投运时刻。

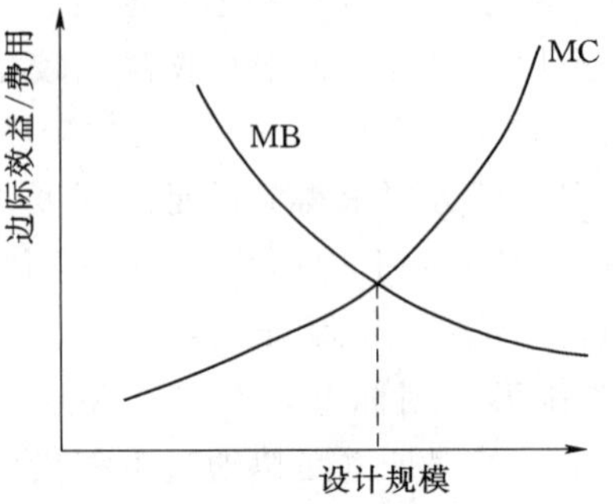

图1.2 确定最优设计规模的示意图

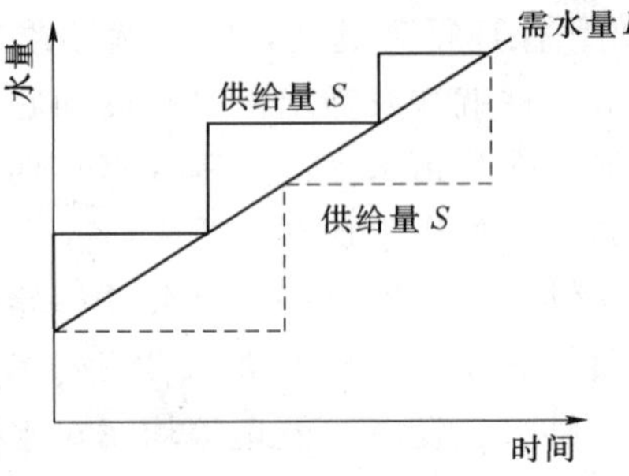

图1.3 确定工程建设顺序的示意图

(4) 工程运行方式。工程的效益和费用是进行工程布局、规模及投入时机等决策的经济依据。而任何水资源工程的效益和费用，尤其是效益，都与其运行方式有密切关系。例如，发电站的多年平均发电量、保证出力都与水库调度方式有关。对于综合利用水库，由于其承担不同的任务（例如防洪和发电），水库调度运行方式不仅关系到整体效益大小，还涉及不同部门之间利益的分配协调。因此，在规划设计阶段中，必须对工程建成后的运行方式进行比较选择。

1.3.3 分区、水平年及代表年

(1) 分区。水资源规划的空间范围，从行政区域角度，既可以是县、地区（或市），也可以是省（直辖市、自治区）乃至全国；从水系角度，可以是长江、黄河、淮河这样的

大流域，也可以是江河的一级、二级乃至三级、四级支流。总之，规划的范围从数百平方千米，到数万、几十万平方千米不等。范围越大，区域内的地理、气候、水资源条件及经济社会差异性可能越显著。为了准确把握研究区域内各地水资源及其开发利用的特点和规律，真实反映区域空间变化特性，并通过系统地分析，因地制宜提出规划区域水资源问题解决方案，一般应分区进行水资源评价和规划。

分区首先应保持流域及主要水系的完整性，以利于对流域、水系、水资源量和水资源利用进行分析。考虑到我国目前经济社会指标和水资源供需状况均以行政区为单元统计，分区应兼顾行政区划的完整性。同时分区要满足和协调各项专业规划的基本要求，应重视自然地理包括气候、地形、地貌等条件，应参照1980年以来制定的水资源评价分区和水资源开发利用分区，以利于成果之间的比较。

根据上述原则，2002年全国水资源综合规划将全国共划分为10个水资源一级区，80个二级区，214个三级区。一级区保持大江大河的整体性，采用中国水资源评价的Ⅰ级区，分别是松花江、辽河、海河、黄河、淮河、长江、东南诸河、珠江、西南诸河、西北诸河。二级区以保持水系的完整性为原则，并参照中国水资源利用分区的Ⅱ级区适当调整，其中，西北诸河二级区最多，共14个，海河二级区最少，仅4个，长江划分12个二级区。三级区及以下分区除考虑流域水系因素外，还要兼顾水资源供需系统及行政区域等因素。

根据水资源评价、规划与管理的目的，还有其他水资源分区方法，如地下水评价分区就是根据区域地形、地貌特征划分的。在进行灌溉规划时，则按骨干供水工程设施的供水范围分区。

(2) 水平年。水平年指的是水资源开发利用达到一定水平的年份。由于满足人类社会需求是水资源规划的出发点，而需求在经济社会发展驱动下不断变化的，表现为时间的函数。也就是说，未来不同年份，需求量（水平）是不同的。因此规划要求选择现状年、基准年和规划水平年进行规划分析。现状年宜选取近期资料较完整又具代表性的某一年份，如2002年全国水资源综合规划就选取2000年为现状年（实际年）。基准年是一个参考年，它与现状年不同。仍以2002年全国水资源综合规划为例，基准年确定为2000年，它以现状年实际用水量为基础，分析出不同年型（频率 $P=50\%$、75%或95%）的用水需求量、可供水量及缺水量，以此作为规划方案比较的基准。规划水平年包括近期水平年、中期水平年和远期水平年，一般以距现状年以后5～10年为近期水平年，以距现状年以后20～30年为中、远期水平年。

以水资源综合规划为例，针对不同规划水平年（近期、中期和远期）经济发展水平进行需水量预测，按照供水工程规划方案，预测不同保证率下的可供水量，制定不同水源的水量在不同分区不同用水主体之间的分配方案，确定各分区不同用水主体可得到的供水量及缺水量，从而获得规划范围内不同水平年水资源供需平衡状况。对于具体水资源工程而言，在规划（或设计）水平年需求明确后，则可进一步确定工程规模及其特征值。

(3) 代表年。由于未来年份的水资源状况是不确定的，规划中一般选取代表性年份（又称年型）进行计算分析。代表性年份应根据区域供用特点，结合降水、来水和用水（尤其是用水高峰期）的年内水量分配，从降水系列或来水系列或缺水系列中选择确定。

对水资源配置而言，基准年和规划水平年应分别研究平水年、一般干旱年和特枯水年的水资源供需状况，平水年应选频率 $P=50\%$ 的年份；中等干旱年应选频率 $P=75\%$ 的年份，特枯水年应选频率 $P=95\%$（或 $P=90\%$）的年份。但在有些地区，由于水资源条件限制，可只研究部分年型水资源供需状况。例如在黄河流域，往往只针对平水年进行分析。另外应指出，这里频率可以是降水、来水或用水频率。

各代表年水资源量的年内分配和空间分配，一般选用实际年份作为典型年，比照典型年的年内分配和空间分配确定。这样较便于处理各分区同一代表年的供、需水量的组合问题，也便于规划成果的逐年汇总。

1.4 水资源管理

为了高效率地保障人类生活和经济发展的水需求，运用法律、行政、经济、技术等手段对水资源的开发、利用和保护进行相关的计划、组织、协调、监督和调度控制，就是水资源管理。由于水资源的基础性、战略性和准公共性，政府理所当然的是水资源管理的主体。此外，各类企业、单位、组织和个人也应参与水资源管理，是水资源管理主体的组成部分。特别是，在我国建设资源节约型（节水型）社会过程中，需要政府主导下全社会的共同努力。如果仅限于政府作为管理主体，或者限于水行政主管部门施行的水资源管理，可称为狭义的水资源管理。

水资源管理手段包括法律、行政、经济、技术等手段，与现时的社会经济技术环境关系密切。在我国，全国人民代表大会及其常委会先后颁布了《中华人民共和国水法》《中华人民共和国水污染防治法》《中华人民共和国防洪法》《中华人民共和国水土保持法》，国务院及水行政主管部门制定了有关法令、法规和条例、行政规章，各省（直辖市、自治区）人民代表大会及其常委会、各省（直辖市、自治区）人民政府也相应制定了一系列地方性法规和规章，建立了多层次、较为完善的水政策法规体系，确立了水资源管理的基本制度。在管理体制方面，《中华人民共和国水法》规定："国家对水资源实行流域管理与行政区域管理相结合的管理体制。国务院水行政主管部门负责全国水资源的统一管理和监督工作"。"国务院有关部门按照职责分工，负责水资源开发、利用、节约和保护的有关工作"。

在经济手段方面，确立了水资源取水许可制度和有偿使用制度，排污收费制度等。同时，国家还出台了城市居民生活用水阶梯式水价制度、非居民用户两部制水价制度、工农业生产用水超额累进加价制度等，开展了水权交易、排污权交易及水市场的探索与实践。

在技术手段方面，包括水资源监测与预报、取水与排水监测，水量分配和调度监控，管理信息系统建设等方面，新技术、新方法不断投入使用，促进了我国水资源管理水平的提高。同时，颁布实施了大批涵盖勘测、规划、设计、施工、运行等环节的技术规程规范，形成了我国水利技术标准体系。

1.5 本课程任务及教材主要内容

水资源规划及管理是水文与水资源工程专业的专业必修课，也是水利水电工程、农业水利工程等专业的重要专业课。该课程的目的是使学生在学习了“水力学”“水文学”、“水文水利计算”或“水利水电规划”等专业基础课程后，通过本课程的学习，掌握水资源规划及管理的一般原理、主要内容、基本方法和工作步骤，具有综合运用所学知识和现代工具进行水资源评价、规划、设计的能力，具有水资源系统分析、决策和初步研究的能力，并在分析和解决水资源问题过程中能够综合考虑经济、环境、法律、伦理、道德等影响因素。同时通过本课程的学习，了解水资源规划及管理的现状和发展趋势，培养解决面临水资源问题的创新意识和团队合作精神。

本教材除绪论外，还包括以下四部分内容：第一部分是水资源评价，主要介绍区域地表水资源、地下水资源和水资源总量评价，水资源量可利用量概念，水资源质量评价及水资源综合评价。第二部分是水资源配置，它包括需水预测、供水预测及水资源配置 3 章。其中第 3 章需水预测，介绍经济社会需水和生态环境需水预测的内容及方法，为水资源配置提供基本依据。第 4 章供水预测，介绍蓄水工程、引水工程及提水工程的可供水量计算原理和区域供水量计算方法。第 5 章水资源配置，在供水、需水预测基础上，着重介绍水资源配置的基本概念和基于系统模拟、系统优化和博弈论的三种配置方法。第三部分是水资源工程规划，包括第 6 章、第 7 章、第 8 章和第 9 章，其中第 6 章、第 7 章和第 8 章分别介绍城镇给水规划、灌溉规划及河流水电规划的一般原理与方法，第 9 章介绍防洪规划、城市雨水排水规划和农田排水规划的基本内容。第四部分是水资源管理，包括第 10 章、第 11 章。第 10 章介绍水资源节约与保护内容，重点是用水评价指标和用水定额的编制，第 11 章扼要介绍水资源管理的基本制度、水价管理、水权管理及水资源管理信息化等内容。

上述内容中，水资源工程规划，主要是想进一步阐释水需求与水资源工程规模之间的关系。各专业可根据课程教学要求和课时数，选用相应内容。

思　考　题

1. 试比较分析各种水资源定义的异同。

2. 为什么说“以水资源可持续利用支撑经济社会可持续发展”？依据是什么？

3. 为什么说“水资源是不可替代的、稀缺的自然资源”？

4. 除 1.1.3 提到的特性外，水资源（或水）还有哪些特性？

5. 试分析水资源综合规划各部分内容之间的关系。

6. 工程层次的水资源规划主要解决哪些问题？

7. 为什么水资源规划中首先要确定设计保证率（或设计标准）？如何确定设计保证率？

8. 水资源规划中为什么要分区？分区时主要考虑哪些因素？

9. 基准年和实际年的主要不同之处在哪里？为什么要进行基准年水资源供需分析？

10. 为什么要选取代表年进行水资源配置分析？如何选取代表年？

第2章 水资源评价

水资源评价是指对某区域（或流域）水资源的数量、质量、时空分布特征、开发利用条件、开发利用现状和供需发展趋势作出的分析评估。无论是规划设计一个水资源工程，还是进行区域（或流域）水资源规划和调配，首先要搞清楚的是该区域的水资源状况、利用现状及开发潜力等，如果这些基本情况都不掌握，后续的规划设计根本无从谈起。所以说，水资源评价是合理开发利用和保护水资源的基础工作，也是水资源规划和管理的前提。

水资源评价包括水资源数量评价、水资源质量评价、水资源利用评价及综合评价等。水资源数量评价涉及水汽输送、降水、蒸发、地表水资源、地下水资源及水资源总量、水资源可利用量等方面内容。根据用水要求和水体的物理、化学和生物性质对水体的质量作出评价，以判别水资源的适用性，是水资源质量评价要回答的问题。水资源利用评价及综合评价则主要关注评价区域内供用水状况、用水效率及水资源开发利用对环境的影响，遵循水资源可持续利用原则，对评价区域内水资源时空分布特征、开发利用状况及与经济社会发展的协调程度作出综合评价。

当评价区域范围较大时，为了揭示评价区域内各地的水资源状况差异，水资源评价一般应分区进行，通常按水资源分区或行政分区进行。

2.1 水资源量的概念

从水循环概念可知，在一定时期内，一个区域（或流域）同时存在着大气降水、地表水、土壤水、地下水及蒸发等多种类型的水，而且它们之间还存在着相互转化关系，形成了区域（或流域）水循环系统。图2.1概化地表示了区域水循环系统主要组分之间的转化关系。

对于任意时段，根据水量平衡原理，可建立如下区域水量平衡方程：

$$P=W_{out}-W_{in}+E\pm\Delta S \tag{2.1}$$

式中：P 为评价区域降水量；W_{out} 为区域流出水量；W_{in} 为区域外来水量（或入境水量）；E 为区域实际蒸发量；$\pm\Delta S$ 为区域蓄变量（包括地表水体、土壤水、地下水存量的变化）。

其中

$$W_{out}=R+Q_g=R_s+R_g+Q_g \tag{2.2}$$

$$E=E_s+E_g \tag{2.3}$$

式中：R 为河川径流量，它等于地表径流量 R_s 与河川基流量 R_g 之和；Q_g 为地下潜流量；

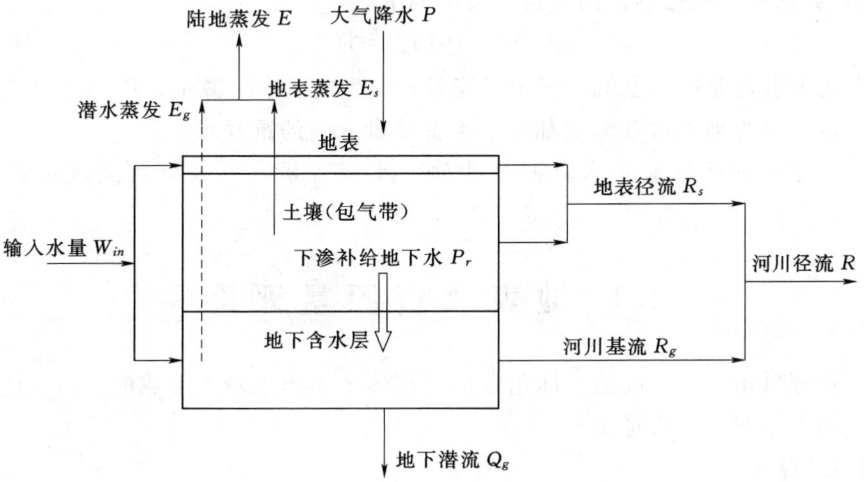

图 2.1 区域水循环系统组分间转化关系

E_s 为地表蒸发量，包括填洼与植物截留损失、地表水体蒸发、土壤表面蒸发、植被蒸腾量等；E_g 为潜水蒸发量。

从而有：

$$P=R_s+R_g+Q_g+E_s+E_g-W_{in}\pm\Delta S \tag{2.4}$$

式（2.4）表达了区域水循环系统主要组分之间关系，是水资源数量评价的基本方程。在此基础上，根据评价区域的特点和要求的不同，可建立各种特定的水量平衡方程。

（1）在多年平均（或称均衡）情况下，认为 $\pm\Delta S\approx0$，也就是区域蓄变量通常在评价中不考虑。

（2）如果评价区域是闭合性流域的话，$W_{in}\approx0$，则本区域降水量 P 是其他水量组分的唯一补给源。

（3）如果 $W_{in}>0$，则 R_s、R_g、Q_g、E_s、E_g 等水量组分中，均可能包含入境水资源量。

由于地表蒸发量 E_s，在目前条件下，尚不能全部为人们所利用，因此将区域水资源总量（W）定义为当地降水量（P）扣除目前尚不能利用的地表蒸发量（E_s）。则对闭合性流域均衡情况下，有：

$$W=P-E_s=R_s+R_g+E_g+Q_g=R+E_g+Q_g \tag{2.5}$$

同样，针对地表和包气带列出水量平衡方程，有：

$$W=R_s+P_r=R+P_r-R_g \tag{2.6}$$

式中：W 为水资源总量；P_r 为地下水的降水下渗补给量。

式（2.5）将潜水蒸发量 E_g 作为资源量，是因为潜水蒸发量可以通过地下水的科学开采而夺取的。在未能夺取潜水蒸发之前，$E_g=0$，河川径流量和地下潜流量即为区域水资源总量。

式（2.5）和式（2.6）是将地表水和地下水统一考虑的区域水资源总量计算的两种表达式。但其中，包含有不易观测确定的量。因此，在水资源评价中，不是通过式（2.5）

或式（2.6）计算水资源总量，而是直接采用如下公式计算：

$$W=R+G-D \tag{2.7}$$

式中：R 为地表水资源量，也就是河川径流量；G 为地下水资源量，以地下水总排泄量或总补给量表示；D 为地表水资源量和地下水资源量之间的重复水量。

因此，通过分别评价地表水资源量和地下水资源量，可获得对区域水资源总量的评价。

2.2 地表水资源量评价

地表水资源量指河流、湖泊、冰川等地表水体中由当地降水形成的、可以逐年更新的动态水量，用天然河川径流量表示。

2.2.1 河川径流量

根据有无实测径流资料，分别采用不同的方法计算区域河川径流量，即地表水资源量。

对于站网完整、有较长实测径流资料的区域，采用代表站法计算年河川径流量。

根据评价区域内气候条件和下垫面情况，可将评价区域划分为 N 个分区。各分区选择一个位置适中的水文站作为控制站，控制站的年径流量已知，则一般根据面积比计算各分区年径流量，求和得到评价区域年径流量，计算式为

$$R=\sum_{i=1}^{N}R_i\frac{F_{c,i}}{F_i} \tag{2.8}$$

式中：R 为评价区域年径流量；R_i 为区域内第 i 个分区控制站的年径流量；$F_{c,i}$ 为区域内第 i 个分区的集水面积；F_i 为区域内第 i 个分区控制站的集水面积。

如果分区控制站上下游降水量（以 mm 计）相差较大，可按上下游面平均降水量和相应面积乘积之比计算控制站下游年径流量，上、下游的年径流量相加获得分区的年径流量。则评价区域年径流量为

$$R=\sum_{i=1}^{N}R_{u,i}\left(1+\frac{P_{d,i}F_{d,i}}{P_{u,i}F_{u,i}}\right) \tag{2.9}$$

式中：$R_{u,i}$ 为第 i 分区控制站以上的同一年径流量；$F_{u,i}$ 和 $F_{d,i}$ 为第 i 分区控制站以上及以下的面积，km^2；$P_{u,i}$ 和 $P_{d,i}$ 为第 i 分区控制站以上及以下同一年的面平均降水量，mm；R 意义同前。

将各控制站逐年年径流量（和年降水量）代入式（2.8）或式（2.9），得到区域逐年年径流量系列。

当评价区域缺乏实测径流资料，或者虽有短期实测资料但无法展延时，可采用蒸发扣减法、水文比拟法及参数等值法等方法推求河川径流量。

例如，长江和太湖流域下游平原河网地区，地面低洼，人类活动频繁，河流纵横，流向不定，一般很难找到集水面积比较清晰的单一断面，实测径流资料缺乏。可通过研究区域降水量和蒸发量，采用蒸发扣减法进行径流量计算。

根据式（2.5），不考虑区域蓄水量变化和地下潜流量，并忽略 W_{in} 的影响，有

$$R=P-E \tag{2.10}$$

式中：R 为区域河川径流量；P 为区域降水量；E 为区域蒸发量，mm。

将区域下垫面划分为城镇、水田、旱地、水面等类型，根据不同下垫面资料，用年（月）降水量减去各自的年（月）蒸发量可得不同类型下垫面上产流量，累加得到计算区域年（月）总径流量。

$$R=(P-E_w)F_w+(P-E_r)F_r+(P-E_l)F_l+\alpha_c PF_c \tag{2.11}$$

式中：F_w、F_r、F_l、F_c 分别为区域内水面面积、水稻田面积、旱地面积和城镇面积；E_w、E_r、E_l 分别为区域内水面蒸发量、水稻田蒸发量和旱地蒸发量；α_c 为城镇面积综合径流系数；R、P 意义同前。

这种途径的关键是估算水田、旱地和水面的蒸发量。其中，水田、旱地的蒸发可用经验公式计算，水面蒸发一般可用实测蒸发资料换算。

水文比拟法就是将参证流域的水文资料移置到研究区域的一种方法。具体方法有：直接移置径流深；在移置年或月径流深时，考虑雨量修正；移置参证流域的年降雨径流相关图；移置参证流域的降雨径流模型及其参数。

参数等值法主要是根据多年平均年径流深等值线、年径流量变差系数 C_v 及代表年的月流量分配比，推求评价区域多年平均径流量、设计年径流量及其年内分配。

水文比拟法和参数等值法可参阅“水文分析计算”教材。

2.2.2 径流量系列的一致性改正

应用数理方法进行水文统计分析计算的前提是要求统计系列具有一致性。即要求组成系列的每个资料具有同一成因。不同成因的资料不得作为一个统计系列。

降水、暴雨系列因受人为因素影响较小，一般满足一致性要求。径流、洪水系列则不尽然。为了满足一致性要求，径流、洪水计算应采用天然径流系列。当径流、洪水受人类活动较小或影响因素稳定时，径流、洪水形成条件基本一致时，径流计算也可采用实测系列。当人类活动影响显著时，应进行资料系列一致性改正。

资料一致性改正是将资料改正到同一基础。它可分为还原改正和还现改正。随着生产发展和各类水利工程的兴建、水土保持措施的实施，人们从河道内取水供河道外使用的规模越来越大，相应的耗水量也越来越大，水文站实测径流已不能很好地代表天然状况下径流。为了获得相应断面的天然径流量，需要将测站以上受地表水开发利用活动影响而增减的水量进行还原改正。

还原计算只考虑了通过水利工程取用水量对天然径流量的影响。但是由于人类其他剧烈活动如土地利用方式改变，而对区域径流量的影响日益显现。因此，为保持天然径流量系列的一致性，还必须消除下垫面条件变化对径流的影响。通常作法是将以前的天然径流量换算到近期下垫面条件下的天然径流量，称为还现改正。通过还原和还现改正后，得到具有一致性且能反映近期下垫面条件的天然年径流系列，以此作为水资源规划和管理的依据。

一致性改正的主要方法有降雨径流模式法和分项还原法。

(1) 降雨径流模式法。一般可分为多元回归分析法和产流模式法。

降雨径流关系十分复杂，它与流域内许多水文、气象因子有关。假定通过资料分析，建立的降雨径流关系如下：

$$R=a_0+a_1P+a_2P_u+a_3T+\cdots \tag{2.12}$$

式中：R 为年径流量；P 为年降水量；P_u 为上一年 10—12 月阶段降水量；T 为年平均气温；a_0、a_1、a_2…为待定系数。

当公式的系数确定后，便可以通过各年降水、气温等资料，推求相应的径流量。当采用人类活动影响以前的降水、气温、径流资料率定 a_0、a_1、a_2…，然后用人类活动影响以后的降水、气温资料，通过式（2.12）推求径流量，称为还原改正。反过来，当采用近期的（人类活动影响以后的）资料率定 a_0、a_1、a_2…，然后用早期的（人类活动影响以前的）降水、气温推求相应的径流量，称为还现改正。

产流模式法又称参数分析法。该法首先按照研究流域的产流方式和影响产流的主要因素，初步拟定一个符合流域特征的，包含若干参数的产流模式。然后利用实测降雨、径流资料调整模式的结构及率定有关参数。这个以降水为输入、径流为输出的产流模式一经确定，即可通过各年降水资料推求相应的径流量。产流模式法同样既可用于还原改正，也可用于还现改正，关键是参数率定时所采用的资料。

多元回归分析法和产流模式法适应于研究流域的径流受人类活动多种措施的影响，难以逐项定量计算分析情形。

图 2.2 为某流域 1956—2000 年面平均年降水量 P 与年径流深 R 的关系图。从年降水-径流相关图上看出，在同量级降水条件下，20 世纪 50 年代、60 年代大多数点据位于右边，80 年代、90 年代大多数点据位于左边，表明年径流量呈衰减态势。

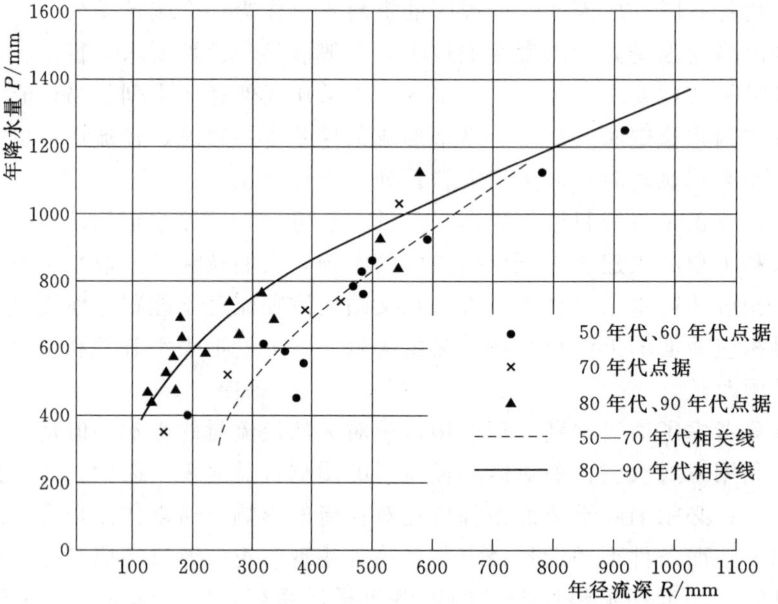

图 2.2 某流域年降水 P-年径流深 R 相关图

将 45 年系列划分为 1956—1979 年和 1980—2000 年两个年段，分别通过点群中心绘制其年降水-径流关系曲线。右边虚线代表 50—70 年代的年降水径流关系，左边实线代表 80—90 年代的年降水径流关系，两根曲线之间的横坐标距离即为年径流改正值。

为了将1956—1979年径流系列改正到近期下垫面条件下系列，只需根据1956—1979年各年降水量，在实线上读取相应的年径流深即可。

(2) 分项还原法。该法逐项考虑人们取水、耗水对河川径流量的影响。还原水量包括农业灌溉、工业和生活用水的耗损量、蓄水工程的蓄水变量、河道分洪决口水量、跨流域引入、引出水量及水土保持措施影响水量等项目，可以逐年、逐月（旬）进行。

还原计算时段内，天然径流量的计算公式为

$$W_n = W_g + W_a + W_i + W_l \pm W_d \pm W_f \pm W_r \pm W_s \pm W_o \tag{2.13}$$

式中：W_n 为还原后的天然径流量；W_g 为水文站实测径流量；W_a 为农业灌溉耗损量；W_i 为工业用水耗损量；W_l 为城镇生活用水耗损量；W_d 为跨流域（或跨区间）引水量，引出为正，引入为负；W_f 为河道分洪决口水量，分出为正，分入为负；W_r 为大中型水库蓄水变量，增加为正，减少为负；W_s 为水保措施对径流的影响水量，增加为正，减少为负；W_o 为包括水面蒸发增损量、水库渗漏量、城市化、地下水开发对径流的影响水量等。

1）农业灌溉耗损量是指农田、林果、草场引水灌溉过程中，因蒸发消耗和渗漏损失掉而不能回归到河流的水量。灌溉耗损量大，可按下式计算：

$$W_a = WG_a(1-\beta_a) \tag{2.14}$$

式中：WG_a 为灌溉渠首取水总量；β_a 为灌溉水回归系数。

2）工业用水和城镇生活用水的耗损量包括用户消耗水量和输排水损失量，为取水量与入河废污水量之差。可按下式计算：

$$W_i = WG_i(1-\beta_i) \tag{2.15}$$

式中：WG_i 为工业或生活取用的地表水量；β_i 为工业或生活用水回归系数。

3）蓄水工程的蓄水变量，按计算时段初末的水库蓄水量增量确定还原水量 W_r。

4）跨流域引水量一般应根据实测流量资料逐年逐月进行统计。河道分洪决口水量在个别大水年份发生，可根据上、下游站和分洪口门的实测流量资料，蓄滞洪区水位、水位容积曲线及洪水调查等资料，用水量平衡法进行估算。式（2.13）其他各项也可按相应方法计算。

2.2.3 地表水资源量

以上获得的评价区域天然年径流量系列，就是区域地表水资源量系列。据此可以对评价区域地表水资源量多年变化特征和变化趋势进行分析，譬如，用矩法计算区域年地表水资源量统计特征值，用适线法绘制区域年地表水资源量频率曲线，并求得不同频率代表年的区域地表水资源量。进一步，可获得区域地表水资源量的年内逐月分配过程。

2.3 地下水资源量评价

赋存于地面以下岩（土）层空隙中的各种不同形式的水，统称为地下水。狭义上的地下水是指地下水面以下饱水带（饱和含水层）中的水。根据含水层中地下水承压与否，将地下水划分为潜水和承压水两类。浅层地下水系指埋藏相对较浅，包括与当地大气降水、地表水体有直接补排关系、具有自由水位的潜水和与当地潜水具有较密切水力联系的弱承压水；深层承压水系指埋藏相对较深，且与当地浅层地下水水力联系微弱的地下水。地下水资源调查和评价的对象是与大气降水和地表水体有直接水力联系的浅层地下水，评价的地下水资源数量是指地下水中参与现代水循环且可以更新的动态水量，而且一般仅评价矿化度小于2g/L的多年平均淡水量。

根据地下水补给、径流、排泄的一般规律，结合生活生产对地下水的要求和不同的供水目的，地下水资源评价可分为区域性地下水资源评价和地下水供水水源评价，两者的评价内容和精度要求有所不同。其中，区域性地下水资源评价是指在较大的范围内进行大面积的评价工作，评价区至少涉及一个流域或一个水文地质单元。这种评价的目的主要是为合理开发利用水资源提供依据。

2.3.1 地下水的补给与排泄

（1）补给。含水层或含水系统自外界获得水量的过程称为补给。通过补给，含水层或含水系统从外界获得水量，通过径流过程将水由补给处输送到排泄处，然后向外界排出。正是这种补给、径流和排泄的不间断进行，构成了地下水的循环。

地下水的补给量主要包括降水入渗、地表水体入渗、地下径流进入、隔水层越流补给量和人工回灌量等。

1）降水入渗补给量。降水渗入土壤后，在重力作用下补给地下水的水量称为降水入渗补给量，可采用降水入渗补给系数法计算。降水入渗补给系数为降水入渗补给地下水的量与降水总量的比值，其值大小目前主要根据地下水动态观测资料分析确定。

2）地表水体入渗补给量。主要包括：河道渗漏补给量、库塘渗漏补给量、渠系渗漏补给量和灌溉入渗补给量。

当河水位高于两岸地下水水位时，河水渗漏补给地下水的水量称为河道渗漏补给量。通过对河水与地下水的补排关系分析，确定出河水补给地下水的河段，采用水文分析法、地下水动力学法和渗漏模型法等方法计算河道渗漏补给量。

当水库、湖泊、塘堰蓄水的水位高于岸边地下水位时，水库等水体对地下水进行渗漏补给。计算方法有剖面法、水量平衡法。

一般灌溉渠道水位均高于地下水位，故渠水一般总是补给地下水。渠系渗漏补给量一般采用渠系渗漏补给系数法计算。即渠系渗漏补给量等于渠首引水量乘以渠系渗漏补给系数。

灌溉水进入田间后入渗补给地下水的水量，可分为旱地、水稻田旱作期及水稻田灌溉入渗补给量等。旱地及水稻田旱作期一般以田间入渗系数乘以进入田间的水量计算。水稻田灌溉入渗补给量可通过水稻田稳定入渗率及稳渗历时计算。对于井灌回归补给量，一般用地下水实际开采量乘以井灌回归系数求得。

3）人工回灌补给量。指通过井孔、河渠、坑塘或田面，人为地将地表水灌入地下，补给浅层地下水的水量，可采用调查成果计算。

4）地下径流补给量。包括山前侧向补给量、河床潜流量和隔水层越流补给量。这三项对平原区是补给量，对山丘区是排泄量。

山丘区地下水通过裂隙、断层、溶洞以潜流或潜水出露形式直接补给平原区的水量为山前侧向补给量。一般可实地测量或按达西公式计算。

河床潜流量是指由松散沉积物组成的水文测验断面的河床，其沉积物较厚需估算河床以下的潜流量。从湘鄂两省的勘测结果看，潜流量占河川径流量的比例都少于1%，所以在南方地区，可以忽略不计。

隔水层越流补给量。松散沉积物含水层之间的黏性土层，并不完全隔水，而具有微透水性。具有一定水头差的相邻含水层，通过弱透水层发生的渗透，称为越流。

(2) 排泄。含水层或含水系统失去水量的过程，就是地下水的排泄。其排泄方式有点状排泄（泉）、线状排泄（向河流泄流）及面状排泄（蒸发）三种。在排泄过程中，地下水的水量、水质及水位均相应地发生变化。其中蒸发排泄仅消耗水分，盐分仍留在地下水中，所以蒸发排泄强烈地区的地下水，水的矿化度比较高。排泄量包括潜水蒸发量、河道排泄量、侧向流出量、河床潜流量及地下水实际开采净消耗量等。

1) 潜水蒸发量。指在毛细管力作用下，通过包气带岩土向上运动造成的蒸发量（包括棵间蒸发量和被植物根系吸收造成的叶面蒸散发量两部分），采用潜水蒸发系数法或经验公式法计算，如前苏联阿维里扬诺夫经验公式：

$$E_g = E_o\left(1-\frac{\Delta}{\Delta_o}\right)^n \tag{2.16}$$

式中：E_g 为潜水蒸发量；E_o 为水面蒸发量；Δ、Δ_o 分别为时段平均地下水埋深和潜水蒸发量趋于零时的地下水埋深；n 为与土层岩性、地表植被等有关的经验参数。

2) 河道排泄量（河川基流量）。当河水位低于两岸地下水位时，地下水向河道排泄形成河道排泄量，可采用地下水动力学法和基流分割法计算。

3) 实际开采净消耗量。通过调查分析得出。

4) 地下潜流量，包括山前侧向流出量、河床潜流量和隔水层越流量。此项仅限山丘区。

对于一个评价区域（或含水层）来说，各项补给量的总和称为总补给量，各项排泄量的总和称为总排泄量。在任一时段内的总补给量和总排泄量之差，恒等于该区域地下水储存量的变化量。据此可建立如下水平衡方程式：

$$Q_b - Q_x = \Delta S \tag{2.17}$$

式中：Q_b 为评价区计算期的地下水总补给量；Q_x 为评价区计算期的地下水总排泄量；ΔS 为评价区计算期的储存量的变化量。

从多年平均来看，评价区内总补给量和总排泄量是接近相等的，即处于动平衡状态下。所以有

$$Q_b = Q_x \tag{2.18}$$

以多年平均的总补给量或总排泄量来评价地下水资源量，这种方法称为水均衡法。

2.3.2 地下水资源量评价

为正确计算和评价地下水资源，根据区域地形地貌特征，将评价区域划分为山丘区、平原区及山丘平原混合区，分别采用不同的方法计算。

(1) 山丘区地下水资源量。山丘区包括一般山丘区和岩溶山区，补给源为降水。由于直接估算入渗补给量有困难，根据补排平衡原则，可以通过水文测验成果分析得到的各种排泄量求出地下水资源量。

开采条件下的山丘区地下水资源量计算公式如下：

$$G_m = R_{gm} + E_{gm} + Q_{gm} + q_m \tag{2.19}$$

式中：G_m 为山丘区地下水资源量；R_{gm} 为河川基流量；E_{gm} 为潜水蒸发量；Q_{gm} 为地下潜流量；q_m 为地下水开采净消耗量。

Q_{gm}可进一步表达为

$$Q_{gm} = Q_{sm} + Q_u + Q_j \tag{2.20}$$

式中：Q_{sm}为山前侧向流出量；Q_u 为河床潜流量；Q_j 为未计入河川径流量的山前泉水出露量。

我国南方降水丰沛的山丘区，一般以 R_{gm} 代表地下水资源量，因为其他五项排泄量数值很小，通常可忽略不计。

在北方地区，山前侧向流出量 Q_{sm} 占的比重较大，不能忽略不计。故开采条件下地下水资源量又可表示为

$$G_m = R_{gm} + Q_{sm} + q_m \tag{2.21}$$

(2) 平原区地下水资源量。平原区包括一般沿江、沿湖、沿海平原和山间盆地平原两类。平原区处于山丘区下游，山丘区经由地表、地下进入平原区的水量（入境水量）都参与了平原区地下水的补给与排泄。

从补给项看，平原区地下水的主要来源有降水的入渗补给、地表水体的入渗补给、地下径流补给。由于河床潜流量和越流补给量较小，地下径流补给一般只考虑山前侧向补给量。

平原区总补给量 $G_{p,b}$ 为

$$G_{p,b} = Q_p + Q_s + Q_{sm} \tag{2.22}$$

式中：Q_p 为降水的入渗补给量；Q_s 为地表水体的入渗补给量；Q_{sm} 为山前侧向入境水量。

Q_s 可进一步分解为

$$Q_s = Q_r + Q_c + Q_i + Q_v + Q_l \tag{2.23}$$

式中：Q_r 为河道渗漏补给量；Q_c 为渠系渗漏补给量；Q_i 为灌溉入渗补给量；Q_v 为水库、湖泊等地表蓄水体的渗漏补给量；Q_l 为人工回灌补给量。

从排泄项看，平原区地下水的主要排泄有潜水蒸发、河道排泄、浅层地下水开采消耗及侧向流出、越流排泄，其中侧向流出量、越流排泄量较小，可忽略不计。所以平原区总排泄量 $G_{p,x}$ 为

$$G_{p,x} = E_{gp} + R_{gp} + q_p \tag{2.24}$$

式中：E_{gp} 为平原区潜水蒸发量，包括旱地和水田旱作期的潜水蒸发量；R_{gp} 为平原区河道排泄的水量（河川基流）；q_p 为平原区内开采消耗量。

平原区地下水资源量 G_p 以总补给量表示，则有

$$G_p = Q_p + Q_s + Q_{sm} \tag{2.25}$$

以总补给量或总排泄量表示的平原区地下水资源量，如图 2.3 所示。

式（2.25）中，平原区降水的入渗补给量 Q_p，与山丘区水量没有关系，是不重复量。山前侧向流入量 Q_{sm}，全部来自山丘区，是山丘区的地下水资源，是山丘区与平原区的重复量。地表水体的入渗补给量 Q_s，其水源由两部分组成，一部分来自上游山丘区，记为

$Q_{m,s}$，它是山丘区与平原区的重复量；另一部分来自平原区的河川径流，记为 $Q_{p,s}$，则有

$$Q_s = Q_{m,s} + Q_{p,s} \tag{2.26}$$

设平原区的 $Q_{p,s}$ 占水体补给量 Q_s 的比例为 θ_2，即有

$$Q_{p,s} = \theta_2 Q_s \tag{2.27}$$

$$Q_{m,s} = (1-\theta_2) Q_s \tag{2.28}$$

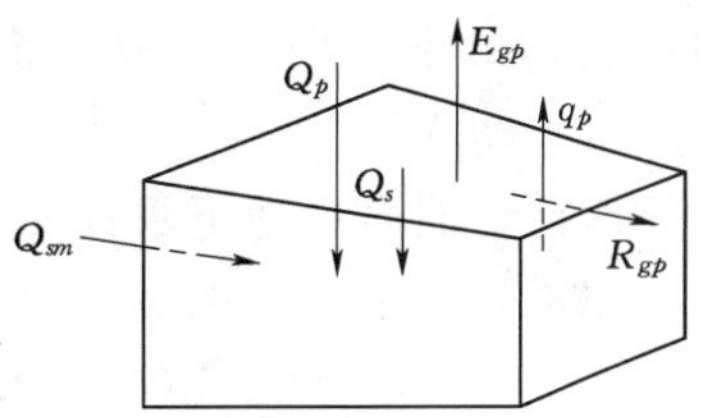

图 2.3 平原区地下水资源的补给项与排泄项

平原区降水形成的地下水资源量称为平原区区域地下水资源量，其计算的关键是从 G_p 中分出山丘区入境水量的补给量。根据上面分析，去掉山丘区侧向入境补给量 Q_{sm}，并去掉 Q_s 中来自山丘区的补给量 $Q_{m,s}$，获得平原区区域地下水资源量 G_{lp} 的计算公式：

$$G_{lp} = Q_p + \theta_2 Q_s \tag{2.29}$$

其中，θ_2 值可通过调查确定。在长江流域，成都平原和汉中平原 θ_2 为 0，洞庭湖平原 θ_2 最大，为 0.7，其他平原在 0.3 至 0.5 之间。

θ_2 亦可采用下式估算：

$$\theta_2 = \frac{R_{sp} + \varphi_2 R_{gp}}{R_m + R_p} = \frac{R_{sp} + \varphi_2 R_{gp}}{R_{Tp}} \tag{2.30}$$

式中：R_{Tp} 为平原区出口河川径流量，$R_{Tp} = R_m + R_p$，这里 R_m 表示山丘区河川径流量，R_p 表示平原区当地降水形成的河川径流量；R_{sp} 为平原区当地降水形成的地表径流量；R_{gp} 为平原区河川基流量，可通过分割基流或由总补给量减去潜水蒸发求得。

φ_2 表示平原区当地降水补给的河川基流量占平原区河川基流量的比例。这个比例等于相应地下水资源量（按补给量计算）之比。

$$\varphi_2 = \frac{Q_p + \theta_2 Q_s}{Q_p + Q_s + Q_{sm}} = \frac{Q_p + \theta_2 Q_s}{G_p} \tag{2.31}$$

联解式（2.30）和式（2.31），可获得 θ_2 的值。

$$\theta_2 = \frac{R_{sp} G_p + Q_p R_{gp}}{R_{Tp} G_p - Q_s R_{gp}} \tag{2.32}$$

（3）混合区地下水资源量。区域内存在两种地貌类型的评价区称为混合区，如上游为山丘区，下游为平原区。在计算混合区地下水资源量时，要扣除山丘区地下水与平原区地下水之间的重复量。

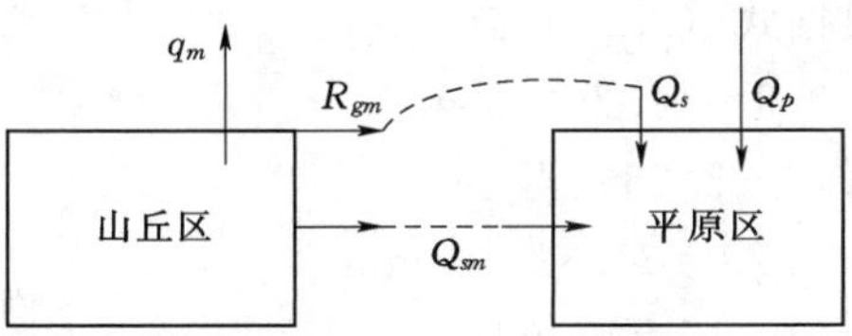

图 2.4 混合区内山丘区与平原区地下水之间联系

这个重复量由两部分组成：一是山前侧向进入平原区水量 Q_{sm}；二是山丘区河川基流量对平原区地下水的补给。注意的是这部分水量是来自山丘区河川基流，而不是山丘区河川径流，基流仅是河川径流的一部分。图 2.4 表示了混合区内山丘区与平原区地下水之间联系。

假定山丘区河川基流 R_{gm} 与山丘区河川径流 R_m 的比值定义为山丘区基流补给系数 K，则山丘区河川基流对平原区的地下水的补给量为 $K(1-\theta_2)Q_s$，从而，山丘区与平原区的地下水重复量为 $Q_{sm} + K(1-\theta_2)Q_s$。这是汛期

的算法。在非汛期，一般情况下，山丘区河川径流全部为基流，则 $K=1$，重复量为 $Q_{sm}+(1-\theta_2)Q_s$。

因此，混合区地下水资源量为

汛期：

$$\begin{aligned} G &= G_m + G_p - D_{gmp} \\ &= (R_{gm}+Q_{sm}+q_m)+(Q_p+Q_s+Q_{sm})-K(1-\theta_2)Q_s-Q_{sm} \\ &= (R_{gm}+Q_{sm}+q_m)+Q_p+[1-K(1-\theta_2)]Q_s \end{aligned} \tag{2.33}$$

非汛期：

$$G=R_{gm}+Q_{sm}+q_m+Q_p+\theta_2 Q_s \tag{2.34}$$

式中：G 为混合区（包括山丘区和平原区）地下水资源量；G_m 为山丘区地下水资源量；G_p 为平原区地下水资源量；D_{gmp} 为重复计算量；其他符号意义同前。

【例 2.1】 北方某地总面积 16800km^2，其中山区面积 10400km^2，平原面积 6400km^2。根据水资源调查评价初步成果，该地当地河川径流量 24 年（1956—1979 年）平均为23.6×10^{8}m^3，其中山区 16.2×10^{8}m^3，平原 7.4×10^{8}m^3。径流的年际年内变化剧烈，山区河流汛期径流量约占全年的 70%～80%，平原河川径流几乎全部集中在汛期，非汛期往往河干。山区河川基流量采用河川径流过程线分割计算，1956—1979 年平均为 7.1×10^{8}m^3，山前侧渗量采用断面渗流法（达西公式）计算每年为 3.29×10^{8}m^3，地下水开采净消耗量根据 1978 年开采量统计资料估算为 0.9×10^{8}m^3，山区潜水蒸发很少，忽略不计。平原区降水入渗补给量多年平均值为 10.95×10^{8}m^3，地表水体对地下水的补给量（河渠渗漏、灌溉回归）为 7.58×10^{8}m^3。有关数据列于表 2.1 和表 2.2。

表 2.1　　某地山丘区水资源量计算成果表　　单位：10^{8}m^3

计算面积/km^2	R_m	R_{sm}	R_{gm}	Q_{sm}	q_m	E_{gm}
10400	16.2	9.1	7.1	3.29	0.9	0

表 2.2　　某地平原区水资源量计算成果表　　单位：10^{8}m^3

计算面积/km^2	R_p	R_{sp}	R_{gp}	Q_p	Q_s	Q_{sm}
6400	7.4	6.1	1.3	10.95	7.58	3.29

解：

1）山丘区地下水资源量。以总排泄量估算，根据式（2.21）有

$$G_m=R_{gm}+Q_{sm}+q_m=7.1+3.29+0.9=11.29(10^8\,\mathrm{m}^3)$$

2）平原区地下水资源量。以总补给量估算，由式（2.25）得

$$G_p=Q_p+Q_s+Q_{sm}=10.95+7.58+3.29=21.82(10^8\,\mathrm{m}^3)$$

3）平原区区域地下水资源量，即当地降水产生的地下水资源量

首先根据式（2.32）计算修正系数 θ_2，其中

$$R_{Tp}=R_m+R_p=16.2+7.4=23.6(10^8\,\mathrm{m}^3)$$

$$\theta_2=0.292$$

根据式（2.29）计算平原区区域地下水资源量 G_{lp}：

$$G_{lp}=Q_p+\theta_2 Q_s=10.95+0.292\times 7.58=13.16(10^8\,\mathrm{m}^3)$$

4）混合区地下水资源量。一般应分汛期和非汛期分别计算。本例考虑到评价区域汛期径流量占河川径流量比重大，按汛期公式（2.33）计算混合区地下水资源量 G：

$$K=\frac{R_{gm}}{R_m}=\frac{7.1}{16.2}=0.4383$$

$$G=G_m+G_p-[Q_{sm}+K(1-\theta_2)Q_s]$$
$$=11.29+21.82-(3.29+0.31\times 7.58)=27.47(10^8\,\mathrm{m}^3)$$

2.4　水资源量评价

将评价区域地表水资源量和地下水资源量相加，扣除之间重复计算量，作为评价区域水资源总量。下面按山丘区、平原区和混合区分别介绍其计算方法。

2.4.1　山丘区水资源量

山丘区的地表水资源量为当地的河川径流量，地下水资源量以排泄量计算。地表水和地下水相互转化的重复量为河川基流量，山丘区水资源量按下式计算：

$$W_m=R_m+G_m-D_{rgm} \tag{2.35}$$

式中：W_m 为山丘区水资源量；R_m 为山丘区地表水资源量，即河川径流量；G_m 为山丘区地下水资源量；D_{rgm} 为地表水与地下水之间的重复计算水量。

比较 R_m 和 G_m 表达式，显然 $D_{rgm}=R_{gm}$，从而有

$$W_m=R_m+(R_{gm}+Q_{sm}+q_m)-R_{gm}=R_m+Q_{sm}+q_m \tag{2.36}$$

式中：各符号意义同前。

2.4.2　平原区水资源量

设平原区当地降水形成的地表水资源量为 R_p，地下水资源量为 G_p，两者重复计算量为 D_{rgp}，则平原区水资源量 W_p 为

$$W_p=R_p+G_p-D_{rgp} \tag{2.37}$$

其中，平原区地下水资源量 G_p 以总补给量计算，$G_p=Q_p+Q_s+Q_{sm}$。

在开发利用地下水较少的地区，特别是我国南方地区，Q_p 中有一部分要排入河道，成为平原区的河川基流，即地表水资源量（河川径流量）R_p 中包含有来自 Q_p 的水量，这部分水量 $Q_{p,g}$ 可由下式估算：

$$Q_{p,g}=\theta_1 Q_p \tag{2.38}$$

其中，θ_1 为降水入渗补给量转化为河川基流量的比例。θ_1 也可采用下式估算：

$$\theta_1=\frac{R_{gp}}{G_p} \tag{2.39}$$

式中：R_{gp} 为平原区河川基流量；G_p 为平原区总补给量。

另外，Q_s 亦由两部分组成，即来自上游山丘区的 $Q_{m,s}$ 和来自平原区的河川径流的 $Q_{p,s}$，其中 $Q_{p,s}$ 为重复量。

图 2.5 表示了平原区地表水（河川径流量）与地下水之间联系。

根据以上分析，平原区的河川径流与地下水资源的重复量为

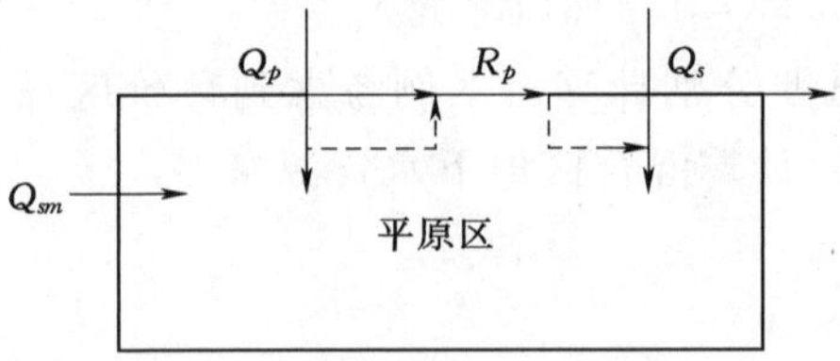

图 2.5 平原区地表水与地下水之间联系

$$D_{rgp}=Q_{p,g}+Q_{p,s}=\theta_1 Q_p+\theta_2 Q_s \tag{2.40}$$

将式(2.25)及式(2.40)代入式(2.37)，得到平原区水资源总量为

$$W_p=R_p+(1-\theta_1)Q_p+(1-\theta_2)Q_s+Q_{sm} \tag{2.41}$$

由此可见，平原区的水资源总量 W_p，系由平原区降水产生的河川径流 R_p，加上平原区降水的入渗补给量的一部分，再加上上游山丘区来水形成的地表水体补给量和上游山丘区的侧向流入量构成。

式(2.41)后两项实际上是来自上游山丘区的水量。因此，平原区降水形成的水资源量为

$$W_{lp}=R_p+(1-\theta_1)Q_p \tag{2.42}$$

2.4.3 混合区水资源量

多种地貌类型组成的混合区的水资源量计算有两种途径。一是划分类型区，用区域水资源量表达式直接计算。如将山丘区水资源量（W_m）［式（2.36）］和平原区降水形成的水资源总量（W_{lp}）［式（2.42）］直接相加，得到混合区水资源总量计算式：

$$W=(R_m+Q_{sm}+q_m)+R_p+(1-\theta_1)Q_p=R_{Tp}+Q_{sm}+q_m+(1-\theta_1)Q_p \tag{2.43}$$

二是在计算混合区地表水资源量和地下水补给量的基础上，将两者相加再扣除重复水量。

混合区重复水量 D 包括两部分：一是山丘区地下水资源与河川径流量间的重复计算量 D_{rgm}；二是平原区地下水资源与河川径流量间的重复计算量 D'_{rgp}，而 D'_{rgp} 又区分汛期与非汛期。故有

汛期：

$$D=R_{gm}+\{\theta_1 Q_p+[1-K(1-\theta_2)]Q_s\} \tag{2.44}$$

非汛期：

$$D=R_{gm}+\{\theta_1 Q_p+\theta_2 Q_s\} \tag{2.45}$$

因此，混合区水资源总量为

汛期：

$$\begin{aligned}W&=R_{Tp}+G-D\\&=R_{Tp}+(R_{gm}+Q_{sm}+q_m)+Q_p+[1-K(1-\theta_2)]Q_s\\&\quad-\{R_{gm}+\theta_1 Q_p+[1-K(1-\theta_2)]Q_s\}\\&=R_{Tp}+Q_{sm}+q_m+(1-\theta_1)Q_p\end{aligned} \tag{2.46}$$

非汛期：

$$\begin{aligned}W&=R_{Tp}+(R_{gm}+Q_{sm}+q_m)+Q_p+\theta_2 Q_s-\{R_{gm}+\theta_1 Q_p+\theta_2 Q_s\}\\&=R_{Tp}+Q_{sm}+q_m+(1-\theta_1)Q_p\end{aligned} \tag{2.47}$$

式（2.46）和式（2.47）中各符号意义同前。从水资源总量来看，虽然在汛期和非汛期的地下水资源量表达式不同，但水资源总量计算式是相同的。即区域（或流域）的水资源量是河川径流（R_{Tp}）、山前侧向流出量（Q_{sm}）、开采消耗量（q_m）和部分降水入渗量［$(1-\theta_1)Q_p$］的和。

【例 2.2】 根据表 2.1 和表 2.2，计算某地山丘区、平原区和全区的水资源量。

解： 山丘区的水资源量，按式（2.35）计算：

$$W_m = R_m + G_m - D_{rgm} = 16.2 + 11.29 - 7.1 = 20.39(10^8 m^3)$$

平原区的水资源量，按式（2.41）计算，其中

$$\theta_1 = \frac{R_{gp}}{G_p} = \frac{1.3}{21.82} = 0.06$$

$$\begin{aligned} W_p &= R_p + (1-\theta_1)Q_p + (1-\theta_2)Q_s + Q_{sm} \\ &= 7.4 + (1-0.06)\times 10.95 + (1-0.292)\times 7.58 + 3.29 \\ &= 26.35(10^8 m^3) \end{aligned}$$

全区的水资源量，按下式计算：

$$\begin{aligned} W &= R_{Tp} + Q_{sm} + q_m + (1-\theta_1)Q_p \\ &= 16.2 + 7.4 + 3.29 + 0.9 + (1-0.06)\times 10.95 \\ &= 38.08(10^8 m^3) \end{aligned}$$

为了反映长江流域各地水资源形成与转化条件的差别，根据地形、地貌和水文地质条件并结合水资源流域（水系）分区，长江流域共划分有 640 个地下水均衡计算区，其中，山丘区 339 个，平原区 301 个。对以 1980—2000 年为代表的近期下垫面条件下的多年平均年地下水资源量进行了评价。在各均衡区地下水资源量评价成果的基础上，确定了各水资源分区的地下水资源量（长江流域共划分 12 个二级区，45 个三级区）。表 2.3 为长江流域部分二级区的多年平均地下水资源量成果表。表 2.4 为长江流域部分二级区的地表、地下和水资源总量成果表。

表 2.3　长江流域部分二级区多年平均地下水资源量（矿化度≤2g/L）成果表

水资源二级区	山丘区			平原区						计算分区地下水资源量 $/10^8 m^3$
	计算面积 $/km^2$	地下水资源量 $/10^8 m^3$	其中：河川基流量 $/10^8 m^3$	计算面积 $/km^2$	地下水资源量 $/10^8 m^3$	降水入渗补给量 $/10^8 m^3$	山前侧向补给量 $/10^8 m^3$	地表水补给量 $/10^8 m^3$	其中：河川基流形成的补给量 $/10^8 m^3$	
乌江	87773	134.85	134.85							134.85
汉江	127380	124.16	122.49	21979	39.16	32.38	0.55	6.24	1.25	161.53
鄱阳湖水系	141875	338.99	338.99	17162	34.63	29.98		4.65	1.06	372.57
太湖水系	8719	13.91	13.91	19957	40.48	30.04		10.44	1.31	53.08

注　平原区计算面积为扣除了平原区内不透水面积。

表 2.4　长江流域部分二级区降水、地表、地下和水资源总量表

水资源二级区	面积 $/km^2$	降水总量 $/10^8 m^3$	地表水资源量 $/10^8 m^3$	地下水资源量 $/10^8 m^3$	水资源总量 $/10^8 m^3$	不重复量 $/10^8 m^3$
乌江	87773	1010	551.1	134.8	551.1	0
汉江	154804	1400	554.7	161.5	573.2	18.5
鄱阳湖水系	162065	2670	1513	372.6	1532.5	19.5
太湖水系	36895.7	434	161.5	53.1	177.4	15.9

2.4.4 不同频率代表年水资源量及水平衡分析

评价区域不同频率代表年的水资源量一般是根据逐年年水资源量系列，进行年水资源量的频率分析，绘制区域年水资源量频率曲线求得。

不同频率代表年的水资源量求出后，区域内次级分区（或计算单元）的年水资源量及水资源量的年内分配过程，均采用实际典型年同比缩放得出。缩放倍比为代表年区域水资源量与典型年区域年水资源量之比。

在获得区域多年平均水资源量及相关水文要素多年平均值后，通过计算各水文要素相互对比的有关指标，可以揭示评价区域水循环与水资源特征，对水资源量计算成果进行合理性分析和检查。水平衡分析的主要指标有：以 W/P 表示的多年平均年产水系数，以 R/P 表示的多年平均年径流系数，以降水入渗补给的地下水量与降水量的比值 Q_p/P 表示的降水入渗补给系数，以 R_g/R 表示的多年平均年地下径流补给系数及以 E_g/E 表示的多年平均潜水蒸发比例等。

2.5 水资源可利用量

受季节性降水的影响，我国绝大部分河流的河川径流量主要集中在汛期，而且多是以洪水径流形式出现。由于不可能通过工程手段将所有雨洪拦蓄下来，总有部分洪水径流入海。另一方面，为维持河道内生态环境质量，在任何时候都必须保持河道内有水流动。因此，并不是所有河川径流量都可以被引到河道外使用的。为了准确地把握一个区域水资源潜力，需要进一步对区域水资源可利用量进行评价。水资源可利用量可分为地表水资源可利用量与地下水资源可开采量。

2.5.1 地表水资源可利用量

地表水资源可利用量是指在可预见的时期内，统筹考虑生活、生产和生态环境用水，协调河道内与河道外用水的基础上，通过经济合理、技术可行的措施可供河道外一次性利用的最大水量（不包括回归水的重复利用）。显然，这里的利用是指河道外取用水，不包括河道内用水如水力发电、水运、水产养殖、水上娱乐、冲沙和生态环境用水等。另外，这里的河道泛指河流、湖泊、沼泽等地表水体。

地表水资源量可认为由可利用水量、不可以被利用水量和不可能被利用的水量三部分组成。不可以被利用水量是指不允许利用的水量，以免造成河流生态环境恶化的严重后果，即必须保留河道内生态环境用水量，不得取用。不可能被利用水量是指受种种因素和条件的限制，无法被利用的水量。主要包括：超出工程最大调蓄能力和供水能力的洪水量以及在可预见的时期内超出最大用水需求的水量等。

地表水资源量扣除不可以被利用水量和不可能被利用的水量后，即是地表水资源可利用量。伴随着经济社会的发展和科学技术水平的提高，人类开发利用地表水资源的手段和措施会不断增多，河道内用水需求以及生态环境对地表水资源开发利用的要求也会不断变化，因此，在不同时期地表水资源可利用量并不是固定不变的。下面介绍多年平均地表水资源可利用量计算。

（1）不可能被利用的水量。水量无法被利用的情形可能有很多。目前主要考虑两个方面情形：①因水质达不到标准，导致水量无法利用；②由于缺少足够的工程调蓄能力，汛期弃水量。这里主要关注后者。

对于一个流域或区域而言，汛期本流域生活生产要耗用一部分水量，汛末水库等工程要蓄存一部分水量供枯水期利用。如果有跨流域调水工程的话，汛期外调水量也是利用的水量。扣除上述利用的水量，其余水量即为汛期难于控制利用的洪水量，即汛期弃水量。

由于洪水量年际变化大，在总弃水量长系列中，往往一次或数次大洪水弃水量占很大比重，而一般年份、枯水年份弃水较少，甚至没有弃水。因此，计算多年平均情况下的汛期难于控制利用的洪水量，不宜采用简单的选择某一典型年的计算方法，而应以可预期的时期内工程最大调蓄与供水能力为控制条件，采用天然径流量长系列资料，逐年计算汛期难于控制利用下泄的水量，然后统计计算多年平均情况下汛期难于控制利用的下泄洪水量。具体方法与步骤如下。

1）确定汛期时段。中国各地进入汛期的时间不同，工程的调蓄能力和用户在不同时段的需水量要求也不同，因而所选择的汛期时段不一样。一般来说，北方地区，汛期时段集中，7—8 月是汛期洪水出现最多最大的时期，8—9 月汛后是水库等工程调蓄水量最多的时期，而 5—6 月份是用水（特别是农业灌溉用水）的高峰期。北方地区汛期时段选择 7—9 月为宜。南方地区，汛期出现的时间较长，一般在 4—10 月，且又分成两个或多个相对集中的高峰期。南方地区中小型工程、引提水工程的供水能力所占比例大，同时用水时段也不像北方地区那样集中。南方地区汛期时段宜分段选取，一般 4—6 月为夏汛期时段，7—9 月为秋汛期时段，分别分析确定各汛期时段的难于控制利用洪水量。

2）计算汛期最大的调蓄和耗用水量 W_m。一般讲，W_m 包括三个部分水量：一是区域内生活生产耗用水量，它可以在近 10 年来实际用水消耗量中选择最大值，作为汛期最大用水消耗量，或者可根据未来规划水平年供水预测或需水预测的成果，扣除回归水量，折算成用水消耗量；二是区域内调蓄能力较强的控制性骨干工程的调蓄水量，它以汛限水位和期末蓄水位（一般是正常蓄水位）之间的蓄水量表示；三是向区域外的调水量，根据计划调水量（或最大实际调水量）确定。

对于流域水系内具有调蓄能力较强的控制性骨干工程，应分段进行计算，控制工程以上主要考虑上游的用水消耗量、向外流域调出的水量以及水库的调蓄水量；控制工程以下主要考虑下游区间的用水消耗量。全水系汛期最大调蓄及用水消耗量为上述各项相加之和。

3）计算多年平均汛期难于控制利用洪水量。用控制站汛期天然径流系列资料 W_i 减 W_m 得出逐年汛期难于控制利用洪水量 W_{Fi}（若 $W_i-W_m<0$ 则 $W_{Fi}=0$），并计算其多年平均值。

$$W_F=\frac{1}{N}\sum_{i=1}^{N}\max\{0,W_i-W_m\} \tag{2.48}$$

式中：W_F 为多年平均汛期难于控制利用洪水量；W_i 为第 i 年汛期天然径流量；W_m 为流域汛期最大调蓄及用水消耗量；N 为系列年数。

（2）不可以被利用水量。主要指河道内生态环境需水量，也包括湖泊、沼泽地等水域生态环境需水。河道内生态环境需水主要为维持河道基本功能的生态环境需水，其计算方法在第3章详细介绍。

至于河道内生产用水如水力发电、水运、水产养殖、水上娱乐等，其用水量应与河道外取水量统筹考虑。

(3) 多年平均水资源可利用量。在分别计算出不可以被利用水量和汛期难于控制利用洪水量后，多年平均水资源可利用量可用下式计算：

$$W_{use}=W_T-W_E-W_F \tag{2.49}$$

式中：W_{use}为地表水可利用量；W_T为地表水资源量；W_E为河道内生态环境需水量；W_F意义同前。

上述方法称为倒扣计算法（倒算法）。另一种方法是正算方法。

与倒算法从水量利用角度分析不同，所谓正算法是根据工程最大供水能力或最大用水需求的分析成果，以用水消耗系数（耗水率）折算出相应的可供河道外一次性利用的水量。计算式如下：

$$W_{use}=k_w W_C \tag{2.50}$$

或

$$W_{use}=k_w W_D \tag{2.51}$$

式中：k_w为用水消耗系数；W_C为工程最大供水能力；W_D为最大用水需求量。

在实际中，可根据资料情况，选用倒算法或正算法。或者同时采用两种方法计算，然后比较确定。

(4) 实例。北方A水系流域面积4.48万km^2，多年平均年降水量556mm，年径流量$42.11\times10^8m^3$。选择K站为控制站。A水系地表水资源可利用量计算采用倒算法。

1) 河道内生态环境需水量计算。河道内生态环境需水主要指维持河道基本功能所需的水，以多年平均年径流量的百分数来估算河流生态环境需水量。K控制站1956—2000年系列天然年径流的多年平均值为$42.11\times10^8m^3$，根据该水系的实际情况，河流生态需水量取年径流量的10%～15%，计算结果如下：

$$W_1=42.11\times0.10=4.21(10^8m^3)$$

$$W_2=42.11\times0.15=6.32(10^8m^3)$$

2) 汛期难于控制利用的洪水量计算。K站有较完整可靠的天然径流量和实测径流量系列资料，且其水资源开发利用程度相对较高，采用近10年中汛期最大的用水消耗量，作为控制汛期洪水下泄的水量W_m。用水消耗量可采用K站汛期的天然径流量减去同期的实测径流量得出。A水系汛期一般出现在6—9月，但绝大部分年份的6月尚未出现大雨，该月的供水大部分为前一年汛末水库的蓄水，因而分析计算汛期难于控制利用的洪水量应将6月排除在外，按7—9月统计分析汛期洪水量。

根据K站最近10年1991—2000年7—9月天然径流和实测径流量，计算各年汛期的用水消耗量。结果见表2.5。这里，用水消耗量既包括河道外取用水消耗量，亦包括汛末流域内各类蓄水工程蓄水量及汛期外调水量（如果有的话）。

从表2.5可见，在计算的各年汛期用水消耗量中，1994年最大，为$18.75\times10^8m^3$，经分析该年汛期洪水量较大，实际供用水量正常合理，可以将该年汛期用水消耗量，作为汛期控制利用洪水的最大水量W_m。

表 2.5　**A 水系用水消耗量计算**　单位：$10^8 m^3$

年份	7—9 月天然径流量	7—9 月实测径流量	7—9 月用水消耗量
1991	28.87	22.09	6.78
1992	17.09	1.39	15.70
1993	24.87	8.53	16.34
1994	63.45	44.70	18.75
1995	44.61	37.31	7.31
1996	49.61	34.76	14.85
1997	13.50	2.75	10.75
1998	28.93	12.13	16.80
1999	6.69	2.79	3.89
2000	5.25	0.86	4.39

根据确定的汛期控制利用洪水的最大水量 W_m，采用 K 站 1956—2000 年 45 年汛期洪水量（天然）系列，逐年计算汛期弃水量。根据式（2.48）计算多年平均汛期难于控制利用的洪水量。部分结果列于表 2.6。A 水系多年平均汛期难于控制利用的洪水量为 $12.98\times10^8 m^3$。

表 2.6　**A 水系 K 控制站弃洪量计算**　单位：$10^8 m^3$

年份	7—9 月天然径流量	W_m	弃洪量 W_{Fi}
1956	42.71	18.75	23.96
1957	19.13	18.75	0.38
1958	46.24	18.75	27.49
1959	106.72	18.75	87.97
1960	17.68	18.75	0
⋮	⋮	⋮	⋮
1996	49.61	18.75	30.86
1997	13.50	18.75	0
1998	28.93	18.75	10.18
1999	6.69	18.75	0
2000	5.25	18.75	0
多年平均			12.98

3）水资源可利用量计算。根据以上河流生态需水量和汛期难于控制利用的下泄洪水量的计算结果，按照式（2.49）计算出其多年平均情况下地表水资源可利用量。在河道内生态环境需水量采用低方案 W_1 时，地表水可利用量为 $24.92\times10^8 m^3$；生态需水量采用高方案 W_2，可利用量为 $22.81\times10^8 m^3$。多年平均地表水可利用量与地表水资源量相除，得出的地表水资源可利用率分别为 59%和 54%。

应指出，这里扣除的河道内生态环境需水量是全年的水量。对于北方河流由于汛期洪

水历时较短，其他大多数时间河流径流量可能较枯，因此将汛期河道内生态环境需水量从河流径流量中扣除（即不能作为水资源可利用量）是合适的。但是，对于南方河流，由于汛期径流量较大，难于控制利用的泄洪量可以起到维持河道内生态环境作用，因此南方河流水资源可利用量计算时仅扣除非汛期河道内生态环境需水量，而不扣除汛期河道内生态环境需水量。

2.5.2 地下水资源可开采量

在补给与排泄作用下，含水层水量始终处在不断变化中。雨季补给量大于排泄（消耗）量，含水层内储水量增加，水位抬高，流速增大；雨季过后，排泄量大于补给量，储水量减少，水位下降，流速减小。补给与排泄这种不平衡的发展过程，具有年和多年的周期性。从一个周期的时间来看，总补给量和总消耗量是接近相等的；如果不相等，则含水层中的水就会逐渐被疏干，或者水会储满含水层而溢出地表。

在人工开采地下水时，增加了一个经常性的地下水排泄点，改变了地下水的天然排泄条件，使得地下水从天然状况下的动平衡过渡到开采状态下的动平衡。在开采最初阶段，由于增加了一个人工开采量，相应地减少了地下水的储存量，使开采地段水位下降形成一个降落漏斗。随漏斗扩大，流场发生了变化，又使天然排泄量减少，促使补给量增加。

以潜水含水层为例，在开采状态下水均衡方程式可表示为

$$(Q_b+\Delta Q_b)-(Q_x-\Delta Q_x)-q=-\mu F\frac{\Delta h}{\Delta t} \tag{2.52}$$

式中：Q_b 为开采前的天然补给量；ΔQ_b 为开采时增加的补给量；Q_x 为开采前的天然排泄量；ΔQ_x 为开采时减少的排泄量，即被截取的排泄量；q 为人工开采量；μ 为含水层的给水度；F 为开采时引起水位下降的面积；Δt 为开采时间；Δh 在 Δt 时间段内开采影响范围内的平均水位降。

由于开采前的天然补给量和天然排泄量在一个周期内（通常以年计）是近似相等的，即 $Q_b\approx Q_x$，所以上式可简化为

$$q=\Delta Q_b+\Delta Q_x+\mu F\frac{\Delta h}{\Delta t} \tag{2.53}$$

式（2.53）表明：开采量实质上是由三部分组成的，一是增加的补给量（ΔQ_b），也就是开采时夺取的额外补给量，如夺取的河水、相邻含水层的水量；二是减少的天然排泄量（ΔQ_x），如开采后潜水蒸发消耗量的减少、泉流量减少、侧向流出量的减少等；三是可动用的含水层储存量。

由于 ΔQ_b 和 ΔQ_x 的增加可能影响到地表水利用量、已建水源地（含水层）的开采水量或含水层排泄量（如泉的流量减小，甚至枯竭），ΔQ_b 和 ΔQ_x 不可能无限制增加，均存在合理的上限。至于储存量，一般情况下，不考虑动用永久储存量（即一定期限内的最小储存量），只是当永久储存量足够大时，才考虑每年动用部分永久储存量，而且开采时间按 100 年或 50 年计。因此，地下水开采量是有限度的。

如果要求稳定型开采，即一个周期内含水层水位基本不变，则地下水可开采量为

$$q_{\max}=\Delta Q_b+\Delta Q_x \tag{2.54}$$

如果是合理的消耗型开采，则地下水可开采量为

$$q_{max}=\Delta Q_b+\Delta Q_x+\mu F\frac{h_{max}}{T_k}\approx\Delta Q_b+\Delta Q_b+\mu F\frac{h_{max}}{T_k} \quad (2.55)$$

式中：q_{max}为地下水可开采量；h_{max}为最大允许水位降深值；T_k 为开采年限，一般取 50～100 年，或根据需要另定。

总之，地下水可开采量是指在经济合理、技术可行且不发生因开采地下水而造成水位持续下降、水质恶化、海水入侵、地面沉降等水环境问题和不对生态环境造成不良影响的情况下，允许从含水层中取出的最大水量。

在区域地下水资源评价中，平原区多年平均浅层地下水资源可开采量的确定方法有实际开采量调查法（适用于浅层地下水开发利用程度较高、浅层地下水实际开采量统计资料较准确完整且潜水蒸发量不大的地区）、可开采系数法（适用于含水层水文地质条件研究程度较高的地区）、多年调节计算法和类比法（用于缺乏资料地区）等。山丘区多年平均地下水资源可开采量可根据泉水流量动态监测、地下水实际开采量等资料计算，也可采用水文地质比拟法估算。

2.5.3 水资源可利用总量

水资源可利用总量是指在可预见的时期内，在统筹考虑生活、生产和生态环境用水的基础上，通过经济合理、技术可行的措施在当地水资源中可资一次性利用的最大水量。

水资源可利用总量可采用如下两种方法计算。

（1）水资源可利用总量等于地表水资源可利用量与浅层地下水资源可开采量相加再扣除两者之间重复计算量。两者之间的重复计算量主要是平原区浅层地下水的渠系渗漏和渠灌田间入渗补给量的开采利用部分。具体估算表达式如下：

$$W=W_R+W_G-W_D \quad (2.56)$$

其中：

$$W_D=\rho(W_C+W_I) \quad (2.57)$$

式中：W 为水资源可利用总量；W_R 为地表水资源可利用量；W_G 为浅层地下水资源可开采量；W_D 为重复计算量；W_C 为渠系渗漏补给量；W_I 为田间地表水灌溉入渗补给量；ρ 为可开采系数，是地下水资源可开采量与地下水资源量的比值。

（2）水资源可利用总量等于地表水资源可利用量加上降水入渗补给量与河川基流量之差的可开采部分。估算公式如下：

$$W=W_R+\rho(P_r-R_g) \quad (2.58)$$

式中：P_r 为降水入渗补给量；R_g 为河川基流量。

2.6 水资源质量评价

水资源质量亦即水的质量，是指水体物理、化学、生物学特征和性质，通过测定各种成分浓度及物质存在所起作用或性质而确定。水资源的质量决定着水资源的用途和水资源的使用价值。对于一个区域而言，仅关注水资源数量是不够的，因为如果水资源的质量太差不符合使用要求，即便水量再多，照样可能出现水资源短缺。

天然水的成分与其形成过程中的各种物理化学条件紧密相关。例如，地表水的水质与流经地区的岩土类型、植被条件有关系；地下水的水质则主要取决于含水介质的岩性与补给、径流和排泄条件相联系的水化学环境。因此，天然水质是自然界水循环过程中各种自然因素综合作用的结果。另一方面，人类活动也是引起水质变化的重要影响因素。随着工农业生产发展和人口向城镇集中，产生的废弃物或能量大量进入河流、湖泊、海洋等水域，使水体的物理化学性质、生物组成及底质情况发生改变，降低了水体的使用价值。而且人类活动的影响越来越强烈，已成为水质恶化的主导因素。

水资源质量评价是根据水的用途，按照一定的评价参数、质量标准和评价方法，对水体质量进行科学的定性、定量评定。由于水资源主要涉及地表水和地下水，按评价对象考虑，水资源质量评价可分为地表水资源质量评价和地下水资源质量评价。按照水体的用途，水资源质量评价可分为供水水质评价（包括生活、工业、农业用水等）、养殖业用水（渔业）水质评价、风景游览水体的水质评价及水环境质量评价等。按评价阶段可分为回顾评价、预测评价和现状评价。

2.6.1 水质参数

水质参数是用以表示水中各种物质的种类和数量的特征指标，由此判断水体质量的优劣程度及是否满足要求。表示水质的参数很多，评价时应根据具体的评价对象或水体用途来选取。

天然水基本都含有来自自然界或人类活动的各种产物，是含有多种化学成分复杂的溶解性物质的混合溶液。例如，长江流域地表天然水中基本化学成分是 K^+、Na^+、Ca^{2+}、Mg^{2+}、SO_4^{2-}、CO_3^{2-}、HCO_3^-，Cl^-，它们占有天然水体中离子总量的 99%，其化学成分和含量是水的质量标志。水体受污染后，天然水化学组分中将增加无机盐类和矿物元素成分，对水体化学物理性质将产生一定的影响。为了掌握天然水化学成分的组合、区域分布规律、天然水质量状况，为人类开发利用服务，必须对天然水化学特征进行评价。

评价时，一般可选取 pH 值、矿化度、总硬度、钾、钠、镁、钙、硫酸盐、硝酸盐、碳酸盐、氯化物等为参数。

在进行地表水（河流、湖泊、水库）水质评价时，一般依据《地表水环境质量标准》（GB 3838—2002）评价项目，选取水质参数。例如，2002 年开展全国水资源综合规划时，长江流域地表水水质评价就选取溶解氧、高锰酸盐指数、化学需氧量、氨氮、挥发酚、砷等 6 项作为必评参数，五日生化需氧量、氟化物、氰化物、汞、铜、锌、镉、六价铬、总磷、石油类等作为选评参数。另外，pH 值、水温、总硬度作为参考参数。在进行湖泊（水库）营养状态评价时，选取总磷、总氮、叶绿素（a）、高锰酸盐指数和透明度 5 项参数。

地下水水质参数可依据《地下水质量标准》（GB/T 14848—93）评价项目选取。例如，2002 年长江流域地下水水质评价，选取 pH 值、矿化度、总硬度、氨氮、挥发酚、高锰酸盐指数、总大肠菌群为必评参数，选评参数包括：氟化物、氯化物、氰化物、碘化物、砷、硝酸盐、亚硝酸盐、六价铬、汞、铅、锰、铁、镉、化学需氧量、有毒有机物、重金属等。

至于针对水的特定用途而进行的水质评价，如饮用水、工业用水、农业灌溉用水水质评价等，由于对水质要求不同，必须遵照相关的标准选取相应的水质参数，开展评价。

通过监测，获得水体的各项水质参数值后，可按照质量评价标准和评价方法，对水体质量进行判定。

2.6.2 水资源质量评价标准

水资源质量评价标准是随着水污染问题的出现而产生的，是国家为保护人群健康和生存环境，通过强制性技术法规，规定的污染物和其他物质最大允许含量浓度。水资源质量评价标准是衡量水体质量优劣的尺度，是在一定时期内要求保持或达到的水环境目标，是水资源水环境管理的执法依据，因此，也是水资源质量评价的基础和依据。

按水体类型，水资源质量评价标准分为地表水质量标准、地下水质量标准。按水资源用途，可分为生活饮用水水质标准、渔业用水水质标准、农业用水水质标准、娱乐用水水质标准、农田灌溉用水水质标准等。

我国目前已制定颁布的水资源质量评价标准，有《地表水环境质量标准》（GB 3838—2002）、《地下水质量标准》（GB/T 14848—93）、《生活饮用水卫生标准》（GB 5749—2006）、《农田灌溉水质标准》（GB 5084—2005）、《渔业水质标准》（GB 11607—89）、《景观娱乐用水水质标准》（GB 12941—91）等。下面重点介绍地表水和地下水质量标准。

《地表水环境质量标准》（GB 3838—2002）自2002年6月1日起实施，它适用于中华人民共和国领域内江河、湖泊、运河、渠道、水库等具有使用功能的地表水水域。该标准依据地表水水域环境功能和保护目标，按功能高低依次划分为五类。

Ⅰ类：主要适用于源头水、国家自然保护区。

Ⅱ类：主要适用于集中式生活饮用水地表水源地一级保护区、珍惜水生生物栖息地、鱼虾类产卵场、仔稚幼鱼的索饵场等。

Ⅲ类：主要适用于集中式生活饮用水地表水源地二级保护区、鱼虾类越冬场、洄游通道、水产养殖区等渔业水域及游泳区。

Ⅳ类：主要适用于一般工业用水区及人体非直接接触的娱乐用水区。

Ⅴ类：主要适用于农业用水区及一般景观要求水域。

《地表水环境质量标准》（GB 3838—2002）包括24个基本项目（即水质参数）。对应上述五类水域功能，将这24个基本项目标准值分为5类，不同功能类别分别执行相应类别的标准值。以化学需氧量 COD_{Cr} 为例，Ⅱ类水域 COD_{Cr} 的标准值是15mg/L（上限值），Ⅳ类水域 COD_{Cr} 的标准值是30mg/L（上限值）。

此外，《地表水环境质量标准》（GB 3838—2002）还包括集中式生活饮用水地表水源地补充项目5项和特定项目80项。补充项目和选定的特定项目作为基本项目的补充指标。《地表水环境质量标准》既是水域环境保护的标准，也是某些水域现状功能划分和水资源质量评价的依据。进行水环境质量评价时，不得用偶测值，而必须用包括丰水期、平水期、枯水期的多次检测值的平均值。标准值单项超标，即表明功能不能保证。

《地下水质量标准》（GB/T 14848—93），依据我国地下水水质现状、人体健康基准值及地下水质量保护目标，并参照了生活饮用水、工业用水水质要求，将地下水质量划分为如下五类：

Ⅰ类：主要反映地下水化学组分的天然低背景含量，适用于各种途径。

Ⅱ类：主要反映地下水化学组分的天然背景含量，适用于各种途径。

Ⅲ类：以人体健康基准值为依据，主要适用于集中式生活饮用水水源及工业、农业用水。

Ⅳ类：以工业和农业用水要求为依据，除适用于农业用水和部分工业用水外，适当处理后，可作为生活饮用水。

Ⅴ类：不宜饮用，其他用水可根据用水目的选用。

《地下水质量标准》（GB/T 14848—93）包括39个项目（水质参数）。

2.6.3 水资源质量评价方法

根据各个水质参数的实测值，对照相应的评价标准值，对水资源质量进行综合评价。综合水质评价方法很多，下面仅介绍最常见的两种方法。

（1）标准对比法。设选取 n 个水质参数（项目）评价某地表水体水质，对每个水质参数，将其实测值与相应的水质标准值进行比较，可以判断出基于该水质参数，该水体的水质类别，即属于几类水体。这一步称为单项评价。对于 n 个水质参数，相应地有 n 个关于水质类别的单项评价，从中选出最差的水质类别，作为该地表水体的水质类别。

如某地4条河流 A、B、C、D，每条河流各选一个水功能区进行评价，监测指标包括溶解氧（DO）、高锰酸盐指数（COD_{Mn}）、五日生化需氧量（BOD_5）、氨氮（NH_3-N）、总磷（TP）等5项。样本数据见表2.7。各参数对应的水质类别标准值见表2.8。

表2.7 某地河流综合水质评价数据样本

河流	水功能区目标	水质参数浓度/(mg/L)				
		DO	COD_{Mn}	BOD_5	NH_3-N	TP
A	Ⅱ	6.45	4.22	2.58	0.852	0.156
B	Ⅲ	5.28	5.76	3.51	1.19	0.295
C	Ⅳ	4.26	5.53	3.72	1.65	0.312
D	Ⅳ	5.31	6.11	5.36	1.47	0.337

表2.8 地表水环境质量标准（摘录）

水质参数	水质类别对应的浓度限值/(mg/L)				
	Ⅰ	Ⅱ	Ⅲ	Ⅳ	Ⅴ
DO（≥）	7.5	6	5	3	2
COD_{Mn}（≤）	2	4	6	10	15
BOD_5（≤）	3	3	4	6	10
NH_3-N（≤）	0.15	0.5	1	1.5	2
TP（≤）	0.02	0.1	0.2	0.3	0.4

对于河流 A 而言，DO达到Ⅱ类要求，BOD_5 达到Ⅰ类水质要求，其他3项均达到Ⅲ类水质要求。最终，河流 A 的水质类别为Ⅲ类水体，没有达到水功能区目标。类似地，河流 B、C、D 的水质类别分别为Ⅳ、Ⅴ、Ⅴ，都没有达到水功能区目标。按照《地表水环境质量标准》（GB 3838—2002），河流 C、D 的水功能区作为一般工业用水区及人体非直接接触的娱乐用水区，水质不达标，但是作为农业用水区及一般景观要求水域，水质

达标。

标准对比法是《地表水环境质量标准》（GB 3838—2002）中规定的方法，也是我国水质监测公报中采用的方法。按照该方法，在所有参与评价的项目中，选择水质最差的项目所属类别作为所属水域综合水质类别；或者在所有参与评价的项目中，若有某一项参数超标，则所属水域的使用功能便丧失。

（2）污染指数法。污染指数法是20世纪60年代发展起来的水质评价方法，作为一种简单实用的方法，几十年来，在世界各地的河流综合水质评价中得到广泛的应用。污染指数法的核心思想是：首先针对每个水质参数，将其实测值与评价标准比较，获得单项污染指数；然后对所有水质参数，将其单项污染指数通过一定方法处理得到一个综合指数，据此评价总体水质。

对于地表水环境质量标准中基本项目，单项污染指数的计算可分为三种情况：

1）对于非溶解氧类的水质参数（不包括pH值），其浓度越高，水质状况越差，其质量标准表现为上限值。污染指数的计算公式为

$$I_i=\frac{C_i}{S_{oi}} \tag{2.59}$$

式中：I_i为第i个水质参数的污染指数；C_i为第i个水质参数的实测浓度；S_{oi}为与水功能区类别对应的第i个水质参数的浓度上限值。

2）对于溶解氧，其浓度越低，水质状况越差，其质量标准表现为下限值。相应的污染指数的计算公式为

$$I_{\mathrm{DO}}=\frac{|C_f-C_{\mathrm{DO}}|}{C_f-S_{o,\mathrm{DO}}},\quad C_{\mathrm{DO}}\geqslant S_{o,\mathrm{DO}}$$

$$I_{\mathrm{DO}}=10-9\frac{C_{\mathrm{DO}}}{S_{o,\mathrm{DO}}},\quad C_{\mathrm{DO}}<S_{o,\mathrm{DO}} \tag{2.60}$$

式中：I_{DO}为溶解氧的污染指数；C_{DO}为溶解氧的实测浓度；$S_{o,\mathrm{DO}}$为与水功能区类别对应的溶解氧的浓度下限值；C_f为饱和溶解氧浓度，$C_f=468/(31.6+T)$；T为水温，℃。

3）由于pH值具有最高和最低限值，其污染指数的计算公式为

$$I_{\mathrm{pH}}=\frac{7.0-\mathrm{pH}_j}{7.0-\mathrm{pH}_d},\quad \mathrm{pH}_j\leqslant 7.0,\quad \mathrm{pH}_d=6$$

$$I_{\mathrm{pH}}=\frac{\mathrm{pH}_j-7.0}{\mathrm{pH}_u-7.0},\quad \mathrm{pH}_j>7.0,\quad \mathrm{pH}_u=9 \tag{2.61}$$

式中：I_{pH}为pH值的污染指数；pH_j为pH值的实测浓度；pH_d，pH_u分别评价标准中的pH值的下限值和上限值。

在获得各个水质参数的污染指数后，通常可通过算术平均、加权平均、连乘及指数等运算，得到一个综合指数。其中平均值法就是求n个水质参数的污染指数的算术平均值。加权均值法是对不同水质参数赋予一定的权重系数，以更合理地反映不同水质参数综合作用下的水体水质。计算式为

$$WQI=\frac{1}{n}\sum_{i=1}^{n}w_iI_i \tag{2.62}$$

式中：WQI为水质指数；w_i为水质参数i的权重系数，可采用污染贡献率或超标贡献率

方法确定。

美国学者内梅罗（N. L. Nemerow）提出了一种水污染指数计算方法，如下式：

$$WQI=\sqrt{\frac{I_{\max}^2+I_{av}^2}{2}} \tag{2.63}$$

式中：$I_{\max}=\max\{I_i\}$，为 n 项单项污染指数中的最大值；$I_{av}=\frac{1}{n}\sum_{i=1}^{n}I_i$，为 n 项单项污染指数的算术平均值。

除上述方法外，还有罗斯水质指数法、生物指数法及模糊数学评价、人工神经网络评价等方法。

采用表 2.7 中水质数据，以各水功能区水质目标为基准，按照污染指数计算公式，计算 5 项参数的污染指数，然后分别计算污染指数的算术平均值和内梅罗指数，结果列于表 2.9 中。从表 2.9 看出，河流 A、B 的均值法综合污染指数、内梅罗指数均大于 1.0，表明均未达标；河流 C 水质达到Ⅳ类水质标准，尽管有单项污染指数指示超标；河流 D 的两种方法评价结果有差异，均值法评价达标，内梅罗指数评价超标。

表 2.9　　某地河流水功能区综合水质评价

河流	水功能区目标	单项污染指数					均值法综合污染指数	内梅罗指数
		DO	COD_{Mn}	BOD_5	NH_3-N	TP		
A	Ⅱ	0.86	1.06	0.86	1.70	1.56	1.21	1.48
B	Ⅲ	0.93	0.96	0.88	1.19	1.48	1.09	1.30
C	Ⅳ	0.80	0.55	0.62	1.10	1.04	0.82	0.97
D	Ⅳ	0.63	0.61	0.89	0.98	1.16	0.85	1.02

注　计算 DO 污染指数时，饱和溶解氧浓度为 9.2mg/L。

2.7　水资源综合评价

通过水资源数量评价和质量评价，可以弄清楚一个区域（或流域）质量合格的可用水资源量的大小。但是这还不够，因为没有说明该区域水资源开发利用现状，没有说明该地区水资源是否能满足经济社会发展要求，是否缺水，缺水严重程度如何，能否实现水资源可持续利用？要回答这些问题，即属于水资源综合评价的范畴。

水资源综合评价是在水资源数量、质量和开发利用现状评价以及对环境影响评价的基础上，遵循生态良性循环、资源永续利用、经济可持续发展的原则，对水资源时空分布特征、利用状况及与社会经济发展的协调程度所作的综合评价。目前，水资源综合评价主要类型有水资源紧缺程度综合评价、水资源承载力评价、水资源可再生性评价、水资源可持续利用评价等。这些评价根据评价的目的，选取的评价指标体系有所不同，评价方法也是多样的，而且方法也处于不断发展过程中。

缺水可能由于天然水资源不足引起的，也可能因工程调蓄能力和供水能力不足，导致缺水，还有可能因为水被污染，水质不能满足要求，导致缺水。不同区域，引起缺水的原因可能不同，采取的对策、措施也将不同。为了揭示一个地区水资源的真实状况，需要对该地区的水资源质和量的状况、社会经济发展及其对水资源需求关系、供水条件及水资源开发利用状况以及缺水程度进行全面分析，综合评价水资源对经济社会发展的适应程度，以便区分轻重缓急，采取不同的对策与措施。水资源综合评价的内容与步骤如下。

2.7.1 划分评价范围

为了揭示评价区域内各地水资源开发利用的特点和规律，通常将评价区域内划分为若干个较小的评价分区域（或计算单元），分别进行水资源评价。如在1982—1986年“全国水资源合理利用与供需平衡分析研究”中，全国划分为东北、黄海淮、黄河上中游、东南、西南、西北内陆和青藏高原等七个大区，进行水资源开发利用综合评价。2002年全国水资源综合规划将全国共划分为10个水资源一级区，80个二级区，214个三级区，三级区以下再分为四级区分别进行评价。对行政区范围内水资源开发利用状况进行评价时，一般按次级行政区进行分区。例如，将省级行政区按地市分区，市级行政区按县区分区。

2.7.2 评价指标的确定与测算

为了说明区域内各分区水资源利用状况、紧缺程度及性质，需要拟订一些共同的评价指标，以便于地区间的分析比较。评价指标应能反映分区水资源对社会经济可持续发展的影响程度、水资源问题的类型及解决水资源问题的难易。一般讲，主要包括以下类型指标：

（1）人口、耕地、产值等社会经济状况的指标。包括人口密度（单位国土面积上人口数）、城镇化率（城镇人口占总人口的比重）、人均GDP、工业增加值模数（单位国土面积上工业增加值）、耕地灌溉率（有效灌溉面积占耕地面积的比重）、人均灌溉面积、工业增加值占GDP比重等。

（2）用水现状及需水情况的指标。包括水资源利用率（用水总量占水资源量的比重）、人均用水量、万元工业增加值用水量、亩均灌溉用水量、缺水率（缺水量占需水量的比重）、耗水率（耗水量占用水量的比重）、不同保证率的灌溉定额、灌溉需水量、生态环境需水量所占比例等。

（3）水资源数量、质量的指标。包括降水模数、径流模数、人均水资源占有量、亩均水资源量、劣V类水所占比例、水资源可利用率等。

（4）现状供水及规划供水工程情况的指标。包括供水模数（单位面积上供水量）、人均供水量、地下水供水比例、蓄引提水工程供水比例、未来水平年供水量、供水投资等。

（5）水环境状况的指标。包括地表水水质状况、水功能区达标率、控制断面水质达标率、纳污能力、入河污染物总量、污水管网收集率、污水集中处理能力等。

初步提出指标体系后，应对候选指标进行筛选和关联分析，最终确定哪些指标参加评价。

2.7.3 指标归一化

综合评价的指标体系通常包含多个指标。根据指标的定义和有关数据可以计算出各分区各个指标值。这些指标的度量单位或量纲往往并不相同，例如，人均水资源量以“m^3/(人·年)”度量，万元工业增加值用水量以“m^3/万元增加值”度量，缺水率以%表示。由于度量单位不同，导致指标之间不能互相比较。此外，不同指标之间数值大小有时也差别悬殊。为了能实现不同指标间相互比较，必须将原始指标值转换成某种有共同尺度的数值。最常见的是转换成［0，1］区间的数值。这一过程称为指标的归一化。

最常见的转换方法是评分法。即根据原始指标值的范围，将原始指标值分成若干个等级，每个等级对于一个数值区间，然后根据某个指标值落在哪个区间，赋给一个0～1之间的数值，或赋给一个0～10之间的数值（如10分制评分）。

另一种方法是按照数学公式对指标进行归一化处理。即将各指标的实际数值通过一定转换方法换成［0，1］内数值。转换方法有线性转换法及非线性转换法。例如通过 $y=1-e^{-x}$，可以将 $x(\geqslant 0)$值转换成 $y(\in[0,1])$ 值。但通常使用较多的是线性转换法。

不失一般性，假设评价区域分为 M 个分区，采用的评价指标体系包含 N 个指标。x_{ij} 表示第 j 个分区第 i 指标的实际值，记

$$x_i^{\min}=\min\{x_{i1},x_{i2},\cdots,x_{iM}\},\quad x_i^{\max}=\max\{x_{i1},x_{i2},\cdots,x_{iM}\}$$

采用线性转换法将 x_{ij} 转换成 $y_{ij}\in[0,1]$。

对于越大越好型指标，或称效益型指标（正向指标），其计算公式为

$$y_{ij}=\frac{x_{ij}-x_i^{\min}}{x_i^{\max}-x_i^{\min}}\quad i\in\{1,2,\cdots,N\},\quad j=1,2,\cdots,M \tag{2.64}$$

对于越小越好型指标，或称成本型指标（负向指标），其计算公式为

$$y_{ij}=\frac{x_i^{\max}-x_{ij}}{x_i^{\max}-x_i^{\min}}\quad i\in\{1,2,\cdots,N\},\quad j=1,2,\cdots,M \tag{2.65}$$

还有的指标，存在一个合理区间［a，b］，当指标离该区间越远，就越不利。对这类指标（称为中间型指标），其转换计算式为

$$y_{ij}=\begin{cases}1,x_{ij}\in[a,b]\\ \dfrac{x_{ij}-x_i^{\min}}{a-x_i^{\min}},x_{ij}<a\\ \dfrac{x_i^{\max}-x_{ij}}{x_i^{\max}-b},x_{ij}>b\end{cases}\quad i\in\{1,2,\cdots,N\},\quad j=1,2,\cdots,M \tag{2.66}$$

图2.6表示了这三类指标变换的差别。显然，无论是哪类指标，转换后的归一化值 y_{ij} 都是越大越好。

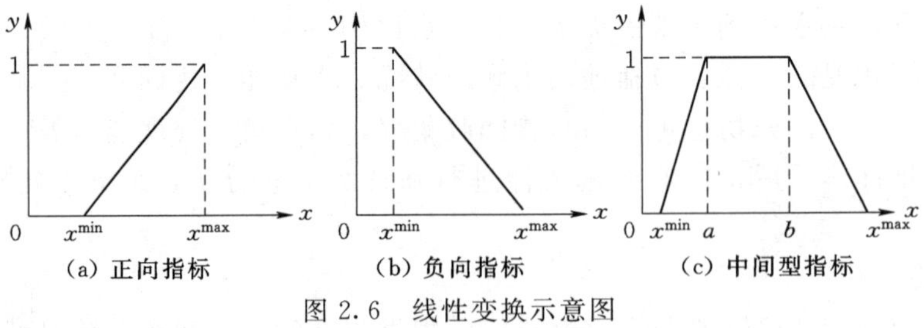

图2.6 线性变换示意图

2.7.4 指标赋权重

针对评价的目的，不同指标的重要性是有差别的。或者说，评价者对所有指标不是同等看待，而是认为有的指标非常重要，有的指标比较重要，有的指标仅是一般性指标。为

了反映指标重要程度的差别，通常对不同指标赋以不同的权重系数。设 w_i 表示第 i 个指标的权重系数，一般地令 $w_i \geqslant 0, \sum_{i=1}^{N} w_i = 1$ 。极端地，如果某个指标的权重系数为1，则表示其他 $N-1$ 个指标值对综合评价结果没有影响。

赋权重的方法很多，可分为客观赋权法和主观赋权法两类。德尔菲（Delphi）法是一种综合多名专家经验与主观判断的方法，1946 年美国著名的智库兰德公司首先将其应用于预测，之后在评价、决策和规划中得到广泛应用。

德尔斐法的主要步骤如下：

1）组成专家小组。按照评价需要的知识范围，选定一批专家。这些专家应该熟悉相关业务，并愿意认真回答问题。专家组的人数一般不少于 10 人。

2）向所有专家发放调查表或者个别征询专家们的意见，必要时附上该评价问题的相关背景材料。各个专家根据个人经验和学识，对各个评价指标的重要性进行评分（即设定权重）。指标越重要，评分越高，权重越大。

3）将各位专家第一次评分汇总，进行综合分析整理，再将分析结果反馈给专家，请他们重新考虑并修改自己的评分。

4）将所有专家的修改后评分汇总，再进行统计分析，并将结果反馈给专家，以便做第二次修改。收集专家意见和信息反馈一般要经过 3～4 轮，直到每一个专家不再改变自己的意见为止。

对每轮征询之后的数据进行分析和处理，是德尔斐法的关键环节。设综合评价问题包含 N 个评价指标，K 个专家参与评分，专家咨询意见汇总见表 2.10。w_{ki} 表示第 k 个专家对第 i 个指标给出的评分值。假定采用百分制打分，一般还要求每个专家给 N 个指标评分之和等于 100。

表 2.10　　专家咨询意见汇总表

专家	指标			
	1	2	…	N
1	w_{11}	w_{12}	…	w_{1N}
2	w_{21}	w_{22}	…	w_{2N}
⋮	⋮	⋮	…	⋮
K	w_{K1}	w_{K2}	…	w_{KN}

对任何指标 i，可计算出专家评分值的均值、方差和变异系数。根据均值和方差就可掌握总体意见的趋向和分散程度，变异系数则反映专家意见的协调程度。相应的计算式如下：

每项指标评分值的均值：

$$w_i = \frac{1}{K}\sum_{k=1}^{K} w_{ki} \quad i=1、2、\cdots、N \tag{2.67}$$

每项指标评分值的方差：

$$\sigma_i^2 = \frac{1}{K-1}\sum_{k=1}^{K} (w_{ki} - w_i)^2 \quad i=1、2、\cdots、N \tag{2.68}$$

变异系数（又称分歧程度）：

$$M_i=\frac{\sigma_i}{w_i}\times 100\% \quad i=1、2、\cdots、N \tag{2.69}$$

M_i 值越小，专家们的意见协调程度越高，专家们的意见越收敛。一般的，当 $M_i\leqslant 20\%$时，说明专家的评分值符合要求。如果某项指标评分值的分歧程度大于 20%，则需要进入反馈过程。将每项指标评分值的均值、均方差、变异系数等反馈给专家，请专家重新评分。如果每项指标的 M_i 值都符合要求，则过程结束。每项指标评分值的均值就是其权重。

2.7.5 综合评价

根据各评价指标的归一化数值及各评价指标的权重，通过不同的计算公式，可获得综合评价值。根据综合评价值，确定各个评价分区（或整个评价区域）的水资源与经济社会发展协调程度。综合评价值可给出各个分区水资源开发利用整体状况的排序。

计算综合评价值的评价模型很多，一个常见的综合评价模型是：

$$P_j = \sum_{i=1}^{N} w_i y_{ij} \tag{2.70}$$

式中：P_j 为第 j 分区的综合评价分值。P_j 越大越好。

根据 P_j 值的大小，可对评价区域内 M 个分区做出综合评价，并确定各个分区的排序。

【例 2.3】 下面以南方某市的水资源承载力评价为例说明综合评价方法的应用。某市总面积 2000 多平方公里，人口 500 多万人，包括 5 个行政分区，即主城区和 A、B、C、D 等 4 个郊区。境内有多条河流流过。该市水资源地区分布极不均匀，年际变化也较大，B、C、D 3 个区的水资源较为缺乏。为了客观地反映区域水资源条件、开发利用状况、供需关系及生态环境等方面状况，选取以下 10 个影响因素作为该市水资源承载力的评价指标。

(1) 人均水资源量，定义为区域年水资源量与区域常住人口之比（m^3/人），以 x_1 表示。

(2) 水资源利用率，定义为区域年用水量与区域年水资源量（不含过境水量）之比（%），以 x_2 表示。

(3) 耕地灌溉率，定义为灌溉面积与耕地面积之比（%），以 x_3 表示。

(4) 供水模数，定义为区域年供水量与区域国土面积之比（万 m^3/km^2），以 x_4 表示。

(5) 万元工业增加值用水量，定义为工业年用水量（取水量）与工业年增加值之比（m^3/万元），以 x_5 表示。

(6) 万元农业增加值用水量，定义为农业年用水量（取水量）与农业年增加值之比（m^3/万元），以 x_6 表示。

(7) 人均生活用水量，定义为城乡居民年生活用水量与城乡居民人数之比（m^3/年·人），以 x_7 表示。

(8) 生态环境用水率，定义为河道外生态环境用水量占总用水量之百分比（%），以 x_8 表示。

(9) 水功能区达标率，定义为水质达标的水功能区数目与水功能区总数之百分比（%），以 x_9 表示。

(10) 单位地区生产总值废污水排放量，指废污水排放量与万元地区生产总值之比（吨/万元），以 x_{10} 表示。

根据《某市统计年鉴》及《某市水资源公报》获得该市及各区的 2009 年水资源承载力评价指标值，见表 2.11。

表 2.11　某市分区 2009 年水资源承载力评价指标值

指标	某市	主城区	A 区	B 区	C 区	D 区
x_1	3771	162.8	24798	259.6	342.1	162.8
x_2	7.93	207	1.86	93.6	71.9	13.0
x_3	56.5	51.2	63.2	54.7	55.6	61.4
x_4	67.24	77.48	227.70	54.13	47.15	6.07
x_5	8.70	7.60	5.64	11.99	12.34	2.06
x_6	603.8	396.1	546.1	864.3	946.4	34.53
x_7	64.49	84.82	64.28	56.51	53.74	36.89
x_8	14.0	35.0	12.4	0.00	1.56	0.92
x_9	53.7	43.3	66.3	60.2	54.5	51.2
x_{10}	22.21	22.81	20.52	22.40	22.32	20.17

解： 首先对各个指标进行归一化。10 个指标中，x_1、x_3、x_4、x_7、x_8、x_9 这 6 个指标是效益型指标，其他 4 个指标是成本型指标。其中，关于耕地灌溉率指标 x_3，一般认为灌溉有助于提高粮食产量，从而提高区域水资源承载力，因此判定为正向指标。关于人均生活用水量指标 x_7，一般认为存在一个合理区间，指标值越远离这个区间，指标越差。考虑到本例人均生活用水量偏低，故判定为正向指标，即越大越好。各项指标分别采用式 (2.64) 和式 (2.65) 归一化，结果见表 2.12。

表 2.12　某市分区 2009 年水资源承载力评价综合值

指标	某市	主城区	A 区	B 区	C 区	D 区	权重
x_1	0.15	0	1	0.00	0.01	0.00	0.15
x_2	0.97	0	1	0.55	0.66	0.95	0.15
x_3	0.44	0	1	0.29	0.37	0.85	0.05
x_4	0.28	0.32	1	0.22	0.19	0.00	0.1
x_5	0.35	0.46	0.65	0.03	0	1	0.15
x_6	0.38	0.60	0.44	0.09	0	1	0.1
x_7	0.58	1	0.57	0.41	0.35	0	0.05

续表

指标	某市	主城区	A区	B区	C区	D区	权重
x_8	0.40	1	0.35	0	0.04	0.03	0.1
x_9	0.45	0	1	0.74	0.49	0.34	0.05
x_{10}	0.23	0	0.87	0.16	0.19	1	0.1
综合评分	0.42	0.31	0.79	0.21	0.20	0.55	

假定各个指标相对于承载力的重要性以权重系数表示，各个指标的权重经过咨询专家后，已经给出，列于表2.12中。根据式（2.70）可计算出某市及各区的承载力评价的综合值，列于表2.12。从表可见，承载力最高的是A区，其次是D区，C区的承载力最差。某市的承载力整体上属于中等偏下。

如果设定综合评价值大于等于0.75为优等，在0.50至0.75之间为良好，0.35至0.50为中等，小于0.35为差，则A区承载力可评为优等，D区为良好，主城区及B、C两区为差。全市总体评为中等。

思考题

1. 在水资源评价中，区域水资源总量是如何定义的？将地表蒸发量排除在外是否合理？

2. 还原计算和还现计算有什么不同？简述降雨径流模式法的思路。

3. 根据区域水循环概念模型，直接列出山丘区、平原区及混合区水资源量的计算式。（重点关注：重复计算量表达）

4. 地下水资源开采量的来源有哪几部分？允许可开采量含义是什么？

5. 为什么要计算水资源可利用量？影响水资源可利用量的因素有哪些？

6. 请比较标准对比法、污染指数法的特点。

7. 指标归一化方法有很多，如对于正向指标，可以采用下式转换

$$y_{ij}=\frac{x_{ij}}{x_i^{\max}}$$

对于负向指标，又如何转换呢？

8. 在表2.12中，如果所有指标均取等权重，对评价结果有无影响？哪些因素可能影响评价结论？

第3章 需 水 预 测

3.1 概 述

尽管人们的日常生活、生产活动及生态环境维持都需要水，但是水需求的特点却有很大不同。例如，人们饮用水虽然数量不大，但必须可靠性高且是高质量的水，水从水源取用后必须经过处理方可供人们饮用；农业灌溉用水量大，季节性强，却对水质要求较低，一般直接从水源引用灌溉，通常无需任何处理。更重要的是，随着地区经济社会的发展，用水者对水的需求也在发生变化。许多地区的用水量都呈现增长趋势。问题是未来一段时期内（如2020年、2030年）这些地区水的需求量可能是多少呢？这就是需水预测要回答的问题。

水需求包括水量需求和水质要求。由于在一段时期内水质要求变动不大，水量需求受多种因素影响容易变化，所以水需求预测主要指需水量预测。需水量可理解为未来所需要使用的水量，它与我们记录统计的历史用水量的涵义有一定差别。从概念上讲，需水通常是预期的、希望获得的，需水量还应该是合理可持续的。这种合理包括技术上合理性和经济上合理性，可持续是指符合水资源可持续利用原则。例如，某个区域取用地下水的速度超过其补给速率，长期下去，就会导致水源枯竭，因而是不可持续的。历史用水量则是在特定条件（状况）下实际得到的水量，它受多种因素的影响，用水量可能超过需水量，也可能低于需水量，而且未必是合理的和可持续的水量。

在水资源规划中，需水量的概念进一步被限定。需水量通常指的是从天然水源取得的水量，或者是通过供水工程从天然水源取得的水量。例如，工业需水量是指工业生产需要从水源地获取的水量（又称新鲜水量、补水量），而不是工业生产过程所利用的总水量。农业灌溉需水量，同样是指为维持农作物生长需要，人工从水源地取用的、补充到田间的水量，而不是作物需水量。

从水源取用的水量，一般都要经过输水配水工程送到用户。在这过程中，要损失一部分水量。所以供给用户使用的水量（称为供水量）通常小于取水量。水进入用户经用户使用后，一部分水直接排入天然水体（地表水体或地下含水层），这部分水称为回归水或退水；另一部分水则通过蒸腾蒸发、土壤吸收、产品带走、居民和牲畜饮用等多种途径消耗掉而不能回归到地表水体或地下含水层，这部分水称为耗水。一般地，生活和工业部门耗水量占取水量的比例较低，农田灌溉的耗水量比例很高。在平原地区，约80%灌溉水量被消耗了，在山区，耗水比例可达到100%。除退水量、耗水量外，还有部分水量被用户重复利用。图3.1表示了取水量、供水量、耗水量、退水量及重复利用水量之间的关系。

供水量是用户得到的水量。从满足需求角度，供水量应等于用户真实需要的水量，所

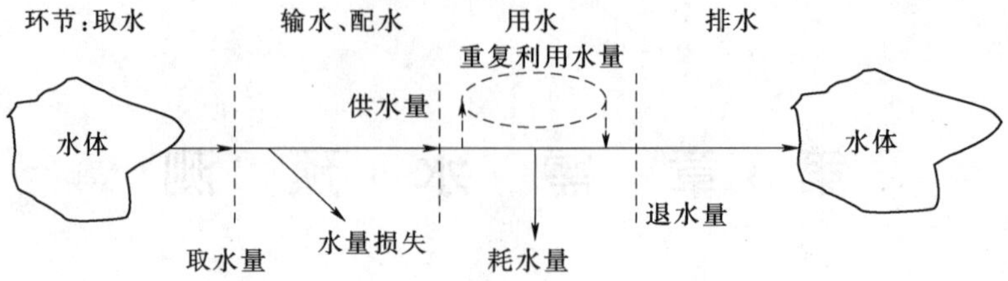

图 3.1 水资源利用过程中水量关系

以供水量又称为净需水量，取水量则称为毛需水量。净需水量与毛需水量之比称为水利用系数，反映的是输水配水过程中水量利用程度。应指出，在实际供水中，供水量可能小于需水量，这种情况称为缺水。

为了较准确地把握水需求的趋势，科学地预测未来所需要的水量，一般分类进行需水量预测。在我国最常见的两种分类是：一是按生活、工业和农业三大类统计用水量和进行需水量预测，其中生活用水包括居民生活用水、城镇公共用水（含第三产业及建筑业等用水），有时农村牲畜用水亦包含在内；二是将用水分为生活用水、生产用水和生态环境用水三大类，每大类又细分若干亚类、子类。例如，生活用水分为城镇居民生活和农村居民生活用水；生产用水包括第一产业、第二产业和第三产业用水；生态环境用水分为河道内和河道外生态环境用水。前一种分类法常见于各类统计公报中，后一种分类法在水资源规划中应用较多。

3.2 生活需水预测

生活需水指城镇居民和农村居民达到某种生活水平所需要的水量，通常包括满足饮用、烹饪、卫生、洗浴以及淋浴、庭院浇花（草地）、家庭洗车等用水，不包括公共建筑用水。根据最近的研究成果，每人每天的基本需水量为50L，这个标准可以满足饮用、烹饪、卫生和洗浴这4种家庭基本需要，与气候、技术及文化没有任何关系。然而，实际上居民家庭生活对水的需求，随气候条件、生活方式、文化传统、饮食习惯、技术及贫富的差异而有很大的变化。在工业发达国家，家庭用水量远远超过基本需水量。例如，在西欧国家，基本需水量仅占家庭全部用水量的25%。另一方面，世界上目前有近10亿人的基本需水还未得到满足。

目前我国各地居民生活用水水平也有很大差异。一般讲，水资源较丰富的南方地区居民人均生活用水量明显高于北方地区居民人均生活用水量，城市居民人均生活用水量大于农村居民人均生活用水量。

对于具体研究区域，规划水平年生活需水量通常可采用定额法进行预测，计算式如下：

$$W_t = \frac{365}{1000} P_t q_t \tag{3.1}$$

式中：W_t 为第 t 水平年生活需水量，$10^4 m^3$；P_t 为第 t 水平年人口数，万人；q_t 为第 t 水平年人均日生活用水量，L/(人·d)，又称用水定额。不同水平年 q_t 取值可以不同。

其中，人口数量常采用幂函数模型预测其增长过程，即

$$P_t=P_0(1+\varepsilon)^t \tag{3.2}$$

式中：P_0 为基准年人口，万人；ε 为人口年计划增长率，%；t 为第 t 水平年距基准年的时间间隔，年。

规划水平年人均日生活用水量要根据研究区资源条件、人均收入水平、水价水平、节水器具推广与普及情况，结合生活用水习惯和现状用水水平，参照国家有关部门已制定的城市（镇）用水标准，参考国内外同类地区或城市生活用水定额，综合确定。

表 3.1 列出的是《城市居民生活用水量标准》（GB/T 50331—2002）规定的城市居民日用水量。它根据水资源充沛程度及供水工程发展的条件等因素，将全国分为六个区，给出了相应的日用水量的范围。表 3.1 不仅是城市居民定量用水的考核依据和缺水城市制定超量用水加价收费的依据，也是城市居民生活需水量预测的重要参照系。

表 3.1 城市居民生活用水量标准

地域分区	日用水量/(L/人·d)	适用范围
一	80～135	黑龙江、吉林、辽宁、内蒙古
二	85～140	北京、天津、河北、山东、河南、山西、陕西、宁夏、甘肃
三	120～180	上海、江苏、浙江、福建、江西、湖北、湖南、安徽
四	150～220	广西、广东、海南
五	100～140	重庆、四川、贵州、云南
六	75～125	新疆、西藏、青海

注 1. 表中所列日用水量是满足人们日常生活基本需要的标准值。在核定城市居民用水量时，各地应在标准值区间内直接选定。

2. 指标值中的上限值是根据气温变化和用水高峰月变化参数确定的，上限值可作为一个年度当中最高月的指标值。

不仅在区域水资源规划时，需要知道区域需水量（包括生活需水量），而且在进行供水系统规划设计时，也要计算设计水平年的居民生活用水量，以作为室外供水管网的设计依据。这时，一般根据《室外给水设计规范》（GB 50013—2006）的规定确定居民生活用水定额和综合生活用水定额。分别见表 3.2 和表 3.3。其中综合生活用水指城市居民日常生活用水和公共建筑用水，但不包括浇洒道路、绿地和其他市政用水。

表 3.2 居民生活用水定额 单位：L/(人·d)

城市规模	特大城市		大城市		中、小城市	
分区 \ 用水情况	最高日	平均日	最高日	平均日	最高日	平均日
一	180～270	140～210	160～250	120～190	140～230	100～170
二	140～200	110～160	120～180	90～140	100～160	70～120
三	140～180	110～150	120～160	90～130	100～140	70～110

表3.3 综合生活用水定额 单位：L/(人·d)

城市规模	特大城市		大城市		中、小城市	
用水情况 分区	最高日	平均日	最高日	平均日	最高日	平均日
一	260～410	210～340	240～390	190～310	220～370	170～280
二	190～280	150～240	170～260	130～210	150～240	110～180
三	170～270	140～230	150～250	120～200	130～230	100～170

注 1. 特大城市指：市区和近郊区非农业人口100万人及以上的城市；大城市指市区和近郊区非农业人口50万人及以上，不满100万人的城市；中、小城市指：市区和近郊区非农业人口不满50万人的城市。
2. 一区包括：贵州、四川、湖北、湖南、江西、浙江、福建、广东、广西、海南、上海、云南、江苏、安徽、重庆；二区包括：黑龙江、吉林、辽宁、北京、天津、河北、山西、河南、山东、宁夏、陕西、内蒙古河套以东和甘肃黄河以东的地区；三区包括：新疆、青海、西藏、内蒙古河套以西和甘肃黄河以西的地区。

式（3.1）可用于城镇居民、农村居民生活需水量预测，给出的结果是净生活需水量。考虑输配水过程的水量漏失和自来水厂制水时水耗，供水系统的水利用系数一般小于1.0，因此，毛生活需水量为

$$W_t'=\frac{W_t}{\eta_t} \tag{3.3}$$

式中：W_t'为第t水平年毛生活需水量，$10^4m^3/a$；η_t为第t水平年供水系统水利用系数。

获得了年需水量后，可根据规划设计要求，推求相应的年内分配过程。一般地，城镇居民和农村居民生活年内月需水过程可采用年需水量乘以各月分配系数确定。月分配系数可通过典型调查和用水量分析确定，但一般而言，居民生活需水各月分配系数变化不大，缺少资料时可以认为相等。至于年内日需水量和日内小时需水量，则有比较明显变化，可采用典型过程确定。

【例3.1】 某镇现有居民总计3.2万人，规划水平年为10年后，按照城镇发展规划，未来居民人口年计划增长率为1.5%。该地区生活用水量标准为160L/(人·d)，管网漏水与水厂自用水量之和按日用水量的20%计算，试确定规划水平年居民生活需水量。

解：

（1）规划水平年居民净生活需水量

$$Q_1=P_0(1+\varepsilon)^n q_t\times365/1000$$
$$=3.2\times(1+0.015)^{10}\times160\times365/1000=216.9(10^4m^3/a)$$

（2）管网漏失与水厂自用水量之和

$$Q_2=0.20\times Q_1=43.4(10^4m^3/a)$$

（3）规划水平年居民毛生活需水量

$$Q=Q_1+Q_2=260.4(10^4m^3/a)$$

3.3 生产需水预测

生产需水指生产达到一定水平所需要的水量。生产需水进一步可分为第一产业（农

业）需水、第二产业需水及第三产业需水。

3.3.1 第一产业需水预测

第一产业（农业）包括种植业、林业、畜牧业、渔业。相应的需（用）水可分为农田灌溉、林业灌溉、牲畜需水和鱼塘需水。农业需水的特点是，牲畜和鱼塘需水对水质的要求高于农田灌溉和林业灌溉的要求；从数量上看，农田灌溉需水量则占主要地位。此外，灌溉需水还有一些其他特征，例如灌溉需水量不仅取决于作物种类、品种、生长阶段等，而且受气候、土壤等因素影响显著，因而需水量季节变化大，地区差异明显。由于灌溉需（用）水量大，影响因素又复杂，所以无论在生产实践中还是科学研究中都是关注的重点。

3.3.1.1 作物腾发量及其计算

农田水分消耗的途径主要有植株蒸腾、棵间蒸发和深层渗漏（或田间渗漏）。植株蒸腾是指作物根系从土壤中吸入体内的水分，通过叶片的气孔扩散到大气中去的现象。试验证明，作物根系吸入体内的水分基本上消耗于蒸腾，只有极少量成为作物组织的组成部分。棵间蒸发是指作物植株间土壤或田面的水分蒸发。棵间蒸发和植株蒸腾都受气象因素的影响，二者在作物不同生长阶段是互为消长的。在作物幼苗时，植株蒸腾小，棵间蒸发大。随着作物长高，植株蒸腾增大，棵间蒸发变小。深层渗漏是指旱田中由于降雨量或灌溉水量太多，使土壤水分超过了田间持水量，向根系活动层以下的土层产生渗漏的现象。对于水稻田的渗漏，称为田间渗漏。

在上述几项水量消耗中，植株蒸腾和棵间蒸发合称为腾发，两者消耗的水量合称为腾发量或蒸发蒸腾量（evapotranspiration，简写 *ET*）。腾发量的大小及其变化规律，主要决定于气象条件、作物特性、土壤性质和农业技术措施等。而渗漏量的大小与土壤性质、水文地质条件等因素有关，它和蒸发蒸腾量的性质完全不同。因此，一般都是将腾发量与渗漏量分别进行计算。对于水稻田，也有将稻田渗漏量与腾发量合并，称之为“田间耗水量”。

根据“土壤-植被-大气”连续体（SPAC）理论，作物腾发耗水是通过土壤、植物、大气三种介质连续转输的过程，3 个组成部分中任何一个部分变化都会影响作物腾发过程。在土壤水分充分条件下，作物腾发量的大小与气象条件（温度、日照、湿度、风速）、作物种类及其生长发育阶段有关。在最适宜的土壤水分和肥力条件下，在田间正常生长发育、无病虫害并达到高产水平的特定作物的腾发量称为作物潜在腾发量，也即通常所称的作物需水量。土壤水分不足时，3 个组成部分对作物腾发量的大小均有重要影响。

按照作物腾发量影响因素处理方式的不同，现有计算作物 *ET* 的方法，大致可归纳为两大类：一类是直接计算法，另一类是通过计算参考作物腾发量来计算。

（1）直接计算方法。一般是先从影响作物腾发量的诸因素中，选择几个主要因素（例如水面蒸发、产物产量、生长积温、日照时数等），再根据试验观测资料分析这些主要因素与作物腾发量之间存在的数量关系，最后归纳成某种形式的经验公式。目前常见的这类经验公式大致有以下 3 类。

1）水面蒸发量法（又称 α 值法）。试验表明，在气候湿润地区作物潜在 *ET* 与蒸发皿实测水面蒸发量具有较显著的线性关系，而水面蒸发量数据具有获取方便，资料丰富的优势。因此，可以用水面蒸发量这一参数推算作物 ET 的大小。计算公式一般为：

$$ET_i = \alpha E_o + b \tag{3.4}$$

式中：ET_i 为生育期第 i 阶段的作物 ET，mm；E_o 为与 ET 同时段的水面蒸发量，mm，一般采用 80cm 口径蒸发皿的蒸发值；α 为水面蒸发系数；b 为经验常数。α 和 b 由实测资料确定，b 可为零值。

该法只需要水面蒸发量资料，易于获得且比较稳定，所以在我国水稻地区被广泛采用。式（3.4）也可用来估算全生育期的作物 ET。

2）产量法（又称 K 值法）。作物产量是太阳能的累积与水、土、肥、热、气诸因素的协调及农业措施的综合结果。干旱地区植株腾发量是作物耗水的主要部分，与作物产量直接相关。因此，可建立产量为参数的估算作物 ET 的经验公式如下：

$$ET = KY^n + c \tag{3.5}$$

式中：ET 为作物全生育期内总需水量，m^3/hm^2；Y 为作物单位面积产量，kg/hm^2；K 为以产量为指标的耗水系数；n 为经验指数，一般取 0.3～0.5；c 为经验常数。K、n 及 c 值可通过试验资料确定。

此法使作物腾发量与产量相联系，便于进行灌溉经济分析。对于旱作物，在土壤水分不足而影响高产的情况下，ET 随产量的提高而增大，用此法推算较可靠。但对于土壤水分充足的旱田以及水稻田，ET 主要受气象条件控制，产量与 ET 关系不明确，用此法推算的误差较大。

3）多因数法。根据两个或两个以上的因素推算 ET。我国采用的主要因素是水面蒸发量和产量，也有采用日平均气温（生长积温）、日照时数等，经验公式为

$$ET = aE_0Y^n + b \tag{3.6}$$

或

$$ET = dE_0 + fY^m + g \tag{3.7}$$

式中：a、d、f 为经验系数；n、m 为经验指数；b、g 为经验常数。均由试验站通过分析实测资料提出。

此法以水面蒸发量代表气象因素的综合条件、以产量代表非气象因素的综合条件，考虑影响因素比前面两种方法全面，计算误差可以减小。缺点是只能计算全生育期作物 ET，在旱作物中采用较多。

在确定了全生育期作物 ET 后，可按照各生长阶段耗水规律，以一定比例进行分配，即可估算出各生长阶段的作物 ET_i：

$$ET_i = k_i ET \tag{3.8}$$

式中：ET_i 为第 i 生长阶段作物腾发量；k_i 为第 i 阶段耗水模数，是指各生长阶段腾发量占全生育期作物 ET 之比，一般可通过不同生长阶段试验观测数据分析获得。

表 3.4 为根据试验观测资料，获得的某灌区早稻各生长阶段 α 值、腾发量及田间耗水量。

表 3.4　　某灌区早稻各生长阶段 α 值、腾发量及田间耗水量　　单位：mm

生育期	返青	分蘖前	分蘖末	拔节孕穗	抽穗开花	乳熟	黄熟	全生育期
起止日期	4月25日—5月2日	5月3—10日	5月11—26日	5月27日—6月12日	6月13—27日	6月28日—7月6日	7月7—14日	4月25日—7月14日
天数	8	8	16	17	15	9	8	81
阶段水面蒸发量	30	56.5	104.3	102	81.1	19	20	412.9
阶段 α 值	0.8	0.85	0.92	1.25	1.48	1.42	1.2	
阶段腾发量	24	48	96	127.5	120	27	24	466.5
阶段渗漏量	8	8	16	17	15	9	8	81
阶段耗水量	32	56	112	144.5	135	36	32	547.5
日耗水量	4	7	7	8.5	9	4	4	

(2) 基于参考作物腾发量的方法。1977 年联合国粮农组织（FAO）定义参考作物腾发量（reference crop evapotranspiration）为高度均匀一致（8～15cm），生长旺盛、无病虫害，完全覆盖地面，土壤水分充分供应条件下的绿色矮秆作物的蒸发蒸腾量。1992 年，FAO 又按照 Penman－Monteith 公式要求，对参考作物腾发量重新进行了定义：参考作物腾发量为一种假想参照作物冠层的腾发速率，该假想作物的高度为 0.12m，固定的叶面阻力为 70s/m，反射率为 0.23，非常类似于表面开阔、高度一致、生长旺盛、完全遮盖地面而不缺水的绿色草地的蒸发蒸腾量。

在自然条件下，作物腾发耗水主要受气象条件、土壤水分条件和作物的生物学特征的影响。基于参考作物腾发量的计算方法，大致分为以下两步：第一步，考虑气象因素对参考作物腾发量 ET_0 的影响，计算参考作物腾发量 ET_0；第二步：考虑作物因素和土壤水分的影响，对参考作物 ET_0 修正，从而计算出实际作物腾发量。

1）参考作物 ET_0 的计算。目前为止，FAO 推荐的 Penman－Monteith 公式是应用最为广泛的计算参考作物 ET_0 的公式。用于计算 24h 参考作物 ET_0 的 Penman－Monteith（P－M）公式表达如下：

$$ET_0=\frac{0.408\Delta(R_n-G)+\gamma\dfrac{900}{273+T}u_2(e_a-e_d)}{\Delta+\gamma(1+0.34u_2)} \tag{3.9}$$

式中：ET_0 为参考作物腾发量，mm/d；R_n 为太阳净辐射，MJ/(m^2·d)；G 为土壤热通量，MJ/(m^2·d)；T 为日平均气温，℃；u_2 为离地面 2m 高处的风速，m/s；e_a 为饱和水汽压，kPa；e_d 为当地的实际水汽压，kPa；Δ 为饱和水汽压-温度关系曲线上 T 处的切线斜率，kPa/℃；γ 为湿度表常数，kPa/℃。

采用式（3.9）计算逐日 ET_0，然后对各月（旬）的逐日 ET_0 取平均值，计算得出月（旬）平均 ET_0，单位为 mm/d。P－M 公式以能量平衡和水汽扩散理论为基础，既考虑了作物的生理特征又考虑了空气动力学参数的变化，具有较充分的理论和较高的计算精度。该公式是一种统一的、标准的计算参考作物腾发量的方法，既不需要进行地区率定，也不需要改变任何参数便可以适用于世界各地，使用起来非常方便。国内外许多学者多年的试验应用表明，式（3.9）是目前计算参考作物腾发量的最好方法。但不足之处在于其形式较复杂，资料要求较高，包括每日的气象资料如气温、日照、风速、湿度等，以及太

阳辐射、当地的海拔和纬度等。

近些年来，我国在计算作物需水量和绘制作物需水量等值线图时多采用上述公式。《灌溉与排水工程设计规范》(GB 50288—99）中也推荐采用这一公式。

由于气温比较容易获得且精度较高，一些学者提出了基于气温的参考作物 ET_0 的计算式，如旬尺度的 Blaney - Criddle 公式：

$$ET_0 = cp(0.46T + 8.13) \tag{3.10}$$

式中：ET_0 为旬的参考作物腾发量（mm/d）；T 为旬平均气温（℃）；p 为旬平均昼长小时数与全年昼长总小时数的百分比，与纬度有关，可根据纬度、月份查表确定；c 为修正系数，与最小相对湿度、日照时间、风速有关，查表确定或率定。

此外，基于气温的参考作物 ET_0 经验公式还有 Thomthwaite 公式、Hargreaves 公式等。

2）实际作物腾发量的计算。实际作物腾发量的计算不仅要考虑气象因素，还应考虑作物因素与土壤水分胁迫作用。

试验结果表明，实际作物腾发量与参考作物腾发量两者受气象因素的影响是具有同步性的。因此。对于某种具体作物，其全生育期各生长阶段潜在腾发量可由参考作物腾发量乘以作物系数得到。计算式如下：

$$ET_p = k_c ET_0 \tag{3.11}$$

式中：ET_p 为实际作物的潜在腾发量，即土壤水分充足时腾发量；k_c 为作物系数；ET_0 意义同上。

作物系数反映了作物本身的生物学特性、产量水平、土壤耕作条件等诸多因素对腾发量的影响。较合理的确定办法是采用当地的试验资料计算。FAO 推荐的标准状态（无水分胁迫）作物系数的计算方法有两种：一是分段单值平均法。把作物系数的变化过程概化为几个阶段，根据各阶段叶面蒸腾和土面蒸发的变化规律，用一个时段平均值表示该阶段的作物系数；二是双值作物系数法。把作物系数分成反映作物叶面蒸腾的基本作物系数和反映土面蒸发的系数分别计算。该法计算精度相对较高，但需进行逐日水量平衡计算，需要数据量较大。

表 3.5 和表 3.6 分别为山西省冬小麦和湖北省中稻不同生育阶段或月份的作物系数。表中结果表明，作物系数 k_c 在作物全生育期内的变化规律是：前期和后期相对较小，生长盛期较大。

表 3.5　　山西省冬小麦作物系数 k_c 值

生育阶段	播种—越冬	越冬—返青	返青—拔节	拔节—抽穗	抽穗—灌浆	灌浆—收割	全生育期
k_c	0.86	0.48	0.82	1.00	1.16	0.87	0.87

表 3.6　　湖北省中稻作物系数 k_c 值

月份	5	6	7	8	9
k_c	1.03	1.35	1.50	1.40	0.94

土壤水分对作物蒸发蒸腾的影响是显而易见的。当土壤水分不是作物蒸发蒸腾的限制因素时，作物实际腾发量就等于潜在腾发量。当土壤水分不足时，作物遭受水分胁迫，使

叶面含水量减少，气孔阻力增大，从而导致胁迫条件下的作物腾发速率低于无水分胁迫时的腾发速率。

在土壤水分胁迫时，作物实际腾发量可由作物潜在腾发量乘以土壤水分修正系数而得到，即：

$$ET=k_s k_c ET_0 \tag{3.12}$$

式中：ET 为作物实际腾发量；k_s 为土壤水分修正系数，$k_s \leqslant 1$；其他符号意义同上。

土壤水分修正系数的计算方法有线性公式法、非线性公式法等。如线性公式法：

$$k_s=\frac{\theta-\theta_{wp}}{\theta_F-\theta_{wp}} \tag{3.13}$$

或

$$k_s=\frac{\theta-\theta_{wp}}{\theta_j-\theta_{wp}} \tag{3.14}$$

式中：θ 为计算时段内作物根系活动层内的平均土壤含水量；θ_F、θ_{wp} 分别为田间持水量和凋萎系数；θ_j 为作物蒸发蒸腾开始受影响时的临界土壤含水量。

詹森（Jensen）提出了如下土壤水分修正系数的对数公式：

$$k_s=\frac{\ln\left(\frac{\theta-\theta_{wp}}{\theta_j-\theta_{wp}}+1\right)}{\ln(101)} \tag{3.15}$$

3.3.1.2 灌溉制度

作物腾发耗水主要来源于土壤水，而天然状况下土壤水又依靠降水和地下水补充。当土壤水不能满足作物对水分的需要时，为保证作物稳产高产，需要采取人工措施来补充土壤水分。这种人工补充土壤水分以改善作物生长条件的技术措施就称为灌溉。

下面根据农田水量平衡原理，推求作物每次灌水所需的水量及总灌溉水量。为表述方面，先介绍几个常用术语：灌水定额是指一次灌水时单位灌溉面积上的灌水量；全生育期内各次灌水定额之和称为全生育期灌溉定额；灌溉制度则是指作物播种前（或水稻栽秧前）及全生育期内的灌水次数、每次的灌水日期和灌水定额以及灌溉定额。灌水定额和灌溉定额常以 m^3/hm^2 或 mm 表示，它是灌区规划及水资源管理的重要依据。

（1）水稻灌溉制度。水稻田的灌水可发生在泡田期及插秧以后的生育期内。泡田期的灌溉用水量可用下式确定：

$$M_1=10(h_0+S_1+e_1 t_1-P_1) \tag{3.16}$$

式中：M_1 为泡田期灌溉用水量，m^3/hm^2，又称泡田定额；h_0 为插秧时田面所需的水层深度，mm；S_1 为泡田期的渗漏量，即开始泡田到插秧期间的总渗漏量，mm；t_1 为泡田期的日数；e_1 为泡田期的水田田面平均蒸发强度，mm/d，可用水面蒸发强度代替；P_1 为泡田期的降雨量，mm。

在水稻生育期中任何一个时段内，田面水深的变化，可以用下列水量平衡方程表示：

$$H_2=H_1+P+m-E-d \tag{3.17}$$

式中：H_1、H_2 分别为时段初、末的田面水层深度；P 为时段内降雨量；m 为时段内灌水量；E 为时段内田间耗水量，包括作物腾发量和田间渗漏量；d 为时段内排水量。式中各数值均以 mm 计。

在逐时段水量平衡计算中，应先确定田面适宜水层下限 H_{min}、上限 H_{max} 及雨后最大蓄水深度 H_P。如果时段初水深为 H_1，先不考虑灌水和排水（即令 $m=0$，$d=0$），按式(3.17) 求出 H_2。

接着，判断 H_2 是否在适宜水层范围。当 $H_2<H_{min}$，说明时段末水深将低于适宜水层下限，需要灌溉。灌水量（灌水定额）m 变化范围为

$$H_{min}-H_2<m\leqslant H_{max}-H_2 \tag{3.18}$$

为了避免频繁灌水，一般地每次灌水应以灌至田面适宜水层上限 H_{max} 为限，相应灌水量为

$$m=H_{max}-H_2 \tag{3.19}$$

但在具体计算时，通常以 10mm 为单位计算灌水量，所以灌水后田面水层深度不一定刚好等于 H_{max}，而是略高于或低于 H_{max}。

当 $H_2>H_P$，说明田面水深过高，则应计算排水量。排水量为

$$d=H_2-H_P \tag{3.20}$$

因此，当确定了水稻各生育阶段的适宜水层 H_{min}、H_{max} 及阶段耗水强度，便可逐时段推算出田面水层深度及灌水定额、排水量。从而获得全生育期灌溉定额，即各次灌水定额之和 M_2。同时可获得全生育期排水量。

将泡田定额和全生育期灌溉定额相加，获得水稻的灌溉定额 M：

$$M=M_1+M_2 \tag{3.21}$$

【例 3.2】 某灌区早稻生育期各阶段日耗水量已在表 3.4 中列出。根据当地气象站资料，已知该灌区中等干旱年（保证率 75%）4—8 月的降雨量，见表 3.7。生育期各阶段设计淹灌水层 $H_{min}-H_{max}-H_p$ 已给定。假设返青期开始时田间水深为 10mm，试用水量平衡法，推求某灌区早稻生育期的灌溉制度（假定多次灌水量以 10mm 为单位）。

解： 根据田面水量平衡方程式，逐日推求田面水深，以确定每次灌溉水量或排水量。

如返青期 4 月 25 日，该日无降雨，时段初田面水深 10mm，田间日耗水 4mm，时段末田面水深为 6mm，在适宜范围，不灌不排。26 日降雨 7.7mm，田间日耗水 4mm，时段末田面水深 9.7mm。如此逐日推算。30 日降雨 61mm，超过雨后最大水深，必须排水 12.1mm，排水后田面水深为 50mm。

分蘖前阶段，5 月 3—9 日，田面水深在 20～50mm，9 日末水深为 21.9mm，如 10 日不灌水，田面水深将低于最小允许水深 20mm，所以 10 日灌水 30mm，灌水后田面水深回到 44.9mm，不超过 50mm。

以后各阶段逐日推算田面水深变化，可求出每次灌水日期及灌水量，结果见表 3.7。7 月7 日进入黄熟期，田面自然落干，不再进行水量平衡计算。

计算完毕后，可对结果进行复核。除黄熟期外的 6 个生长阶段（4 月 25 日至 7 月 6 日），早稻总田间耗水量为 515.5mm，在这期间降雨 191.5mm，排水量 12.1mm，灌水量 340mm，在 7 月 6 日田面水层水深 13.9mm，较 4 月 24 日初始水深 10mm 增加 3.9mm。

验算：降雨量＋灌水量－排水量－耗水量＝191.5＋340－12.1－515.5＝3.9＝蓄水增量。表明计算正确。

表 3.7　　某灌区早稻生育期的灌溉制度计算表　　单位：mm

日期 月	日期 日	生育期	设计灌水层 $H_{min}-H_{max}-H_p$	逐日耗水量	逐日降雨	灌水层水深	灌水量	排水量
4	24					10		
	25	返青期	5-30-50	4		6		
	26				7.7	9.7		
	27					5.7		
	28				7.4	9.1		
	29					5.1		
	30				61	50		12.1
5	1					46		
	2					42		
	3	分蘖前	20-50-70	7		35		
	4				16	44		
	5				12.9	49.9		
	6					42.9		
	7					35.9		
	8					28.9		
	9					21.9		
	10					44.9	30	
	11	分蘖末	20-50-80	7	6.7	44.6		
	12					37.6		
	13				24.3	54.9		
	14				5.3	53.2		
	15					46.2		
	16					39.2		
	17					32.2		
	18				21.5	46.7		
	19					39.7		
	20				1.9	34.6		
	21					27.6		
	22					20.6		
	23					43.6	30	
	24					36.6		
	25					29.6		
	26					22.6		

续表

日期		生育期	设计灌水层 $H_{min}-H_{max}-H_p$	逐日耗水量	逐日降雨	灌水层水深	灌水量	排水量
月	日							
5	27	拔节孕穗	30－60－90	8.5		54.1	40	
	28					45.6		
	29					37.1		
	30					58.6	30	
	31					50.1		
6	1					41.6		
	2					33.1		
	3					54.6	30	
	4					46.1		
	5					37.6		
	6					29.1		
	7					60.6	40	
	8					54.4		
	9				2.3	51.2		
	10				5.3	42.7		
	11					34.2		
	12					25.7		
	13	抽穗开花	10－30－80	9		16.7		
	14					27.7	20	
	15					18.7		
	16					9.7		
	17					30.7	30	
	18					21.7		
	19					12.7		
	20				2.5	36.2	30	
	21					27.2		
	22					18.2		
	23				2.1	11.3		
	24					32.3	30	
	25					23.3		
	26				10	24.3		
	27					15.3		
	28	乳熟	10－30－60	4		11.3		
	29					37.3	30	
	30					33.3		
7	1					29.3		
	2					25.3		
	3					21.3		
	4					17.3		
	5					13.3		
	6				4.6	13.9		
	7—14	黄熟	落干	4				
合计					191.5		340	12.1

将生育期灌溉定额以单位面积水量表示，340mm 等于 3400m^3/hm^2，加上泡田定额1200m^3/hm^2，该灌区早稻灌溉定额为 4600m^3/hm^2。

分旬灌水量过程如图 3.2 所示（含泡田水量）。

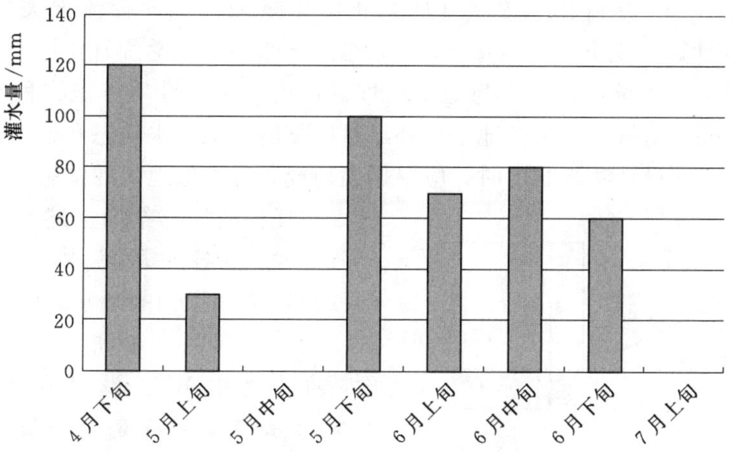

图 3.2 某灌区水稻分旬灌水量过程

（2）旱作物灌溉制度。用水量平衡分析法制定旱作物的灌溉制度时，通常以作物主要根系吸水层作为灌水时的土壤计划湿润层，并要求该土层内的储水量能保持在作物所要求的范围内。

对于旱作物，在整个生育期中任何一个时段（时段长为 t 天），土壤计划湿润层内储水量的变化可以用下列水量平衡方程表示：

$$W_t = W_0 + W_r + P_o + K + m - ET \tag{3.22}$$

式中：W_0、W_t 分别为时段初和时段末的土壤计划湿润层内的储水量；W_r 为由于计划湿润层增加而增加的水量，如计划湿润层在时段内无变化则无此项；P_o 为保存在土壤计划湿润层内的有效雨量；K 为时段内地下水补给量；m 为时段内的灌溉水量；ET 为时段内作物腾发耗水量。以上各量单位均为 mm 或 m^3/hm^3。

土壤计划湿润层系指在旱田进行灌溉时，计划调节控制土壤水分状况的土层。其深度随作物根系活动层深度、土壤性质、地下水埋深等因素而变。在作物生长初期，一般采用30～40cm；生长末期，一般不超过 0.8～1.0m。在地下水位较高的盐碱化地区，计划湿润层深度不宜大于 0.6m。计划湿润层深度应通过试验来确定。在作物生育期内计划湿润层是变化的，由于计划湿润层增加，可利用一部分深层土壤的原有储水量，所以引入 W_r 项。

土壤计划湿润层储水量可根据计划湿润层土壤总容积和土壤体积含水率计算出来。单位面积土壤储水量计算式如下：

$$W = H\theta \tag{3.23}$$

式中：H 为土壤计划湿润层的深度，m；θ 为土壤体积含水率，它表示单位土壤总容积中水所占的容积百分比。含水率越高，表明土壤储水量越多。

作物生长最适宜的土壤含水率随作物种类、生育阶段的需水特点、施肥情况和土壤性质（包括含盐状况）等因素而异，一般在一个区间范围内变化。其中，允许最大含水率

(θ_{max}）一般以不致造成深层渗漏为原则，通常取为土壤田间持水率，作物允许最小含水率（θ_{min}）应大于凋零系数。具体数值可根据试验确定。给定作物各生长阶段的 θ_{min} 和 θ_{max}，可确定作物允许的最小储水量 W_{min} 和最大储水量 W_{max}。

此外，式（3.22）中降雨入渗量（P_0）指降雨量减去地面径流损失后的水量，可通过降雨入渗系数计算。地下水补给量（K）系指地下水借土壤毛细管作用上升至作物根系吸水层而被作物利用的水量，其大小与地下水埋藏深度、土壤性质、作物种类、作物耗水强度、计划湿润土层含水量等有关。地下水补给量应随灌区地下水动态和各阶段计划湿润土层深度不同而变化。在设计灌溉制度时，应根据当地或条件类似地区的试验、调查资料估算。

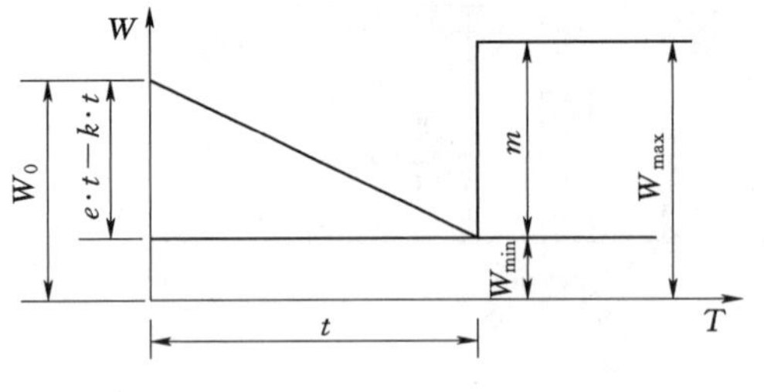

图 3.3　土壤计划湿润层（H）内储水量变化

对任何时段，给出上述参数后，可根据式（3.22）求出各时段灌水量。或者，根据式（3.22），推算作物的灌水时距。

例如，如图 3.3 所示，某时段内没有降雨，亦不考虑 W_r，设时段初土壤储水量为 W_o，灌水启动条件是土壤储水量降到 W_{min}，则开始进行灌水时的时间间距可由下式计算：

$$t = \frac{W_0 - W_{min}}{e - k} \tag{3.24}$$

式中：e 为平均每昼夜作物腾发耗水量，$ET = et$；k 为平均每昼夜地下水补给量，$K = kt$。

同样的，为避免频繁灌水，每次灌水均灌至土壤储水量上限，则相应的灌水定额 m 为

$$m = W_{max} - W_{min} = 10000H(\theta_{max} - \theta_{min}) \tag{3.25}$$

式中：m 为灌水定额，m^3/hm^2；10000 为单位换算系数；其他符号意义同前。

如此类推，可以求出其他时段在不同情况下的灌水时距与灌水定额，从而确定出作物全生育期内的灌溉制度。

如同水稻田有泡田期，旱作物也有播前灌水，其目的在于保证作物种子发芽和出苗所必需的土壤含水量或储水于土壤中以供作物生育后期之用。

把播前灌水定额和生育期灌溉定额相加，即得到旱作物的总灌溉定额。

在上述计算水稻和旱作物灌水定额时，每次灌水都假定灌到允许的上限为止，而并没有考虑水源是否有足够的灌溉水量。这种在灌溉供水能够充分满足作物各生育阶段的耗水量要求的条件下设计制定的灌溉制度，称为充分灌溉条件下的灌溉制度。

但是在缺水地区或时期，由于可供灌溉的水量不足，不能充分满足作物各生育阶段的需水要求，人们开始考虑用有限的水量获取最大的灌溉经济效益。由此，发展了非充分灌溉条件下的灌溉制度，或称为非充分灌溉（deficit irrigation）。非充分灌溉是允许作物受一定程度的缺水和减产，但仍可使单位水量获得最大的经济效益。非充分灌溉也称部分灌溉、限额灌溉或经济灌溉等。

3.3.1.3　灌溉需水量

灌溉需水量是指灌溉土地需从水源取用的水量，又称灌溉用水量。它可根据规划（或现状）水平年灌溉面积、作物种植情况、作物灌溉定额等因素而定。

设规划水平年某地区灌溉面积为 A，共种植 N 种作物，其中第 i 种作物的种植（灌溉）面积为 A_i（$i=1,2,\cdots,N$）。全年按旬（或 5 天）分为 T 个时段，假定各种作物的灌溉制度已经制定，即各种作物各次灌水定额（含泡田或播前灌水）$m_{i,t}$已确定，则第 i 种作物的各次灌水量为 $m_{i,t}A_i$（$t=1,2,\cdots,T$），从而得到第 i 种作物的灌溉用水量过程。

据此，第 i 种作物的灌溉用水量为

$$W_i = \sum_{t=1}^{T} m_{i,t}A_i \tag{3.26}$$

第 t 时段整个地区的灌溉用水量为

$$W_t = \sum_{i=1}^{N} m_{i,t}A_i \tag{3.27}$$

因此，整个地区的灌溉用水量过程和全年灌溉用水量得以求出。全年灌溉用水量记为

$$W = \sum_{t=1}^{T}\sum_{i=1}^{N} m_{i,t}A_i \tag{3.28}$$

式（3.26）～式（3.28）求得的灌水量均是必须输送到田间的灌水量，又称净灌溉用（需）水量。由于灌溉水从水源经各级渠道（管道）输送到田间过程中，有部分水量损失掉了（主要是渠道渗漏损失），所以水源取用的水量（称为毛灌溉用水量）应该为净灌溉用（需）水量与损失水量之和，这样才能保证田间得到所需要之水量。通常用净灌溉用水量 W 与毛灌溉用水量 W'之比值 η 作为衡量灌溉水量损失情况的指标，$\eta=W/W'$称为灌溉水利用系数。利用 η，可求得毛灌溉用水量 $W'=W/\eta$。

灌溉水利用系数 η 的大小与各级渠道的长度、流量、沿渠土壤、水文地质条件、渠道工程状况和灌溉管理水平等有关。在灌区管理运用中，可实测决定。在规划设计中，可参照《灌溉与排水工程设计规范》（GB 50288—99）或技术经济比较选定。例如，对于大、中、小型灌区，η 设计值应分别达到 0.55、0.65 和 0.75 左右。但实际上，在目前管理条件下，我国许多已建成灌区都只能达到 0.45～0.60。

全年净灌溉用水量与整个灌溉面积之比 m，称为综合净灌溉定额，其计算式如下：

$$m = \frac{W}{A} = \sum_{t=1}^{T}\sum_{i=1}^{N} m_{i,t}\frac{A_i}{A} = \sum_{t=1}^{T}\sum_{i=1}^{N} m_{i,t}a_i = \sum_{i=1}^{N} m_i a_i \tag{3.29}$$

式中：a_i 为第 i 种作物种植面积比例，$a_i=A_i/A$；m_i 为第 i 种作物灌溉定额，$m_i=\sum_{t=1}^{T} m_{i,t}$。

综合净灌溉定额除以灌溉水利用系数，称为综合毛灌溉定额。在灌溉水源每年能提供的灌溉水量给定的条件下，利用综合毛灌溉定额可推求一个地区应发展的灌溉面积。

【例 3.3】 某灌区面积为 2 万 hm^2，种植作物有早稻、中稻、晚稻和棉花。作物种植面积占灌区面积的比例分别为：早稻 50%，中稻 30%，晚稻为 40%，棉花 50%。早稻灌溉制度采用［例 3.2］计算结果，中稻、晚稻、棉花的灌溉制度见表 3.8（3）～（5）栏；灌溉水利用系数取 0.60。计算某灌区中等干旱年灌溉用水过程。

解： 根据各类作物种植面积占灌区面积的比例，求出各类作物种植（灌溉）面积，种

植面积与各次灌水定额相乘，得到各次净灌溉水量。然后，利用式（3.27）和式（3.28），即可获得计算结果，列于表3.8。图3.4表示了该灌区年灌溉毛用（需）水量过程。灌区年毛灌溉用水量为 $20817\times10^4m^3$，除以灌溉面积，得到该灌区毛综合灌溉定额为 $10408.5m^3/hm^2$。

表3.8　　某灌区中旱年灌溉用水过程计算表

时间		各次灌水定额/(m^3/hm^2)				各次净灌溉用水量/10^4m^3				灌区净灌溉用水量/10^4m^3	灌区毛灌溉用水量/10^4m^3
月	旬	早稻	中稻	晚稻	棉花	早稻	中稻	晚稻	棉花		
(1)		(2)	(3)	(4)	(5)	(6)	(7)	(8)	(9)	(10)	(11)
4	下	1200				1200				1200	2000
5	上	300	1350			300	810			1110	1850
	中		1500				900			900	1500
	下	1000				1000				1000	1667
6	上	700	750			700	450			1150	1917
	中	800	1800			800	1080			1880	3133
	下	600	1050			600	630			1230	2050
7	上		1050	600			630	480		1110	1850
	中			900	750			720	750	1470	2450
	下			900				720		720	1200
8	上										
	中										
	下			900				720		720	1200
全年内		4600	7500	3300	750	4600	4500	2640	750	12490	20817

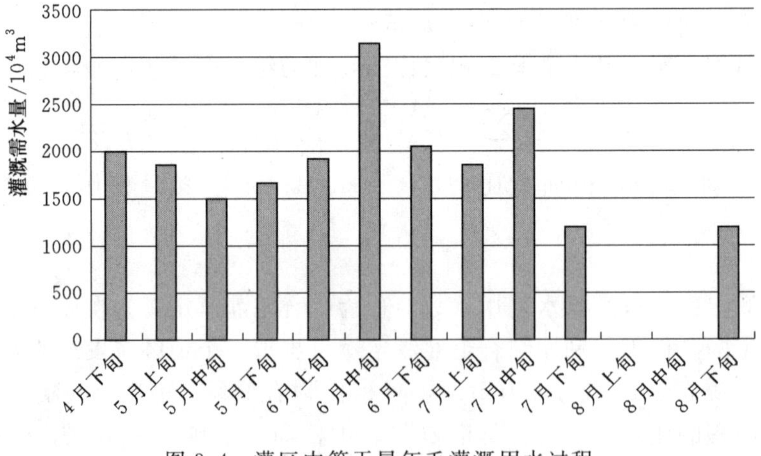

图3.4　灌区中等干旱年毛灌溉用水过程

应指出，对于一些大型灌区，灌区内不同地区的气候、土壤、作物品种等条件有明显差异，因而同种作物的灌溉制度或许有明显的不同，此时，须先分区求出各自的灌溉用水量，而后再累加成为全灌区的灌溉用水量。

上述方法推求的年灌溉用（需）水量及其过程显然与该年的降水量及其时程分布有关。在灌溉面积及作物种植面积比例不变条件下，由于每年的降水量及降水日期不同，相应地计算的年灌溉用水量及灌溉过程也不同。对于选定的规划（或现状）水平年，采用多年降水资料，逐年推求可以求得多年灌溉用水量系列。在此基础上，应用数理统计原理可获得年灌溉用水量的理论频率曲线。根据对我国大型水库灌区灌溉用水量资料的分析，初步证实灌溉用水量频率曲线也可采用P-Ⅲ型曲线，经验点据与理论频率曲线配合尚好，其统计参数亦有一定的规律性，一般 C_v 为 0.15～0.45，C_s 为 C_v 的 1～3 倍。

既然规划水平年灌溉用水量与频率大小有关，那么规划设计中采用哪个值呢？回答是采用灌溉设计保证率对应的灌溉用水量，又称为设计灌溉用（需）水量。这里灌溉保证率是指多年期间灌溉用（需）水能够得到充分满足的概率，一般以正常供水的年数或供水不破坏的年数占总年数的百分数表示。灌溉设计保证率一般取 50%、75%、90%或 95%等。

设计灌溉用水量可通过灌溉用水量的理论频率曲线，查出对应灌溉设计保证率的灌溉用水量作为设计灌溉用水量。另一种途径是通过设计典型年推求。根据历年降雨量资料，可以用频率法进行统计分析，确定几种不同干旱程度的典型年份，如中等年（降雨量频率为 50%）、中等干旱年（降雨量频率为 75%）以及干旱年（降雨量频率为 85%～90%）等，以这些典型年的降雨量资料作为计算设计灌溉制度和灌溉用水量的依据。通常把这组特定的水文年份称为"设计典型年"。根据设计典型年的气象资料计算出来的灌溉制度被称为"设计典型年的灌溉制度"，简称为"设计灌溉制度"，相应的灌溉用水量也称为设计灌溉用水量。

3.3.1.4 农业需水量预测

在规划设计阶段，通常是根据水平年的灌溉面积、综合毛灌溉定额（或综合净灌溉定额、灌溉水利用系数），两者相乘得到灌溉需水量或需水过程。这种计算方法称为定额法。

定额法同样适用于林果地、牧草地的灌溉需水量预测。根据当地试验资料或现状典型调查，分别确定林果地和草场灌溉的净灌溉定额。根据灌溉水源及灌溉方式，分别确定灌溉水利用系数。结合规划水平年林果地与草场发展面积预测指标，进行林地和草场净灌溉需水量和毛需水量及其过程预测。

牲畜需水量则根据大小牲畜的头数及日用水定额估算。一般地大牲畜（牛、马）用水定额 50～60L/(头·d)，小牲畜（猪、羊）30～40L/(头·d)。

渔业需水量实际上为鱼塘补水量，是为维持鱼塘一定水面面积和相应水深所需要补充的水量，采用补水定额方法计算，补水定额可根据鱼塘渗漏量及水面蒸发量与降水量的差值加以确定。例如在武汉地区鱼塘补水定额为 $10000m^3/hm^2$。

3.3.2 工业需水预测

工业用水量是工业企业完成全部生产过程所需要的各种水量的总和，它包括：间接冷却水用水量、工艺水用水量、锅炉用水量和生活用水量。工业各行业间对水质和水量的要求差别很大。如食品工业，水通常是产品的组成部分，水首先必须符合饮用水标准，其次还要考虑影响生产质量的其他成分；又如锅炉用水、冷却水以及纺织、印染、制革、造纸等对水质要求也较严。由于工业产品繁多，对水质要求也不尽相同，因此没有统一的水质标准，而是通过专门性的技术指标反映。为了满足工业用水水质要求，需要按不同供水目的对工业供水进行处理。从单位产品用水量来看，可将工业进一步分为高用水工业（包括纺织、造纸、石化、冶金等）、一般工业（采掘、机械、电子、食品等）和火（核）电工业。

从来源分，工业用水量（W_u）等于工业取水量（W）和重复利用水量（W_r）之和。以下式表示：

$$W_u = W + W_r \tag{3.30}$$

这里工业取水量是为保证生产过程对水的需要，而实际从各种水源引取的，为任何目的所用的新鲜水量。重复利用水量是工业企业中所有未经处理或经处理后重复使用的水量的总和，令

$$\theta = \frac{W_r}{W_u} \tag{3.31}$$

称 θ 为工业水重复利用率。重复利用率越高，相同用水量下的取水量就越小，表明工业企业水的重复利用程度高。目前我国工业总体上水重复利用率距发达国家还有较大差距，今后一段时期有很大的提升空间。

根据式（3.30）和式（3.31），有

$$W = (1-\theta)W_u \tag{3.32}$$

在水资源规划和管理中，工业需水量指的是工业取水量而不是工业用水量。工业需水量常用的预测方法有：

（1）定额法。首先根据基准年的万元增加值（或产值、产品）取水量，对规划水平年万元增加值取水量进行预测。通常采用计算式如下：

$$m_t = (1-\lambda)^t m_0 \tag{3.33}$$

式中：m_t 为规划水平年万元增加值取水量；m_0 为基准年万元增加值取水量；λ 为从基准年到规划水平年期间万元增加值取水量年均递减率；t 为从基准年到规划水平年间的年数。

在预测得出规划水平年工业增加值后，工业取水量采用下式计算：

$$W_t = G_t m_t \tag{3.34}$$

式中：G_t 为规划水平年工业增加值。

式（3.34）不仅可用于单个企业需水量预测，而且可用于某个工业行业或一个地区工业需水量预测。

（2）重复利用率提高法。对于同一行业，设备条件和工艺流程不变，生产相同数量产品（假定产品的增加值也相同）所需的总用水量 W_u 不变。设基准年重复利用率为 θ_1，取水量为 W_1，万元增加值取水量为 m_1。对于规划水平年（记为第 t 年），当产品数量不变（记为 Y），总用水量 W_u 不变时，重复利用率提高到 θ_t，取水量为 W_t，万元增加值取水量为 m_t，则有

$$\frac{W_1}{W_t} = \frac{1-\theta_1}{1-\theta_t}\frac{W_u}{W_u} = \frac{m_1 Y}{m_t Y} \tag{3.35}$$

即

$$m_t=\frac{1-\theta_t}{1-\theta_1}m_1 \tag{3.36}$$

如果考虑工业技术进步对取水量的影响，则有：

$$m_t=\frac{1-\theta_t}{1-\theta_1}m_1(1-\gamma)^t \tag{3.37}$$

式中：γ为工业技术进步系数，各行业不同，目前γ取值范围为0.01～0.05。

给出规划水平年的该行业增加值（或产量），采用式（3.34）可计算相应的需水量。

【例3.4】 某市黑色冶金行业，现状年增加值18.62亿元，取水量$9217\times10^4\text{m}^3$，万元增加值取水量为495m^3/万元，重复利用率75.8%，计划10年后增加值为45亿元（以现状年不变价格估计），重复利用率提高到90%。求10年后该行业的需水量。

解：（1）计算10年后该行业万元增加值取水量：

$$m_2=\frac{1-0.90}{1-0.758}\times495=204.5(\text{m}^3/\text{万元})$$

（2）计算10年后该行业取水量：

$$W_t=45\times204.5=9202.5(10^4\text{m}^3)$$

即该行业10年后增加值比现状年增长141.7%，由于重复利用率的提高，需水量还略有减少。

根据式（3.34）求得的W_t是净需水量，除以供水系统的水利用系数，即得到毛工业需水量。对于一个地区而言，由于各类工业的万元增加值取水量、重复利用率差别较大，为提高预测精度，一般应分行业进行工业需水量预测。

此外，建筑业需水量一般也采用定额法预测。即建筑业需水量等于单位建筑面积取水量乘以建筑面积，或等于建筑业万元增加值取水量乘以建筑业增加值。建筑业需水量和工业需水量相加，即得到第二产业需水量。

3.3.3 第三产业需水量预测

第三产业用水包括商饮业（含商业、饮食业）用水和服务业（含货运邮电业、其他服务业、公共服务及城市特殊行业）用水。由于第三产业用水大多与人的使用水有关，其对水质和水量保证程度的要求与居民生活用水相同。

第三产业需水量可采用万元增加值用水量进行预测，也可采用人均用水量指标进行预测。根据这些产业发展规划成果，结合用水现状分析，预测各规划水平年的用水定额和水利用系数，进行净需水量和毛需水量的预测。第三产业包含的各种行业用水的差异较大，确定用水定额时既要考虑行业的组成情况也要考虑各地区实际。近年来，各省（自治区、直辖市）为强化水资源管理，制定了用水定额的地方标准，可作为近期规划或设计时计算需水量的依据。但对于中长期规划，应该考虑到用水定额的变化。

生产需水中灌溉需水量与降雨量及其时间分布密切相关，因此灌溉需水量年内过程表现出明显的季节性变化。工业、建筑业及第三产业需水量一般认为与降雨量关联性不强，其年内过程比较均匀。在有实际用水量资料时，可参考实际资料，拟定第二及第三产业需水量年内各月分配系数；如无资料，可假定为年内各月均匀分配。

当某个地区或行业有较长历史用水量数据时，采用时间序列法预测未来较短时期内需水量，也是常用方法。

3.4 生态环境需水预测

生态环境需水是指为维护生态环境功能或改善生态环境质量，在特定生态与环境保护目标下，生态环境系统所需要的水量。有的文献将河道内生态环境需水又分为生态需水和环境需水，生态需水强调生物生存生长需水或生态系统健康所需要的水，环境需水侧重于维持或改善环境质量。

生态环境需水具有空间性、时间性和阈值性特点。空间性是指生态系统存在于一定的区域范围，不同区域范围的生态系统组成结构、功能均不相同，因而生态环境需水的要求也将不同。另一方面，不同的生态系统，其生物的生长季节是不同的，对水的需求也有差别。有些生物在整年的时间内都要求有足够的水供应，而另一些生物需水则主要集中在春、夏季节。阈值性强调的是对于任一生态系统，其生态环境需水都存在一个上下限。如果可供利用的水量过少，那么将不能满足生物基本生长或存活的需要，生态系统将退化甚至消亡。如果可供利用的水量过多，也必将影响生态系统的健康。相应的有最小生态环境需水和最大生态环境需水。当水量不满足最小生态环境需水时，生态系统将退化，出现不可逆转的破坏；当水量超过最大生态环境需水时，生态系统的健康受到过多水分的影响而受到损害，而且难以恢复。在最小和最大生态环境需水之间，一般还存在适宜生态环境需水区间，当水量在此范围值时，生态系统健康达到最佳水平，功能保持稳定。

根据水量的取用和消耗情况，生态环境需水可分为河道外生态环境需水和河道内生态环境需水。

3.4.1 河道外生态环境需水

河道外生态环境需水取自河湖，是消耗性用水，它可分为城市生态环境用水（包括城市绿化用水、环境卫生用水、河湖补水等）和农村生态环境需水（包括回补地下水、人工防护林草用水、水土保持用水、湿地保护与恢复用水等）。根据不同水平年生态环境维持与修复目标和对各项生态环境功能保护的具体要求，结合各地的实际情况，采用相应的计算方法。

（1）植被需水。城市绿化、防护林草等以植被需水为主体，可采用灌溉定额法，计算式如下：

$$W_g = \frac{1}{\eta}\sum_{i=1}^{I} m_i A_i \tag{3.38}$$

式中：W_g 为植被需水量，m^3；A_i 为第 i 种植被的浇灌面积，hm^2；m_i 为第 i 种植被的浇灌定额，m^3/hm^2；η 为水利用系数，%；I 为植被类型数。如果 m_i 为日定额，则 W_g 为日需水量，乘以一年需浇水天数，即可得到年需水量。

应用上式计算城市绿化需水量时，植被浇灌面积一般指公园、街道、道路等公共场所绿化面积，可按照城镇人口及人均公共绿地面积指标求出，或者根据城镇建成区面积及绿化率求出。浇灌定额各地不同且季节差别较大，如江苏省规定，冬春季定额是 $0.6L/(m^2 \cdot d)$；夏秋季定额是 $2L/(m^2 \cdot d)$。

（2）环境卫生需水。包括清扫广场、街道、道路、桥梁的需水量。根据城镇规划给出的道路、桥梁、广场清扫面积，及单位面积道路（广场）每次用水定额、每日浇洒次数，可计算每日的清扫道路、桥梁、广场的需水量。计算式如下：

$$W_s=\frac{1}{\eta}km_sA_s \tag{3.39}$$

式中：W_s 为城市环需卫水量，m^3/d；A_s 为城市道路、桥梁、广场面积，m^2；m_s 为每次浇洒的用水定额，m^3/m^2；k 为每天浇洒次数。m_s 和 k 可参考有关地方标准确定。同样的，W_s 乘以一年清扫天数，即获得年环卫需水量。

（3）河湖、湿地补水。一些封闭湖泊（或湿地）由于不与河流连通，在补给水量不足情形下，逐渐干枯。封闭湖泊生态环境需水量主要指补充湖泊水面及浸润带蒸发和湖床渗漏等因素造成损失所需的水量。

为维持湖泊系统正常生态功能，当水面蒸发高于降水时，必须从湖泊以外接纳水体来弥补蒸发损失。当降水量大于蒸发量时，则认为不需要补水。根据水面面积、降水量、水面蒸发量，可以求得相应各月的补水量。其计算公式为

$$W_b=\begin{cases}A(E-P), & E>P\\0, & E\leqslant P\end{cases} \tag{3.40}$$

式中：W_b 为月补水量；A 为各月平均水面面积；E 为各月平均蒸发量；P 为各月平均降水量。

这种方法称为水量补充法，它同样适用于城市公园、鱼塘等封闭水体的补充水量计算。

3.4.2 河道内生态环境需水

河道内生态环境需水是指维持河流生态环境功能所需水量。主要包括河道（包括河口）生态基流（最小生态需水）、河流水生生物需水、维持河流一定稀释净化能力、保持河道水流泥沙冲淤平衡和通河湖泊湿地生态所需的水量等。此外，河道内需水还应包括航运、水力发电等生产性用水。

根据不同水平年河道内各项生态环境功能的目标要求，结合各地的实际情况，选择合适的计算方法计算河道内生态环境需水量及其年内过程。计算出的各项生态环境功能的需水量与河道内生产需水量，采用分时段（月）取外包，得出综合的河道内需水量。

目前河道内生态环境需水计算方法很多，有数百种方法。这些方法大致上可分为水文学方法、水力学方法、栖息地法和整体分析法几类。

3.4.2.1 水文学方法

水文学方法主要依据历史水文资料如日（或月）流量、年平均流量等，来确定河道内生态环境需水量，又称为标准设定法。水文学方法的优点在于，只依靠水文数据就能够很快计算出生态环境需水量。其缺点在于没有明确考虑生物栖息地、水生物种类、水质和水温等因素。

（1）Tennant 法。又称 Montana 法，是基于美国 11 条河流水生生物监测资料分析后提出的一种计算方法。该法根据河流流量占其年平均天然流量的百分比和河流水生生物、景观及娱乐状况对应关系，直接计算维持河流一定生态环境状况所需的生态流量，如以年

平均天然流量的10%为标准确定的生态流量，表示可以最低程度维持河流生物栖息地；30%表示能维持适宜的栖息地生态系统。根据鱼类等水生物的生活史阶段和水文条件，Tennant法将全年分为一般用水期（枯水期）和鱼类产卵育幼期（汛期）两个时段，分别设定8个标准等级，具体见表3.9。Tennant法不需要现场测量，计算过程简单。但对河流流量的季节性变化考虑不够，且没有考虑河流形态的影响。

表3.9　　　　保护水生生态的河流流量标准

流量级别对生态的有利程度	推荐基流标准（占多年平均天然流量百分比）	
	一般用水期（10月至次年3月）	鱼类产卵育幼期（4—9月）
最大	200	200
最佳范围	60～100	60～100
很好	40	60
好	30	50
较好	20	40
一般或较差	10	30
差或最小	10	10
严重退化	＜10	＜10

为了反映流量季节性变化，有的文献以各个月的月流量的多年均值代替多年平均流量，百分比仍按表3.9取值，获得的各月生态流量过程将明显不同。

运用Tennant法，可估算出最小、适宜和最大生态环境需水量。

（2）枯水频率法。代表性方法有7Q10法和最枯月平均流量法。7Q10法根据各年连续7日最枯流量（均值）绘制经验（理论）频率曲线，以90%保证率对应的流量值作为河流实现污水稀释功能所需的基本流量。该法规定比较严格，确定的流量值较小，常常低估河流流量需求，造成河流生态功能要求不能得到满足。因此，我国在《制订地方水污染物排放标准的技术原则与方法》（GB 3839—83）中规定：一般河流采用近10年最枯月平均流量或90%保证率最枯月平均流量作为满足河流污水稀释功能所需的基本流量。

近10年最枯月平均流量或90%保证率最枯月平均流量法采用实测流量为计算依据。近10年最枯月平均流量计算公式为

$$Q_e = \min\{Q_{\min,t}, t=1,2,\cdots,N\} \tag{3.41}$$

式中：Q_e为河流基本生态环境流量，m^3/s；$Q_{\min,t}$为第t年实测最枯月平均流量，m^3/s；N为统计年数，这里N一般取最近10年。

90%保证率最枯月平均流量计算公式为

$$Q_e = Q_{\min,90\%} \tag{3.42}$$

式中：$Q_{\min,90\%}$为90%保证率的最枯月平均流量，这里未限定是近10年资料。

考虑到有的河流丰、枯变化剧烈，甚至有断流现象，有文献提出：以河流最枯月平均实测流量的多年平均值作为河流的基本需水量。即：

$$Q_e = \frac{1}{N}\sum_{t=1}^{N} Q_{\min,t} \tag{3.43}$$

式中：N为实测资料年数，其他符号意义同前。

获得 Q_e 后，乘以一年的时间（3.1536×10^7s），即得到河流年基本（最小）生态需水量。

考虑到河流流量年内季节性变化特征，河流基本（最小）生态需水量也应该有大有小，应该逐月计算。因此，又提出了逐月最枯流量法。该方法在尽可能长的天然月径流系列中取最小值（或次最小值）作为该月的最小生态流量，各个月径流系列的最小值组成年最小生态径流过程。因为在天然情况下水生生物已经安全经历过这样的最小径流过程，并且生态系统没有遭到不可恢复的破坏，所以水生生物及其种群结构在这个流量条件下所受到的损害是可以恢复的。

（3）月保证率法。又称逐月频率法。该法根据各月天然流量系列，从大到小进行排频，获得各月流量经验（理论）频率曲线。最初将50%保证率下各月径流量作为河流生态流量，得到河流年内适宜生态流量过程。后来考虑到各月来水有丰有枯，对上述方法进行了改进，根据季节选择保证率，例如，冬季保证率取80%、春秋两季取75%、夏季取50%，这样不同保证率条件下的月流量过程构成年适宜生态流量过程。进一步考虑到河流生态管理目标不同，相应的河道内生态环境需水量也应不同，因此又通过推荐流量等级，将生态环境需水量区分为最小、中、好、非常好、极好等不同级别。

改进的月保证率法具体计算步骤如下。

1）根据系列水文资料，对各月天然径流量按从大到小进行排列，获得各月天然径流量频率曲线；同时对年径流量进行排频，得到年径流量的频率曲线。

2）设定保证率级别如50%、75%、90%等，计算各月及年在上述保证率下所对应的流量值。令 $R_{i,j}$ 表示第 i 保证率对应的第 j 月径流量；$R_{i,y}$ 表示第 i 保证率对应的年径流量；$R_{av,j}$ 表示第 j 月多年平均月径流量；$R_{av,y}$ 表示多年平均年径流量。

3）参考国际上河流生态需水量推荐值下限和上限，取5个推荐流量等级：极好、非常好、好、中和最小，分别对应的流量百分比为100%、60%、40%、20%和10%。令 λ_k 表示第 k 等级推荐流量所占的百分比，$Q_{i,j,k}$ 表示第 i 保证率下第 j 月第 k 等级的河道生态需水量，其计算式如下：

$$Q_{i,j,k}=\min\{R_{i,j},\lambda_k R_{i,y}\} \tag{3.44}$$

式中：$k=1$、2、3、4、5时，λ_k 分别取10%、20%、40%、60%和100%；$i=1$、2、3分别对应50%、75%和90%保证率；$j=1,2,\cdots,12$。

4）根据式（3.44）计算得到的不同保证率逐月河道生态需水量可能出现小于月平均流量10%的情况，这时依照下式进行修正：

$$Q_{i,j,k}=R_{av,j}\times10\%\times\left[1+\frac{R_{i,j}(\lambda_k-10\%)}{R_{av,y}}\right] \tag{3.45}$$

月保证率法确定的生态需水量受不同保证率年径流量、多年平均月径流量、不同保证率月径流量三者共同影响，能够考虑各个月份流量的差异（即流量季节性变化）和河流生态管理目标的高低。但该法所要求的资料年限较长，一般需要30年以上的流量系列。

【例3.5】 赣江是鄱阳湖水系第一大河，流域位于长江中下游南岸，流域面积82809km²，主河道长823km，其中外洲水文站以上流域面积80948km²。外洲水文站设立于1949年，是赣江干流最末级控制水文站，外洲站以下赣江干流分成4支入鄱阳湖。根据1950—2013年实测径流资料统计，外洲站多年平均流量为2150m^3/s。要求应用上述方法，计算外洲断面河道内生态需水量。

解：Tenant法和月（年）保证率法要求将实测流量系列还原为天然流量系列。考虑到缺乏流域逐月用水损耗量资料，且总体上用水损耗量占径流量比例不大，这里采用实测流量资料计算。由于干流上大型水库——万安水库1993年蓄水后对枯季流量影响较大，本次采用1950—1992年实测径流资料计算外洲断面河道内生态需水量。

首先以日历年为单位统计各年年平均流量，并按从大到小次序排频，计算50%、75%和90%保证率下年平均流量及多年平均流量。同时，对各月的流量进行排频，计算50%、75%和90%保证率下各月的流量及各月流量的多年平均值。计算结果列于表3.10中。

表3.10　赣江干流外洲站不同保证率下月流量及年均流量　单位：m^3/s

项目	1月	2月	3月	4月	5月	6月	7月	8月	9月	10月	11月	12月	全年
多年平均	766	1178	2226	3824	4481	4880	2490	1480	1420	1044	900	733	2119
50%保证率	670	1060	2100	3270	4640	4460	2060	1340	1050	902	662	547	2029
75%保证率	413	771	1240	2650	3020	3150	1380	991	763	680	546	413	1652
90%保证率	336	467	841	1986	2400	2368	825	799	513	439	428	338	1497

（1）Tennant法。

1）按多年平均流量的百分比计算河流最小生态环境需水量。赣江流域汛期为4—9月，非汛期为10月至次年3月，因此将年内分为两个时期估算河流生态环境需水。已求出外洲站多年平均流量为2119m^3/s，最小生态环境需水按占多年平均流量10%计算，全年各月生态流量均为212m^3/s，全年最小生态环境需水量为$66.8\times10^8m^3$。一般等级时，按4—9月占多年平均流量30%，其他月份占多年平均流量10%计算，全年生态环境需水量为$133.8\times10^8m^3$。

2）按照改进的Tenant法，以各月流量的多年平均值代替多年平均流量，百分比仍按10%计算，全年最小生态环境需水量仍为$66.8\times10^8m^3$，但各月生态环境需水量已表现出季节性变化。一般等级时，按4—9月占各月平均流量的30%、其他月份占10%计算，全年生态环境需水量为$164.6\times10^8m^3$，而且季节性变化更加显著。

（2）枯水频率法。

1）在外洲站1950—1992年的月径流系列中，挑选最近10年1983—1992年，计算最枯月径流量为287m^3/s，相应的全年生态环境需水量为$90.5\times10^8m^3$。

2）从外洲站1950—1992年的月径流系列中，每年选出一个最枯月平均流量，组成43年系列，计算出90%保证率的最枯月平均流量292m^3/s，相应的全年生态环境需水量为$92.1\times10^8m^3$。

3）计算43年最枯月均流量的多年平均值为470m^3/s，相应的全年生态环境需水量为$148.2\times10^8m^3$。

（3）月保证率法。

以90%保证率为例，取5个推荐流量等级：最小、中、好、非常好和极好，对应的流量百分比分别为10%、20%、40%、60%和100%。计算得到90%保证率下各月不同等级下的生态流量值，见表3.11。在好、非常好和极好等级下，年生态需水量占90%保证率下年径流量的比例分别达到34.1%、42.8%和52.8%。

表3.11　　90%保证率下对应不同等级下的各月生态流量　　单位：m^3/s

流量等级	1月	2月	3月	4月	5月	6月	7月	8月	9月	10月	11月	12月
最小（10%）	150	150	223	382	448	488	249	150	150	150	150	150
中（20%）	299	299	299	418	499	542	299	299	299	299	299	299
好（40%）	336	467	599	599	599	599	599	599	513	439	428	338
非常好（60%）	336	467	841	898	898	898	825	799	513	439	428	338
极好（100%）	336	467	841	1497	1497	1497	825	799	513	439	428	338

3.4.2.2 水力学方法

水力学法主要通过水力学现场数据，分析河流流量与鱼类栖息地指示因子水面宽、湿周、水深等关系，从而确定河流生态需水流量。该法考虑了生物区的栖息地要求以及在不同流量水平下栖息地的变化，优点是只需要进行简单的现场测量，不需要详细的物种-生境关系数据，数据较容易获得。

（1）河道湿周法。湿周法是以河道湿周作为衡量栖息地质量的指标，并据此估算河道内生态基流。该法基于这样一种假设：水面以下的湿润河床区域是水生生物的主要栖息地。维持一定比例的河道湿周，将对整个河流生态系统起到决定性作用。通过河道的大断面实测资料和实测流量资料，建立断面湿周-流量关系曲线。根据湿周-流量关系曲线变化特征，把曲线由陡峭转变为平缓的转折点（拐点）对应的流量作为河流的生态需水量。由于根据曲线形状人为确定拐点往往有较大的偏差，可采用数学方法来确定拐点。即以曲线斜率等于1对应点（斜率法）或曲率最大对应点为拐点，该点对应的流量就是河道最小生态流量。

传统的湿周法是直接在湿周-流量关系曲线上确定拐点的，一种改进是在相对湿周-相对流量关系曲线按上述方法确定拐点。这里相对湿周、相对流量均采用与最大栖息地对应值的相对比例来表示，如有人建议采用多年平均流量作为最大栖息地流量，流量与多年平均流量的比值就是相对流量，湿周长与多年平均流量下湿周长的比值就是相对湿周长。

（2）R2-CROSS法。R2-CROSS法认为河流流量的主要生态功能是维持河流栖息地，尤其是浅滩栖息地，并采用河流宽度、平均水深、平均流速以及湿周率等指标来评估河流栖息地的保护水平，从而确定河流生态流量。针对河宽小于30m的中小河流，R2-CROSS法确定最小流量的标准见表3.12，对河宽大于30m的河流，其标准只能作为参考。表3.12中，湿周率指的是实际水面相应的湿周与水面达到河流顶宽时湿周的比值。

表3.12　　采用R2-CROSS法确定最小流量的标准

河流顶宽/m	平均水深/m	湿周率/%	平均流速/(m/s)
0.3～6.3	0.06	50	0.3
6.3～12.3	0.06～0.12	50	0.3
12.3～18.3	0.12～0.18	50～60	0.3
18.3～30.5	0.18～0.3	≥70	0.3

根据表3.12可得到生态流量所需的水力学参数：平均水深、湿周率和平均流速，再根据该断面建立的水深、湿周率和平均流速与流量的关系，分别得到3个流量值，然后再在这3个流量中选出所需要的生态流量。

3.4.2.3 栖息地模拟法

栖息地模拟法是将某一河段用流速、水深、湿周及河底形态等参数的变化表示的水力特性，与某一特定生物种群偏爱的栖息地联系一起，用以模拟流量和水生生物栖息地可利用性之间的关系。最有代表性的栖息地法是河道内流量增加法（IFIM法）。该方法由一系列水动力、水质、水文、生态等专业模型和各类方法组成，通过将水力学模型和生物信息模型结合，建立流量和鱼类适宜栖息地之间的定量关系，再由水文模型确定栖息地时间序列，为水资源规划提供科学的依据。由于IFIM法以栖息地模拟为主，因此可以用来评价河道修复的效果。

IFIM法选择鱼类作为指示物种，一方面由于鱼类处于水生生物群落食物链的顶层，对环境的变化最为敏感。作为顶级群落的鱼类，对其他类群的存在和丰度有着重要作用；另一方面，它与人类的关系十分密切，对人类有着食物、科研、美学价值等作用。流量、栖息地和鱼类产量之间的关系十分密切，在缺少种群数量记录的情况下，可以通过建立可利用的栖息地的数量和质量与流量之间的关系，评价流量变化和栖息地管理对鱼类栖息地的影响。鱼类栖息地是指鱼类能够正常生活、生长、觅食、繁殖以及进行生命循环周期中其他重要组成部分的环境总和。影响鱼类生存的因素包括非生物因素和生物因素。非生物因素主要包括：微生境因素-水深、流速、基质、覆盖物，中生境因素-河道形态（深潭、浅滩、急流等），大生境因素-水质、水温、浊度和透光度等。生物因素主要包括：食物链的组成和食料种类丰度等。通常所说的栖息地是指物理栖息地。

栖息地模拟过程包括微生境模拟、大生境模拟、栖息地整合和确定栖息地时间序列。其中，微生境模拟模型以物理栖息地模拟模型PHABSIM为主。PHABSIM基于以下假定：①栖息地适宜性是流量的函数，且与物种数量之间存在一定的比例关系；②水深、流速、基质和覆盖物是流量变化对物种数量和分布造成影响的主要因素，它们之间相互影响，共同确定河流微生境条件；③ 河床形状在模拟的过程中保持不变。

PHABSIM模型首先将河道断面分隔成间隔为 w 的 N 个单元，确定每个单元的平均垂直流速（v_i），水深（h_i）、基质属性（s_i）和覆盖物类型（c_i）等。然后，调查分析指示物种对这些参数的适宜要求，绘制环境参数的适宜性曲线，根据该曲线确定每个单元的环境喜好度，即水深喜好度（s_h）、流速喜好度（s_v）、基质喜好度（s_s）、覆盖物喜好度（s_c），它们都被表示为0～1之间的值。最后，根据式（3.46）计算每个断面、每个指示物种的总生境适宜性，将其称作加权可利用面积（WUA）

$$WUA = \frac{1}{L}\sum_{i=1}^{N} CSF_i(s_h, s_v, s_s, s_c)A_i \tag{3.46}$$

式中：WUA 为研究河段每单位长度的微生境适宜性；L 为研究河段长度；$CSF_i()$ 为每个单元影响因子的组合适宜性；A_i 为宽度为 w、长度为 L 两个相邻断面距离的每个单元的水平面积。

大生境模拟主要模拟水温、溶解氧、氨氮、有毒物质等。在鱼类的生活条件中，温度是一个极其重要的因素。温度是影响鱼类产卵和饲养的适宜性的重要水质参数。鱼类成熟和产卵开始的时期，主要取决于水温的高低，一般都在18℃开始产卵。而其他如氨、氮等物质，含量过高会引起富营养化，影响鱼类等水生生物的生存。水温和水质可以用专业模型软件模拟。通过模拟可以获得河段的水温和水质的适宜性。

对于研究的河段，总的栖息地面积计算如下：

$$HA(Q)=\sum_{k=1}^{K}WUA(Q,k)SI(Q,k)L(k) \tag{3.47}$$

式中：$HA(Q)$为在流量Q下河段的指示物种总的栖息地适宜面积；$SI(Q,k)$为在流量Q下第k小段河流的水温和水质的适宜值；$L(k)$为第k小段河流的长度；WUA为在流量Q下的单位长度的微生境适宜性面积。

3.4.2.4 整体分析法

整体分析法是从河流健康整体出发，根据包括生态学家、地理学家、水力学家、水文学家等在内的专家队伍意见，综合研究流量、泥沙输移、河床形态与河岸带群落之间的关系，使推荐的河道流量能够同时满足生物保护、栖息地维持、泥沙沉积、污染控制和景观维护等多种功能。其中，南非的BBM法和澳大利亚的HEA法为该类方法的代表。

BBM法的目的是确定河流、湿地、湖泊的水质和水量要求，保证它们保持在一个预定的状态，这种预定状态包括4种水平（记为A～D），A是接近自然状态，D是接近人工状态，B和C居中。该法主要是根据专家意见，定义河流流量状态的组成成分，利用这些成分确定河流的基本特性，这些组分包括干旱年基本流量、正常年基本流量、干旱年丰水流量、正常年丰水流量等。生态学家和地理学家对河流流速、水深和宽度提出要求，水文学家根据水文数据尽可能进行分析，以保证河流推荐流量可以得到满足，并且符合河流实际情况。

BBM法中的河流流量的组成成分是根据以下原则建立的：①人工影响的河流应该尽量模拟其原始状态；②保留河流的季节性或非季节性状态；③更多地利用湿润季节河水，尽量少用干旱季节水量；④保留干旱年和湿润年的基流季节模式；⑤保留一定的天然湿润季节洪水；⑥缩短洪水持续时间，但要保证洪水的生态环境功能，例如保证鱼类在洪泛区产卵和返回河道；⑦可以整个消除某些场次洪水，但需要完全保留其洪水量。

3.4.2.5 环境功能设定法

以上方法都是从维持河流的生态功能角度出发，确定河流所需水量。环境功能设定法从维持河流环境功能出发，估算所需的水量。

（1）冲沙输沙水量。输沙需水量主要与输沙总量和水流的含沙量的大小有关。水流的含沙量则取决于流域产沙量的多少、流量的大小以及水沙动力条件。一般情况下，根据来水来沙条件，可将全年冲沙输沙需水分为汛期和非汛期输沙需水。对于北方河流而言，汛期的输沙量约占全年输沙总量的80%左右。但汛期含沙量大，输送单位泥沙的用水量比非汛期小得多。根据对黄河的分析，汛期输送单位泥沙的用水量为30～40m^3/t，非汛期为100m^3/t。

汛期输沙需水量计算公式为

$$W_h=\frac{S_1}{C_{max}} \tag{3.48}$$

$$C_{\max} = \frac{1}{N}\sum_{i=1}^{N}\max\{C_{ij}, j = 1,2,\cdots,12\} \tag{3.49}$$

式中：W_h 为汛期输沙需水量，m^3；S_1 为汛期多年平均输沙量，t；$C_{\max}$ 为最大月平均含沙量的多年平均值，t/m^3；C_{ij} 为第 i 年 j 月的平均含沙量，t/m^3；N 为统计年数。

非汛期输沙需水量计算公式为

$$W_l = S_2 m_c \tag{3.50}$$

式中：W_l 为非汛期输沙需水量，m^3；S_2 为非汛期多年平均输沙量，t；m_c 为非汛期多年平均输送单位泥沙用水量，m^3/t。

全年输沙需水量为汛期与非汛期输沙需水量之和。

(2) 改善水质需水量。改善河流水质的稀释净化需水量与河流大小与特性、入河污染物负荷及河流水功能区水质目标有关。一般根据污染物在水体中输移、扩散特性，可分别采用零维、一维或二维数学模型计算。

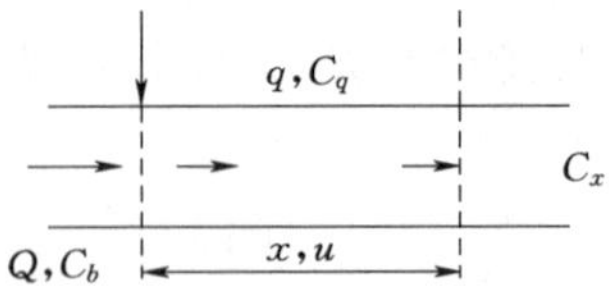

图 3.5 一维水质模型示意图

如图 3.5 所示，某河段上游断面有一处污水排放口，连续排放，污水流量为 q，污染物浓度为 C_q，河流上游来水流量为 Q，浓度为 C_b。假设污染物在河段横断面上均匀混合，有

$$C_o = \frac{C_b Q + C_q q}{Q + q} \tag{3.51}$$

污染物浓度沿河段变化，采用一维水质模型模拟，计算式如下：

$$C_x = C_o \exp\left(-\frac{Kx}{u}\right) \tag{3.52}$$

式中：C_o 为初始断面的污染物浓度，mg/L；C_x 为流经 x 距离后的污染物浓度，mg/L；x 为沿河段的纵向距离，m；K 为污染物综合衰减系数，1/s；u 为河道断面的平均流速，m/s。

设 C_s 为该河段水质目标浓度值，令 $C_x = C_s$，将式 (3.51) 代入式 (3.52)，可计算出河道断面流量 Q。Q 就是河道河流稀释净化需要的流量。

其他环境需水量，包括冲淤保港水量、防潮压咸水量等，可根据环境功能目标和水文条件，采用专门性方法计算。

3.5 总需水量预测

对于一个区域而言，经济社会发展是需水量增加的内在驱动因子，而单位用水标准(用水定额) 和水有效利用系数对需水量大小有着决定性影响。图 3.6 简要地表示了区域总需水量与经济社会发展驱动因子、生态环境目标及用水定额之间的关系。在预测出分项需水量的基础上，汇总可得到区域总需水量。

为了反映区域内经济社会及水资源条件的不均匀性，一般将较大区域划分为若干个子区，按子区进行需水量预测，然后再汇总，得到整个区域总需水量及其年内过程，以此作为水资源供需分析的依据。

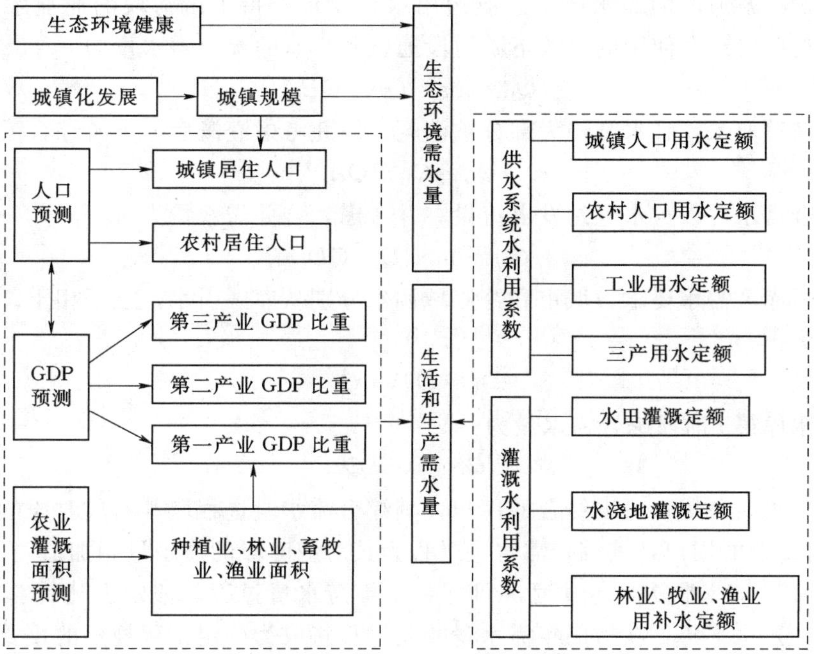

图 3.6 区域需水量预测结构图

应补充指出两点：①由于灌溉定额与降雨量及其年内季节分配有关，在灌溉面积及种植作物结构保持不变情形下，年灌溉用水量仍然是变动的，所以总需水量中灌溉需水量与灌溉保证率有关。一般讲，灌溉保证率越高，灌溉需水量越大。②在计算河道内需水量时，应综合考虑航运、水力发电等生产性需水和生态环境需水，采用分时段（月）取外包，得出综合的河道内需水量，而不应简单地累加。

下面以一个综合利用水库为例，进一步说明如何进行需水量分析汇总。如图 3.7 所示，该水库担负维持下游生态、跨流域调水、灌溉、城镇供水、发电、航运等任务。其中跨流域调水及城镇供水直接从库区引水，灌溉供水从坝下游河段取水，发电、航运及维持下游生态属于河道内用水。以月为时段，将一年划分为 12 个时段。对于第 t 时段，各项需水流量表示如下，库区跨流域调水流量为 QT_t；库区城镇供水引用流量为 QC_t，发电引用流量为 QD_t；坝下游河段灌溉取用流量为 QA_t；维持下游河段正常通航的流量为 QN_t；下游河道生态流量为 QE_t。

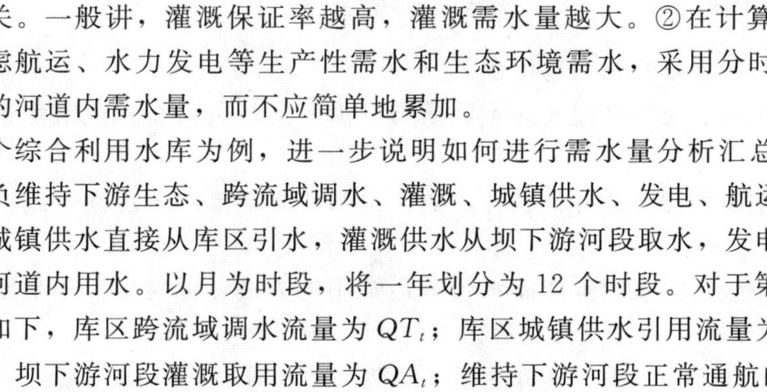

图 3.7 综合利用水库需水示意图

首先分析下游河段的需水要求。航运用水只要求维持下游河段的通航水位（流量），与生态流量是可以结合使用的。故下游河段通航和生态的综合需水量为

$$Q_{1t}=\max\{QN_t,QE_t\} \tag{3.53}$$

灌区从河道取水，且水量绝大部分被消耗。因此考虑灌溉后，下游综合需水量为

$$Q_{2t}=Q_{1t}+QA_t \tag{3.54}$$

下游综合需水可以与水电站发电流量一并考虑，合并需水量为

$$Q_{3t}=\max\{Q_{2t},QD_t\} \tag{3.55}$$

其次分析库区需水要求。城市和跨流域调水分别从库区引水，互不相干。因此，上游综合需水量为：

$$Q_{4t}=QT_t+QC_t \tag{3.56}$$

最终，水库第 t 时段综合需水量为：

$$Q_t=Q_{3t}+Q_{4t} \tag{3.57}$$

上述分析表明，用水可以结合的用户，其综合需水量过程取其对应时段的最大值（外包线）；不可结合的用户，其综合需水量过程为其对应时段的需水量相加值。

对 $t=1,2,\cdots,12$ 重复上述过程，即可获得年需水量过程。假定上述计算分析针对的是规划（设计）水平年，获得的年需水量及其过程将成为确定工程规模的重要依据。

以上确定的综合需水过程，是否能够全部得到满足呢？这就是供水量预测问题。如果水量不足，所有的需水量已经不能全额保证，那么又如何决定哪些需水该全部满足，哪些只能部分满足，这就是水量分配问题。后续章节将集中讨论供水量预测及水量分配问题。

思 考 题

1. 需水量与用水量的差别是什么？

2. 农业需水与工业需水最大的不同是与降雨密切相关。在农业需水预测时，如何考虑这点？

3. 工业需水量预测方法有很多种，如何说明预测结果的合理性，或者说需水量是合理的？

4. 定额法是生活需水和生产需水预测最常用的方法，你对生活用水定额、农业灌溉定额及工业用水定额的未来变化趋势是如何看待的？

5. 可以从哪些方面着手，降低生活、农业及工业需水量的增长速度？

6. 计算作物需水量的方法有哪几种？各种方法的适用范围？

7. 假定灌区面积、作物种植结构保持不变，其各年灌溉用水量是否相同？

8. ［例 3.2］中，请以作物生长阶段为时段，采用水量平衡方法推算各阶段灌水量，并与［例 3.2］结果进行比较。分析影响灌水量计算结果的因素。

9. 为什么要提出河道内生态环境需水问题？确定河道内生态环境需水量有哪些方法，各种方法需要哪些资料？又有哪些不足？

10. 采用表 3.10 数据，计算 75％保证率下对应不同等级的各月生态流量，并与表 3.11 结果进行比较，说明结果的差异。

11. 南方某河河床相对稳定，实测的大断面资料如题表 3.1 所列，又根据实测日流量

资料，获得该断面水位流量资料如题表 3.2 所列。要求：①根据实测的大断面资料，绘制湿周-水位关系；②根据湿周法，计算该断面河段最小生态流量。

题表 3.1　　某河实测大断面资料

起点距/m	河床高程/m	起点距/m	河床高程/m
0	43	110	32.5
5	44	116	33
10	42.6	120	33.5
20	42.5	123	34
25	41.5	130	34.5
38	40.5	135	35.5
41	39.5	139	36.5
43	38.5	143	37.5
45	37.5	146	38.5
47	36.5	148	39.5
50	35.5	151	40.5
60	34.5	160	41.5
90	34	165	42.5
100	33.5	170	41
104	33		

题表 3.2　　某河流量水位关系

水位/m	流量/(m^3/s)	水位/m	流量/(m^3/s)
32.5	0	38.0	631
33.0	9.7	38.5	793
33.5	18.2	39.0	971
34.0	28.8	39.5	1162
34.5	44.6	40.0	1362
35.0	74.2	40.5	1564
35.5	117	41.0	1765
36.0	179	41.5	1947
36.5	260	42.0	2130
37.0	363	42.5	2278
37.5	487		

第4章　供　水　预　测

4.1　概　　述

由于天然水资源时空分布通常与用户的需水要求不相匹配，因此需要修建各类水工程，来调节水资源的时空分布，以便及时满足各类用户的水需求。在江河、湖泊和地下水源上开发、利用、控制、调配和保护水资源的各类工程称为水工程，其中为社会和国民经济各部门提供用水的工程（或设施）称为供水工程。供水工程是连接水源与用水户之间的纽带。一般情况下，水由水源供给到用水户需要流经取水工程、输水工程、净水工程和配水工程等依次连接组成的串联工程系统，这个串联工程系统组成一个完整的供水工程。

按取水水源分类，供水工程可分为地表水（河流、湖泊、水库）供水工程、地下水供水工程和非常规供水工程。这里非常规供水工程包括雨水集蓄工程、中水回用及再生水利用工程、微咸水利用工程和海水淡化工程等。

按取水方式分类，供水工程又可分为蓄水工程、引水工程、提水工程、跨流域调水工程和混合取水工程等。其中，蓄水、引水、提水是三种基本取水方式。

各类供水工程的工程规模可以用不同特征参数来表示，如水库的总库容、兴利库容；引水工程的引水闸宽度、设计引水流量；泵站（机井）的功率、设计扬程和流量等。从水资源供需平衡分析角度，我们更关心在工程规模已经确定条件下，供水工程可以向用户提供的多少水量，用户需水量是否能够满足或满足到什么程度。为此，引入可供水量这个概念。针对单项供水工程，可供水量是指在不同水平年、不同保证率的情况下，考虑需水要求，供水工程可提供的能满足一定水质要求的水量。这里，可供水量的“可”字，表示某种计算条件下，供水工程“可能”或“可以”提供的水量，有别于工程的实际供水量和工程的供水能力。

具体讲，可供水量包含以下涵义：

（1）不同水平年，指的是现状水平年（反映现状条件）和规划水平年（近期、远期）。不同水平年反映了不同时期经济社会发展和水资源开发利用的程度，特别是用户需水量、供水工程规模随时间的变化。

（2）不同保证率，反映的是供水工程对用户供水的保证程度。由于降水及径流具有年际和年内季节性变化，导致水资源可利用量的年际年内变化，尤其是灌溉用水量与降水等水文气象因素密切，最终影响到供水的保证程度。

（3）考虑需水要求，指的是计算可供水量时，应把供水和需水结合考虑，弃水和不能为用户利用的水量（用户不需要的水）不能算作可供水量。一般讲，在丰水年份，供水能力较大，而需水量较小，可供水量决定于需水量；在枯水年份需水量较大，但供水能力小，可供水量决定于供水能力。这里供水能力为工程充分发挥作用可提供的水量，未考虑需水因素。

(4) 供水工程可提供的，意指供水量一定是供水工程所提供的，未经过供水工程的水量，不能计入可供水量。当然供水工程所提供的水量进一步地与工程规模、运用调度方式和调度规则有关。

(5) 能满足一定水质要求的。对于以地表水为供水水源时，应根据《地表水环境质量标准》(GB 3838—2002) 判别水源水质是否符合要求。对于以地下水为供水水源时，应根据《地下水质量标准》(GB/T 14848—93) 判别水源水质是否符合要求。水源水质不仅要考虑现状，还要考虑未来变化趋势。当有多种天然水源时，应首先考虑水质较好、净化简易的水源作为供水水源，或者考虑多水源分质供水。

对于一个区域而言，通常是多水源和多供水工程设施联合供水，且水源的水质也有差别，所以区域可供水量是指不同水平年不同来水情况下，通过各项工程设施，在合理开发利用的前提下，能满足一定的水质要求，可供各部门使用的水量。区域可供水量包括现状水平年不同保证率（或不同来水条件）下的可供水量，及未来水平年不同来水条件下所能提供的水量。

由于可供水量定义已考虑需求和供给两方面的因素，所以可供水量计算实际上就是供需平衡计算，其结果体现了水资源配置的效果。

供需计算时段，应以能客观反映供需矛盾，不致掩盖供需关系在时间上的缺水矛盾为原则来选取。一般讲应按月为时段进行区域供需平衡计算。对于水资源供需矛盾不突出的地区，也可以按年和关键供水期两个时段作供需平衡分析。此外，对于较大区域水资源供需分析，宜分区进行。对于灌溉工程，通常按 5 日（或旬）为一个时段。

4.2 蓄水工程可供水量

蓄水工程包括水库和塘堰（塘坝），其特点是具有一定的调蓄容积，能够对来水在时间上进行重新分配。根据水库径流调节原理，可计算蓄水工程可供水量。对于一个水库（或塘堰）而言，任意时段 t，以下水量平衡方程成立：

$$V_{t+1}=V_t+Q_t-W_t-SW_t \tag{4.1}$$

式中：V_{t+1}为水库第 t 时段末蓄水量或有效蓄水量（已扣除死库容水量）；V_t 为水库第 t 时段初蓄水量或有效蓄水量；Q_t 为水库第 t 时段净来水量（已扣除蒸发和渗漏损失水量）；W_t 为水库第 t 时段供水量；SW_t 为水库第 t 时段弃水量。这里假定河流生态环境需水已包含在 W_t 中。

将计算期内所有时段供水量累加，即获得水库（或塘堰）计算期内可供水量。在现状条件下，如果蓄水工程供水量资料比较完整，且系列较长，可直接采用统计的实际供水量资料计算现状水平年可供水量。至于未来水平年，由于用水条件发生变化，甚至蓄水工程规模也可能变动，其可供水量须经过专门计算确定。目前，在水资源供需分析中，常用的方法主要有长系列法、代表年法和简化计算法。其中，长系列法、代表年法一般用于大、中型蓄水工程。

4.2.1 代表年法

代表年法选择典型年进行调节计算，以求出多年平均可供水量。一般应选择枯水年、平水年、丰水年等三种典型年作为设计代表年。枯水年的保证率应与供水设计保证率 P 接近；平水年的平均流量应大致接近多年平均流量；丰水年的保证率应接近 $1-P$。而且代表年（特别是设计枯水年）的年内分配尽可能接近长系列的平均年内分配。对灌溉变动供水的调节，应结合来水、用水情况选择典型年，使来水与用水的代表年一致。

代表年法计算的基本方程是式（4.1），且假定年内来水过程 Q_t 和需水过程 D_t 均已知，要计算的是供水过程 W_t。代表年法调节计算按水利年度进行，从蓄水期开始，起始水位可定为死水位，计算期末水位回落至死水位。下面以一个例子说明。

【例 4.1】 某水库控制流域面积 $F=324\text{km}^2$，以灌溉为主，并结合灌溉发电。灌溉从坝下游河道取水，取水后河道内流量不小于 $1.0\text{m}^3/\text{s}$。水库调节库容 $74.3\times10^6\text{m}^3$，设计灌溉面积 0.93 万 hm^2，灌溉设计保证率 $P=85\%$，典型代表年为 1963 年。不同保证率的综合毛灌溉定额不同，$P=85\%$设计枯水年净来水量及灌水定额见表 4.1。求设计枯水年水库灌溉供水量。

表 4.1　　某水库 $P=85\%$典型年的年调节计算表

年.月	净来水量 $/10^6\text{m}^3$	灌水定额 $/(\text{m}^3/\text{hm}^2)$	灌溉需水量 $/10^6\text{m}^3$	生态需水量 $/10^6\text{m}^3$	综合需水量 $/10^6\text{m}^3$	来水-需水 $/10^6\text{m}^3$	水库放水量 $/10^6\text{m}^3$	月末有效蓄水量 $/10^6\text{m}^3$
(1)	(2)	(3)	(4)	(5)	(6)	(7)	(8)	(9)
1963.4	50.3	0	0	2.6	2.6	47.7	27.5	22.8
1963.5	69.2	420	3.9	2.6	6.5	62.7	27.5	64.5
1963.6	37.3	1670	15.5	2.6	18.1	19.2	27.5	74.3
1963.7	7.7	2600	24.2	2.6	26.8	−19.1	26.8	55.2
1963.8	9.1	2340	21.8	2.6	24.4	−15.3	24.4	39.9
1963.9	7.9	3450	32.1	2.6	34.7	−26.8	34.7	13.1
1963.10	2.8	1410	13.1	2.6	15.7	−12.9	15.7	0.2
1963.11	13.3	12	0.1	2.6	2.7	10.6	5.2	8.3
1963.12	4.6	0	0	2.6	2.6	2	5.2	7.7
1964.1	1.7	54	0.5	2.6	3.1	−1.4	5.2	4.2
1964.2	1.7	22	0.2	2.6	2.8	−1.1	5.2	0.7
1964.3	4.5	12	0.1	2.6	2.7	1.8	5.2	0
合计	210.1	11990	111.5	31.2	142.7	67.4	210.1	

解： 首先分析需水过程。每月灌溉用水量为灌水定额与灌溉面积乘积，累加得到年灌溉用水量为 $111.5\times10^6\text{m}^3$，如第（4）栏。下游河道每月的最小（生态）需水量为 $1.0\times30.4\times24\times3600\approx2.6\times10^6\text{m}^3$，如第（5）栏。每月综合需水为生态需水与灌溉用水之和，如第（6）栏。水库供（放）水量不应小于综合需水量。

其次分析水库调节过程。对照来水过程和需水过程［表 4.1 第（7）栏］，发现 4—6

月来水多、需水少，水库应该属于蓄水期。假定3月底水库放空至死水位，即水库有效蓄水量为0；4—6月来水量减去相应的需水量后，还有多余水量129.6×10^6 m^3，大于水库调节库容，说明水库不但能够蓄满，而且有多余水量下泄。这里假定蓄水期水库也是均匀放水。7—10月来水不能满足需水要求，为灌溉供水期，水库按综合需水要求放水。11月至次年3月为发电灌溉结合期，水库尽量均匀放水，至3月底水库放空。

给出水库放水过程后，根据式（4.1）可求出水库蓄水过程，见表4.1第（9）栏。每个月放水量均大于等于灌溉需水量和河道内生态需水量之和，无缺水发生。85%来水条件下净来水量为210.1×10^6 m^3，灌溉需水量为111.5×10^6 m^3，水库灌溉可供水量为111.5 ×10^6 m^3。即设计枯水年水库灌溉可供水量等于灌溉需水量，或称为“以需定供”。

对于其他保证率如50%、75%、90%或95%的水库可供水量，原则上采用同样方法确定不同保证率可供水量。但是在$P=90\%$或95%时，水库的来水更枯，此时水库的可供水量与来水、需水、工程供水能力之间的关系比较复杂，可供水量有可能小于需水量，这时选择典型年通过调节试算才能确定水库的可供水量。

具体步骤为：①计算典型年的现状逐月来水量；②假定灌溉面积，根据灌区毛灌溉用水定额推求逐月用水过程；③计入损失进行调节计算，求需要的兴利调节库容，其值等于水库兴利库容或虽小于水库兴利库容但来水已全部利用时，假定的灌溉面积即为所求；否则减少灌溉面积重算；④对所求得的灌溉面积进行判断，当灌溉面积大于设计灌溉面积时取设计灌溉面积为保证灌溉面积（保灌面积），当所求面积小于设计灌溉面积时取所求面积为保灌面积；⑤用通过试算法求得的保灌面积乘以综合毛灌溉定额计算出灌区年用水量，此值即为水库该保证率的可供水量。

4.2.2　长系列法

长系列法需具有30年以上的径流系列及综合利用各部门相应的用水资料。根据各水利年分时段（以月或旬划分时段）的水库来水量及同期用水量，按事先确定的调度规则（运行策略），顺时序进行径流调节计算。

调节计算基本方程仍然是式（4.1）。设D_t表示第t时段各用水户总需水量；水库第t时段可用水量为$WU_t=V_t+Q_t$，其中V_t表示第t时段初水库有效蓄水量，Q_t意义同前。则水库第t时段供水量W_t为

$$W_t=\begin{cases}D_t, & WU_t\geqslant D_t\\ WU_t, & WU_t<D_t\end{cases} \tag{4.2}$$

第一种情形$WU_t\geqslant D_t$，$W_t=D_t$，缺水量为0，称为“以需定供”。

第二种情形$WU_t<D_t$，$W_t<D_t$，缺水量不为0，称为“以供定需”。设相应的缺水量为DW_t，则有

$$DW_t=D_t-W_t \tag{4.3}$$

根据式（4.1）并考虑到水库最大蓄水量限制，相应地水库第t时段末有效蓄水量V_{t+1}为

$$V_{t+1}=\begin{cases}0, & WU_t<D_t\\ WU_t-D_t, & D_t\leqslant WU_t\leqslant D_t+V_e\\ V_e, & WU_t>D_t+V_e\end{cases} \tag{4.4}$$

式中：V_e 为水库第 t 时段末允许最大有效蓄水量。在 $WU_t>D_t+V_e$ 情形下，水库将产生弃水（这里将超过需水量的部分水量称为弃水），弃水量为

$$SW_t=WU_t-D_t-V_e \tag{4.5}$$

加上水库供水量 $W_t=D_t$，则这种情形下第 t 时段水库总放水量为

$$TW_t=WU_t-V_e=Q_t-(V_e-V_t) \tag{4.6}$$

综合式（4.2）和式（4.6），可得到水库放水量（包括供水量在内）表达式如下：

$$TW_t=\begin{cases}WU_t & WU_t<D_t\\ D_t & D_t\leqslant WU_t<D_t+V_e\\ WU_t-V_e & WU_t\geqslant D_t+V_e\end{cases} \tag{4.7}$$

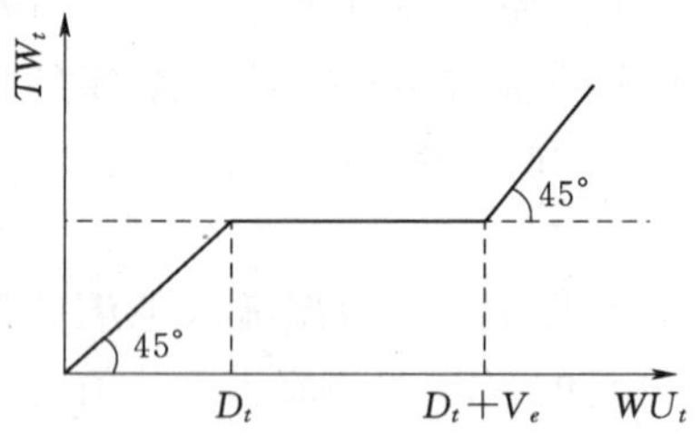

图 4.1　水库简化运行策略

式（4.7）所表达的水库调度策略通常称为简化运行策略。为直观起见，将水库简化运行策略以图形表达，如图 4.1 所示。

以第 t 时段末有效蓄水量作为第 $t+1$ 时段初的蓄水量，逐个时段进行计算，直到计算期结束，可获得各时段水库供水量、弃水量、缺水量及时段末水库蓄水量。

将各水利年度各时段供水量相加，得到年可供水量 W_y 系列。将 W_y 从大到小排频，可获得年可供水量频率曲线。根据该曲线，可求出不同保证率下的年可供水量。同时可统计 W_y 系列中正常供水年数，按下式计算正常供水保证率：

$$P=\frac{m}{N+1} \tag{4.8}$$

式中：P 为供水保证率；m 为正常供水年数；N 为计算系列年数。

这里正常供水可以该年缺水量为 0 或水库未放空至死库容为判断依据。

长系列法的计算起始时刻，一般可取连续丰水年最后一年丰水季节结束后水库蓄满（对于设有汛限水位的水库，也可采用汛限水位）的时刻。也可选择蓄水期起始时刻为计算起始时刻。当水库为年调节水库时，起始水位可定为死水位，计算期末水位回落至死水位；当水库为多年调节水库时，起始和计算期末库容一般可取死库容加 0.5～0.6 倍有效库容。

以上方法中，为简化计算，水库的蓄水过程按早蓄方案考虑，即水库在蓄水期有余水就蓄水，兴利库容蓄满后还有多余水量再弃水。供水过程按照只要有水就尽量供水，不管后续时段缺水程度的原则考虑。显然，这种蓄水、供水方式有其不足的方面。

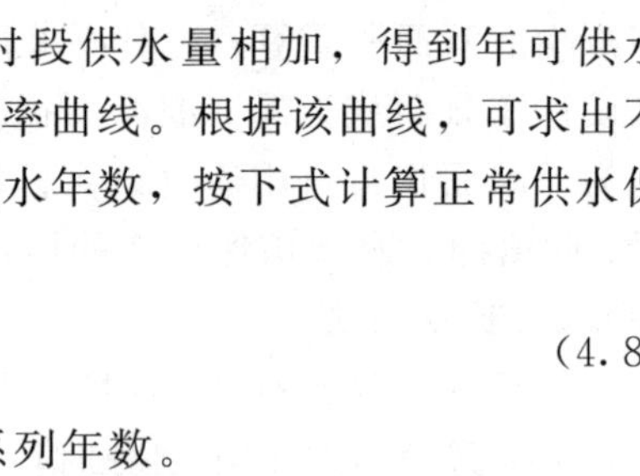

图 4.2　以供水为主的水库调度图

绘制水库供水调度图，按照调度图指导水库供水，可以较好地弥补上述方法不足。对于以供水为主的水库，其调度图一般分为三个区（图 4.2）。

（1）加大供水区Ⅰ。上限为汛限水位线或正常蓄

水位，下限为防破坏线。

（2）保证供水区Ⅱ。上限为防破坏线，下限为限制供水线。

（3）降低供水区Ⅲ。上限为限制供水线，下限为死水位。

当时段初库水位处于保证供水区时，该时段供水量等于需水量；当时段初库水位处于降低供水区时，该时段供水量小于需水量，比如按80%需水量供水；当时段初库水位处于加大供水区时，视需求情况加大供水或者仍按需水量供水。

上述调节方法将多用户需水量合并，以总需水量来表达。如果可供水量等于总需水量，每个用户各取所需，需水量都能满足。如果可供水量小于总需水量，该方法并没有解决各用户之间如何分配水量的问题。

同样可借助水库调度图来指导多用户供水。对于综合利用水库，根据开发任务的主次、设计保证率的高低、用水量的大小等因素，确定调度图分区和调度运用方式。图4.3是一个为多部门供水的水库调度图。分为5个区，Ⅳ区：工业和城镇、农业灌溉均按正常供水量的一折扣供水；Ⅲ区：工业和城镇正常供水、农业灌溉80%供水；Ⅱ区：均正常供水；Ⅰ区：加大工业和城镇、农业供水。另外，有防洪任务的水库，还有防洪区。

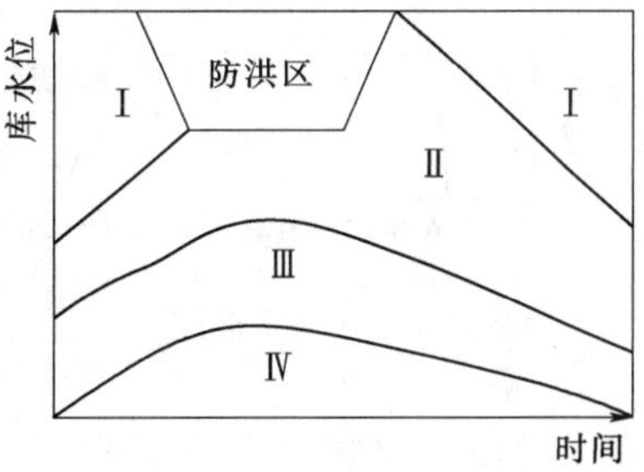

图4.3 综合利用水库调度图

按照水库调度图指导供水，能较好地平衡当前时段与后续时段供水要求，并可以兼顾不同部门间供水的保证程度。

4.2.3 简化计算法

对于小型蓄水工程和部分中型水库，由于资料缺乏不能应用以上两种方法计算可供水量时，通常采用简化计算法。采用此法的另一个原因是小型水库和塘堰数量众多，单个工程蓄水量小，可供水量小，逐个计算可供水量既不现实也无必要。

简化计算法是参考相邻流域和类似地区的计算成果，利用比拟法、经验公式法或其他方式估算可供水量的一种方法。常见的简化计算法有以下几种。

（1）保灌系数法。水库（塘坝）保证灌溉面积 A_p 与设计（或有效）灌溉面积 A 之比值称为保灌系数。保灌系数具有某种折算性质，它同样与诸多因素有关，一般通过分类典型调查分析得出。保灌系数法的年可供水量计算式如下：

$$W_m = cAm \tag{4.9}$$

式中：W_m 为中小型水库（塘坝）可供水量，$10^4 m^3$；c 为保灌系数，某地 c 值见表4.2；A 为水库设计灌溉面积，$10^4 hm^2$；m 为保证率 P（%）的全年综合毛灌溉定额，m^3/hm^2。

表4.2 某地小型水利工程复蓄指数与保灌系数表

参数		$P=50\%$	$P=75\%$	$P=90\%$
保灌系数 c		0.9	0.8	0.7
复蓄指数 k_p	小型水库	1.52	1.39	1.10
	塘坝	1.57	1.42	1.20

(2) 复蓄指数法。水库（塘坝）年可供水量与有效调蓄容积之比值称为复蓄指数（或水库调节系数）。由于利用有效库容的多次充蓄（不一定每次蓄满），复蓄指数可大于1。复蓄指数与水库（塘坝）集水面积、来水多少（不同保证率）、相对有效库容大小、担负的灌溉面积等多种因素有关，一般通过分类典型调查分析得出。复蓄指数法的年可供水量计算式如下：

$$W_m = k_p V_e \tag{4.10}$$

式中：k_p 为不同频率年的复蓄指数，某地 k_p 值参见表4.2；V_e 为有效库容，$10^4 m^3$；W_m 意义同前。

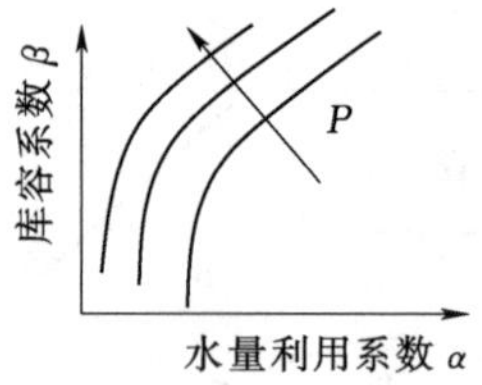

图4.4　β-P-α关系曲线

(3) 水量利用系数法。中小型水库多为年调节水库。在同一水文参数区域内，通过调查，收集水库特性资料，按反映调节性能差异的库容系数（调节库容与水库多年平均来水量之比）的大小，选择有代表性的水库，进行不同频率（P=50%、75%、90%或95%）年型的调节计算，求得供水量 W_m，计算水量利用系数 α（指供水量与水库多年平均来水量之比）和库容系数 β。以库容系数 β 为纵坐标，水量利用系数 α 为横坐标，以频率 P 为参数，绘制 β-P-α 关系曲线，如图4.4所示，以供查算。不同保证率的年可供水量为

$$W_m = \alpha W_{in} \tag{4.11}$$

式中：W_{in} 为水库多年平均来水量。某地水量利用系数 α 参见表4.3。

表4.3　某地小型水利工程水量利用系数表

参　数	塘坝	小（2）型水库	小（1）型水库
水量利用系数 α	0.4	0.4～0.5	0.5～0.6

对于小型水库和塘堰，可根据降水量和承雨面积、径流系数估算来水量，再扣除塘堰蒸发、渗漏、废弃等损失水量，估算水量利用系数。

(4) 抗旱天数法。根据典型年实际调查资料，拟定小水库、塘堰的抗旱天数和灌溉面积，估算其年可供水量：

$$W_m = eTA \times 10^{-3} \tag{4.12}$$

式中：e 为抗旱期间作物日耗水强度，mm/d；T 为抗旱天数，d；A 为保灌面积，hm^2；W_m 意义同前。

简化计算法只求出总供水量，还需要分配到各月。各月水量分配系数应调查确定。

上述长系列法和代表年法又称时历法。此外，对于大、中型蓄水工程（水库）可供水量的计算还有概率法和随机模拟法。概率法及随机模拟法需具有年、月（或旬）的径流及综合利用各部门用水量的概率分布、统计参数、序列相关系数及径流与用水量的相关系数。其中，概率法只能用于多年调节蓄水工程，特别适用于调节程度高的情况。随机模拟法则兼有时历法和概率法的优点，不足是计算难度及工作量均较大。

4.3 引水工程可供水量

引水工程借重力作用从江河、湖泊等地表水源引水，并自流将水送到目的地。这里目的地可以是农田，也可以是中转设施，如湖泊、水库或水厂调节池。

根据取水方式不同，引水可分为无坝引水和低坝引水。当水源（如河流）的水位、流量均能满足用水量要求时，即可选择适宜的位置作为取水地点修建进水闸引水自流供水，形成无坝引水。无坝引水取水部分一般由进水闸、冲沙闸和导流堤三部分组成。进水闸控制入渠流量，冲沙闸冲走淤积在进水闸前的泥沙，而导流堤一般修建在中小河流中，平时发挥导流引水和防沙作用，枯水期可以截断河流，保证引水。

当河流水源虽较丰富，但水位较低时，可在河道上修建壅水建筑物（坝或闸），抬高水位，自流引水输水，形成低坝引水的方式。低坝引水枢纽主要由拦河坝（闸）、进水闸、冲沙闸及防洪堤等建筑物组成。其中，拦河坝是拦截河道，抬高水位，以满足灌溉引水的要求，汛期则在溢流坝顶溢流，宣泄河道洪水，而在洪水期为减少拦河坝上游的淹没损失，可在拦河坝上游沿河修筑防洪堤。

无坝引水、低坝引水工程布置示意图如图 4.5 所示。

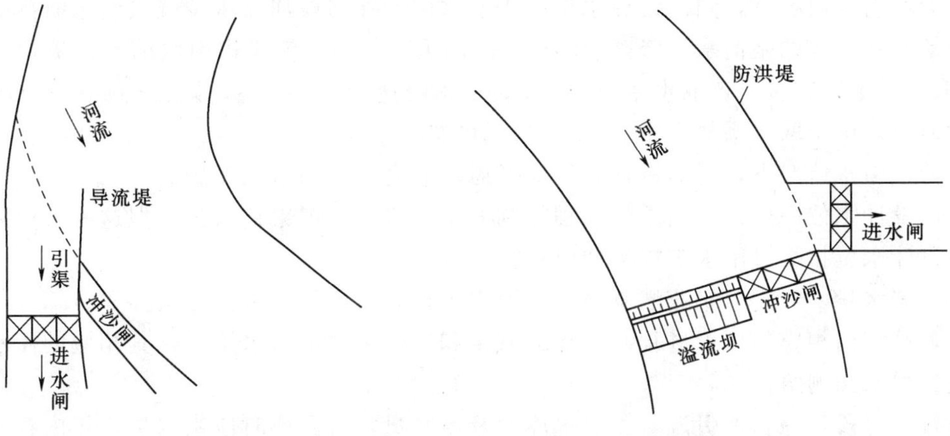

图 4.5 引水工程布置示意图

由于无坝、低坝引水工程不能对河流来水进行调节，只能根据河流来水量，综合考虑河道内生态环境流量要求与河道外其他用户用水量要求，引部分河流流量供用户使用。此外，引水工程的引水能力以及用户的需水量大小，也影响引水工程的可供水量。

引水工程年可供水量采用下式计算：

$$W_d = \sum_{t=1}^{T} \min\{Q_t, Y_t, D_t\} \tag{4.13}$$

式中：W_d 为年可供水量；Q_t 为第 t 时段引水口的可引流量；Y_t 为第 t 时段工程的引水能力；D_t 为第 t 时段的需水量；T 为年内计算时段数。一般而言，对于区域水资源供需分析，以月（或旬）划分时段；对于灌区引水量计算，通常采用旬（或 5 天）为时段；对于城镇和工业供水，采用以天为时段。

引水工程可供水量计算包括 3 个部分。

（1）可引流量。河流天然来水存在丰枯、季节性变化。在少水年枯水期，从河流引水流量应小于河流来流量。如果进一步考虑河道内生态环境需水和下游用户的基本需水要求，可引流量应远小于河流来流量。

如果引水、提水工程的水源为大江、大湖，水量有保证，则关注的重点是引水处江湖各时段平均水位情况。如果水位偏低，也可能出现引不到水这种情况。

（2）工程引水能力。它与进水闸的引水流量及引水渠道的过水能力有关。假定进水闸闸孔尺寸（主要指闸底板高程和闸孔的净宽）已经确定，如果过闸水流状态为宽顶堰淹没出流，则过闸引水流量可按下式计算：

$$Y_t = \sigma_s \varepsilon m \sqrt{2g} H^{3/2} B \tag{4.14}$$

式中：Y_t 为过闸流量，即引水能力，m^3/s；B 为闸孔净宽，m，若分多孔，则为 nb（n 为孔数，b 为每孔净宽）；σ_s 为淹没系数，与闸前及闸后水位有关；ε 为侧收缩系数，与边墩及中墩形状、个数及闸孔净宽有关；m 为宽顶堰流量系数，与进口是否设置底坎的形状有关；H 为包括行近流速水头的闸前堰顶总水头，m。其中，σ_s、ε、m 可参阅水力学中有关公式计算或查表确定。

在无坝引水情况下，闸前设计水位等于引水闸所在河段河流水位减去引水时部分位能转化为动能所形成的闸前水位降落差 Δz。Δz 的大小与引水流量占引水前河流流量的比例（称为取水系数）有关。若取水系数为 0.3，引水流速为 $1.0m^3/s$，则 Δz 约为 0.03m。在大江大河上，由于取水系数很小，Δz 甚微，可忽略不计。

在低坝引水情况下，闸前设计水位应考虑坝的壅水抬高水位作用。

闸后设计水位一般是根据灌区高程控制要求确定的干渠渠首水位，但这一水位还应根据闸前设计水位扣除过闸水头损失加以校核。

（3）需水量。对于为农业灌溉服务的引水工程，需水量可根据灌溉面积、综合灌水定额确定，并定出相应的用水过程。对于为城镇和工业供水的引水工程，其相应的需水过程也可通过需水预测给出。

对每个时段，综合可引流量、引水能力及需水量，可获得时段供水量。年内各时段供水量相加即可得到引水工程年可供水量。一般讲，在引水工程规模（尺寸）确定情况下，在水源充足地区，决定可供水量的常常是供水对象的需水量，即以需定供。在水源贫乏的枯水季节，决定可供水量的是可引流量。

现状条件下引水工程可供水量可根据实际引水量数据计算。这里实际引水量既可是实测的引水量，也可以是根据灌溉面积和综合灌溉定额推算的引水量，还可以是根据耗水量和水利用系数推算的引水量。对于规划水平年或现状资料不足时，可采用下面介绍的方法计算。计算前提是进水闸闸孔尺寸（规模）已给定，引水能力将取决于河流来水量（或水位）及闸后水位。

4.3.1　长系列法

所谓长系列法，就是根据历年的引水工程处河流可引流量过程和已定供水区的用水过程，逐年逐时段进行比较，从而确定可供水量频率曲线和不同保证率下的年可供水量。

具体步骤如下：

（1）选择有代表性的系列年组，假定系列年数为 N 年。

（2）计算历年的河流可引流量过程和供水区的需水过程，一般可采用月（或旬或5日）作为计算时段。河流可引流量等于河流来水流量扣除河道内需保留的流量。

（3）逐时段进行引水水量平衡计算（[例4.2]）。将同一段时间的可以引取的河流来水量与引水能力、需水量进行比较，取三者中最小的数字作为供水量。当同一时段的供水量小于需水量时，即表示该时段出现供水遭到破坏的情况。

（4）将年内各时段供水量相加，得到年可供水量。统计 N 年的年可供水量，按从大到小排频，可获得年可供水量频率曲线和不同保证率下的年可供水量。

（5）统计 N 年中，年供水量满足需水量的正常供水年数为 m，按期望值经验公式计算频率[式（4.8）]，获得正常供水的年保证率。

4.3.2 代表年法

代表年法就是选择某几个代表年份，进行引水量计算。以灌溉引水工程为例，具体计算步骤如下：

（1）选择代表年。为避免仅选择一个年型作为代表年带来的偶然性，一般可按下述方式选择一个代表年组：①对进水闸处河流历年（或历年灌溉临界期）的来水量，进行频率分析，按所要求的灌溉设计保证率，选出2～3年，作为设计代表年，并求出相应年份的灌溉用水过程；②对灌区历年作物生长期降雨量或灌溉定额进行频率分析，选择频率接近灌区所要求的灌溉设计保证率的年份2～3年，作为设计代表年，并根据水文资料，查得相应年份河流的来水过程；③由上述一种或两种方法所选得的设计代表年中，选出2～6年，组成一个设计代表年组。

（2）对设计代表年组中的每一年，逐时段进行引水量平衡计算与分析（具体计算方法同长系列法）。

（3）选择设计代表年组中最小年可供水量，作为灌溉设计保证率的年可供水量。

4.3.3 设计灌水模数法

灌水模数是指灌区单位面积上所需灌溉的净流量。该法首先根据灌区所处位置及水旱田面积比例等，参考附近灌区的灌水经验，选定设计灌水模数值 $q[\mathrm{m^3/(s\cdot100hm^2)}]$，并按下式确定渠首设计引水流量：

$$Q_d=\frac{qA}{\eta} \tag{4.15}$$

式中：Q_d 为渠首设计引水流量，$\mathrm{m^3/s}$；q 为设计灌水模数；A 为灌溉面积，$100\mathrm{hm^2}$；η 为灌溉水利用系数。

然后统计历年作物生长期或灌溉临界期中渠首河段最小五日（或旬）平均流量，扣除河道内需水流量即为河流可引流量，然后绘制可引流量频率曲线。根据渠首设计引水流量 Q_d，在频率曲线上查得相应频率 P，此值就是灌溉保证率。如 P 小于设定的灌溉设计保证率，则应减小灌溉面积或改变作物组成以减小灌水模数值，直至 P 等于灌溉设计保证率。

此法将灌溉用水视为固定不变的，这与实际情况有出入，故仅适用于初步规划阶段。

【例 4.2】 某河流通过引水工程向某地区供水，典型年各月河流来水及需水过程见表 4.4，各月河道内保留的流量及工程引水能力也列于表中，试计算该工程可供水量。

解： 首先河流来水减去河道内保留的流量，获得各月可引流量。然后根据式（4.13），计算获得各月供水流量及全年可供水量。从表 4.4 可见，8 月和 9 月分别由于可引流量限制和引水能力制约，供水流量小于需水流量，意味着这两个月出现缺水，总缺水量 $0.82\times10^8m^3$。该年总供水量为 $21.07\times10^8m^3$，属缺水年份。

表 4.4 引水工程供水量计算表 单位：m^3/s

月份	来水流量	河道内保留流量	可引流量	引水能力	需水流量	供水流量
4	150	90	60	70	60	60
5	210	126	84	95	80	80
6	305	183	122	135	100	100
7	390	234	156	175	120	120
8	236	142	94	105	110	94
9	160	80	80	75	90	75
10	190	95	95	85	70	70
11	105	53	52	45	40	40
12	95	48	47	45	40	40
1	87	44	43	40	35	35
2	96	48	48	45	35	35
3	125	63	62	55	50	50
全年水量 $/10^8m^3$	56.69	31.83	24.86	25.14	21.89	21.07

当区域引水工程资料不全或数量多、工作量大时常用简化方法计算。即通过对有代表性的引水工程的调节计算，得到一些经验参数。然后推广到其他引水工程的供水量计算。例如，通过对代表性工程计算，求其不同保证率下的保灌面积占灌溉面积之比，然后用保灌面积法计算供水量。

4.4 提水工程可供水量

提水工程利用水泵等抽水装置把水提升到一定高度，然后自流或有压输送到目的地。提水工程包括地表水提水工程（泵站）和地下水提水工程（机电井）。

地表水提水工程从河流、湖泊及水库提水，其可供水量主要受河湖来水情况、最低枯水位、泵站提水能力和用户需水量等因素制约。年可供水量计算公式为

$$W_p = \sum_{t=1}^{T}\min\{Q_t, P_t, D_t\} \tag{4.16}$$

式中：W_p 为提水工程年可供水量；Q_t 为第 t 时段可提水量；P_t 为第 t 时段泵站提水能力；D_t 为第 t 时段的需水量；T 为年内计算时段数，这里以水利年度计。

当泵站从河道取水时，应充分考虑河流来水量、河道内生态环境需水要求和河流下游工农业用水要求，确定河流可提流量。当泵站从湖泊（或水库）取水时，尽管湖泊（水库）有一定调蓄能力，但也要考虑生态环境和综合用水要求对取水量的限制，比如最小生态需水位限制。

泵站提水能力以泵站提水流量表示。泵站的作用是依靠外部电力（或动力），将水从低处提升到较高处或将水压送到所需之处。如图 4.6 所示为一个泵站，进水池通过进水孔（管）与河道（湖库）水体连通，两者水位基本相同，进水池中水经水泵抽取后送到位于高处的水池（称为出水池）。在这过程中，单位质量水流经水泵后所获得的能量增量称为扬程，其值大小可用米（m）来表示。水泵的扬程等于出水池、进水池水面间高程差（称为净扬程 H_0）与通过管路的水力损失水头之和。在水泵型号及泵站管路系统已经确定条件下，泵站提水流量随净扬程变动在一定范围内变化。当假定出水池水位不动时，则泵站提水流量随河流（湖库）水位变动而变化。

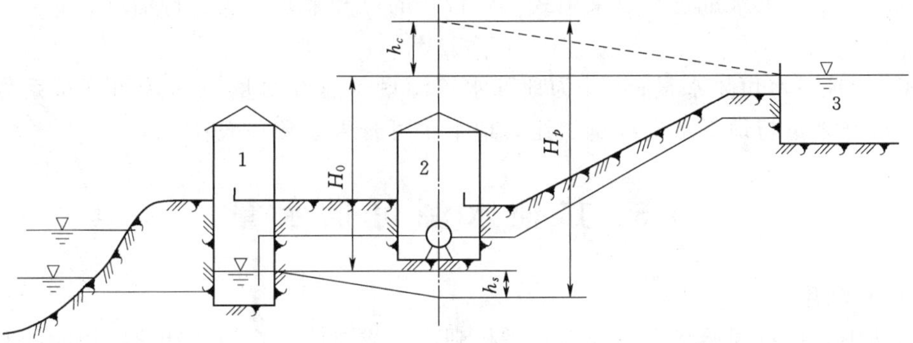

图 4.6　提水泵站示意图

1—进水池；2—泵站；3—出水池

地表提水工程可供水量可采用长系列法或代表年法计算，长系列法具体步骤如下：

(1) 选择有代表性的系列年组，假定为 N 年。

(2) 计算历年的河流来水过程和供水区的需水过程，一般可采用月（或 5 日或旬）作为计算时段。同时计算同期河流水位过程。

(3) 逐时段计算河流可提水量、泵站提水能力，其中泵站提水能力等于提水流量乘以时段内开机小时数，一般地采用每天开机 24h，小型泵站采用每天开机 22h。然后，将河流可提水量与提水能力、需水量进行比较，取三者中最小的数字作为供水量。当同一时段的供水量小于需水量时，即表示该时段出现供水遭到破坏的情况。

(4) 将年内各时段供水量相加，得到年可供水量。统计 N 年的年可供水量，按从大到小排频，可获得年可供水量频率曲线和不同供水保证率下的可供水量。

代表年法步骤与引水工程计算方法类似。同样的，如果有较长期的提水工程提水量记录数据，也可据此直接计算现状水平年提水工程可供水量。

地下水可抽取用于农田、林草地的灌溉及工业和生活用水。地下提水工程可供水量是指通过提水设备从地下提取为用户所用的水量，与当地地下水可开采量、机电井提水能力及需水量等有关。地下水工程可供水量仍采用式（4.16）计算，只是 Q_t 表示第 t 时段地下水可开采量，它受地下补给速率限制；P_t 表示第 t 时段机井提水量，受机井提水能力限制；其余符号意义不变。

在上述因素中，机井提水能力与泵站提水能力类似，主要与井水位至上水面的高程差有关（即净扬程和井水位降深有关）。地下水可开采量是可供水量的最主要限制因素。对于地下水开采利用程度较高的地区，要特别考虑补给量与开采量之间的平衡关系。对照地下水动态观测资料，估算有一定补给保证的地下水可开采量，作为该地区的地下水可供水量。对于地下水开采利用程度低的地区，只要提水设备能力允许，可按“以需定供”，直接以用户需水量作为地下水可供水量。地下水可开采量的计算方法有很多，可参阅水文地质手册及地下水资源评价等书籍。

现状地下水可供水量也可通过实际供水量调查法确定。例如，根据泵站的提水能力与开机时间的乘积计算各时段供水量。也可以根据灌溉面积和灌水定额计算供水量。规划水平年地下水可供水量预测一般依据机电井发展规划来估算，以可开采量作为控制条件。

区域地下水可供水量还可以采用式（4.17）的可开采系数法进行估算。

$$W_p \leqslant \rho W_G \tag{4.17}$$

式中：W_p 为地下水可供水量；W_G 为地下水资源量（总补给量）；ρ 为可开采系数，它等于地下水可开采量与地下水资源量之比。地下水可开采系数一般在 0.7～0.8。

4.5 其他水源可供水量

4.5.1 雨水利用

雨水利用是指对原始状态下的雨水进行利用，或对雨水在最初转化阶段时的利用。雨水利用可以粗略地分为农业雨水利用和城市雨水利用。

（1）农业雨水利用。主要有以下形式：①雨水当时和就地的利用，包括为了提高土壤水利用率的措施，如深耕耙耧、覆盖保墒等；②水土保持措施，主要是拦截降水径流，提高土壤水分含量，如梯田、水平沟、鱼鳞坑以及在小流域治理中的谷坊、淤地坝等治沟措施；③拦截雨洪进行淤灌或补给地下水；④微集雨，即利用作物或树木之间的空间来富集雨水，增加作物区或树木生长区根系的水分；⑤雨水集蓄利用，是指采取人工措施，高效收集雨水，加以蓄存和调节利用的微型水利工程。

雨水集蓄利用是雨水利用的一种形式。雨水集蓄利用工程都包括了对雨水的收集、存储等工程措施以及对雨水的调节和高效利用，是一种小微型蓄水工程。我国开展雨水集蓄利用的区域主要涉及 13 个省（直辖市、自治区），700 多个县，国土面积约 200 多万 km^2，人口 2.6 亿人。主要在西北黄土高原丘陵沟壑区、华北半干旱山区、西南季节性缺水山区、川陕干旱丘陵山区以及沿海及海岛淡水缺乏区。其中，西北、华北许多山区，地表水、地下水十分缺乏，不仅农业生产靠天吃饭，人畜用水也严重不足。西南山区虽然全年降雨比较充沛，但分布不均；区内河谷深切，水资源难以开采；石灰岩裸露、岩溶发育、保水性很差；因而经常发生季节性干旱。我国沿海的石质丘陵山区及海岛由于缺乏淡水资源，引水工程的修建比较困难，也迫切需要建设雨水集蓄利用工程。

从20世纪80年代联合国“国际饮水及卫生十年”计划实施以来，雨水集蓄利用工程在我国发展很快。据调查，西北和华北地区蓄水工程多用水窖和水窑，其容积一般都在$100m^3$以下；沿海和海岛地区多用水罐和屋内水池，容积都小于$10m^3$；西南地区大多采用水池，广西的水池容积范围为$40\sim100m^3$，贵州的水池多在$100\sim300m^3$。与涝池、小塘坝的区别是：各地的蓄雨工程绝大多数采取了防渗措施。我国的雨水集蓄利用工程最初主要用于解决人畜用水问题。近年来已更多地用于发展节水灌溉、畜禽养殖及农副产品加工业。截止2006年，我国共建设或改造利用各类集流面304亿m^2，建成各种类型蓄水设施1032万个，年收集利用雨水45亿m^3，解决了2194万人、978万头大牲畜的饮用水困难的问题，为289万hm^2的旱作农田提供了补充灌溉的水源，产生了明显的经济效益、社会效益和生态效益。

（2）城市雨水利用。城市雨水利用方式可分为：直接利用与间接利用两种形式。

1）直接利用。可将城市雨水径流收集起来，根据用途要求，经混凝、沉淀、消毒等多种处理工艺或工艺组合进行不同程度处理后，用于绿化、洗车、道路喷洒、景观补水、冲厕等，即将雨水转化为产品水以代替自来水或用于景观水景。某些地区降雨分布极不均匀，如北京市约80%以上降雨量集中于6—9月，在考虑雨水直接回收使用时需设置较大的调蓄构筑物，而在旱季时，处理和调蓄构筑物却又多处于闲置状态，故经济性略差。对于年降雨量小于300mm的城市，一般不提倡采用雨水收集回用系统。

2）间接利用。使用各种措施强化雨水就地入渗，使更多雨水留在城市境内并渗入地下以补充、涵养地下水。即使下渗量较小、地下水位太低或是受地质条件限制，以致下渗雨水不能进入地下水层，但至少可增加浅层土壤含水量、遏制城市热岛效应、调节气候并改善城市生态环境，还有利于减小径流洪峰流量及减轻洪涝灾害。此外，雨水入渗的另一优点是能充分利用土壤的净化能力，这对城市径流导致面源污染的控制有重要意义。虽然雨水间接利用不能直接回收并取得一定量雨水以供使用，但从社会、环境等广义角度看，其效应是不可忽视的。

在水资源严重短缺的背景下，我国城市雨水利用技术迅速发展。北京较早开展了城市雨水利用的研究、推广及应用，在《北京城市总体规划》（2004—2020年）中，要求雨水利用结合城市建设、绿化和生态建设，广泛采用透水铺装、绿地渗蓄、修建蓄水池等措施，在满足防洪要求的前提下，最大限度地将其就地截流利用或补给地下水。2006年2月，深圳市发布了《深圳雨洪利用规划研究》，该研究包括工程和管理两部分内容，其中城区雨洪资源利用体系主要是通过雨水的集蓄技术、渗透技术及处理技术，对深圳新建城区、旧城改造区以及绿地公园进行雨洪资源利用的规划，将收集的雨水用作市政杂用水和景观补水，实现雨洪资源利用及缓解防洪压力的目标。

2015年10月，国务院办公厅印发了《关于推进海绵城市建设的指导意见》，意见明确指出，建设海绵城市，统筹发挥自然生态功能和人工干预功能，有效控制雨水径流，实现自然积存、自然渗透、自然净化的城市发展方式，有利于修复城市水生态、涵养水资源，增强城市防涝能力，扩大公共产品有效投资，提高新型城镇化质量，促进人与自然和谐发展。通过海绵城市建设，最大限度地减少城市开发建设对生态环境的影响，将70%

的降雨就地消纳和利用。到 2020 年，城市建成区 20%以上的面积达到目标要求；到 2030 年，城市建成区 80%以上的面积达到目标要求。

4.5.2 海水利用

沿海特别是北方沿海地区是我国最缺水地区之一。2003 年，我国沿海 11 省、自治区、直辖市以全国 15%的土地，承载了全国 40%的人口，创造了全国 67%的国内生产总值，在我国经济社会生活中占有极其重要的地位，但水资源总量仅占全国的 1/4，人均水资源量为 1266 立方米，不足全国人均水资源量的 60%。其中北方沿海（包括天津、河北、辽宁和山东 4 省、直辖市），人均水资源量 413.9m^3，为全国人均水平的 19%，属于极度缺水地区；南方沿海（包括江苏、上海、浙江、福建、广东、广西、海南等省、直辖市、自治区）部分地区存在水质性缺水和资源性缺水。水资源短缺严重制约沿海地区经济社会发展。

然而，我国的不少沿海城市的水资源结构单一，大多过度依赖地表水；不少城市过度开采地下水，造成地面沉降，区域性地下漏斗面积增加，生态环境恶化，城市发展受到严重制约；另外农业、工业、生活互相争水等用水结构性问题严重。海水利用可在优化沿海城市水资源结构中发挥独特的作用。一方面扩大海水淡化规模，以海水淡化水增加居民饮用水和工业用除盐水的供给能力；另一方面在重点用水行业大力推广应用海水作为冷却水，置换出工业发展所用的淡水，既保护淡水资源，又可腾出淡水用于生活与农业用水的更大空间，从而促进水资源结构的优化。此外，我国面积大于 500m^2 的岛屿有 6500 多个，大多数因缺乏淡水水源而无法居住和开发，有常驻居民的有 400 多个，也普遍存在缺水问题。海水利用对于解决海岛的用水问题，具有非常紧迫和极为重要的意义。

海水利用已经成为许多沿海国家解决淡水短缺问题、促进经济社会可持续发展的重大战略措施。目前，全球海水淡化日产量约 3500 万 m^3 左右，其中 80%用于饮用水，解决了 1 亿多人的供水问题，即世界上 1/50 的人口靠海水淡化提供饮用水。全球有海水淡化厂 1.3 万多座，海水淡化作为淡水资源的替代与增量技术，越来越受到世界上许多沿海国家的重视；全球直接利用海水作为工业冷却水总量每年约 6000 亿 m^3 左右，替代了大量宝贵的淡水资源。

我国海水利用的主要在以下 3 个领域。

（1）海水直接利用，即以海水为原水，直接替代淡水作为工业用水和生活用水。发展重点：①在沿海地区的重点行业（如电力、化工、石化等行业）大力推广直接利用海水作为原水，替代淡水作为工业用水如冷却水等，尤其是大力推广应用海水直流冷却和循环冷却。这是我国海水利用的重中之重，潜力巨大；②在有条件的沿海城市，推进海水作为大生活用水（如海水冲厕）。

（2）海水淡化，即利用海水脱盐生产淡水。海水淡化水具有洁净、高纯度和供给稳定的特点，是安全可靠的高品位水源，可直接作为饮用水或经处理后作为锅炉补充水。发展重点：①以海水淡化水作为城镇居民用水的重要水源和海岛军民的主要水源，提高沿海城市和海岛居民生活用水的水质和保证率；②以企业为主体生产企业生产和生活所需的淡化水，特别是生产海水淡化水作为锅炉补水等工业用的高纯水。

（3）海水化学资源的综合利用，即从海水中提取化学元素、化学品及深加工等。一是重点攻关、强化示范，攻克浓海水制盐、提钾、提溴、提镁和提锂及其深加工等产业化技术，拓宽应用领域，通过产品深加工提高附加值。二是以循环经济的理念和原则为指导，通过与海水淡化、循环冷却相结合，培育海水利用产业链，实现资源综合利用，培育新的增长点。

目前，我国海水利用已有一定基础和规模。①火电厂和核电厂直接利用海水作为工业冷却水已有一定规模；②我国海水淡化规模逐步增加；③海水淡化成本迅速下降。海水淡化主体设备造价较十年前下降了近一半，吨水成本已经降到5元左右。由国家发改委、国家海洋局及财政部2005年联合编制的《海水利用专项规划》提出，2010年，海水淡化水能力80万～100万t/日，年海水淡化水量2.6亿～3.3亿m^3/年，海水直接利用量500亿m^3，对解决沿海地区缺水的贡献率达到16%～24%。2020年海水淡化水能力250万～300万t/d，年海水淡化水量8.3亿～9.9亿m^3/年，海水直接利用量1000亿m^3，对解决沿海地区缺水的贡献率达到26%～37%。实际上，2013年我国海淡水产能达到90万t/d，但实际利用量仅为1.1亿m^3，其设施、设备生产率仅为33%，距规划目标有较大差距。

4.5.3 再生水利用

再生水（reclaimed water）是指污水经适当处理后，达到一定的水质标准，满足某种使用要求，可以进行有益使用的水。其水质介于污水和自来水之间，是城市污水、废水经处理后达到国家相关标准，能在一定范围内使用的非饮用水。再生水具备以下特点：①水源并非直接取自江河湖库，而是具有一定重复利用价值的城市污废水；②再生水主要作非饮用水使用。再生水具有水源稳定、水质达标、生产成本低等优势，能有效缓解缺水地区的水危机。在减少污水、废水等污染物排放的同时，再生水对改善水生态环境、实现水生态系统良性循环起到了积极作用，已经成为一种可靠的替代水源。

再生水在世界各国得到了广泛利用。美国虽然水资源量丰富，但加利福尼亚、得克萨斯、佛罗里达和亚利桑那等州仍属于水资源短缺、地下水超采严重地区，因此再生水被广泛地用于这些地区的城市市政、工业设备冷却、农业灌溉、河湖景观娱乐、地下水补给等方面。当前美国再生水利用量达$2.6\times10^6 m^3/d$，其中62%被用于农业灌溉、30%被用于工业用水、其余再生水则被主要用于城市杂用与地下水源补给等方面。日本国土面积狭长河短流急湍，水资源有效利用率不高。为支撑和复苏经济，日本于1962年开始利用再生水。1996年全国再生水利用设施达2100套，利用水量达$32.4\times10^4 m^3/d$，占全国总用水量的0.8%，其中41%为工业用水、32%为河湖景观环境用水、8%为农业灌溉用水。以色列是再生水利用最具特色的国家之一，已把再生水作为国家水量平衡的重要组成部分。Dan Region工程是以色列最大的水回用项目，服务人口130万人，日处理城市污水270万m^3，负责特拉维夫地区和临近地区城市污水的收集、处理、回用和地下回灌。以色列46%的再生水直接回用于灌溉，其余的33.3%和20%分别回灌于地下或排入河道。欧洲开展再生水的利用起步也较早，德国柏林20世纪70年代已将再生水用于地下水回灌。

我国开展再生水利用始于20世纪80年代，截至2010年，我国共建成再生水厂343座，再生水管道总长5519km，再生水生产能力1967万m^3/d，当年城市污水处理回用总量为28.3亿m^3。再生水利用主要用于农业灌溉、工业、景观环境和市政等方面。

北京市自2003年开始规模利用再生水，到2010年利用量达到6.8亿m^3，连续2年超过地表水供水量，已成为城市供水的重要水源，解决了部分城市工业、道路浇洒和景观环境用水，置换了大量清洁水源。其中工业领域利用再生水1.4亿m^3，农业领域利用再生水3亿m^3，城市市政杂用方面利用再生水0.3亿m^3，河湖水系等环境用水方面用水2.1亿m^3。

4.5.4 微咸水

微咸水一般指矿化度为2～5g/L的含盐水，在一定的技术条件下，这部分水资源是可以利用的。一般来讲，凡是地表土壤存在盐渍化现象的地区，其地下水，甚至由地表径流汇集的坑塘、洼淀积水大都是咸水、微咸水。据统计，中国地下微咸水资源约200亿m^3/年，其中可开采量为130亿m^3，绝大部分存在于地下10～100m处，宜于开采利用。中国微咸水资源分布广，北起辽东半岛，南至广东、广西的沿海地带，东起淮河、秦岭、巴颜喀拉山，西至喜马拉雅山沿线以北的干旱、半干旱、半湿润地区的大部分低平区域，主要分布在易发生干旱的华北、西北以及沿海地带。黄淮海平原地区咸水资源面积为61万km^2，占其总面积的1/5，其中，2～5g/L的微咸水资源量达54亿m^3。而黄河片微咸水可利用量达30亿m^3，海河片为20亿m^3。

微咸水利用在以色列、美国、意大利、法国、奥地利等国家已有很长时间，其利用技术也日趋完善。最为典型的是以色列，海水淡化技术已步入工厂化生产阶段，经过科学合理的开发，采用先进的计算机系统，使微咸水和淡水混合为生活饮用水及农林业灌溉用水。当干旱、降水量不足时，他们在砂土和砾石土层上使用海水直接进行灌溉，已有12种经济作物、树木和园艺作物获得成功。美国贝兹维尔地区干旱时，研究利用被海水浸没的含盐水源灌溉草莓和蔬菜，结果没有导致植物死亡；加利福尼亚州至乔昆灌区采用明沟、暗管和竖井排水，将排出水与淡水混合灌溉也获得了成功；突尼斯不仅用矿化度4.5～5.5g/L的地下水灌溉小麦、玉米等谷类作物获得成功，而且在撒哈拉沙漠排水和灌水技术条件方便的地区用矿化度1.2～6.2g/L的地下水灌溉玉米、小麦、棉花、蔬菜等作物，也有良好效果。

中国在20世纪60—70年代就开始进行微咸水利用方面的研究。目前，微咸水利用主要在以下方面。

（1）农业灌溉。目前微咸水的农业利用方式是灌溉作物和冲淡盐碱土。利用微咸水灌溉作物包括微咸水直接灌溉、咸淡水混灌和咸淡水轮灌。咸淡水混灌就是将咸水与淡水合理配比形成微咸水再用于灌溉。咸淡水轮灌就是在作物耐盐生长阶段利用微咸水灌溉，而在作物的非耐盐阶段用淡水灌溉，轮灌时间和水量随微咸水的矿化度、作物种植方式和水资源供给条件的不同而有所变化。在中国淡水资源缺乏的地区，如黄淮海平原和西北地区已经进行微咸水灌溉试验和生产实践。

（2）水产养殖。地下微咸水水质稳定，无污染，比海水养殖安全。实践表明，利用咸水、微咸水养殖是一种投资大，但收益高、周期短、见效快的开发模式。尤其是在排水不畅，不宜种植的盐碱荒地及废弃坑塘，微咸水养殖效益更加明显。

（3）工业上利用微咸水相对较多的是化工部门的冷却降温。在制碱厂既可以利用微咸水冷却降温，又可做盐溶剂。在化盐时，因本身含有氯化钠可做原料，这样生产每吨碱可回收氯化钠30～50kg。另外，在造纸厂、冷藏厂等利用咸水、微咸水都取得了较好的效果。咸水、微咸水还可用于油田注水驱油，每年可以节约淡水 2500 万～3000 万 m^3。

但是，大规模开采地下微咸水，如果管理或防治措施不当，可能导致土壤盐渍化、地面沉降以及海水入侵三方面的生态环境问题。

除上述雨水、海水、再生水及微咸水利用外，还有矿井水利用。矿井水是矿井开采过程中产生的地下涌水。为了保障矿井生产和安全，矿山企业投入大量人力、物力将矿井水排出地面。矿井水在开采过程中会受到粉尘和岩尘的污染，是煤矿及其他矿山具有行业特点的废水，这部分废水经处理后，可作为生产、生活和生态用水。据统计，目前全国煤矿矿井每年涌水量在 42 亿 m^3 左右，利用率为 26%左右。对矿井水进行处理并加以利用，不但可防止水资源流失，避免对水环境造成污染，而且对于缓解矿区供水不足、改善矿区生态环境、最大限度地满足生产和生活用水需求具有重要意义。

4.6 区域可供水量

一般讲，区域内分布有数量众多的不同类型供水工程，这些工程从不同水源取水供应区域内外同样数量可观的各类用水户。工程与水源、用水户之间联系复杂，可变因素多，增加了区域可供水量计算难度。

4.6.1 问题概化

为了能够比较准确地估算区域可供水量、缺水量及供水保证程度，为区域水资源配置提供决策依据，对实际问题进行适当概化十分有必要。它包括如下内容。

（1）水源概化。区域水源可划分为当地水和外来水。其中，当地水为本区域降水产生的水量，它可进一步分为地表水和地下水。外来水包括过境水、跨区域调水等。此外，有的区域还利用雨水、再生水等非常规水源。水源不仅类型多，而且分散在区域内，想准确地表达出每处水源难度大，代之以一种概化方式表达区域内水源。具体做法是以区域分区（或计算单元）为空间单位，将同类水源进行适当归并。例如，分区内一条河流上有多处引水闸引水，就可以用一个“虚拟”引水闸代表；又如分区内有很多抽水机井，也可以用一个“虚拟”抽水井代表。概化后水源数目会减少很多，但水资源可利用量应保持相等。

至于水源供水次序，一般假定先用当地水，后用外来水。在当地水中，一般先用地表水，后用地下水，最后使用非常规水。具体的次序根据当地实际情况决定。

（2）用水户概化。区域内用水户数量大，同样可根据用水性质划分用水类型进行归并。例如，常见的将用水分为生活、工业、农业、生态环境用水或划分为生活、生产和生态环境用水。区域分区内每类用水可视为一个用户。这样分区内有几类用水，相应的有几个用水户。当然，“虚拟”用水户的需水量及其变化过程应该完全与相应的实际用户总需水量和过程相同。

在确定用水顺序时，不同类型用水可享有不同用水优先序，通常是居民生活用水是最优先保证的，其次是公共生活用水（第三产业用水）及工业用水，农业灌溉用水保证率较低，但在作物生长关键期非常重要。至于不同分区的用水户，通常是属地优先（与水源同处一个分区的用水户优先），或遵从公平性原则分配。

（3）供水工程概化。供水工程将水源和用水户串联起来。为满足区域内各类用户的需水要求，一个县域范围内各类供水工程数目常可达到上千个。显然，对供水工程进行概化是必要的。通常做法是：对于重要的供水工程，包括控制性枢纽、大型水库、部分中型水库、大型引提水工程，单独考虑，并采用详算法（调节计算法）计算其可供水量；对于中小型工程，通常先按类型归并，例如将区域分区内所有的塘堰以一个“大”塘堰表示，然后多采用简化计算法计算可供水量。概化工程的供水能力应与实际工程的供水能力相等。

工程供水顺序一般是小工程先供水，大工程后供水。或者先用自流水，后用蓄水和提水。

（4）回归水概化。供给用户的新鲜水，一部分在使用过程中被消耗了，另一部分则以废污水形式排入水体，并可被再次利用，这部分水称为回归水或退水。由于各个用水户的用水耗水特性不同，其回归水系数（定义为回归水量占供水量之比）也不同。通常是根据用水类型，分别估算农业、工业和生活回归水系数，作为计算回归水量的依据。

与用水概化相对应，回归水量假定是通过“虚拟”排放口集中排放。一般地，本分区的回归水量不参与本分区水资源供需平衡计算，但参加下游分区的供需平衡计算。

4.6.2 区域取、用、耗、排水关系

为了揭示区域内水资源开发利用的现状和特点，真实反映区域内供需状况，通常将研究区域划分为若干个空间范围较小的分区（或计算单元），分区进行需水量、可供水量计算和水资源供需平衡分析。分区的一般规定已在绪论中介绍。分区要因地制宜，不宜过大，也不宜过小。分区过大，以整体代替局部，易掩盖局部问题，比如计算出整体不缺水，实际上局部缺水。分区过小，工作量将成倍增加。

设分区内供水工程按照其取水方式和工程规模，分为控制性工程（包括大型水库和重要的中型水库）、中小型蓄水工程、引水工程、提水工程，各类工程的供水范围已在规划设计时明确。假定来水过程、需水过程已知，各类工程运用方式已经确定，对于任意时段t，分区可供水量可按下式计算：

$$W_s = W_k + W_m + W_d + W_p \tag{4.18}$$

式中：W_s为分区可供水量；W_k为分区内控制性工程的供水量；W_m为分区内中小型蓄水工程的供水量；W_d为引水工程的供水量；W_p为提水工程的供水量。为简洁起见，以上符号均省略时段t下标。

从用水角度，可供水量将分配给生活、工业和农业等用户。则有

$$W_s = W_h + W_i + W_a + W_e \tag{4.19}$$

式中：W_h为分区内生活供水量；W_i为工业供水量；W_a为农业供水量；W_e为河道外生态环境供水量；以上符号均省略时段t下标。

显然，有

$$W_k + W_m + W_d + W_p = W_h + W_i + W_a + W_e \tag{4.20}$$

根据式（4.20）并不能确定生活（或工业、农业）供水量中各类工程供水量所占的份额。实际上，这个份额取决于分区水系组成和工程布置，可根据实际问题确定。

进一步，可分类计算出各类用户的回归水量，总回归水量计算式如下：

$$W_b = \beta_1 W_h + \beta_2 W_i + \beta_3 W_a \tag{4.21}$$

式中：β_1、β_2、β_3 分别为生活、工业和农业回归水系数，一般不考虑生态环境退水量。

对任意时段，设 W_{in} 为分区入境水量，W_l 为分区自产水量；分区内供水量为 W_s，相应的回归量为 W_b，时段末分区内蓄水量增量为 ΔW，则分区出境水量 W_{out} 可按下式计算：

$$W_{out} = W_{in} + W_l - W_s + W_b - \Delta W \tag{4.22}$$

下面以一个例子说明分区可供水量的计算。

【例 4.3】 某县国土面积 2705km^2，耕地面积 3.5 万 hm^2，人口 43.5 万人，2010 年为现状年。全县现有：水库 1075 座，总有效库容 15915×10^{4}m^3，有效灌溉面积 1.47 万 hm^2；提水工程 281 座，总装机容量 5670kW，其中用于农业灌溉的 275 座，装机容量 5210kW，有效灌溉面积 0.53 万 hm^2；引水工程 1832 座，有效灌溉面积 0.87 万 hm^2，全县总有效灌溉面积 2.87 万 hm^2。另有水井 2430 处，主要供农村生活用水。

为方便介绍，全县作为一个计算单元进行供需平衡分析。考虑到该县水资源较丰富且 7—9 月是农业灌溉关键期。仅对年和 7—9 月两个时段进行计算。该县多年平均年河川径流量（即水资源总量）为 23.4×10^{8}m^3，平均年产水模数 86.51×10^{4}m^3/km^2。根据年径流量、7—9 月径流量 35 年系列排频，选定 P=75%代表年为 1979 年，P=90%代表年为 1963 年。县境上游入境河流集水面积 1515km^2。不同保证率的年入境水量、本区域水资源量均列入表 4.5。根据水文地质资料，地下水资源模数平均为 8.05×10^{4}m^3/km^2，全县地下水资源量 2.18×10^{8}m^3。该县基本上属丘陵山区，地下水资源量全部为河川径流量的重复计算水量。

解： 先针对现状实际年进行水资源供需分析。2010 年全县用水量 33451×10^{4}m^3，其中，地表水 32462×10^{4}m^3，地下水 989×10^{4}m^3。实灌面积 2.77 万 hm^2，综合毛灌溉定额 8775m^3/hm^2。农业灌溉用水量 24278×10^{4}m^3，占总用水量的 72.6%，工业用水量 7522×10^{4}m^3，工业万元产值用水量为 150m^3/万元。生活用水量（含第三产业用水量和少量生态环境用水量）1651×10^{4}m^3，其中城镇居民人均用水量 130L/(人·d)，农村居民人均用水量 75L/(人·d)，生活和工业供水量按“以需定供”计算。

根据不同频率代表年的降水、蒸发实测资料、作物组成、灌溉制度和灌溉水有效利用系数，求得现状水平年（2010 年）全县平均综合毛灌溉定额：P=75%为 9300m^3/hm^2，P=90%为 11025m^3/hm^2。农业灌溉需水量的计算面积采用有效灌溉面积，未考虑无水利灌溉设施耕地的灌溉需水量。不同保证率的保灌面积：P=75%为 2.71 万公顷，P=90%为 2.37 万公顷。根据保灌面积求得不同保证率下供水工程的农业灌溉可供水量。

根据水源和供水工程、用水户之间联系，经分析确定：地表水源通过蓄水工程、引水工程和提水工程，向城市生活、工业和农业供水；地下水主要供应农村居民生活和部分工业。其水量配置如图 4.7 所示。不同保证率下水量分配方案见表 4.5。

表 4.5　　　　某县现状水平年（2010 年）水资源供需平衡计算表

项　目			全　年			7—9 月		
			实际	$P=75\%$	$P=90\%$	实际	$P=75\%$	$P=90\%$
水资源量 /10^4m^3	入境径流量		131440	88585	66689	27990	17764	6269
	本区径流量		255000	169200	128800	54300	33900	24400
	径流量小计		386440	257785	195489	82290	51664	30669
	其中：地下水		21700	21700	21700	6500	6500	6500
需水量 /10^4m^3	城市生活		758	758	758	235	235	235
	农村生活		893	893	893	268	268	268
	工业		7522	7522	7522	2407	2407	2407
	农业灌溉		25155	26660	31605	13115	16727	19221
	小计		34328	35833	40778	16025	19637	22131
可供水量 /10^4m^3	地表水	蓄水工程	20304	20950	21767	9083	10853	10643
		引水工程	6727.5	6820	6688.5	3507.5	4279	3665.4
		提水工程	5430	5710	5895	2680	3352	3145.5
		小计	32462	33480	34350	15271	18484	17453
	地下水		989	989	989	297	297	297
	合计		33451	34469	35339	15568	18781	17750
水量分配方案 /10^4m^3	地表水	城市生活　蓄水工程	758	758	758	235	235	235
		工业　蓄水工程	6676	6676	6676	2138	2138	2138
		工业　提水工程	750	750	750	240	240	240
		农业灌溉　蓄水工程	12870	13516	14333	6710	8480	8270
		农业灌溉　引水工程	6728	6820	6689	3508	4279	3665
		农业灌溉　提水工程	4680	4960	5145	2440	3112	2906
		农业灌溉　小计	24278	25296	26166	12658	15871	14840
		合计	32462	33480	34350	15271	18484	17453
	地下水	工业	96	96	96	29	29	29
		农村生活	893	893	893	268	268	268
		小计	989	989	989	297	297	297
供需平衡 /10^4m^3	地表水		−877	−1364	−5439	−458	−856	−4381
	地下水		平衡	平衡	平衡	平衡	平衡	平衡
回归水量 /10^4m^3	农灌水		4856	5059	5233	2532	3174	2968
	工业、城市生活水		6547	6547	6547	2090	2090	2090
	合计		11403	11606	11780	4622	5265	5058
出境水量/10^4m^3			364392	234922	171930	71344	38147	17977
水资源利用率 /%	地表水		12.7	19.8	26.7	28.1	54.5	71.5
	地下水		4.6	4.6	4.6	4.6	4.6	4.6
缺水率/%			2.6	3.8	13.3	2.9	4.4	19.8

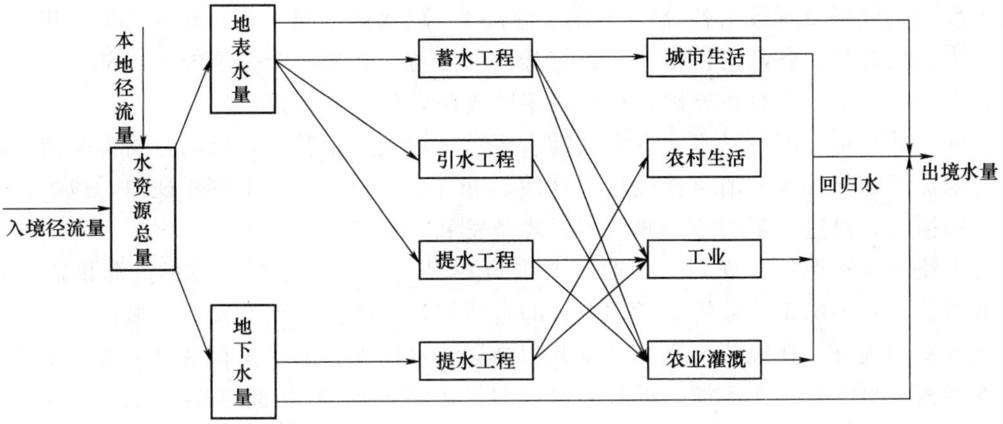

图 4.7 分区内水量分配图

表 4.5 结果表明：现状水平年 $P=90\%$ 保证率下全县全年水资源量为 $195498\times10^4m^3$，需水量为 $40778\times10^4m^3$，可供水量为 $35339\times10^4m^3$，缺水量达 $5439\times10^4m^3$，缺水率（缺水量与需水量之百分比）为 13.3%，全部为农业灌溉缺水。其中灌溉关键期 7—9 月，缺水量为 $4381\times10^4m^3$，缺水率达到 19.8%。

因地下水主要供农村生活，回归水量很小，不考虑，回归水量计算仅考虑地表供水量的回归。经调查，农业灌溉用水回归系数取 0.20，工业及城市生活用水的回归系数取 0.80。可计算出现状水平年 $P=90\%$ 下全年回归水量为 $11780\times10^4m^3$。

不考虑全年和灌溉关键期蓄水量变化，根据式（4.22），可计算出全年和灌溉关键期 $P=90\%$ 下的出境水量分别为 $171930\times10^4m^3$ 和 $17977\times10^4m^3$。

地表水资源利用率等于地表水供水量除以本区径流量的百分比。计算表明，现状水平年 $P=90\%$ 保证率下全年地表水资源利用率达到 26.7%，7—9 月地表水资源利用率更达到 71.5%。

4.6.3 区域可供水量计算

在分区可供水量计算基础上，考虑分区之间水量联系，依次进行各个分区可供水量计算与分析，最终获得整个研究区域的可供水量。

（1）分区之间水量联系。对每个分区而言，考虑入境水量、本分区供、用、耗、排及本分区蓄水，分区出境水量按式（4.22）计算。式（4.22）又可表达如下：

$$W_{out}=W_{in}+W_l-W_c-\Delta W \tag{4.23}$$

式中：W_c 为本分区消耗水量，$W_c=W_s-W_b$；$\Delta W=V_e-V_o$，V_e、V_o 分别为时段末、初分区蓄水量。

上游分区出境水量就是其下游紧邻分区的入境水量。

（2）逐级计算，汇总协调分析。按照各分区间水量联系，依次进行各个分区水量计算。具体计算顺序为先支流后干流，先上游后下游。

对于不同水平年，根据既定的工程运用策略（规则）和用户分水规则，将水分配至各分区各部门，就可以统计出各分区各部门供水量、缺水量、缺水率及缺水损失等指标，并可进一步根据各分区各部门供水量，计算相应的效益。如果某个分区或某个部门需水满足程度特别差，应进一步分析原因，调整既定的规则，重新进行计算。

当确定的水量分配（供水）方案与需水要求有较大差距时，要反馈分析抑制需水（节水）与增加供水（开源）的可能性与合理性，进行综合分析。对于供需缺口，应提出有关的对策和措施，供进一步制定和修改国民经济发展规划参考。

对于流域水资源综合规划，一般需要进行多次可供水量计算，即水资源供需平衡分析。通常认为：一次平衡分析是考虑人口的自然增长、经济的正常发展、城市化程度和人民生活水平的提高，在现状水资源开发利用格局和发挥现有供水工程潜力的情况下，进行水资源供需分析。若一次平衡分析有缺口（即供水不足），则在此基础上进行二次平衡分析，即考虑强化节水、污水处理再利用、挖潜配套以及合理提高水价、调整产业结构、合理抑制需求和保护生态环境等措施，进行水资源供需分析。若二次平衡分析仍有较大缺口，应进一步加大调整经济布局和产业结构，加大节水的力度，当具有跨流域调水可能时，应增加外流域调水，并进行三次平衡分析。

一般来说，对平水年，供需不会出现很大问题。对设计枯水年，通常要经过二次或三次平衡分析，以保证供需平衡。对特殊干旱期，缺水在所难免，则要做好应急预案。

思 考 题

1. 可供水量表示特定条件下工程可提供的水量。具体条件包括哪些？

2. 蓄水工程可供水量有哪几种计算方法？每种方法适合在什么条件下使用？

3. 简化运行策略或调度图通常应用于计算水库可供水量。但是，如果式（4.1）中水库供水量与水库向下游河道放水分开，水库供水量又将如何计算？

4. 引水工程可供水量的主要影响因素有哪些？

5. 对于以地表水为水源与以地下水为水源的提水工程，可供水量的计算有何不同？

6. 规划水平年与现状水平年区域可供水量计算有哪些不同？

7. [例 4.1] 中蓄水期水库采用均匀蓄水策略，如果采用早蓄或晚蓄策略，是否对水库供水量有影响？

8. 对于 [例 4.1]，如果水库调节库容为 $65\times10^6 m^3$，且河道内生态需水优先于灌溉用水，其他数据不变。问在 $P=85\%$时，水库年灌溉可供水量又是多少？

9. 对于表 4.5，计算全年及 7—9 月的耗水量。如果在 $P=90\%$保证率下考虑 7—9 月河川径流量的 50%作为水资源可利用量，请问是否导致缺水量增加？

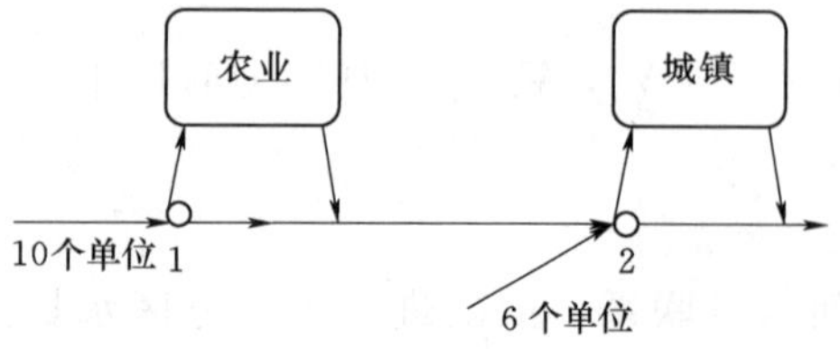

题图 4.1 某区域水资源供需概化图

10. 某区域有一条河流穿过，区域内农业灌溉主要依靠引水工程从上游河段取水，城镇工业和生活用水主要依靠提水工程从下游河段取水。该区域水资源供需概化图如题图 4.1 所示。

上游和区间天然来水分别是 10 和 6 个单位，农业灌溉、城镇（工业和生活）需水均是

10 个单位，回归水系数分别是 0.2 和 0.8，取水口 1 和 2 下游河道应保留的水量不小于天然来水量的 20%。不考虑水流动过程中其他水量损失。请问：

（1）上游农业灌溉供水量对下游城镇供水量有无影响？

（2）从总供水量最大出发，农业灌溉和城镇供水量应是多少？

第5章 水资源配置

随着人口不断增加和生产规模持续扩大，对水资源需求的增加加剧了用水的竞争性，地区之间、部门之间用水矛盾日益突出，水资源短缺已成为一些地区可持续发展的重要制约因素。在这种背景下，对水资源进行合理分配与利用显得尤为重要。

为说明问题，先看一个简单的水资源配置的例子。假设有一条河流，左岸、右岸各有一个取水户，其取水量（即分配的水量）分别为 x_1、x_2，相应的左、右岸取水户得到的效益为 $2x_1$ 和 $3x_2$。现河流上游来水量为 30 个单位，扣除下游用户需水和河道内生态环境需水，可供左、右岸取水户分配的水量为 12 个单位。如果左、右岸取水户的需水量均为 7 个单位，必须保证的最小取水量均为 3 个单位，问如何分配水量，才能使左、右岸取水户总效益最大？

显然，这是一个最优资源分配问题。通过建立线性规划模型，可求出最优解是：左岸、右岸取水户分配的水量分别 $x_1^*=5$，$x_2^*=7$，总效益达到最大为 31。

对于一个区域（流域）水资源分配问题而言，一般有河流、湖泊及地下水等多种水源，这些水源之间存在天然的水流联系，并且通过蓄、引、提等供水工程和渠道、管道系统向生活、工业、农业等众多的用户供水，从而获得相应的供水效益。由于不同工程的供水成本不同，且不同用户的用水效益也有差异，显然不同水资源调配方案的效果是不一样的。我们面临的问题就是在资源、环境限制和技术经济约束下，在众多方案中找到经济上最优或最合理的水资源分配方案。这就是水资源配置要解决的问题。水资源配置是指在特定区域（或流域）范围内，遵循有效性、公平性和可持续性的准则，对多种可利用水源在不同时段、不同地区和各用水部门间进行调配，以满足人口、资源、环境与经济协调发展对水资源在时间、空间、数量和质量上的要求，使有限的水资源获得最大的利用效益，永续利用。

由于水资源分配涉及的因素多，关系复杂，应用系统科学方法，分析研究水资源分配问题，是目前通行的做法。其中，对实际的水资源问题进行概化是重要前提。

5.1 水资源系统概化

以系统的观点看，在一定空间范围内为了水资源分配的目的，由相互联系、相互影响、相互作用的若干个水源、供水工程和用水户组成的整体，称为水资源系统。这里水源、供水工程（含输水管、配水网）和用水户又称为系统组成要素。

现实世界中水资源问题是十分复杂的。为了能够认清问题并找到解决问题的方案，必须对真实水资源系统进行必要的概化。具体来讲，就是通过水资源系统网络图，来表达水资源系统中的组成要素及其相互之间的水量传递、转换和影响关系。图由节点和线组成。对于水资源系统网络图，节点是对水资源系统中要素的抽象、分类和整合，对同一类节点采用相同的特征参数描述。此外，还要根据系统描述精度的要求和资料情况，将一些不具全局重要性的分散要素集成为一个节点（称为虚拟节点）。水资源系统中主要的水量传递关系包括：河道（渠道、管道）中水流流动、供水关系、用水退水关系、污水再利用关系、地下水侧渗、补给等各种关系。根据描述的详细程度和资料状况，将水资源系统中的关系进行抽象和合并，以有向线段表示。

根据水资源配置问题特点和要求，水资源系统网络图一般包含以下节点和有向线段。

（1）调蓄节点。通常将有调节能力的水库、湖泊、地下含水层等概化为调蓄节点。在大型流域水系网络图中，一般将大型水库、重要的中型水库作为独立节点，中小型水库、塘坝等概化为一个或多个虚拟调蓄节点，也可以不考虑中小型水库、塘坝的调节作用。

（2）分水（取水、引水）节点。一般将从河流取水的引水枢纽、提水泵站处作为分水节点，河道（渠道）分汊处亦作为分水节点。在大型流域水系网络图中，大型引水枢纽、提水泵站作为独立节点，中小型引水、提水工程概化为一个或多个虚拟节点。

（3）用水节点。包括城镇生活、农村生活、工业及三产、农业、城镇农村生态环境等河道外用水户。河道外用水户一般比较分散而且数量多，不可能每个用户作为一个节点。通常按照计算单元进行归并。计算单元可按水资源分区或行政分区划分。在同一计算单元内，可将生活、生产、生态用水集合成一个综合用水节点，也可以分为生活、生产、生态等多个节点。对于计算单元内城市、大型灌区、重要用水户等，可单设为用水节点。

（4）汇水节点。包括支流入干流处、渠道及长距离输水管线的交汇点、用户的退水（回归水）进入河流处等，可作为汇水节点。

（5）控制节点。包括河流行政区界断面、水资源分区断面、重要的水量调配控制点（如水库下游、城市断面）及流域出口断面，可作为控制节点。如果对河段的水位、流量有要求（如航运水深、生态流量要求等），亦应设为控制节点。

两个节点之间联系用有向线段表示。在实际水资源系统中，线代表的是水流路径（通道）。但在网络图中，假定沿线无水量损失和附加入流，即下一个节点入流等于上一个节点的出流。实际河道、渠道的区间入流、蒸发渗漏等沿线水量增减，概化为在线段首端（或末端）节点汇入或流出。

节点和有向线段是网络图的基本元素，也是系统中数学描述的最小单位。每个节点和每条线段的性质均通过一系列的特征参数、约束予以表达。例如用水节点的用水属性（人均用水量、万元增加值取水量、灌溉定额等）、工程的规模（水库库容、取水能力、分水能力等）及管理要求（断面控制流量、水质标准等）等。

图 5.1 为某流域水资源系统网络图。该流域由干流和一条支流组成，干流上建有 2 座有调节能力的水库，全流域划分为 3 个区域，其中干流概化为 2 个综合用水区，支流概化为 1 个综合用水区，河流上有 3 个取水点，每个取水点处均有河道内生态环境流量要求，此外在流域出口断面有生态环境流量要求。以下为表述方便，对概化网络图中节点进行编号，如图 5.1 所示。

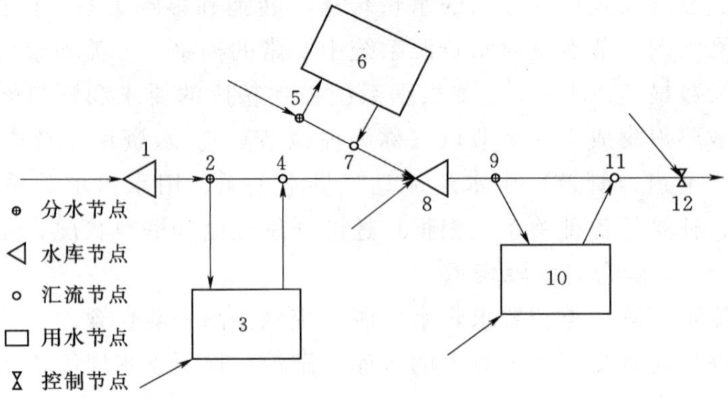

图5.1　水资源系统网络图

5.2　水资源系统数学描述

在建立水资源系统概化网络图后，下一步就是用数学式子来表达水量在系统中流动、分配情况及其产生的效果。

以图5.1为例，假定流域来水过程和各用户需水过程均已知，以月（或旬）为单位，将整个计算期划分为 T 个时段。下面针对第 t 时段（$t=1, 2, \cdots, T$），根据节点分类，逐一讨论各类节点的主要关系。

（1）节点1。节点1为水库调蓄节点。针对水库（或湖泊），可列出如下水量平衡方程：

$$V_{1,t+1}=V_{1t}+q_{1t}-Q_{1t}-L_{1t} \tag{5.1}$$

式中：V_{1t}、$V_{1,t+1}$分别为水库1第 t 时段初、末蓄水量，V_{1t}已知；q_{1t}为第 t 时段水库1入库流量，已知；Q_{1t}为水库通过河道下泄流量；L_{1t}为水库蒸发和渗漏损失水量，已知。

对于水库（湖泊）节点，一般应考虑的主要约束有：①水库（湖泊）最高、最低控制水位限制；②下游河道最小流量要求；③水库下泄能力限制等。

当然，如果存在从库区引水情形，如调水，则在式（5.1）应增加相应项。

（2）节点2。节点2表示河流的取水口，该处水量平衡方程如下：

$$W_{2t}=Q_{1t}-R_{2t} \tag{5.2}$$

式中：Q_{1t}为取水节点2的来水流量，这里假定其等于水库1出流；R_{2t}为取水后河道内流量；W_{2t}表示节点2取走的流量。

对于取水节点，一般应考虑的主要约束有取水工程的取水能力限制（如引水闸的过水能力、泵站的设计流量等）、河道内最小流量要求等。当然，取水流量也不应该超过用户需水流量。

（3）节点3。节点3代表干流上游区综合用水情况。通过蓄水、提水和引水工程取用的水量，经输配水设施，送到用户所在地，然后再在各用水户之间分配。考虑从河流引水与本地水资源联合供水，节点3水量平衡方程为

$$(1-\beta_2)W_{2t}+lW_{3t}=WD_{3t}+WI_{3t}+WA_{3t}+WE_{3t} \tag{5.3}$$

式中：lW_{3t}为本地水资源供水量；β_2 为从河流取水输送到用户沿途输水损失率，一般认为已知；WD_{3t}、WI_{3t}、WA_{3t}、WE_{3t}分别为生活、工业、农业和生态环境用户的供水量。本地水资源可以是地表水也可以是地下水，这里假定是地下水。

水经用户使用后再经适当处理，部分排入水体。这部分水量称为回归水量（或退水量），一般按下式估算：

$$WR_{3t}=\alpha_1 WD_{3t}+\alpha_2 WI_{3t}+\alpha_3 WA_{3t}+\alpha_4 WE_{3t} \tag{5.4}$$

式中：WR_{3t}为综合用水节点 3 的退水量；α_1、α_2、α_3、α_4 分别为生活、工业、农业和生态环境用水的回归水系数，均为已知数。

表达用水节点特征的参数比较多。如本地水资源可利用量、地下水可开采率、水利用系数、各类用水回归水系数、退水污染物组成和浓度等。如果进一步考虑各部门需水特征，参数还包括人均取水量、单位产品取水量、亩均灌溉定额等。

(4) 节点 4。节点 4 为汇水节点。汇水节点表示两股或多股水流汇合。这里节点 4 表示用户 3 退水进入河道处。其水量平衡方程为

$$R_{4t}=WR_{3t}+RI_{4t} \tag{5.5}$$

式中：R_{4t}为退水入河后河道内流量；RI_{4t}为汇合处上游来流量，当退水点 4 与取水点 2 距离不太远时，可以认为 $RI_{4t}\approx R_{2t}$。

(5) 节点 5 至节点 11。节点 5 和节点 9 均是取水点，其水量关系式类似式（5.2）。

综合用水节点 6 和 10，其水量关系式类似式（5.3）和式（5.4）。

汇水节点 7 和 11，其水量关系式类似式（5.5）。

水库节点 8 的水量平衡方程类似式（5.1）。但由于水库 8 上游有用水耗水，其入库流量计算稍微复杂点。设 q_{8t}、qI_{8t}分别表示水库 8 天然入库流量和实际入库流量，q_{1t}、q_{5t}分别是水库 1 入库流量、节点 5 天然来流量，则水库 8 未控区间流量 qL_{8t}（假定节点 1—2 区间入库流量不计）为

$$qL_{8t}=q_{8t}-q_{1t}-q_{5t} \tag{5.6}$$

水库 8 实际入库流量为

$$qI_{8t}=qL_{8t}+R_{4t}+R_{7t} \tag{5.7}$$

式中：R_{7t}为节点 7 退水入河后河道内流量。这里假定水库 8 未控区间入流在河段末端集中入库。

(6) 重要控制断面节点 12。节点 12 是河道内需水控制节点，其流量 $R_{12,t}$等于上游节点 11 来水流量加上节点 11 至节点 12 间区间流量。考虑到河道内生态环境需水、航运需水等要求，河道内流量应满足如下条件：

$$R_{12,t}\geqslant RT_{12,t} \tag{5.8}$$

式中：$R_{12,t}$为节点 12 河道内流量；$RT_{12,t}$表示河道内最小流量要求，已知。

除上述节点外，如果对河道内流量或水位有其他要求，也可以节点表达。如果是水位要求，通过水位流量关系，可转换为流量要求。

(7) 地下含水层节点。在有地下水开发利用地区，含水层成为水源地，也可以表示为调蓄节点。按含水层（或计算分区）计算的水量平衡应满足以下关系：

$$\sum_i GI_i-\sum_i GO_i=\Delta V=\mu F\Delta Z \tag{5.9}$$

式中：GI_i 为所在含水层的第 i 个输入项，如降水、渠系、河道、灌溉入渗补给和侧渗补给等；GO_i 为所在含水层的第 i 个输出项，如开采、潜水蒸发和满蓄溢流等；ΔV 为所在单元浅层地下水蓄水量的变化；μ、F、ΔZ 分别为所在单元的地下水含水层的给水度、计算面积、水位变化。其中，地下水位变化是关注点。

与采补有关的各项参数，如降水入渗补给系数、灌溉入渗补给系数、渠系入渗补给系数、河道渗漏补给系数、侧渗补给系数、潜水蒸发系数、给水度等，及这些系数与补给量、损失量的关系，按计算分区提供。

假设上述水资源系统的主要功能是为经济社会和生态环境提供所需要的水量，而且已经通过一定的方法，获得了各时段各类用户的所分配的水量，即供水量，我们可以分区分类统计整个计算期的供水量。例如，节点 3 代表的综合用水区生活供水量 WDT_3 为

$$WDT_3 = \sum_{t=1}^{T} WD_{3t} \tag{5.10}$$

类似地，可计算出节点 6 和节点 10 代表的综合用水区的生活、工业、农业和河道外生态环境供水量。

同时，将用户第 t 时段供水量与相应时段的需水量进行比较，如果供水量小于需水量则出现缺水，累加可得到整个计算期缺水量。以生活用水为例，节点 3 代表区的生活缺水量 WDD_3 为

$$WDD_3 = \sum_{t=1}^{T} (TD_{3t} - WD_{3t}) \tag{5.11}$$

式中：TD_{3t}为节点 3 代表区的生活需水量，已知。

类似地，可计算出其他综合用水区的生活、工业、农业和河道外生态环境缺水量。

对于河道内有流量要求的节点，如取水节点 2、节点 5、节点 9 和节点 12，如果在模型计算时，没有考虑河道内流量约束，例如式（5.8），则可能出现河道内实际流量小于要求的最小流量，这时同样可统计出各时段缺水量和整个计算期的缺水量。以节点 12 为例，河道内最小流量的缺水量为

$$WDR_{12} = \sum_{t=1}^{T} \max\{RT_{12,t} - R_{12,t}, 0\} \tag{5.12}$$

有了各时段各用户的供水量，就可以根据单位水量的经济效益指标，计算相应的经济效益。有了各时段缺水量，就可以统计各年缺水量及供水年保证率等指标。也可以计算相应的缺水损失。从而可以对水资源分配方案进行评价。

5.3 基于系统模拟的水资源配置

所谓模拟（simulation）就是用模型来模仿实际系统，代替实际系统进行实验和研究。早期的模拟是按照真实系统的物理性质构造仿真系统的物理模型，并在物理模型上进行实验，如坝工模型、河床模型、水轮机模型等。但这种模型改变困难，实验限制多，投资较大。随着计算机技术的发展，计算机仿真技术逐渐成为主流。计算机仿真是指通过建立和

运行计算机仿真模型，来模仿实际系统的运行状态及其随时间变化的规律，以实现在计算机上进行实验的全过程。计算机仿真以实际系统为对象，以数学模型为主要工具，又称系统模拟。

将系统模拟应用于研究水资源配置问题，首先是建立描述水资源分配问题的模拟模型，然后在计算机上进行模拟运行，获得模型对各种不同输入及各种不同水资源分配方案的输出响应，并通过对获得的实验结果和数据的统计分析，发现系统的演变规律，评价水资源分配方案的优劣。

5.3.1 模拟模型的建立

第 5.2 节在水资源系统网络图基础上，建立了描述水资源系统中水量传递、转换及效果的数学模型。假定系统来水过程及需水过程已知，要想利用上述模型，逐时段计算出系统水量分配的结果及其效果，还必须补充一组水量分配规则。包括工程运用规则（尤其是蓄水工程调度规则）和水量分配规则。

（1）水库（蓄水工程）运用规则。图 5.1 中节点 1 和节点 8 均代表水库，具有跨时段调节水量作用。以节点 1 为例，式（5.1）水库水量平衡方程中有两个未知量：下泄流量 Q_t 与时段末蓄水量 V_{t+1}。要想确定这两个未知量的大小，必须补充一个条件，即水库运用规则。

在水库设计时一般会提供水库运行调度图。调度图中各类不同的调度线将水库分成若干个不同的区域。以年调节的供水水库为例，通常从上往下依次为防弃水区、正常供水区和限制供水区。当时段初水库水位处于防弃水区时，水库尽可能多供水、少弃水；当时段初库水位处于正常供水区时，水库按正常需要供水，各项需水应得到满足；当时段初库水位处于限制供水区时，水库按正常需水量打一折扣供水。按照调度图操作，可决定本时段水库供水量（即下泄流量 Q_t），从而也确定了时段末水库蓄水量。

除调度图外，水库还可按简化运行规则调度。具体见第 4.2.2 节。

对于有些水库，也可按其他类型调度规则运行调度。如果除下泄流量外，还有水库库区调水，则涉及调水量、水库下泄量及水库蓄水量三者之间的关系，需要构造较复杂的水量调配规则。

如果水库有发电功能，那么对水电站而言，设 Q_t 为水库下泄流量，H_t 为第 t 时段平均发电水头，则电站水流出力为 $P_t'=KQ_tH_t$。又设在 H_t 下电站预想出力为 P_c，则电站实际出力 P_t 为

$$P_t=\begin{cases}P_t' & Q_{et}=Q_t, \quad P_t'\leqslant P_c\\ P_c & Q_{et}=\dfrac{P_c}{KH_t}, \quad P_t'>P_c\end{cases} \tag{5.13}$$

式中：Q_{et} 表示电站发电流量，相应的电站弃水流量为 $Q_{st}=Q_t-Q_{et}$；K 为电站出力系数。

（2）取水点分水规则。取（引）水点对应系统中引水枢纽、提水泵站等，如图 5.1 中节点 2、节点 5 和节点 9 所示。一般情况下其分水规则是优先满足取水点下游河道内流量要求，然后才考虑取水（引水）。

设 Q_t 为取（引）水点上游来水量，W_t 和 TW_t 分别为河道外实际取（引）水量与需水量指标，TR_t 为下游河道要求保持的流量（如生态环境需水量），则河道外取水量为：

$$W_t=\begin{cases}0 & Q_t\leqslant TR_t\\ Q_t-TR_t & TR_t<Q_t<TR_t+TW_t\\ TW_t & Q_t\geqslant TW_t+TR_t\end{cases}\tag{5.14}$$

相应地，河道内流量为

$$R_t=\begin{cases}Q_t & Q_t\leqslant TR_t\\ TR_t & TR_t<Q_t<TR_t+TW_t\\ Q_t-TW_t & Q_t\geqslant TW_t+TR_t\end{cases}\tag{5.15}$$

（3）用户分水规则。区域用水一般包括生活用水、工业用水、农业用水、河道外生态环境用水等。式（5.3）即表示图 5.1 中综合用水区的水资源使用分配情况。供水量 W_t 在不同类型用水户之间分配，有不同的分水规则可供选择，如优先次序规则、按比例分水规则、或二者结合的混合分水规则。

优先次序规则规定用水户使用水的优先次序（等级），如生活需水是维持人生存的基本需求，理应优先满足。因此，生活用水居最高级。其后，假定依次是第三产业用水、河道外最小生态环境用水、工业用水、农业用水这样顺序。当出现供水量不足的情况时，先满足生活用水要求，有多余的水再满足第三产业用水，再有余水再满足河道外最小生态环境用水，如此类推。

按比例分水规则是对所有用水户一样对待，如果出现供水量不够的情况时，按比例减少各个用水户的用水量。设供水比例为

$$r_t=\frac{W_t}{TD_t+TI_t+TA_t+TE_t}\tag{5.16}$$

式中：r_t 为第 t 时段供水比例，$r_t<1$；W_t 为第 t 时段供水总量；TD_t、TI_t、TA_t、TE_t 分别为第 t 时段生活、工业、农业和河道外生态环境需水量，已知。

则各用户第 t 时段供水量为

$$\left.\begin{aligned}WD_t&=r_t\,TD_t\\ WI_t&=r_t\,TI_t\\ WA_t&=r_t\,TA_t\\ WE_t&=r_t\,TE_t\end{aligned}\right\}\tag{5.17}$$

混合分水规则是在水量不足以满足所有用水户需水要求时，优先供给最重要的用水户，剩余水量再在其他用户之间按比例分配。例如，综合用水节点内的水量优先分配给生活用水，多余水量不足以满足余下用水户需求时，则在余下的工业、农业、环境用户之间按比例分配。

5.3.2　模拟计算流程与结果分析

针对区域水资源系统网络图，顺水流流动方向自上游往下游对网络图节点按自然数顺序进行编号，位于下游的节点的编号总是比其上游节点的编号大。总节点数为 N。

假定模拟计算期为 Y 年，以月为时段，计算期共有 $T=12Y$ 个时段。计算期内天然径流过程及地下水可开采量均已知，各类用水户的需水过程也已经预测出来，各类供水工程供水能力及工程运用规则均已给定，计算期初水库（或蓄水工程）的水位（蓄水量）已知。模拟计算流程图如图 5.2 所示。其中，i 为节点编号，t 为计算时段编号。

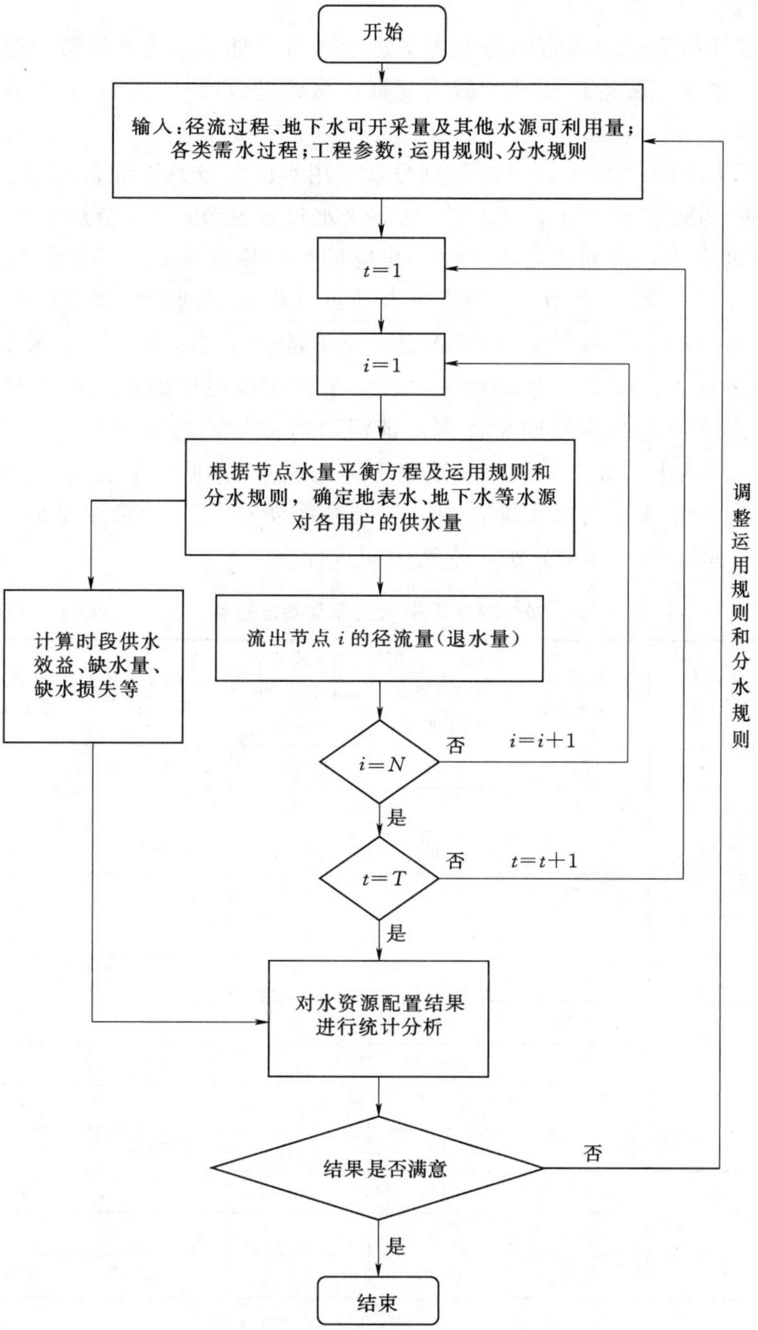

图 5.2　水资源配置模拟模型计算流程图

第 T 时段计算结束后，就可以统计各类用水户在整个计算期的供水量及供水保证率，统计各年和整个计算期的缺水量及缺水率。如果对河道内某个断面（节点）有生态环境流量要求，也可以统计生态环境流量的保证率。对于比较大的区域而言，还可以针对分区统计各分区供水量及缺水量、缺水率。如果已知供水效益或缺水损失函数的话，还可计算相应的供水效益值和缺水损失值。

根据上述统计指标，对水资源分配方案进行评价。如果认为水资源分配效果不甚满意的话，可以通过改变工程运用规则和分水规则，重新进行模拟计算，直至找到较为满意的水资源配置方案。

【例5.1】 如图5.1所示，某流域划分3个用水区，分别以综合用水节点3、节点6、节点10表示。90%频率下节点1、节点5的年来水过程及节点1、节点5至节点8、节点8至节点12的区间来水过程列于表5.1中。相应的综合用水节点3、节点6、节点10的需水量过程也列于表5.1中。节点2、节点5及节点9取水后河道内要求的最小流量分别为$5m^3/s$、$3m^3/s$和$10m^3/s$，节点12河道内最小流量是$25m^3/s$。水库1、水库8的有效库容分别为$50m^3/s$·月、$95m^3/s$·月，水库1和水库8均按照按需供水的原则调度。取水节点2、节点5、节点9处分水规则是优先保证河道内流量。为简单起见，假定节点1、节点5至节点8的区间来水集中在河段末端集中进入水库8，同样节点8至节点12的区间来水集中在节点12处汇入。另假设综合用水区退水系数为0.5。要求按照给定的水库运用规则和分水规则，进行90%频率来水年水资源配置计算。

表5.1　90%频率下来水过程及需水过程　单位：m^3/s·月

月份	节点1来水量	节点5来水量	节点1、节点5至节点8区间来水量	节点8至节点12区间来水量	节点3需水量	节点6需水量	节点10需水量
5	35	21	25	10	15	9	35
6	39	28	37	13	19	11	39
7	45	37	46	16	21	13	43
8	36	25	54	25	23	15	50
9	23	18	35	12	20	12	56
10	16	15	17	7	17	11	51
11	14	12	10	5	16	10	46
12	9	10	9	3	12	9	35
1	8	9	8	3	10	8	32
2	5	12	12	4	10	8	32
3	18	13	17	6	12	8	35
4	20	15	19	7	15	9	35
合计	268	215	289	111	190	123	489

解： 按照节点编号顺序，逐节点逐时段进行水资源分配计算。假定2个水库计算期初有效蓄水量均为0，即从死水位起调。

首先分析水库1的调节计算。水库1按节点2需水量（包括下游河道内流量和河道外需水量）要求下泄，只有当水库可用水量小于节点2需水量时，才允许下泄流量小于需水量；同样只有当水库有效蓄水量将超过调节库容时，才允许下泄流量大于需水量。当水库下泄流量小于节点2需水量时，这时假定优先保证河道内流量，节点2河道外取水量将小于需水量。由此，可以确定各时段水库1下泄流量和节点3分配的水量。计算结果列于表5.2中。

表5.2中，第(4)栏=第(2)栏+第(3)栏；第(5)=第(1)栏-第(4)栏，多余的水蓄在水库中，水量不足时由水库放水补充。第(6)栏按水量平衡方程计算出来，但注意8月末，水库蓄满，水库下泄水量大于节点2需水量。第(7)栏=第(1)栏-水库蓄水量增量；第(9)栏=[第(7)栏-第(8)栏]×退水系数；第(10)栏=第(8)栏+第(9)栏。

从表5.2结果可见，节点3需水及河道内流量要求均满足，没有出现缺水，而且水库1在计算期末还存有水量。

表5.2　　水库1及综合用水节点3水资源分配计算表　　单位：m^3/s·月

月份	水库1来水量	节点2河道内需水量	节点3需求量	节点2需水量	来水一需水	月末蓄水	水库1下泄水量	河道内流量	节点3退水量	节点4河道流量
	(1)	(2)	(3)	(4)	(5)	(6)	(7)	(8)	(9)	(10)
5	35	5	15	20	15	15	20	5	7.5	12.5
6	39	5	19	24	15	30	24	5	9.5	14.5
7	45	5	21	26	19	49	26	5	10.5	15.5
8	36	5	23	28	8	50	35	12	11.5	23.5
9	23	5	20	25	-2	48	25	5	10	15
10	16	5	17	22	-6	42	22	5	8.5	13.5
11	14	5	16	21	-7	35	21	5	8	13
12	9	5	12	17	-8	27	17	5	6	11
1	8	5	10	15	-7	20	15	5	5	10
2	5	5	10	15	-10	10	15	5	5	10
3	18	5	12	17	1	11	17	5	6	11
4	20	5	15	20	0	11	20	5	7.5	12.5
合计	268	60	190	250	18	11	257	67	95	162

类似地，对支流及综合用水节点6的水资源分配进行计算，结果列于表5.3中。为了保证河道内最小流量，11月、12月及1月节点6的实际取水量小于需求量，将出现缺水，总缺水量为5m^3/s·月。

表5.3　　支流及综合用水节点6水资源分配计算表　　单位：m^3/s·月

月份	节点5来水量	河道内需水量	节点6需水量	节点6实际取水量	河道内流量	节点6缺水量	节点6退水量	节点7河道流量
	(1)	(2)	(3)	(4)	(5)	(6)	(7)	(8)
5	21	3	9	9	12		4.5	16.5
6	28	3	11	11	17		5.5	22.5
7	37	3	13	13	24		6.5	30.5

续表

月份	节点5来水量	河道内需水量	节点6需水量	节点6实际取水量	河道内流量	节点6缺水量	节点6退水量	节点7河道流量
	(1)	(2)	(3)	(4)	(5)	(6)	(7)	(8)
8	25	3	15	15	10		7.5	17.5
9	18	3	12	12	6		6	12
10	15	3	11	11	4		5.5	9.5
11	12	3	10	9	3	−1	4.5	7.5
12	10	3	9	7	3	−2	3.5	6.5
1	9	3	8	6	3	−2	3	6
2	12	3	8	8	4		4	8
3	13	3	8	8	5		4	9
4	15	3	9	9	6		4.5	10.5
合计	215	36	123	118	97	−5	59	156

节点4出流加上节点7出流和节点1、5～8区间来水构成水库8入库水量。水库8按照以需定供原则下泄水量。类似水库1和节点3的水资源分配计算过程，可获得水库8及综合用水节点10的水资源分配结果，见表5.4。

从表5.4可见，8月末水库8蓄满，水库下泄水量大于总需水量。2月、3月和4月因水库8无水可补充，节点10出现缺水，总缺水量为15m^3/s·月。

节点11处河道内流量加上节点8～12区间来水构成出境断面节点12的水量。由于水库8的调节，节点12处河道内流量均大于25m^3/s。满足相应的要求。

表5.4　　水库8及综合用水节点10水资源分配计算表　　单位：m^3/s·月

月份	水库8来水量	河道内需水量	节点10需求量	节点9总需水	来水－需水	月末蓄水量	水库下泄水量	节点9取水量	节点9缺水量	退水量	节点11河道流量
	(1)	(2)	(3)	(4)	(5)	(6)	(7)	(8)	(9)	(10)	(11)
5	54	10	35	45	9	9	45	35	0	17.5	27.5
6	74	10	39	49	25	34	49	39	0	19.5	29.5
7	92	10	43	53	39	73	53	43	0	21.5	31.5
8	95	10	50	60	35	95	73	50	0	25	48
9	62	10	56	66	−4	91	66	56	0	28	38
10	40	10	51	61	−21	70	61	51	0	25.5	35.5
11	30.5	10	46	56	−25.5	44.5	56	46	0	23	33
12	26.5	10	35	45	−18.5	26	45	35	0	17.5	27.5
1	24	10	32	42	−18	8	42	32	0	16	26
2	30	10	32	42	−12	0	38	28	−4	14	24
3	37	10	35	45	−8	0	37	27	−8	13.5	23.5
4	42	10	35	45	−3	0	42	32	−3	16	26
合计	607	120	489	609		450.5	607	474	−15	237	370

5.4　基于系统优化的水资源配置

基于系统模拟的水资源配置是在工程运用规则和水量分配规则已经给定条件下确定水量分配方案的，需要经过多次反馈和模拟计算，才能确定较为满意的分配方案。基于系统优化的水资源配置则与此不同，它直接将水资源配置的效果作为目标，然后通过对目标寻优，从而获得相应的最优水资源分配方案。

5.4.1　水资源系统目标与约束

基于系统优化的水资源配置关键是建立系统优化模型，它通常包括水资源系统目标函数和约束条件两部分。

水资源的开发利用，涉及国计民生的广阔领域，其中包括国民经济发展、社会福利、自然环境等诸多方面。所以任一流域或地区的水资源开发利用，其目标总是多种多样的，如经济发展、社会公平、地区发展、环境改善等。通常考虑的水资源配置的目标可归纳为经济目标、社会目标和环境目标三大类。

(1) 经济目标。像大多数生产活动一样，水资源开发利用都有经济目的，就是通过开发利用水资源获得最大的经济产出，或者在产出一定时投入最少的水资源。由于各地区、各部门经济技术水平和生产效率的差异，单位水资源量在不同地区、不同部门产生的经济效益是不同的。因此，以经济效益最大化来分配水资源是一种理性的选择。水资源系统分析中，经济目标可具体表示为：①水量分配净效益最大，一般用于投资、效益均不受限制的情况；②水量分配效益最大，多用于费用一定的情况下；③水量分配费用最小。多用于效益一定或方案等效的情况下；④水量分配损失最小。多适用于缺水情形。

(2) 社会目标。由于水资源有很强的公益性，如果一味地强调经济效益，就会出现越是经济不发达的地区，分配的水量越少，缺水越严重的情况，可能会产生许多社会问题。因此，在各地区之间或不同用水群体之间或者代际之间，公平地分配水资源也是至关重要的。由于区域缺水量大小直接影响到社会发展和安定，是社会效益的一个侧面反映，在缺水时可以采用各分区缺水率相等作为社会公平性度量。

(3) 环境目标。从可持续利用角度，水资源开发利用应对环境的损害（或不利影响）最小。或者说应在环境可承受限度内，开发利用水资源。水资源开发利用的环境效应是多方面的，环境目标并不相同。其中与水资源利用直接有关的，可以采用生态环境需水量满足程度作为环境目标。它强调经济社会用水与生态环境用水之间均衡。也可以采用主要污染物的入河排放量最小来表示环境目标。

水资源利用中的另外一些要求，常以约束的形式体现，一般也以数学函数式来表示，称为约束方程。约束方程反映各种工程能力和资源的有限性，或设计、运行的各种限制要求，如质量（能量）守恒定律、资源限制和设备容量限制等。目标函数与约束方程的作用是不同的。目标函数是方案选择的判据，约束条件则是所有方案必需满足的要求。

5.4.2　水资源配置的优化模型

考虑图 5.1 所示的流域水资源优化配置问题。该流域按地理特征或行政区划分为 3 个分区，每个分区用水户包括生活、工业、农业及河道外生态环境用水。每个分区内的水源，根据其影响范围可以划分成两类：公共水源和独立水源。河流的干流和支流属于公共水源，它可同时向两个或两个以上的分区供水。当地径流和地下水，只能为本区利用，属于独立水源。

各分区的供水工程承担将水从水源送到用户的任务。在我国，供水工程一般包括以下几种形式：①以自来水厂为核心的公共集中供水系统，它一般为居民生活、第三产业、工业供水；②企业自建供水设施，主要为部分工业供水；③农业灌溉工程系统，为农业部门供水；④分散供水设施，它解决分散的农村居民用水问题和作物灌溉问题。这里为简化起见，忽略供水工程的供水路径，只考虑供水工程供水能力约束作用。

假定计算期为一年，以月（或旬）为单位，将计算期分为 T 个时段。计算期内河流来水或地下水可开采量均已知，流域内各分区各类用户需水过程也已给定。问题是：通过优化两个水库调度方式和各分区各类用户的供水决策，使计算期内流域水资源配置的整体效益达到最优。

为表达简洁起见，设第 t 时段第 i 分区第 j 类用户的供水量为 x_{ijt}（$j=1$，2，3，4 分别表示生活、工业、农业和河道外生态环境用水），单位供水量的效益系数为 b_{ijt}，第 t 时段第 i 分区第 k 水源提供的水量为 m_{ikt}（$k=1$，2 分别表示从河流取水和取用地下水），单位供水量的成本系数为 c_{ikt}，则流域供水净效益表述式为

$$F=\sum_{t=1}^{T}\sum_{i=3,6,10}\left(\sum_{j=1}^{4}b_{ijt}x_{ijt}-\sum_{k=1}^{2}c_{ikt}m_{ikt}\right) \tag{5.18}$$

式中：$i=3$，6，10 分别对应图 5.1 中 3 个综合用水区。

又设第 t 时段第 i 分区第 j 类用户的需水量为 d_{ijt}，第 t 时段第 l 个节点（河流断面）河道内生态需水量和实际流量分别为 RT_{lt} 和 R_{lt}（$l=2$，5，9，12 分别对应图 5.1 中节点编号），则流域经济社会缺水量表达式为

$$F_1=\sum_{t=1}^{T}\sum_{i=3,6,10}\left[\sum_{j=1}^{3}(d_{ijt}-x_{ijt})\right] \tag{5.19}$$

流域生态环境缺水量为

$$F_2=\sum_{t=1}^{T}\sum_{i=3,6,10}(d_{i4t}-x_{i4t})+\sum_{t=1}^{T}\sum_{l=2,5,9,12}\max\{0,RT_{lt}-R_{lt}\} \tag{5.20}$$

式（5.20）等式右边第 1 项为河道外生态环境缺水量，第 2 项为河道内生态环境缺水量。

（1）优化目标。通常以流域整体供水净效益最大作为水资源优化配置的目标，即：

$$\max F \tag{5.21}$$

或者，以流域经济社会缺水量最小作为优化目标，即：

$$\min F_1 \tag{5.22}$$

或者，以流域生态环境缺水量最小作为优化目标，即：

$$\min F_2 \tag{5.23}$$

如果上述 3 个目标同时作为优化对象，则属于多目标优化问题。

（2）约束条件。对照网络概化图 5.1，逐个节点列出有关约束条件。

1）节点 1。为水库调蓄节点，第 t 时段水量平衡方程如下：

$$V_{1,t+1}=V_{1t}+q_{1t}-Q_{1t}-L_{1t} \tag{5.24}$$

式中：V_{1t}、$V_{1,t+1}$分别为水库1第t时段初、末蓄水量，V_{1t}已知；q_{1t}为第t时段水库1入库流量，已知；Q_{1t}为水库通过河道下泄流量；L_{1t}为水库蒸发和渗漏损失水量，已知。

相应的约束包括水库蓄水量限制（即水位限制）和水库下泄流量限制。

2）节点2。节点2为取水口，该节点水量平衡式如下：

$$W_{2t}=Q_{1t}-R_{2t} \tag{5.25}$$

式中：Q_{1t}为水库1出流；R_{2t}为取水后河道内流量；W_{2t}为节点2的取水流量。

约束条件包括对W_{2t}和R_{2t}的限制，分别表达如下：

$$W_{2t}\leqslant WU_{2t} \tag{5.26}$$

$$R_{2t}\geqslant RT_{2t} \tag{5.27}$$

式中：WU_{2t}为取水点2取水工程的供水能力，已知；RT_{2t}为河道内最小流量要求，已知。

如果F_2作为优化目标，式（5.27）则不予考虑。

3）节点3。节点3为分区综合用水节点。考虑从河流引水与本区地下水联合供水，节点3水量平衡方程为

$$W_{2t}-\beta_2 W_{2t}+lW_{3t}=\sum_{j=1}^{4}x_{3jt} \tag{5.28}$$

式中：x_{3jt}为用户的供水量，$j=1$，2，3，4分别为生活、工业、农业和生态环境用户的供水量；lW_{3t}、β_2意义同式（5.3）。

节点3退水量WR_{3t}按下式计算：

$$WR_{3t}=\sum_{j=1}^{4}\alpha_j x_{3jt} \tag{5.29}$$

地下水可开采量限制：

$$lW_{3t}\leqslant lWU_{3t} \tag{5.30}$$

式中：lWU_{3t}为分区地下水可开采量，已知。

各类用户的供水量不得超过相应的需水量和工程供水能力：

$$x_{3jt}\leqslant\min\{d_{3jt},C_{3jt}\}\quad j=1,2,3,4 \tag{5.31}$$

式中：d_{3jt}为分区3第j类用户的需水量，已知；C_{3jt}为分区3为第j类用户供水的工程供水能力，已知。

4）节点4。节点4表示用户退水进入河道。其水量平衡方程为

$$R_{4t}=WR_{3t}+RI_{4t} \tag{5.32}$$

式中：R_{4t}为水流汇合后河道内流量；RI_{4t}为汇合处上游来流量。

5）节点5、节点6和节点7。类似地，可获得节点5、节点6和节点7的有关数学表达式。并可写出支流进入水库8的流量R_{7t}。

6）节点8。水库节点8第t时段约束条件与节点1类似，一般包括时段水量平衡方程、水库蓄水量限制、水库泄流量限制等。但不同的是水库8入流量qI_{8t}由3部分组成，即干流来水R_{4t}、支流来水R_{7t}及未控区间入流qL_{8t}。qI_{8t}计算式见式（5.7）。

7）节点9、节点10和节点11。类似于节点2、节点3和节点4，可获得节点9、节点10和节点11的有关数学表达式，包括节点10的退水量$WR_{10,t}$表达式。

8）节点12。该节点为流域出口断面控制节点。断面处河道内流量为

$$R_{12,t}=R_{11,t}+qL_{12,t} \tag{5.33}$$

式中：$R_{11,t}$为上一节点11下泄流量；$qL_{12,t}$为节点11至节点12之间区间流量。

出境断面河道内最小流量要求：

$$R_{12,t}\geqslant RT_{12,t} \tag{5.34}$$

式中：$RT_{12,t}$为节点12处河道内最小流量，已知。

如果以F_2作为优化目标，式（5.34）同样不予考虑。

9）变量非负约束。所有变量均不得小于0。

由式（5.21）及式（5.24）～式（5.34）构成的水资源配置优化模型，是一个线性规划模型，可以采用线性规划方法求解。

5.5　水资源配置的博弈分析

前面讨论的水资源分配问题，均是从流域或区域整体效益出发，比选各种水资源分配方案。在方案比选中，比较少地考虑各地区、各类用水户的利益。然而，现实中长期存在的各类用水之间的冲突，如经济社会用水与生态环境用水冲突、农业用水与工业用水冲突，各个地区之间的冲突，如河流上下游、左右岸、干支流的用水冲突，导致水资源决策过程中不仅要追求整体效益最大而且要兼顾各方面利益。

由于资源的有限性和稀缺性，水资源分配是一个多方参与的利益冲突问题。各方都以追求自身利益最大化为目的，根据自己的环境进行决策分析，即根据其他参与方的策略和支付函数来选择他们最优的效益策略。因此，可以应用博弈论（又称对策论）方法建立水资源分配的冲突模型，对各参与方采纳的自利行为及不同对策带来的结果进行分析，从而揭示水资源冲突的性质、后果以及协调解决方法。

5.5.1　博弈分析基本概念

假定流域内有n个用水户，共同使用该流域水资源的水量。以该水资源分配问题为例，说明博弈分析涉及的基本概念。

（1）局中人集合。参与水资源分配对策的各方，称为局中人（或参与人）。

记为$N=\{1,2,\cdots,n\}$，其中n为局中人个数，$n\geqslant 2$。

（2）局中人策略与策略组合。对于水资源配置问题，主要关心各参与方分配的地表水量、地下水量、节水量（如中水回用量）等。设s_i表示第i个局中人的一个特定策略，$s_i=(qW_i,qG_i,qC_i)(i=1,2,\cdots,n)$，这里$qW_i$、$qG_i$、$qC_i$分别是第$i$个局中人分配的地表水量、地下水量、节水量。所有局中人的策略组成策略组合，记为$s=(s_1,s_2,\cdots,s_n)$。记$S_i=\{s_i\}$表示第i个局中人的所有可选择的策略集，$S=\{S_1,S_2,\cdots,S_n\}$表示全体局中人的策略集合。

（3）支付函数。第i个局中人损益得失的函数称为支付函数，记为π_i。这里设$\pi_i=\pi_i(s_1,s_2,\cdots,s_n)$表示局中人1采用策略$s_1$，局中人2采用策略$s_2$，…，局中人$n$采用策略$s_n$时，局中人$i$所得到的收益。

这里水资源利用收益包括用水收益、供水费用、节水费用等。设$B_i(x)$为局中人i

的用水效益，它取决于供水总量 x，即分配的地表水量、地下水量、节水量。一般地，用水效益将随供水总量的增加而增加，但增加速度将逐渐减慢，直至为 0 或负值。用水效益函数如图 5.3 所示。

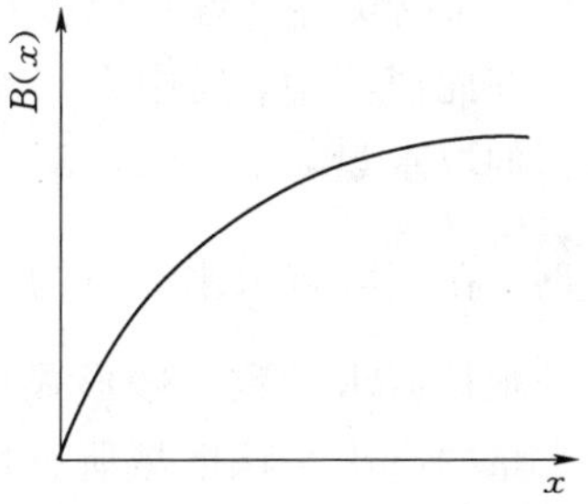

图 5.3 用水效益与供水量关系

$C_i(x)$ 为局中人 i 的供水费用，它与地表取水量 qW_i、地下取水量 qG_i 直接有关。通常供水费用随着直接取水量的增加而加速增加。并且取水量受来水量的影响，到取水量接近来水量时，费用将急剧增加。两者的关系如图 5.4 所示。

$\overline{C}_i(x)$ 为局中人 i 与节水量相关的节水投入费用，它与节水量 qC_i 有关。同样该费用随着利用的节水量的增加而加速增加。关系如图 5.5 所示。

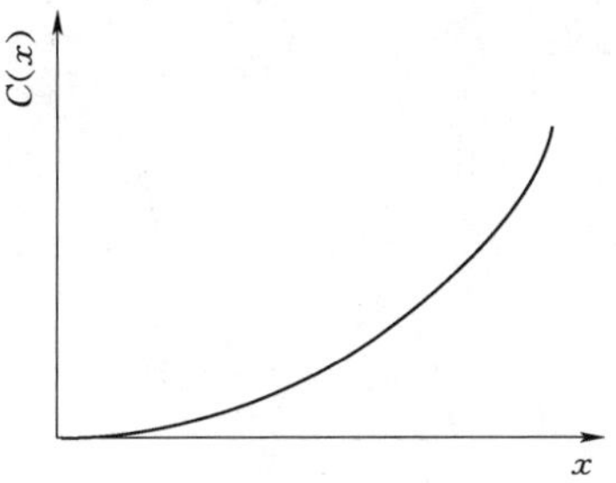

图 5.4 供水费用与取水量关系

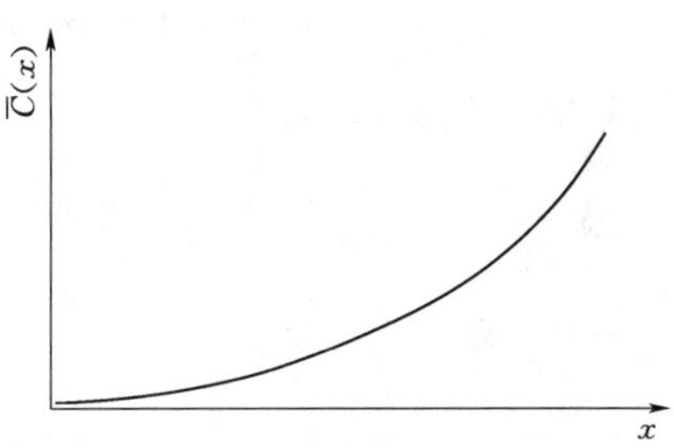

图 5.5 节水投入费用与节水量关系

(4) 均衡。均衡是博弈论关键概念，作为其基本均衡概念的纳什均衡是指在其他局中人的策略选择既定的前提下，每个局中人都会选择自己的最优策略，所有局中人的最优策略组合就是纳什均衡。

对任一局中人 $i\in N$，记 $s=(s_1,s_2,\cdots,s_n)=(s_i,s_{-i})$，策略集合 $s_i^*=(s_1^*,s_2^*,\cdots,s_n^*)$ 是收益形式的纳什均衡，如果对任一 $i\in N$

$$\pi_i(s_i^*,s_{-i}^*)\geqslant\pi_i(s_i,s_{-i}^*) \tag{5.35}$$

上式成立。

式 (5.35) 意味着，在给定别人策略的情况下，任何一个局中人都不能通过改变自己的策略得到更大的效用或收益，从而没有任何人有积极性打破这个均衡。如果一个策略组合不是纳什均衡，则至少有一个局中人认为，在其他局中人都遵守这一组合的规定下，他可以比现在做得更好。显然，寻找均衡解是局中人所希望的。

5.5.2 单水源水量分配博弈

设某区域有 n 个用水户，并且在该区域有一个大家都可以取水的公共水源地。由于水的循环补给有一定的周期，在一定时期内水源地取水量有个限度。假设这些用水户在枯水季节决定自己的取水量，而各个用水户在决定自己的取水量的时候是不知道其他用水户的取水量的，即各个用水户决定取水量的决策是同时作出的。再假设所有用水户都清楚这个水源地的最大承载能力和超过这个承载能力后将会出现的结局。这就构成了 n 个用水户之间关于取水量的一个博弈问题，并且是一个静态博弈，即各博弈方同时或可看作同时选择策略，加以实施并各自取得相应收益的过程。

在此博弈中，局中人（参与方）就是 n 个用水户；他们各自的策略空间就是他们可能选择的取水量 q_i（$i=1$，2，…，n）的取值范围；当各个用水户的取水量为 q_1，q_2，…，q_n 时，在该区域取水总量为 $Q=\sum_{i=1}^{n} q_i$。

根据需求函数一般形式可知，产品价格 p 是产量的递减函数，可以认为用水户的单位取水量的产出是该区域所有用水户的取水总量 Q 的减函数，表达式如下：

$$p=p(Q)=M-aQ=M-a\sum_{i=1}^{n} q_i \tag{5.36}$$

式中：a、M 均为已知参数，$a>0$，$M>0$。

假设各用水户单位取水成本相同，为不变常数 c，则用水户 i 取水量的支付函数为

$$\pi_i=q_i p-cq_i=q_i\left(M-a\sum_{i=1}^{n} q_i\right)-cq_i \tag{5.37}$$

对上式求一阶偏导，有

$$\frac{\partial \pi_i}{\partial q_i}=M-a\sum_{i=1}^{n} q_i-aq_i-c \tag{5.38}$$

令 $\frac{\partial \pi_i}{\partial q_i}=0$，有

$$q_i=\frac{1}{2a}\left(M-c-a\sum_{j=1,j\neq i}^{n} q_j\right) \tag{5.39}$$

式（5.39），称为用水户 i 对其他用水户最佳策略（取水量）的反应函数。显而易见，用水户 i 的最佳策略与其他用水户策略（取水量）有关。

为了方便说明问题，进一步假设 $n=2$，则两个用水户各自对另一个用水户最佳策略（取水量）的反应函数为

$$q_1=\frac{1}{2a}(M-c-aq_2) \tag{5.40}$$

$$q_2=\frac{1}{2a}(M-c-aq_1) \tag{5.41}$$

两个反应函数的交点（q_1^*，q_2^*）就是博弈的纳什均衡。联解上述方程组得：

$$q_1^*=q_2^*=\frac{1}{3a}(M-c) \tag{5.42}$$

将 q_1^*、q_2^* 代入收益函数中，得到用水户1、2的收益为

$$\pi_1^*=\pi_2^*=\frac{1}{9a}(M-c)^2 \tag{5.43}$$

将两个用水户的最优取水量和最优收益相加，得到两个用户博弈情况下总取水量和总收益，分别为

$$Q^*=\frac{2}{3a}(M-c)\text{；}\ \pi^*=\frac{2}{9a}(M-c)^2 \tag{5.44}$$

为了说明用户博弈下水资源分配的效率，可假定两个用水户并为一个用水户，其他不变。设此时取水量为 $\bar{Q}$，收益为

$$\overline{\pi}=\overline{Q}(M-a\overline{Q})-c\overline{Q} \tag{5.45}$$

对$\overline{\pi}$求极值，有最优取水量和相应的收益为

$$\overline{Q}^*=\frac{1}{2a}(M-c) \tag{5.46}$$

$$\overline{\pi}^*=\frac{1}{4a}(M-c)^2 \tag{5.47}$$

比较式（5.44）、式（5.46）和式（5.47），可以发现：$\overline{Q}^*<Q^*$，但是$\overline{\pi}^*>\pi^*$。这说明，在一个用水户情况下（相当于作为一个整体），比两个用水户竞争性情形下，取水量要小，但获得的收益却要大。

5.5.3 流域水资源分配的博弈分析

对于一个流域，假设按地理位置上简单地划分为上游区、中游区、下游区，也可以按行政区划分多个区域。设上游区河流来水量为 q_1，中、下游区区间来水量分别为 q_2、q_3，区间来水假定在区间始端进入，各区从河流取水量为 Q_1、Q_2、Q_3，同时开采本区域地下水量为 G_1、G_2、G_3。各区从河流取水量和地下水开采量之和称为有效供水量，各区退水量进入河流可供下游分区利用，各区退水量分别记为 T_1、T_2、T_3。对任一分区 i，其水量平衡方程为

$$Wo_i=Wi_i+q_i-Q_i+T_i=Wi_i+q_i-Q_i+\alpha_i(Q_i+G_i) \tag{5.48}$$

式中：Wo_i 为第 i 分区出口断面河流出水量；Wi_i 为第 i 分区来自上游分区的水量；q_i 为第 i 分区区间来水量，已知；α_i 为分区总用水量的退水系数。

流域水资源分配概化图如图 5.6 所示。

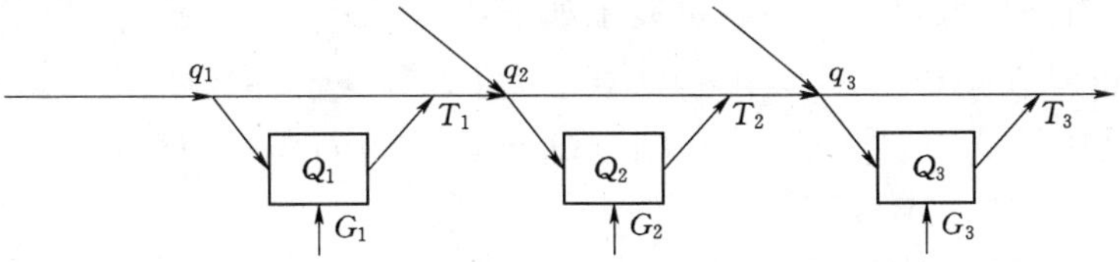

图 5.6 流域水资源分配概化图

各区用水收益是各区有效供水量的函数，记为 $B_i=f_i(Q_i, G_i)$。不失一般性，假设

$$B_i=a_i(Q_i+G_i)^2+a_{1i}(Q_i+G_i)+a_{2i},\quad a_i<0 \tag{5.49}$$

式中：a_i、a_{1i}、a_{2i}为系数，均已知。

供水费用包括河流取水费用、地下水开采费用，两者分别是各自取水量的函数。记为：

$$C_{1i}=b_iQ_i^2+b_{1i}Q_i+b_{2i},\quad b_i>0 \tag{5.50}$$

$$C_{2i}=c_iG_i^2+c_{1i}G_i+c_{2i},\quad c_i>0 \tag{5.51}$$

式中：b_i、b_{1i}、b_{2i}和 c_i、c_{1i}、c_{2i}为系数，均已知。

下面针对两种分配模式进行博弈分析。

（1）从上而下，各取所需模式。在这种模式下，各地区根据自身水资源条件，以满足本地区发展所需水资源为前提，以用水效益最大进行取水量决策。

对上游地区，用水效益函数可表示为：

$$U_1(Q_1,G_1)=B_1-C_{11}-C_{21} \tag{5.52}$$

由于各地区都追求自身利益最大化（称为个体理性），不顾及其他地区用水状况，所以上游地区决策问题可描述如下：

$$\left.\begin{aligned}&\max \quad U_1(Q_1,G_1)=B_1-C_{11}-C_{21}\\&\text{其中}\quad Q_1\leqslant q_1\\&\qquad\quad G_1\leqslant WG_1\\&\qquad\quad Q_1+G_1\leqslant WD_1\\&\qquad\quad Q_1,G_1\geqslant 0\end{aligned}\right\} \tag{5.53}$$

式中：WG_1 为地下水可开采量，已知；WD_1 为分区需水量，已知。

为简化起见，上述决策问题未考虑工程设施供水能力限制，而且将河流来水量全部作为可利用量。

对于中游地区，用水效益表达式类似于式（5.52），但由于其来水量受到上游地区取、退水的影响，进而影响从河流的取水量和分区用水效益。所以，中游区取水决策问题可表示如下：

$$\left.\begin{aligned}&\max \quad U_2(Q_2,G_2,Q_1,G_1)=B_2-C_{12}-C_{22}\\&\text{其中}\quad Q_2\leqslant q_2+q_1-Q_1+\alpha_1(Q_1+G_1)\\&\qquad\quad G_2\leqslant WG_2\\&\qquad\quad Q_2+G_2\leqslant WD_2\\&\qquad\quad Q_2,G_2\geqslant 0\end{aligned}\right\} \tag{5.54}$$

类似地，下游地区取水决策问题可表示如下：

$$\left.\begin{aligned}&\max \quad U_3(Q_3,G_3,Q_2,G_2,Q_1,G_1)=B_3-C_{13}-C_{23}\\&\text{其中}\quad Q_3\leqslant q_3+q_2+q_1-Q_1-Q_2+\alpha_1(Q_1+G_1)+\alpha_2(Q_2+G_2)\\&\qquad\quad G_3\leqslant WG_3\\&\qquad\quad Q_3+G_3\leqslant WD_3\\&\qquad\quad Q_3,G_3\geqslant 0\end{aligned}\right\} \tag{5.55}$$

下游地区出境水量为

$$Wo_3=q_3+q_2+q_1-Q_1-Q_2-Q_3+\alpha_1(Q_1+G_1)+\alpha_2(Q_2+G_2)+\alpha_3(Q_3+G_3) \tag{5.56}$$

在上述上、中、下游 3 个地区的优化决策问题中，上游地区往往利用自己所处河流上游的优势，以自身利益最大来决定取水量。而中游地区的取水量则是在上游地区取水决策已定情况下，根据来水量以自身利益最大来决定中游地区的取水量。下游地区的取水决策同样是在上游、中游取水决策已定情况下做出的。这就是自上而下，各取所需的意思。

这种分配模式是一种非合作分配模式，存在明显的不足。若上游取水过多，则进入中游区的水量就会减少，而中游地区为了满足需水要求，将尽可能多的利用河道内的水和开采地下水，从而使河道内水量大量减少，地下水位加速下降，导致下游地区可用水量减少的幅度会更大。特别是在干旱地区，往往会出现上游地区余水、中游缺水、下游无水的现象。另一方面，河流中下游往往经济发展较快，单位水量的经济效益要高于上游地区。因此从整体经济效益来讲，这种自上而下，各取所需的分水模式是不经济的。

（2）政府统一分配模式。为了提高流域水资源分配的经济效益，流域管理机构代表政府对流域水资源实行统一分配模式。流域管理机构追求的目标是流域水资源分配所产生的总效益最大。相应的决策问题可表达如下：

$$\begin{aligned}\max \quad F &= \sum_{i=1}^{3}(B_i - C_{1i} - C_{2i}) \\ &= U_1(Q_1,G_1)+U_2(Q_2,G_2,Q_1,G_1)+U_3(Q_3,G_3,Q_2,G_2,Q_1,G_1)\end{aligned} \tag{5.57}$$

约束条件包括前述3个分区的全部约束条件，不再重复。

对上述问题进行优化，可以获得各个分区的取水决策即Q_1，G_1，Q_2，G_2，Q_3，G_3的最优值和流域整体效益值、相应的各地区用水效益值。

模式（2）中上、中、下游的水资源量分配是一种整体最优分配，这是因为地区之间存在水量联系，影响到各地区的取水量，通过联立解出各地区的取水量，获得的流域整体经济效益（记为F）比模式（1）的上、中、下游地区经济效益之和（记为F_0）要高。为了考虑经济效益较高的下游地区用水，上、中游会减少自己的取水量，牺牲一些自己的经济利益来支持下游的发展。但是上游节省下来的水资源用在中游或者下游，带来的经济利益和环境效益，会比自己因减少水资源的取用量所带来的经济和环境损失要大。因此，才有整体经济效益的提高。

然而，对有的地区（如上游区）而言，在模式（2）下该地区的用水效益可能小于模式（1）下的该地区用水效益，也就是说如果按照模式（2），上游地区将减少其在模式（1）下的收益。如果各地区不愿意减少自己的利益去提高其他地区的经济效益，而其他地区也不愿意将自己由于多利用上游地区节省下来的水资源量所带来的经济效益拿出部分来补偿上游地区，这个问题就属于不合作博弈。

一种可行途径就是对模式（2）获得的经济效益增额（记为$\Delta F = F - F_0$）在各个地区再进行分配。如何确定各个地区的增额分配量，就属于合作博弈研究的问题，可进一步参考博弈论文献。另外，在市场经济条件下，运用水权交易和水资源税等手段，对水资源分配进行宏观调控也是我国水资源管理重要发展方向。

思　考　题

1. 水资源配置的含义。

2. 为什么要对实际水资源系统进行概化？如何进行概化？

3. 蓄水工程、取水点分水规则起什么作用，有哪些常见的规则？

4. 综合用水节点的分水规则有哪些？分析比较优先次序法与按比例分水法的优点与不足。

5. 水资源分配的优化准则有哪些？写出相应的数学表达式。

6. 基于系统模拟的水资源配置与基于系统优化的水资源配置主要区别是什么？

7. ［例5.1］中综合用水节点10缺水量为$15m^3/s$·月，而水库1在计算期末水库还存有$11m^3/s$·月水量，显然结果不合理。是什么原因导致这样的结果？如果以流域缺水量最小为目标进行水量分配，结果是否不同？试针对［例5.1］建立流域缺水量最小的优化配置模型。

8. 什么是纳什均衡？

9. 假定流域有 3 个用水户，分别位于流域上、中、下游，其取水量分别为 q_1、q_2 和 q_3。上、中、下游用水户收益函数为 $B_i = q_i(a - \sum_{i=1}^{3} q_i - c_i)(i=1,2,3)$，求各用水户的纳什均衡取水量，实现上、中、下游用水户各自利益最大化。这里假定流域总可用水量为 Q，$Q > q_1 + q_2 + q_3$，取水量全部消耗完无退水，$a > 0$，$c_i > 0$。

第6章 城镇给水规划

城镇是人口、产业集聚之地。作为城镇基础设施的重要组成部分，城镇给水工程设施承担着供给城镇各类用水、保障居民生活与物质生产的职能，不仅是城镇发展的重要前提和必备条件，更关系着城镇的可持续发展、城镇的文明、安全和居民的生活质量。

给水规划是城镇规划的一个组成部分，是对城镇给水发展的总体安排。其任务是：根据城镇发展目标，确定用水量标准，预测城镇用水总量；根据各用户对水量、水质的要求和区域水资源的状况，合理选择水源，确定取水方式和位置；根据城市用地布局、功能分区和自然条件等，确定自来水厂等给水设施的规模、容量，选择处理工艺等；科学布局给水设施和各级给水管网系统，估算干管管径及泵站提升能力，满足用户对水质、水量、水压等要求；针对不同给水系统方案，进行技术经济分析；制定水源和水资源的保护措施。

6.1 城镇用水量预测

6.1.1 城镇用水量分类及变化

城镇给水系统供水对象包括城镇居住区、工矿企业、商业服务业、公共建筑、市政设施、消防等。按城市建设部门习惯，城镇用水分为以下五种类型，各类用水对水量、水质和水压有不同的要求。

（1）生活用水。包括居民日常生活用水、工业企业职工生活用水和淋浴用水、公共建筑用水（包括机关、学校、医院、部队、旅馆、餐厅等用水）。我国各地具体条件不同，影响用水量的因素不尽相同，各地人均生活用水量差别较大。在一些特大或大城市，人均生活用水量已接近或超过国家规定的生活用水定额，但在众多中小城市、乡镇，人均生活用水量偏低，还有上升空间。无论水量多少，给水系统应随时满足生活用水量的要求。

生活用水关系到人体健康，因此水质要求较高，尤其是饮用水的水质必须确保居民饮用安全。我国《生活饮用水卫生标准》（GB 5749—2006）从感官性状与一般化学指标、毒理学指标、细菌性指标和放射性指标等方面，作出了明确规定。

（2）生产用水。主要指工业企业生产过程中的用水，包括制造、加工、冷却、空调、洗涤、锅炉等处使用的水。工业企业部门很多，生产工艺多种多样，对水量、水质和水压的要求不尽相同。此外，在城市郊区还有农业灌溉用水。由于农业灌溉用水不是通过城市给水系统供水，所以此处生产用水不包含农业灌溉用水。

（3）市政用水。包括道路保洁、绿化浇水、车辆冲洗用水等。市政用水量应根据路面种类、绿化、气候、土壤以及当地条件等实际情况确定。市政用水量将随着城市建设的发展不断增加。但市政用水对水质要求较低。

(4) 消防用水。指扑灭火灾时的用水。消防用水只有在发生火灾时才从给水管网的消火栓上取用。消防用水对水质没有特别要求。但消防用水对水头有一定要求，管网的最小服务水头一般不得小于10m。

(5) 其他用水。包括水厂自身用水、管网漏水及其他未预见水量等。

以上各项用水量之和，组成了城市用水量。

无论是生产用水还是生活用水，用水量随时都在变化，导致供水范围内总用水量每日每时也在变化。从确定给水系统工程设施规模角度，我们主要关心最高日用水量、最高日的最高时用水量和最高日用水量变化曲线。

在设计（或规划）规定的年限内，用水最多一天的用水量，叫做最高日用水量。最高日用水量与平均日用水量的比值叫做日变化系数 K_d，其值为1.1～2.0。其中，特大城市 K_d 为1.1～1.3；大城市1.2～1.4；中等城市1.3～1.5；小城市1.4～1.8。气温较高的城市可选用上限值。显然，平均日用水量等于最高日用水量除以日变化系数。

在最高日内，用水最大一小时的用水量叫做最高日最高时用水量。最高日最高时用水量与平均时用水量的比值叫做时变化系数 K_h，该值在1.3～3.0之间变化。农村和郊区的时变化系数在2.5以上；大中城市用水比较均匀，K_h 值比农村、郊区要小。

对于最高日，以时间为横坐标，以每小时用水量占最高日用水量的百分数为纵坐标所绘制的曲线称为最高日用水量变化曲线。图6.1所示为某城市水厂的供水量和最高日用水量变化曲线。在图中，用水量曲线1的图形面积等于 $\sum_{i=1}^{24} K_i\ \% = 100\%$，$K_i\%$ 是以最高日用水量百分数计的每小时用水量。由用水曲线可算出时变化系数，最大时用水量出现在9时为6.0%，而平均时用水量为 $100/24\times100\% = 4.17\%$，时变化系数 $K_h = 6.0/4.17 = 1.44$。

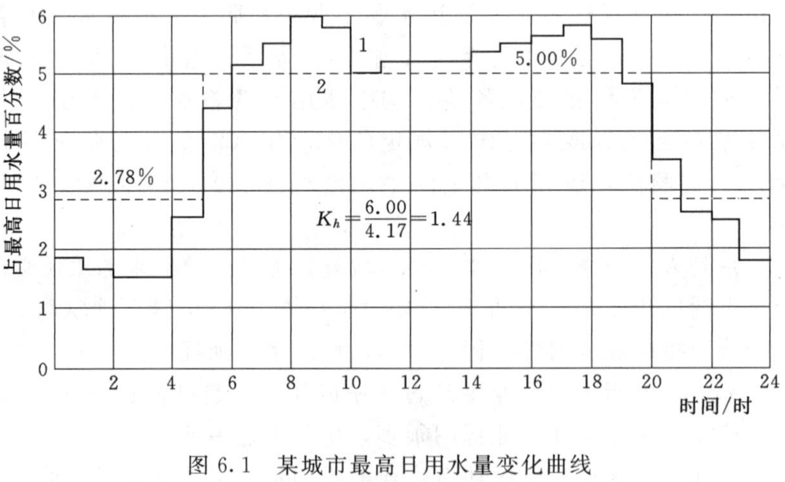

图6.1　某城市最高日用水量变化曲线

1—用水线；2—泵站的设计供水线

一般说来，各城镇的用水量变化曲线并不相同，且大城市、小城市和乡镇存在较大差异。大中城市，用水人数多、卫生设备较完善、用户种类多，各用水高峰可以错开，因此用水量较均匀，时变化系数较小。

显然，随着城镇规模扩张，城镇年用水量、最高日用水量及日用水过程也在发生变化。而这种变化又影响城镇给水系统的供水规模及布局。城镇用水量是确定供水系统中的取水、水处理、泵站、管网等工程设施规模的依据。

6.1.2 城镇用水量预测方法

目前，城镇用水量预测的方法主要有趋势法、单位指标法和分项求和法。

6.1.2.1 趋势法

趋势法在以往城镇用水量资料的基础上，建立用水量与时间的函数关系式，进而推求未来年份的用水量。例如，某市有1990—2005年用水量统计资料，经分析建立年用水量与时间的关系式如下：

$$W_t=\frac{55.6}{1+0.51e^{-0.13(t-2002)}},\quad t=1990,1991,\cdots \tag{6.1}$$

式中：t 表示公元年；W_t 表示该年用水量，亿 m^3。

应用式（6.1）可以对2006年、2007年，…，用水量进行预测。趋势法一般只预测年用水量，将年用水量除以365天，可得到日均用水量。再乘以日变化系数，获得最高日用水量。趋势法较适合在近期规划使用。

6.1.2.2 单位指标法

城镇供水系统的最高日用水量可根据城镇总体规划已确定的规划人口数（以万人计），乘以单位人口综合用水量指标［万 m^3/(万人·d)］获得。也可以根据城镇总体规划已确定的建设用地规模（以 km^2 计），乘以单位建设用地综合用水量指标［万 m^3/(km^2·d)］获得。计算公式如下：

$$Q_t=m_tA_t \tag{6.2}$$

式中：Q_t 为规划水平年最高日用水量，万 m^3/d；A_t 为规划用水人口数（万人）或建设用地面积，km^2；m_t 为城市单位人口综合用水量指标，万 m^3/(万人·d) 或者城市单位建设用地综合用水量指标，万 m^3/(km^2·d)。

单位人口综合用水量指标和单位建设用地综合用水量指标，可参照《城市给水工程规划规范》(GB 50282—98) 确定（表6.1），或者按照地方标准确定。例如，《武汉城市总体规划》确定武汉中心城区、新城区、中心镇、一般镇人均综合用水量分别采用0.61、0.52、0.35、0.30万 m^3/(万人·d)。

当城镇总体规划已确定各类性质用地规模时，还可按照不同性质用地的单位用地用水量指标预测城镇总用水量。一般地，城镇用地分为居住用地、公共设施用地、工业用地和其他用地（包括仓储、对外交通、道路广场、市政公用设施、绿地和特殊用地），均以 km^2 计，相应的各类单位用地用水量指标［万 m^3/(km^2·d)］可参照《城市给水工程规划规范》(GB 50282—98) 或地方标准确定。各类用地面积乘以单位用地用水量指标，再相加获得最高日用水量（已含管网漏失量）。

规划期最高日用水量，除以日变化系数，可得到日均用水量。

表 6.1 城市单位人口、建设用地综合用水量指标

区域	城市单位人口综合用水量指标/万 m^3/(万人·d)				城市单位建设用地综合用水量指标/万 m^3/(km^2·d)			
	特大城市	大城市	中等城市	小城市	特大城市	大城市	中等城市	小城市
一	0.8～1.2	0.7～1.1	0.6～1.0	0.4～0.8	1.0～1.7	0.7～1.3	0.6～1.0	0.4～0.9
二	0.6～1.0	0.5～0.8	0.35～0.7	0.3～0.6	0.5～1.2	0.3～0.8	0.3～0.7	0.25～0.6
三	0.5～0.8	0.4～0.7	0.3～0.6	0.25～0.5	0.5～0.8	0.3～0.7	0.25～0.5	0.2～0.4

注 1. 特大城市指市区和近郊区非农业人口100万人及以上的城市；大城市指市区和近郊区非农业人口50万及以上不满100万人的城市；中等城市指市区和近郊区非农业人口20万人及以上不满50万的城市；小城市指市区和近郊区非农业人口不满20万人的城市。

2. 一区包括：贵州、四川、湖北、湖南、江西、浙江、福建、广东、广西、海南、上海、云南、江苏、安徽、重庆；二区包括：黑龙江、吉林、辽宁、北京、天津、河北、山西、河南、山东、宁夏、陕西、内蒙古河套以东和甘肃黄河以东的地区；三区包括：新疆、青海、西藏、内蒙古河套以西和甘肃黄河以西的地区。

3. 经济特区及其他有特殊情况的城市，应根据用水实际情况，用水指标可酌情增减。

4. 本表指标为规划期最高日用水量指标。

5. 本表指标已包括管网漏失水量。

6.1.2.3 分类求和法

在给水系统详细设计中，由于供水范围和对象的资料比较详尽，最高日用水量可根据各类用水定额进行计算。用水定额是指在一定期限内以一定核算单元所规定的用水水量限额（数额）。它是在历史用水定额的基础上，综合考虑经济社会发展、水资源充沛程度、节水环保目标等因素后确定的。在缺乏历史用水资料的情况下，可参照国家有关规范选用。从设计角度出发，为了满足用户的需求，其定额一般较宽裕，以使相应的供水设施规模留有一定余地。

（1）居民生活用水。居民生活用水指城镇居民日常生活用水。综合生活用水指城镇居民日常生活用水和公共建筑用水，但不包括浇洒道路、绿地和其他市政用水。平均日和最高日的居民生活用水定额和综合生活用水定额，可参照《室外给水设计规范》（GB 50013—2006）或各省（直辖市、自治区）的用水定额标准选择。

居民最高日生活用水量计算式如下：

$$Q_1 = \sum_i m_{hi} N_{hi} \tag{6.3}$$

式中：Q_1 为供水范围内居民最高日生活用水量，m^3/d；N_{hi} 为设计（规划）年限内第 i 居住区计划用水人数，人；m_{hi} 为最高日生活用水定额，$m^3/(人·d)$。

（2）公共建筑用水。公共建筑（设施）用水包括行政办公、商贸金融、体育、文化娱乐、旅馆、服务业、学校、医院等用水量。计算公式为

$$Q_2 = \sum_i m_{pi} N_{pi} \tag{6.4}$$

式中：Q_2 为公共建筑最高日用水量，m^3/d；N_{pi} 为第 i 公共建筑的用水单位数（如人、床等）；m_{pi} 为第 i 公共建筑的最高日用水定额。可按《建筑给水排水设计规范》（GB 50015—2003）（2009年版）的规定或各省（直辖市、自治区）的用水定额标准确定。

（3）综合生活用水。综合生活用水量包括居民生活用水量和公共建筑用水量。即：

$$Q_3 = Q_1 + Q_2 \tag{6.5}$$

或者，最高日综合生活用水量按下式计算

$$Q_3 = \sum_i m_{ci} N_{hi} \tag{6.6}$$

式中：Q_3 为供水范围内居民最高日综合生活用水量，m^3/d；m_{ci} 为第 i 居住区最高日综合生活用水定额，$m^3/(人 \cdot d)$；N_{hi} 意义同前。

（4）工业企业用水。包括生产过程中补充的水量（或取水量、新鲜水量）和职工生活及淋浴用水量。计算公式如下：

$$Q_4 = \sum_i (Q_{1i} + Q_{2i} + Q_{3i}) \tag{6.7}$$

式中：Q_4 为工业企业日用水量，m^3/d；Q_{1i} 为第 i 工业企业的生产用水量，根据生产工艺过程的要求而定。Q_{2i} 为职工生活用水量；Q_{3i} 为职工淋浴用水量。

Q_{1i} 可根据产品数量（或产值、增加值）和单位产品用水定额确定。国家和各省（直辖市、自治区）制定了一系列工业用水定额标准，其中有些属于强制性标准，必须遵守。Q_{2i} 和 Q_{3i} 应根据工厂每日班制（数）、每班职工人数及职工生活用水定额、淋浴用水定额确定。职工生活用水定额、淋浴用水定额应按《工业企业设计卫生标准》（GBZ 1—2010）执行。

（5）市政用水。包括道路广场卫生和绿化用水。用水量计算式如下：

$$Q_5 = \frac{kA_s m_s}{1000} + \frac{A_g m_g}{1000} \tag{6.8}$$

式中：Q_5 为市政日用水量，m^3/d；A_s、A_g 分别为道路广场洒水面积和绿地浇水面积，m^2；m_s、m_g 分别为道路广场洒水和绿地浇水的用水定额；k 为每日道路洒水次数。浇洒道路用水量一般为 1～1.5L/(m^2・次)，每日浇洒 2～3 次。浇洒绿地用水量采用 1.5～2.0L/(m^2・d)。

（6）未预见水量。未预见水量（含管网漏水量）是指供水系统设计中，为难于预测的各种因素而准备的水量。生活和市政用水未预见水量和管网漏失水量可按最高日用水量的15%～25%合并计算。工业企业未预见水量根据工业发展情况确定。远距离输水渠道漏水量较大，应通过调查研究计算确定。未预见水量计算式如下：

$$Q_6 = (0.15 \sim 0.25)(Q_1 + Q_2 + Q_5) + \alpha Q_4 \tag{6.9}$$

式中：Q_6 为未预见水量，m^3/d；α 为工业企业未预见水量系数。

（7）城镇最高日用水量。

$$Q_d = (1.15 \sim 1.25)(Q_1 + Q_2 + Q_5) + (1 + \alpha) Q_4 \tag{6.10}$$

式中：Q_d 为城镇最高日用水量，m^3/d；其他符号意义同前。

（8）最高日平均时用水量 $\overline{Q}_h$。

$$\overline{Q}_h = \frac{Q_d}{3.6T} \tag{6.11}$$

式中：$\overline{Q}_h$ 为最高日平均时用水量，L/s；T 为供水系统一天运行的小时数，一般取为 24h。

（9）最高日最高时用水量 Q_h。

$$Q_h = K_h \frac{Q_d}{3.6T} \tag{6.12}$$

式中：Q_h 为最高日最高时用水量，L/s；K_h 为时变化系数。

（10）消防用水量。

$$Q_x = m_x n_x \tag{6.13}$$

式中：Q_x 为消防用水量，L/s；m_x 为一次灭火用水量，L/s；n_x 为同一时间内火灾次数。n_x、m_x 按有关建筑设计防火规范执行。

城镇消防用水主要储存在水厂的清水池中，灭火时由二级泵站向管网输送。在确定清水池和水塔容积时，需考虑预留消防用水量。

城镇最高日用水量、最高日平均时用水量和最高日最高时用水量是给水系统设计的依据，又称为设计用水量或设计流量。但注意，消防用水量未计入其中。

以上城镇用水量预测方法不仅适用新建城区、新建水厂，同样适用于老城区、老水厂改造、扩建。

【例 6.1】 某城镇现有人口 2 万人，规划年限内预期发展到 2.5 万人。大部分房屋为 3～4 层，室内有供水龙头及卫生设备。全城用水量较大的工厂有十家，另有医院、饭店、招待所、学校等。试计算最高日用水量和最高日最高时用水量。

解：

（1）居民生活用水量。用水普及率以 100%计，按当地用水习惯和房屋卫生设备情况，最高日用水定额定为 120L/(人・d)，因此最高日用水量为

$$Q_1 = 25000 \times 120/1000 = 3000(m^3/d)$$

（2）工厂和公共建筑用水量。通过调查访问和测算，共有 10 个工厂，包括造纸厂、化工厂、食品厂等，工业用水量为 1986m^3/d，公共建筑包括医院、饭店、学校，用水量 194 m^3/d，两者合计 2180m^3/d。

（3）未预见水量。采用上述两项用水量总和的 15%，得

$$0.15 \times (3000 + 2180) = 777(m^3/d)$$

（4）最高日用水量。

$$Q_d = 3000 + 2180 + 777 = 5957(m^3/d)$$

取为 6000m^3/d。

（5）最高日最高时流量。假定时变化系数为 1.8，则最高时流量为

$$Q_h = 1.8 \times \frac{6000}{24 \times 3.6} = 125(L/s)$$

（6）消防用水量。根据该城镇的发展人口为 2.5 万人和大部分房屋为 3～4 层的情况，参照相关规定，确定消防用水量为 15L/s，同一时间内的火灾次数为 1 次。

6.2 给水水源选择

城市给水是水资源综合利用的一种形式。供水水源的选择应以区域或流域水资源规划为依据，并且在水质和水量上应满足城市发展的需求。

(1) 城市水源的种类。供给人类使用的水源主要有两大类：地下水源和地表水源。其中，地下水源包括潜水和承压水，地表水源包括江、河、湖泊、海洋以及人工修筑的水库、运河等。

地下水源由于受形成、埋藏和补给等条件的影响，在通过地层渗透和过滤过程中，悬浮物和胶体物质已基本或大部去除。一般水质清澈洁净，悬浮杂质少，水的透明度一般比较高，并且无色无味，水质水温稳定，分布面广，不会轻易受外界环境的污染和气温的影响。缺点是地下水源水的径流量小，矿化度和硬度较高。地下水径流量小，因而不能满足需水量大的城市和工业企业用水的需要。矿化度和硬度过高的地下水不适应作为某些工业用水和锅炉用水，否则要进行特殊处理。

地表水源由于易受地表各种因素的影响，水质和水温以及水量的变化幅度较大，易受环境污染，这就使得取水工程、净水工程以及人防、卫生防护条件等都趋于复杂。但地表水源径流量大，水量充沛，矿化度和硬度都较低，使得取用比较方便，特别是能够满足大量用水的需要，因此，世界上大多数国家或城市都是以地表水作为主要水源的，我国也不例外。

此外，由于水资源匮乏，一些城市和地区也非常重视再生水（或中水）、雨水、海水淡化水等非常规水源的利用。

(2) 水源的水量要求。城市供水水源应有足够水量。水量不仅保证当前生活、生产需要，而且满足远期发展的需要。

1) 地表水源。当采用地表水源时，河流的设计枯水流量的年保证率一般按 90%～97%选取，视城市规模和工业用水所占比例而定。城市规模大、工业用水比例高，保证率越高。这里设计枯水流量一般取年最小日流量或最枯三日平均流量。具体方法是，每年取一个最小日均流量（或最枯三日平均流量），N 年共有 N 个最小日流量；将这 N 个最小日流量按从大到小的次序排列并编号，并计算每个最小日流量的经验频率，适线获得理论频率曲线；然后根据设计保证率，从理论频率曲线上查出对应的流量，即是设计枯水流量。

实际上允许从河流取用的流量仅是设计枯水流量的一部分。当无坝取水时，允许从河流取水的比例与河流水深、河宽、流速、流向和河床地形等因素有关，可以结合取水构筑物形式，参照相似河段的取水量来确定。一般情况下，地表水取水设施设计取水量 Q_P 和设计枯水流量 Q_s 的关系为

$$Q_P \leqslant k_P Q_s \tag{6.14}$$

式中：Q_P 为地表水取水构筑物取水量，m^3/s；Q_s 为河流的设计枯水流量，m^3/s；k_P 为取水系数，应综合考虑河道内需水（包括生态环境需水和其他用户需水）与河道外取水的要求，确定 k_P 的值。一般地河流较窄而流速小时，$k_P=0.3\sim0.5$；大型河流的 k_P 值较小。

在无坝取水时，如果取水比例较大，则应进行充分的论证，必要时还应通过水力模型试验确定。

当水源的枯水流量不能满足上述要求时，应采取调蓄措施，或另选其他水源。

对于有些河流或湖泊，水位可能是影响取水保证率的主要考虑的因素，这时应分析设计枯水位。设计枯水位的年保证率一般取 90%～99%。

可见，在选择地表水源时，必须确定具有一定保证率的设计枯水流量 Q_s 和设计枯水位，以及设计洪水位（用以确定取水构筑物的地面高程）等。

2）地下水源。当采用地下水源时，应进行地下水可开采量计算。可开采量是指开采期内，在不使地下水位连续下降或水质变差或不发生地质灾害的条件下，从含水层中所能取得的地下水流量。

城镇地下水取水设施，每日抽取水量不应大于地下水可开采量，即

$$Q_p \leqslant \frac{1}{86.4} Q_g \tag{6.15}$$

式中：Q_p 为城市地下水取水设施取水量，L/s；Q_g 为地下水可开采量，m^3/d。

在河谷冲积层，透水性良好，地下水补给条件好，地下水可开采量主要取决于地下水补给量。而在潜水盆地内，地下水基本处于静止状态，地下水储量随降水、开采和蒸发而增加或者减少。地下水可开采量主要取决于地下水最高水位与最低水位间含水层中水的体积。

（3）水源的水质要求。对于以地表水为供水水源时，应根据《地表水环境质量标准》（GB 3838—2002）判别水源水质是否符合要求。对于以地下水为供水水源时，应根据《地下水质量标准》（GB/T 14848—93）判别水源水质是否符合要求。对于饮用水水源，还要符合《生活饮用水卫生标准》（GB 5749—2006）。

水源水质不仅要考虑现状，还要考虑未来变化趋势。当城市有多种天然水源时，应首先考虑水质较好、水量充足的水源作为供水水源，或者考虑多水源分质供水。

为防止水源受到污染和水质恶化，应加强水源地保护。

6.3　给水工程规划

6.3.1　给水工程系统组成及布置

城镇给水工程系统是指由保证城镇生活、工矿企业、市政等用水的各项构筑物和输配水管网以一定方式组成的系统。其任务是从水源取水，按照用户对水质的要求进行处理，再将净化后的水输送到用水区，并向用户配水，供应各类建筑所需的生活、生产和消防等用水。

城镇给水系统，根据水源性质，可分为地表水给水系统和地下水给水系统；根据供水方式，可分为重力（依靠水源所具有的位置水头）给水和压力给水系统；按使用对象，可分为生活给水、工业给水或统一（综合）给水系统。

（1）给水工程系统组成。不论哪类系统，按照生产过程，给水系统都是由取水、净水、输水、配水工程设施等依次连接，组成的串联工程系统。

1）取水工程。从选定的水源（包括河流、湖泊、水库等地表水和地下水）抽取原水，加压后送入水处理构筑物。取水工程设施一般包括取水构筑物和一级泵站。

由于地表水源的种类、性质和取水条件各不相同，因而地表取水构筑物有多种型式，按取水构筑物的构造型式分：则有固定式（岸边式、河床式、斗槽式）和活动式（浮船式、缆车式）取水构筑物；在山区浅水河流上，则有带低坝和底栅栏式取水构筑物。地下水取水构筑物包括管井、大口井、辐射井、渗渠等型式。取水构筑物具体结构可参考有关专业书籍。

2）净水工程。包括水处理构筑物和清水池。水处理构筑物的作用是根据原水水质和用户对水质的要求，通过加药、混凝、沉淀、澄清、过滤、消毒等工序对原水加以净化，以满足用户对水质的要求。清水池的作用是储存和调节一、二级泵站抽水量之间的差额水量。水处理构筑物和清水池常集中布置在自来水厂内。

水处理构筑物是自来水厂的主体工程，其工艺流程由于水源不同，水质各异，而大不相同。一般以地表水为水源时，其水质比地下水要复杂得多，采用的净化流程也比较复杂。图 6.2 为以地表水为水源时的常规水净化过程。

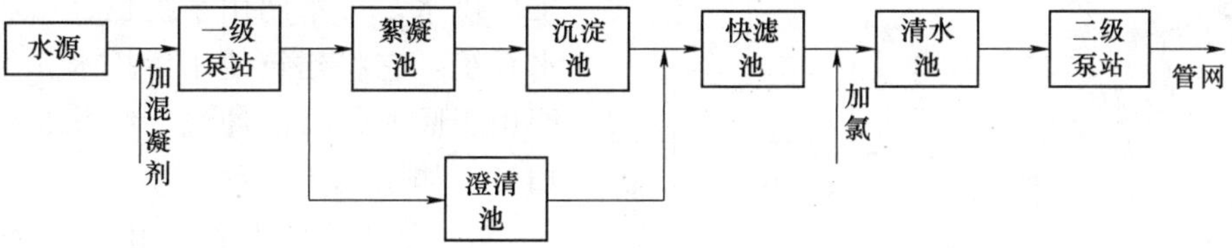

图 6.2　地表水净化流程图

3）输水、配水工程。包括二级泵站、输水管、配水管网、水塔和高地水池等。二级泵站将清水池中水加压送到配水管网中或送到水塔和高地水池。输水管起输送水量的作用，包括从水源到水厂的原水输水管和从水厂到配水管网的清水输水管。配水管网则是将清水输水管送来的水送到各个用水区的全部管道。水塔和高地水池等调节构筑物设在输配水管网中，用以储存和调节二级泵站送水量与用户用水量之间的差值。管网中的调节构筑物并非一定要设置。二级泵站一般设在自来水厂内。

图 6.3 所示为以地表水为水源的供水系统。取水构筑物 1 从江河取水，经一级泵站 2 送往水处理构筑物 3，处理后的清水储存在清水池 4 中。二级泵站 5 从清水池取水，经输水管 6 送往管网 7 供应用户。一般情况下，从取水构筑物到二级泵站都属于自来水厂的范围。有时为了调节水量和保持配水管网的水压，可根据需要建造水库泵站、水塔或高地水池 8。

以地下水为水源的供水系统，常用管井（含机电泵）等取水，如地下水水质符合生活饮用水卫生标准，可省去水处理构筑物，从而使给水系统简化，如图 6.4 所示。

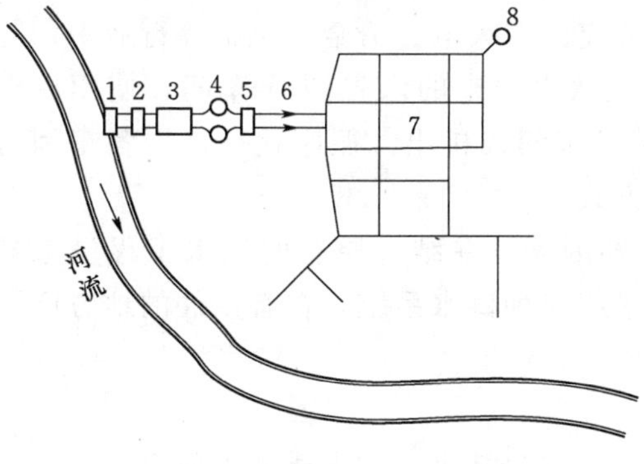

图 6.3　地表水源的给水系统示意图

1—取水构筑物；2—一级泵站；3—水处理构筑物；4—清水池；5—二级泵站；6—输水管；7—管网；8—水塔

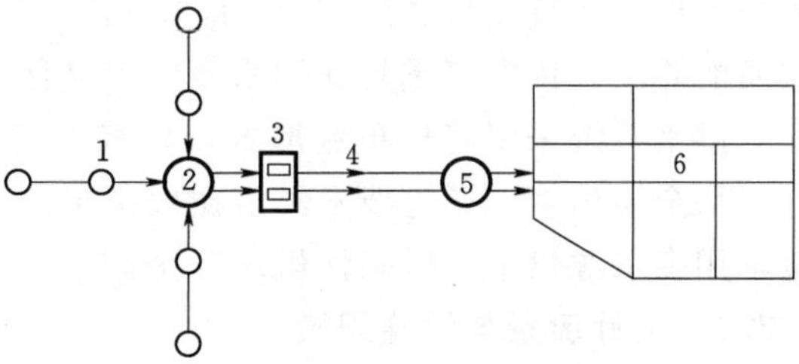

图 6.4　地下水源的给水系统示意图

1—管井群；2—集水池；3—泵站；4—输水管；5—水塔；6—管网

（2）给水系统的布置。根据城镇规划和城镇地形、水源等条件，考虑到用户对水量、水质和水压的不同要求，给水系统可选择不同布置形式。

1）统一给水系统。由同一管网供给生活、生产和消防、市政用水，水质要求达到生活饮用水水质标准。目前我国绝大多数城镇采用这种布置形式。

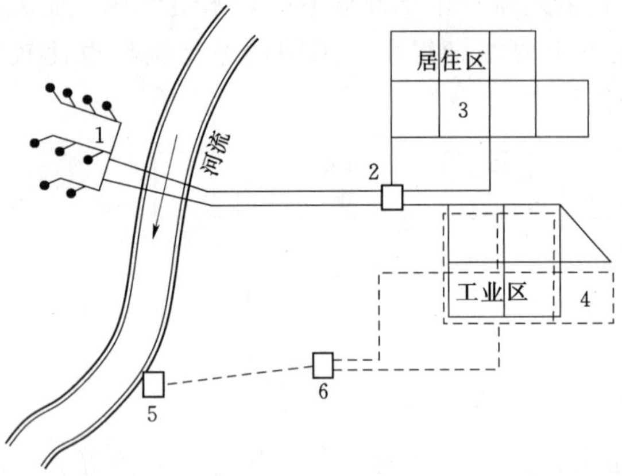

图6.5　分质给水系统

1—管井；2—泵站；3—生活用水管网；4—生产用水管网；5—地表水取水构筑物；6—工业用水处理构筑物

2）分质给水系统。由于工业用水水质的要求不同于生活饮用水，可通过不同净水设施和管网单独向集中的工业园区或工厂供水。中水回用系统也是一种分质给水系统，它将建筑使用后排水，经处理后回用于厕所便器的冲洗、绿化、洗车、清扫等。如图6.5所示。

3）分压给水系统。由于城市地形起伏或建筑物高度不等，不同给水区对水压要求不同。可采用并联和串联方式分不同水压供水。例如，成片的高层建筑，可另建一个高压管网供水。

4）分区给水系统。在给水区范围很大或条件有限时，可将整个供水范围分成几个区，各区有单独的水厂和管网。例如，武汉市由于长江、汉江的分割，中心城区天然地形成汉口片、武昌片、汉阳片3个供水区域。

5）工业给水系统。工业用水一般应由城市管网供给。但是，当工业用水量大、水质要求不高或水量小但对水质有特殊要求，或远离城市管网时，往往自建给水系统，称为工业给水系统。根据对水的利用方式不同，工业给水系统又可分为直流、循环和循序三种方式。

直流方式是指用户从水源取水，使用后经适当处理直接排入水体。这种方式严重浪费水且造成水污染，一般不宜采用。循环方式是指使用过的冷却水经适当处理后重新回用。在循环使用过程中所损耗的水量，则从水源取水补充。在火电、冶金、化工等行业中，冷却水量大，一般多采用循环利用方式。循序方式是从水源来的水先到 A 车间，使用后经适当处理（或直接）送到 B 车间，使用后再送到 C 车间或排出。循序就是根据各车间对水质的要求，依次序重复利用水。所以又称复用方式。

供水系统采用何种布置形式，要综合考虑多种因素，并结合原有的供水工程设施条件，从全局出发，通过技术经济比较决定。无论采用何种供水系统，在有条件的地方应尽量采用多水源供水，以确保供水安全。

6.3.2　设计流量与设施规模

在规划的期限内，满足供水范围内全部用水要求（包括水量、水质和水压要求）是给水规划的基本任务。其中最高日及最高日最高时用水量当然也包括在内。为了保证足额供水，给水系统中除清水池、水塔外所有工程设施（构筑物）的规模都应该根据最高日及最高日最高时用水量计算确定。

(1) 清水池以前设施的设计流量。以图6.3所示系统为例，清水池以前设施包括取水构筑物、净水构筑物、一级泵站及原水输水管。

一级泵站的作用是将取水构筑物取到的原水送到净水构筑物中去进行净化处理。为了减小一级泵站和取水、净水构筑物的设计规模，降低造价，并使构筑物稳定运行，一般大中城市自来水厂的一级泵站均采用三班制即24小时均匀供水，只有小型水厂才采用一班或二班制运转。因此，取水构筑物、净水构筑物和一级泵站的设计流量 Q_1 按最高日平均时流量计算，即

$$Q_1=\alpha\frac{Q_d}{3.6T} \tag{6.16}$$

式中：Q_d 为给水系统最高日用水量；T 为一级泵站每天工作小时数；α 为水厂自用水量（即沉淀池、滤池排泥冲洗等用水）系数，其值取决于水源种类、原水水质、水处理工艺及构筑物类型等因素，以地表水为水源时 α 一般取1.05～1.1；以地下水为水源且只需消毒处理而无需其他处理时 α 取1.0。

从水源到水厂的原水输水管的设计流量也按 Q_1 来确定。

(2) 清水池以后设施的设计流量。清水池以后设施包括二级泵站、从二级泵站到配水管网的清水输水管及配水管网。

1) 二级泵站的设计流量。二级泵站的设计流量与管网中是否设置水塔有关。当管网内不设置水塔时，任何小时内二级泵站的供水量应等于或大于用水量，否则就会出现供水不足的现象。因此二级泵站的最大供水量应按最高日最高时用水量考虑。为了适应日内用水量的变化，二级泵站内应设置流量大小不同的水泵及变频调速泵，配合使用，以满足不同时段内的用水量要求，并最大限度地减少水的浪费。同时，水泵工作时应在其高效区内运行。

当管网内设置水塔时，由于它们能够调节二级泵站供水量和用水量之间的差值，因此二级泵站每小时的供水量可以不等于用水量。二级泵站的供水曲线应根据用水量变化曲线确定，总的原则是采用分级供水，各级供水曲线应尽量接近用水曲线，以减小水塔容积；分级数一般不应多于三级，以便水泵机组的管理；分级数和分级流量还应考虑能否选到在高效区内运行的合适的水泵。

2) 清水输水管的设计流量。当管网内无水塔时，管网用水全部靠清水输水管供应，输水管的设计流量应按最高日最高时用水量确定。当管网末端设有水塔（称为对置水塔或网后水塔）时，输水管的设计流量应按二级泵站最大一级供水量确定。当管网起端设有水塔（称为前置水塔或网前水塔）时，泵站到水塔的输水管的设计流量按二级泵站最大一级供水量确定；水塔到管网的输水管的设计流量应按最高日最高时用水量确定。

3) 配水管网的设计流量。若管网内无水塔或设有前置水塔时，管网的设计流量应与最高日最高时用水量相同。若管网内设有对置水塔，在最高时用水量时，由二级泵站和水塔从两面向管网供水，管网中间出现供水分界线，因此应根据最高时从二级泵站和水塔送入管网的流量进行管网计算。由于设有对置水塔时，管网中的大部分管线的流量比仅由一方供水时小，故管径可以减小，管网投资可以降低。配水管网水力计算下节专门介绍。

(3) 管径选择与水头损失。对于给水系统中管道而言，在流量确定后，可选择管径。

配水管网中水流属于有压流。在管道流量已给定时，按满管流计算管径，公式如下：

$$D=\sqrt{\frac{4q}{\pi v}} \tag{6.17}$$

式中：D 为管道直径，m；q 为管道的计算流量，m^3/s；v 为管道流速，m/s；π 为圆周率。

由上式可以看出，管径不但和管道流量有关，而且和流速的大小有关。选定流速时，应考虑技术和经济两方面的要求。

从技术上考虑，为了防止管网因水锤现象而出现事故，最大设计流速不应超过 2.5～3.0m/s；在输送原水时，为避免水中杂质在管内沉积，最低流速不得小于 0.6m/s。

从经济上考虑，在投资偿还期年限内存在一个使管网造价和运行费用（主要为输水电费）之和为最小的流速，此流速称为经济流速。影响经济流速的因素很多，如电费、管材价格、设计使用年限、折旧大修费率等。另外管网中每个管段的经济流速也是不相同的。因此经济流速和管网的技术经济计算是相当复杂的。在实际工作中常采用平均经济流速来选择管径，选出的管径是近似的经济管径。一般地，当管径 D＝100～400mm 时，平均经济流速为 0.6～0.9m/s；当管径 $D \geqslant$400mm 时，平均经济流速为 0.9～1.4m/s。一般大管径可取较大值，小管径可取较小值。

某段管道沿程水头损失与其流量的关系可表达如下：

$$h=il=alq^n=sq^n \tag{6.18}$$

式中：h 为管段水头损失，m；i 为单位长度的水头损失，又称水力坡度；l 为管段长度，m；a 为比阻；s 为水管摩阻系数；q 为管段流量，m/s；n 为指数。

管道的水力坡度 i，可根据水管种类，选用不同的经验公式计算。目前我国常采用的水力坡降公式为舍维列夫公式和巴甫洛夫斯基公式。西方国家多采用海森-威廉公式和柯尔勃洛克公式。

1）舍维列夫公式。适用于旧铸铁管和旧钢管，水温 10℃时：

$$i=0.00107\frac{v^2}{D^{1.3}}, \quad v \geqslant 1.2\text{m/s} \tag{6.19}$$

$$i=0.000912\frac{v^2}{D^{1.3}}\left(1+\frac{0.867}{v}\right)^{0.3}, \quad v<1.2\text{m/s} \tag{6.20}$$

式中：v 为平均流速，m/s；D 为水管的计算内径，m。注意：直径小于 300mm 的水管，计算内径比公称直径少 1mm。在管径给定条件下，i 与 q 的关系可查《给水排水设计手册》中现成的水力计算表，以减轻计算工作量。

新铸铁管和新钢管在使用几年后，水头损失将比新管时为大。因此，为保证供水的安全性，在管网设计中，一般按旧管计算水头损失。

2）巴甫洛夫斯基公式。适用于混凝土和钢筋混凝土管：

$$i=0.001743\frac{q^2}{D^{5.33}}, \quad n=0.013 \tag{6.21}$$

$$i=0.002021\frac{q^2}{D^{5.33}}, \quad n=0.014 \tag{6.22}$$

式中：n 为管壁糙率；q 和 D 意义同前。

在管网计算中，一般只考虑管线的沿程水头损失。如果有必要时，可将沿程水头损失乘以 1.05～1.10 的系数，以计及配件和附件的局部水头损失。

6.3.3 清水池和水塔的容积

清水池和水塔（或高地水池）统称为调节构筑物。清水池一般设置在水厂内，其作用是调节一级泵站和二级泵站供水量之间的差额。水塔的作用是调节二级泵站供水量和用水量之间的差额。由于水塔造价较高，调节容积有限，故用水量较均匀的大中城市往往不设水塔，而用水泵调节流量。若城市中有合适的高地，可建造高地水池，代替水塔，降低造价。供水系统中设置调节构筑物除可调节流量外，还在一定程度上提高了供水系统供水的安全可靠性。

清水池和水塔的调节容积之间有着密切联系。当一级泵站和二级泵站每小时供水量相接近时，清水池容积较小，但水塔容积将会增大；而二级泵站每小时供水量越接近于用水量时，水塔容积越小，而清水池容积则越大。

清水池和水塔调节容积的计算，一般采用两种方法。一是凭经验估算；二是调节计算法，根据供水量和用水量变化曲线推求。

（1）经验估算法。当缺乏用水量变化规律的资料时，可以凭经验数据确定清水池和水塔的有效容积。当水厂外无调节构筑物时，清水池的有效容积可按最高日设计水量的10%～20%计算。在二级泵站采用分级供水时，水塔的有效容积可为最高日用水量的2.5%～6%。对上述数据，小城市采用高值，大城市采用低值。

（2）调节计算法。调节计算法的基本原理是时段水量平衡方程。清水池的调节容积应根据一级泵站供水曲线和二级泵站供水曲线确定。在一天中任何时段，当一级泵站供水量大于二级泵站供水量，多余的水量储存在清水池中；当一级泵站供水量小于二级泵站供水量，需取用清水池中的存水，以满足二级泵站的供水要求。但在一天之内，取用的水量应刚好等于储存的水量，即清水池的调节容积应等于累计取用的水量或累计储存的水量。

同样的，根据二级泵站供水曲线和用水量变化曲线可确定水塔的调节容积。

【例 6.2】 某给水系统最高日用水量为 10000m^3/d，日用水量变化曲线、一级泵站供水曲线已经拟定（均以最高日用水量百分数表示），列于表 6.2 中第（2）、（4）栏。现有设前置水塔与不设前置水塔两种方案，不设水塔时二级泵站供水曲线同用水曲线。设水塔时二级泵站供水曲线列于表 6.2 中第（3）栏。要求计算清水池和水塔容积。

表 6.2　清水池和水塔调节容积计算

供水时间/时	用水量/%	设水塔时二级泵站供水量/%	一级泵站供水量/%	无水塔	有水塔	
				清水池调节容积/%	清水池调节容积/%	水塔调节容积/%
(1)	(2)	(3)	(4)	(5)	(6)	(7)
0—1	1.85	3	4.17	2.32	1.17	1.15
1—2	1.65	3	4.17	2.52	1.17	1.35
2—3	1.6	3	4.16	2.56	1.16	1.4
3—4	1.6	3	4.17	2.57	1.17	1.4

续表

供水时间/时	用水量/%	二级泵站供水量/%	一级泵站供水量/%	无水塔	有水塔	
				清水池调节容积/%	清水池调节容积/%	水塔调节容积/%
(1)	(2)	(3)	(4)	(5)	(6)	(7)
4—5	2.6	3	4.17	1.57	1.17	0.4
5—6	4.05	3	4.16	0.11	1.16	−1.05
6—7	5.15	5	4.17	−0.98	−0.83	−0.15
7—8	5.65	5	4.17	−1.48	−0.83	−0.65
8—9	5.95	5	4.16	−1.79	−0.84	−0.95
9—10	5.85	5	4.17	−1.68	−0.83	−0.85
10—11	5.35	5	4.17	−1.18	−0.83	−0.35
11—12	5.05	5	4.16	−0.89	−0.84	−0.05
12—13	4.95	5	4.17	−0.78	−0.83	0.05
13—14	4.85	5	4.17	−0.68	−0.83	0.15
14—15	5.15	5	4.16	−0.99	−0.84	−0.15
15—16	5.45	5	4.17	−1.28	−0.83	−0.45
16—17	5.75	5	4.17	−1.58	−0.83	−0.75
17—18	6.5	5	4.16	−2.34	−0.84	−1.5
18—19	5.75	5	4.17	−1.58	−0.83	−0.75
19—20	4.85	5	4.17	−0.68	−0.83	0.15
20—21	3.45	3	4.16	0.71	1.16	−0.45
21—22	2.75	3	4.17	1.42	1.17	0.25
22—23	2.25	3	4.17	1.92	1.17	0.75
23—24	1.95	3	4.16	2.21	1.16	1.05
累计	100	100	100	17.91*	11.66*	8.1*

注　带*号数值仅为正值的累计值。

解： 针对每个时段，计算无水塔时清水池的进出水量之差［等于（4）－（2）］，列于表第（5）栏。计算有水塔时清水池的进出水量之差［等于（4）－（3）］，列于表第（6）栏；水塔的进出水量之差［等于（3）－（2）］，列于表第（7）栏。其中正值表示进水量大于出水量，清水池（或水塔）蓄水。表中第（5）、（6）和（7）栏最后一行数值为所有正值的累加值。

根据水库调节原理，可确定无水塔时，清水池调节容积为 17.91%，即 $1791m^3$；有水塔时，清水池调节容积为 11.66%，即 $1166m^3$，水塔调节容积为 7.75%，即 $775m^3$。这里，水塔调节容积比表中 8.1%要小，是因为水塔多次运用原因。

清水池中除储存调节水量外，还应储存消防用水和水厂内冲洗排污等生产用水，并应满足消毒的接触时间要求，因此清水池的有效容积 W_p 为

$$W_p = W_1 + W_2 + W_3 + W_4 \tag{6.23}$$

式中：W_1 为清水池调节容积，m^3；W_2 为消防用水储存容积，m^3，按火灾延续2h计算；W_3 为水厂生产用水储存容积，m^3，按最高日用水量的5%～10%计算；W_4 为安全储量，m^3。

水厂中应设两个清水池，每个容积 $W_p/2$。如仅设一个，则应分格或采取适当措施，以使清洗检修时不间断供水。

水塔中一般储存调节水量和消防水量，其有效容积 W_t 为

$$W_t = W_{t1} + W_{t2} \tag{6.24}$$

式中：W_{t1} 为调节容积，m^3；W_{t2} 为消防用水储存容积，m^3，按10min室内消防用水量计算。

［例6.2］中，水塔容积为最高日用水量的7.75%，当最高日用水量很大时，据此百分数计算的水塔容积很大，造价高。这也是我国很多城市不用水塔的原因之一。

工业用水的储水池和水塔的有效容积，应根据调度、事故和消防等要求确定。

6.3.4 泵站扬程

无论是一级泵站还是二级泵站，都是通过吸收电动机的电能给水增压，从而将水提升更高，输送更远。在这过程中，单位质量液体（水）流经水泵后所获得的能量增量，可用扬程来表示。水泵扬程、流量及功率是衡量水泵性能的重要技术参数，也是规划设计阶段要选择的规模参数。

（1）一级泵站扬程。一级泵站的作用是将原水送到水处理构筑物中去，其扬程 H_p 的计算见下式（图6.6）：

$$H_p = H_0 + h_s + h_c \tag{6.25}$$

式中：H_0 为静扬程，m，即水厂第一个水处理构筑物（一般为混合池或配水井）的最高水位与水泵吸水井最低水位的高程差；h_s 为水泵吸水管（从吸水井到水泵）的水头损失，m；h_c 为水泵压水管（从水泵到水厂的第一个水处理构筑物）的水头损失，m；h_s、h_c 均与一级泵站流量有关。

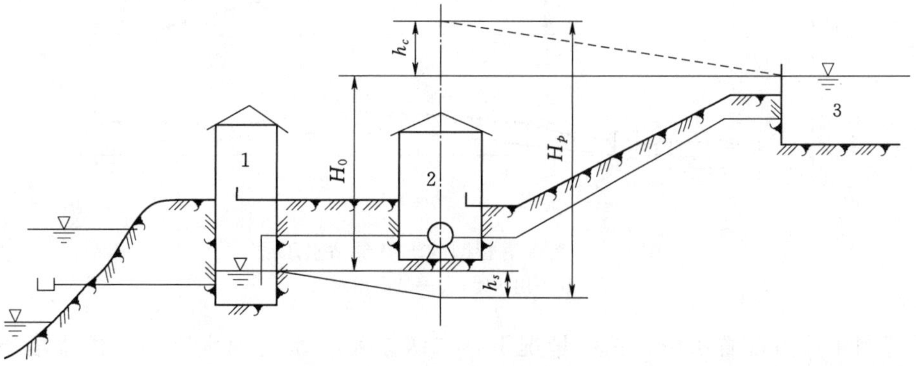

图6.6　一级泵站的水压线

1—吸水井；2—一级泵站；3—混合池

（2）二级泵站扬程和水塔高度。二级泵站的作用是从清水池中抽取清水，加压后通过管网直接送入用户或将水送入水塔，然后由水塔将水送到管网中用户。由于配水管网中各

个用户自身情况的差异，对水量和水压要求也不同，二级泵站和水塔如何才能保证各个用户的水压要求呢？在规划设计阶段，规定只要满足控制点最小服务水头的要求，即认为满足整个管网的水压要求。

最小服务水头即给水管网上用户接管点处应为用户提供的最小水压力。我国《室外给水设计规范》（GB 50013—2006）中规定：当按建筑层数确定生活饮用水管网上的最小服务水头时，从地面算起，一层为10m（0.1MPa），二层为12m（0.12MPa），二层以上每增高一层增加4m（0.04MPa）。由于城市地形和建筑物层数差异，一般应根据各城市规定的标准层数来确定管网的最小服务水头，不应将市内个别或少数高层建筑所需的水压作为城市供水管网的设计依据，否则将导致投资和运行费用的巨大浪费。个别或少数高层建筑的供水可通过局部加压装置解决。

控制点即管网中控制水压的点。此点一般位于距水厂最远处或地形最高处，只要此点的压力在最高用水时能够达到城市管网的最小服务水头要求，整个管网各供水点的水压就均能满足要求。

下面根据管网中是否设置有水塔，分别讨论二级泵站扬程的计算。

1）管网中不设置水塔。管网中不设置水塔时，由二级泵站直接向用户送水。如果二级泵站能够将水送到控制点，并能满足最小服务水头（从地面算起）的要求，则可满足整个管网的水压要求。二级泵站扬程计算见式（6.26）（图6.7）：

$$H_p = Z_c + H_c + h_s + h_c + h_n \tag{6.26}$$

式中：Z_c 为控制点 C 的地面标高与清水池最低水位的高程差，m；H_c 为控制点 C 所需的最小服务水头，m；h_s、h_c、h_n 分别为最高时水量下的水泵吸水管、输水管和管网中的水头损失，m。

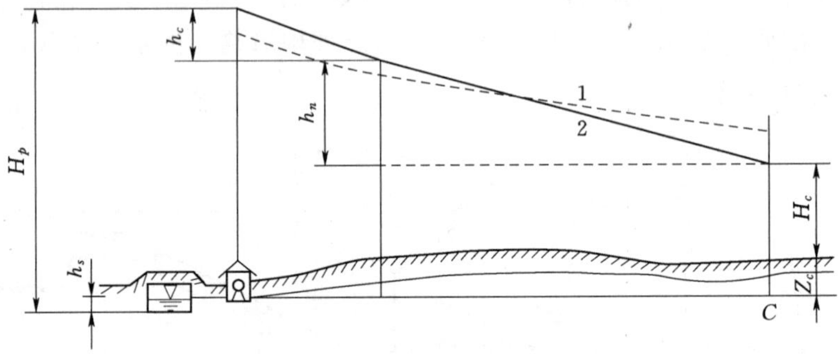

图6.7　无水塔管网的二级泵站水压线

1—最小用水时；2—最高用水时

2）管网中设置前置水塔。这种情况下，二级泵站将水送到水塔中，由水塔向管网供水。水塔的设置高度应满足控制点的水压要求。水塔的水柜底面高于地面的高度 H_t 应按下式计算（图6.8）：

$$H_t = (Z_c - Z_t) + H_c + h_n \tag{6.27}$$

式中：Z_c 为管网控制点的地面标高，m；Z_t 为水塔处的地面标高，m；h_n 为按最高时用水量计算的从水塔到控制点的管网的水头损失，m；H_c 意义同前。

从式（6.27）看出，水塔处的地面标高 Z_t 越大，则水塔的高度 H_t 越小，建造水塔的费用越低，这就是水塔建造在高地的原因。

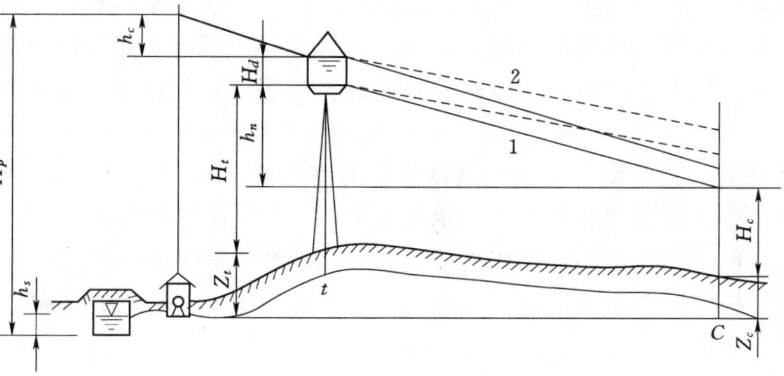

图 6.8 前置水塔管网的水压线
1—最高用水时；2—最小用水时

二级泵站扬程应保证将水送到水塔：

$$H_p = Z_t + H_t + H_d + h_s + h_c \tag{6.28}$$

式中：Z_t 为水塔处的地面标高与清水池最低水位的高程差（在图 6.8 中，以清水池最低水位为地面标高零点），m；H_d 为水塔水柜的水深，m；h_s、h_c 分别为二级泵站在最大一级供水时，水泵吸水管和二级泵站到水塔的输水管中的水头损失，m；H_t 意义同前。

将式（6.27）代入式（6.28），有：

$$H_p = Z_c + H_d + h_s + h_c + h_n + H_c \tag{6.29}$$

式中：各符号意义同前。

3）管网中设置对置水塔。这种管网在最高供水时，由二级泵站和水塔同时向管网供水，两者有各自的供水区，形成供水分界线，如图 6.9 所示。在供水分界线上，水压最低。设 C 点为分界线上水压最低点，亦即控制点，则二级泵站扬程可按无水塔管网的公式计算，只是水泵吸水管、输水管和管网中的水头损失均应按水泵最大一级供水时的流量计算。水塔高度计算与前置水塔时的相同，只是式中的 h_n 为最高供水时，由水塔供水量

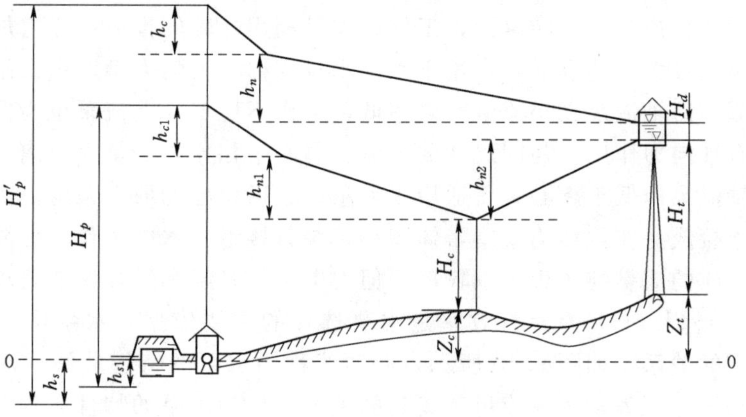

图 6.9 对置水塔管网的水压线

引起的水塔到分界线上C点的水头损失。

在设置对置水塔时，当二级泵站供水量大于用水量时，多余的水量通过整个管网流入水塔，这种流量称为转输流量。在最大转输流量时，由于输水距离长，水头损失大，有可能要求二级泵站的扬程比最高用水时大，因此设置对置水塔时，必须进行最大转输流量时水泵扬程的校核。最大转输时，水塔就是管网计算控制点，所以水泵扬程H'_p为

$$H'_p=Z_t+H_t+H_d+h_s+h_c+h_n \tag{6.30}$$

式中：Z_t为水塔处地面标高与清水池最低水位的高程差，m；h_s、h_c、h_n分别为最大转输流量时水泵吸水管、输水管和管网中的水头损失，m；其他符号意义同前。

在转输时，虽然用水量小，但因转输流量要通过整个管网进入水塔，水泵扬程可能大于最高时流量时扬程。由于最高时和转输时，水泵的流量和扬程有所不同，在选择水泵台数和型号时应注意协调。

4）其他情形。当城市中部地形较高或有大用水户时，可在管网中间设置水塔，这种水塔称为网中水塔。根据水塔距二级泵站的远近，网中水塔管网供水又分为两种情况：一种是水塔距二级泵站较近，二级泵站供水量超过它与水塔间管网的需水量，这部分管网均由二级泵站供水，因此不会出现供水分界线；另一种是水塔距二级泵站较远，二级泵站的供水量不能满足其与水塔间管网的需水量，此时这部分管网需由二级泵站和水塔同时供水，管网中会出现供水分界线，如同对置水塔的情况；而水塔后的管网则由水塔供水。管网的最不利点，可能在二级泵站与水塔之间，也可能在水塔后的最高最远点，因此二级泵站扬程和水塔高度，应根据具体情况，参照前置水塔和对置水塔的有关公式进行计算。

随着供水区的扩大和用水量的增加，当二级泵站的扬程不能满足用户的水压要求时，可在管网水压不足的地区设置加压泵站或水库泵站。水库泵站是指建有蓄水池，在管网用水低谷时，水池蓄水，在管网用水高峰时，加压给管网供水。

此外，在消防时，由于额外增加了消防流量，必须进行管网核算，以确定按最高用水时求出的管径和水泵扬程是否满足消防时水压要求。根据规定，消防时管网控制点处最小服务水头不得低于10m。

（3）水泵选择。常用的给水水泵有离心泵、轴流泵、混流泵和潜水泵。离心泵工作原理是利用离心力的作用增加水压使水流动，流量和扬程范围较广，效率较高，在给水工程中得到广泛应用。轴流泵叶轮转速低，工作原理是利用叶轮的推力作用增加水压使水沿轴向流动。轴流泵流量大、扬程低，常用于水源水位变幅不大的大型取水泵站和水厂内的提升泵或排水泵等。但轴流泵在小流量时效率低，工作不稳定。混流泵也为低速泵，既有离心力作用，又有轴向力作用。与同尺寸的轴流、离心泵相比，流量大于离心泵但小于轴流泵，扬程高于轴流泵但低于离心泵。适用于流量大、扬程低的取水泵房。离心式潜水泵的水泵与电动机连接成一体，结构紧凑，体积小，泵直接潜入水中工作，可简化取水构筑物与泵房工程。适应的流量与扬程范围较广，但对电机的密封和绝缘性能要求很高。

流量（Q）、扬程（H）及运行效率是水泵选择的主要依据。水泵供水时，流量与扬程之间存在一定的关系，如图6.10所示，此曲线称为水泵的特性曲线。对于离心泵，一般用近似的抛物线方程表示水泵流量和扬程的关系，称为水泵的特性方程，如

$$H_p=H_b-sQ^2 \tag{6.31}$$

式中：H_p 为水泵扬程；H_b 为水泵流量为零时的扬程；s 为水泵摩阻；Q 为水泵流量。

图 6.10 还给出了水泵效率流量关系曲线 $\eta-Q$。这里水泵效率 η 定义为泵的有效功率与轴功率之比。

另一方面，水流通过水泵内部管线、输水管和管网时，为克服沿程和局部阻力，将产生相应的水头损失。管道（管网）中阻力和流量的关系称为管道（管网）阻力特性曲线。以水泵通过一条输水管将水送入网前水塔为例，输水管正常工作时，输水管阻力特性曲线可表示为

$$H=H_0+(s_p+s_d)Q^2 \tag{6.32}$$

式中：H 为水泵提供的全扬程，m；H_0 为水泵提供的静扬程，即水塔水面与泵站吸水水面之间的高程差，m；s_p 为泵站内部管线的摩阻；s_d 为输水管的摩阻；Q 为输水管流量。

输水管阻力特性曲线如图 6.10 所示。水泵特性和管道阻力特性两条曲线的交点称为水泵的工作点，如图 6.10 中 a 点。在工作点，水泵的流量和扬程刚好和管道系统的流量和阻力一致。根据 a 点对应的水泵流量，通过水泵效率曲线 $\eta-Q$ 直接可得到水泵在工作点的效率。显然，随着工作点的移动，水泵流量和效率也发生变化。

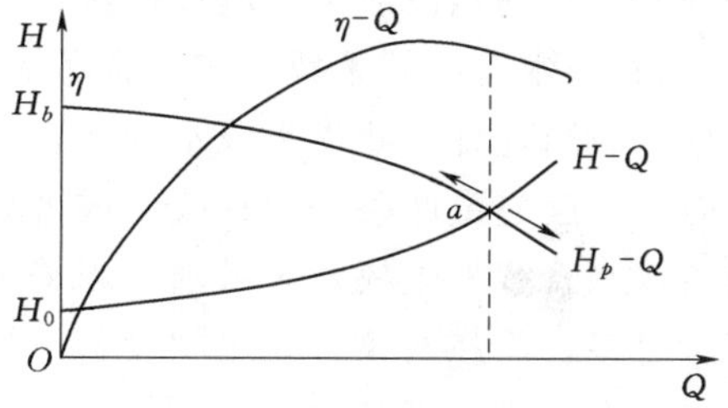

图 6.10　水泵和管道的特性曲线

从水泵选型角度，一级泵站的设计流量按最高日平均时流量加水厂自用水量计算，见式（6.16），一级泵站扬程在按式（6.25）计算的基础上，再考虑安全水头 h_a。h_a 一般取 1～2m，以保证输水管中的水能顺利进入水处理构筑物。

二级泵站的设计流量按用水量曲线和拟定的二级泵站工作曲线确定，见第 6.3.2 节有关内容。二级泵站扬程根据有无水塔及水塔在管网中的位置，按相应公式计算，在此基础上增加部分富余水头（一般 5%～10%），以作备用。

但在实际运行中，由于最高日流量出现的几率较小，绝大多数日流量都小于最高日流量。通过水泵型号的选择和台数的选择，尽量使水泵在运行范围（流量变化范围）内保持较高效率，从而节省水泵运行电费。

通常中小水厂一级泵站的工作水泵台数至少 2 台，一般为 3～4 台。台数过多会增加泵房的造价。尽量采用同一泵型，以便于维修管理。二级泵站的工作水泵台数至少 2～3 台，一般约 5～6 台，应选择扬程相近、不同流量大小搭配的水泵，型号尽量一致。尽量减少水泵台数，选用效率较高的大泵，须考虑在经常供水流量时，水泵能在高效区工作。

6.4 给水管网规划

城镇给水管网由大大小小、纵横交错的给水管道组成。给水管网规划的目的是确定给水管网布局，选择管网中各管段的管径，计算二级泵站的水泵扬程或水塔（高位水池）的高度，以满足各用户对水量和水压的要求。

6.4.1　给水管网的布置

根据管道的作用，可将给水管网分为输水管和配水管网两部分。

（1）输水管。输水管包括从水源到水厂的原水输水管和从水厂到配水管网的清水输水管。输水管中途一般不配水。根据地形和地质条件，原水输送可以采用重力流输水方式，也可以采用压力输水方式。当长距离输水时，由于地形情况复杂，有可能采用重力流输水和压力输水相结合的输水方式。清水输送一般采用压力输水方式，以免在输送过程中水质受到污染。

对输水管线选择和布置的主要要求如下：

1）尽量做到线路最短，土石方量最小，少占或不占农田，施工维护方便。

2）管线最好沿现有道路或规划道路敷设，尽量避免穿越河谷、重要铁路、沼泽、工程地质不良的地段或洪水淹没地区。

3）输水管线的条数，应综合考虑给水系统重要性、供水量大小、分期建设等因素综合确定。当允许间断供水或水源不止一个时，一般可以设一条输水管线。当不允许间断供水时，一般应设两条平行管线，或者设一条输水管，同时修建有相当容量的安全储水池，以备输水管线发生故障时供水。当采用两条输水管线时，为避免输水管线损坏而使输水量减少过多，需在两条管线之间设若干条连通管，如图 6.11 所示。当管线某段损坏要检修时，只需用阀门将其关闭，而不需要将整条管线全部关闭，这样可以提高事故时的通水量。管线分段数可根据事故流量不低于设计流量的 70%这个条件确定。

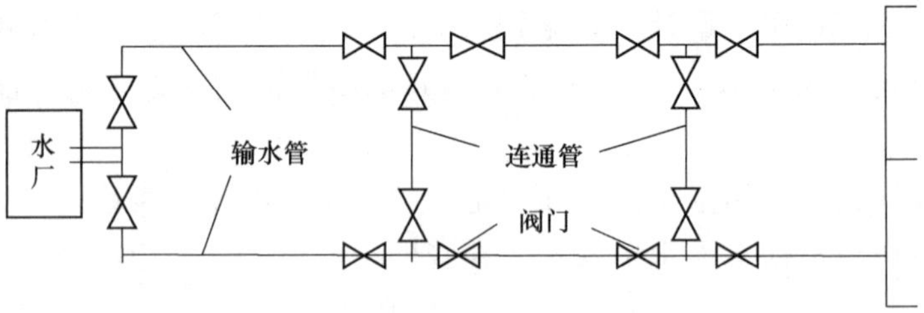

图 6.11　平行输水管分段示意图

4）输水管的最小坡度应大于 1∶5D，D 为管径，以 mm 计。

5）管线埋深应考虑地面荷载情况和当地冰冻深度，防止管道被压坏或冻裂。

（2）配水管网。配水管网是将输水管线送来的水，配给城市用户的管道系统。在配水管网中，根据管线的作用，可分为干管、配水管、进户管三类。干管的主要作用是输水至城市各用水地区，同时也为沿线用户供水，其管径均在 100mm 以上。大城市中，则在 200mm 以上。配水管的主要作用是把干管输送来的水，配给进户管和消火栓。为了满足安装消防栓所需要的管径，以免在消防时管线水压下降过多，通常规定配水管的最小管径：中小城市采用 100～150mm；大城市采用 150～200mm。进户管就是从配水管接到用户去的管线，其管径视用户用水的多少而定。但当较大的用户（如工厂、学校等）有内部供水管网时，此进户管则称为进户总管，其管径应根据该用户的用水量来定。一般的民用建筑均用一条进户管。对于供水可靠性要求较高的构筑物，则可采用两条，而且由不同的配水管接入，以增加供水的安全可靠性。

配水管网的布置形式，根据城市规划、用户分布以及用户对用水的安全可靠性的要求程度等，分为树状网和环状网两种形式。所谓树状网指管网呈树枝状覆盖供水区，任何两个节点之间仅有一条管道连通。环状网则不同，管网形成封闭环。树状网和环状网各有优缺点，实际上，现有城市的配水管网多数是环状网和树状网的结合。

对配水管网布置的主要要求如下：

1）干管的主要方向应按供水主要流向延伸，而供水的流向取决于最大用水户或水塔等调节构筑物的位置。

2）为保证供水，按照主要流向布置几条平行的干管，其间用连通管连接。

3）干管一般沿道路布置，宜位于交通量不大的道路下，并尽可能位于高程较高处。

4）考虑水压、水量的要求，合理增设加压泵站和水量调节构筑物（水塔、高地水池）。

6.4.2 管段计算流量

给水管网规划一般仅限于干管、连通管等交织成的干管网。干管网可以概括为由节点、管段、管线、环等要素组成，如图 6.12 所示。

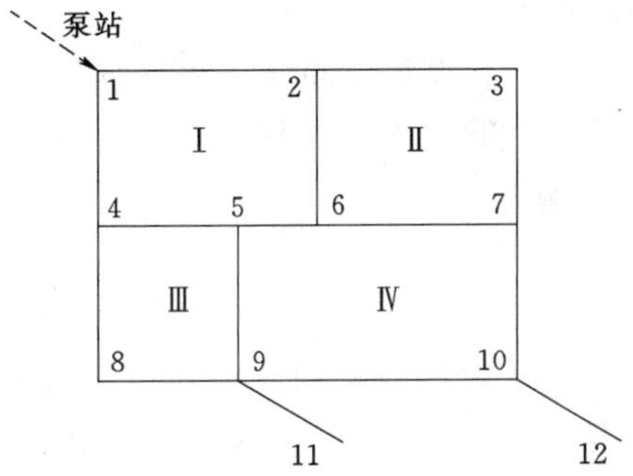

图 6.12 干管网的组成

（1）节点：图 6.12 中标有 1、2、3…的称为节点，它包括水源节点，如泵站、水塔等；不同管径或不同材质的管线交接点；两管段交点或集中向大用户供水的点，因管中流量发生变化，也是节点。

（2）管段：两节点之间的管线称为管段，例如管段 2—3，表示节点 2 和 3 之间的一段管线。

（3）管线：管段顺序连接形成管线，如管线 1—2—3—7—10—12，是指从泵站到节点 12 的一条管线。

（4）环：起点和终点重合的管线称为环，如图中的 1—2—6—5—4—1 管线为环Ⅰ。环有基环和大环之分，基环的环中不含其他环，如环Ⅰ、环Ⅱ。环中含其他环的环称为大环，如大环 1—2—3—7—6—5—4—1。此外，多水源的管网，为了计算方便，有时将两个或两个以上水压已定的水源节点（泵站、水塔等）用虚管线和虚节点 0 连接起来，如图 6.13 中的环 0—14—10—7—3—2—1—13—0，实际上该环并不存在，所以称之为虚环。

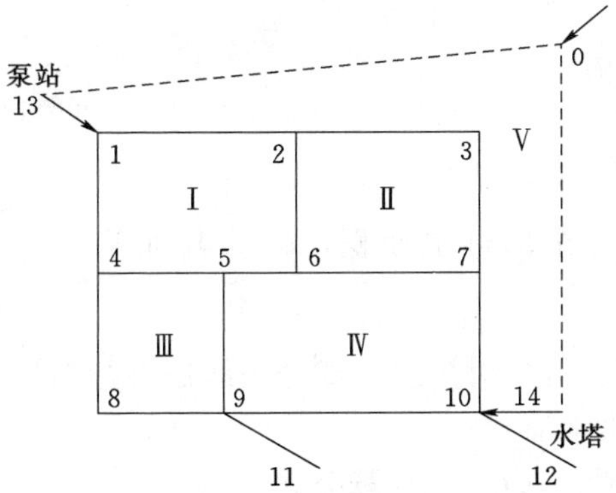

图 6.13 环状网的管段数、节点数和环数

（5）节点、管段和基环的关系。对于任何环状管网，管段数 P、节点数 N（包括泵站、水塔、高地水池等水源节点）和基环数 L 之间存在下列关系：

$$P=N+L-1 \tag{6.33}$$

如图 6.12 所示的管网，$P=15$，$N=12$，$L=4$，符合上式的关系。在图 6.13 中，高峰供水时，由水泵和水塔同时向管网供水，计算时可增加虚节点 0 和虚管段 0—13、0—14，并构成虚环Ⅴ，此时 $P=19$，$N=15$，$L=5$，仍符合上式的关系。

对于树状网，因环数 $L=0$，故 $P=N-1$。

为了选择各管段的管径，首先要确定各管段的计算流量。在供水管网的干管和分配管沿线，连接了许多用水户进水管，既有工厂、学校等大用水量单位，又有众多的居民建筑和公共建筑用水单元，沿线配水情况千差万别。完全按照实际的配水情况来计算管段流量是不现实的。一种可行的办法是将复杂多变的沿线配水情况加以简化，在此基础上计算管段流量。

首先从管网总流量中扣除集中出现的大用水户流量，接下来考虑余下的小用户流量在管网中如何分配。

6.4.2.1　沿线流量

管段沿线流量是指供给该管段两侧用户所需流量，通常采用比流量法计算。该法有两种表现形式。现分述如下。

（1）长度比流量法。该法假定小用水户的用水量均匀分布在全部干管线上，将管线单位长度上的配水流量称为长度比流量，记为 q_{cb}。q_{cb} 可按下式计算：

$$q_{cb}=\frac{Q-\sum_i q_i}{\sum_j L_j} \tag{6.34}$$

式中：Q 为管网总用水量，L/s；q_i 为第 i 个大用户的集中流量，L/s；L_j 为第 j 段干管长度，m。

有了比流量，就可求出第 j 管段的沿线流量 Q_{yj}：

$$Q_{yj}=q_{cb}L_j \tag{6.35}$$

应特别指出：对于有的干管只单侧供水这种情况，式（6.34）和式（6.35）中该干管管段长度只算一半。

按照用水量全部均匀分布在干管上的假定来求比流量的方法，忽视了沿管线供水面积和供水人数不均匀的影响，不能反映各管段的实际配水量。因此，提出了一种改进的计算方法——面积比流量法。

（2）面积比流量法。该法假定小用水户的用水量均匀分布在整个供水面积上，将单位面积上的配水流量称为面积比流量，记为 q_{mb}。q_{mb} 按下式计算：

$$q_{mb}=\frac{Q-\sum_i q_i}{\sum_j A_j} \tag{6.36}$$

式中：A_j 为第 j 段干管的供水面积，m^2；$\sum_j A_j$ 为全部供水面积，m^2；其他符号意义同前。

每段干管供水面积按规划面积计算，缺乏资料时可按对角线法或分角线法进行面积划分。如图6.14所示，阴影部分面积即为管段2的供水面积。

由面积比流量 q_{mb}，亦可计算出某一管段的沿线流量 Q_{yj}，计算公式为

$$Q_{yj}=q_{mb}A_j \tag{6.37}$$

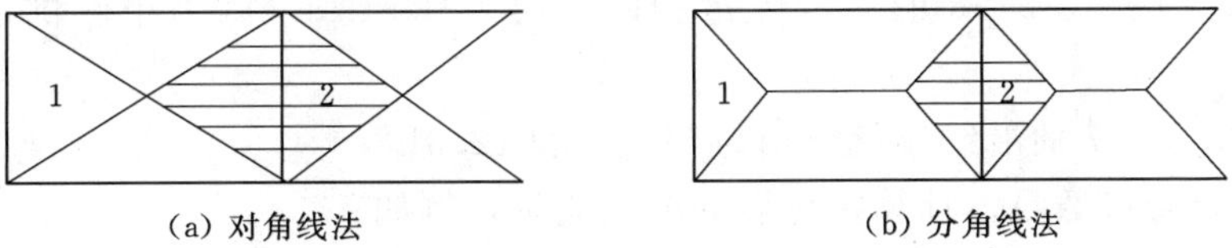

图 6.14 供水面积划分方法

面积比流量法较之长度比流量法更合理些。但计算较麻烦。当供水区的干管分布比较均匀、管距大致相同时，采用长度比流量法比较简便。

6.4.2.2 节点流量

按照计算比流量的假定，因沿线配水，管段流量沿程逐渐减小，到管段末端沿线流量等于零。显然，这种沿线变化的流量，不便于用来确定管径和水头损失，还需对其作进一步简化。简化的方法是化渐变流为均匀流，全管段引用一个不变的流量，也即将该管段的沿线流量平均分配于管段始、末端的节点上，从而得到第 j 管段节点流量 q_n 的计算公式为

$$q_n=\frac{Q_{yj}}{2} \tag{6.38}$$

如果在一个节点上连接多条管段，则该节点的节点流量为

$$q_n=\frac{1}{2}\sum_j Q_{yj} \tag{6.39}$$

式中：Q_{yj} 为连接到该节点的第 j 管段的沿线流量。

获得由沿线流量折算的节点流量后，将其和接入大用户节点的集中流量一起，标在管网计算图上。为便于进一步计算，一般在管网计算图节点旁引出箭头，注明节点的流量。

【例 6.3】 某城市最高日最高时用水量为 300L/s，其中集中供应工业用水量为 180L/s。干管各管段长度及两侧配水情况如图 6.15 所示，其中管段 1—2、4—5 和 5—6 为单侧配水，其余为双侧配水，工厂用水自节点 6 处接入。试求：①干管比流量；②各管段的沿线流量；③各节点流量。

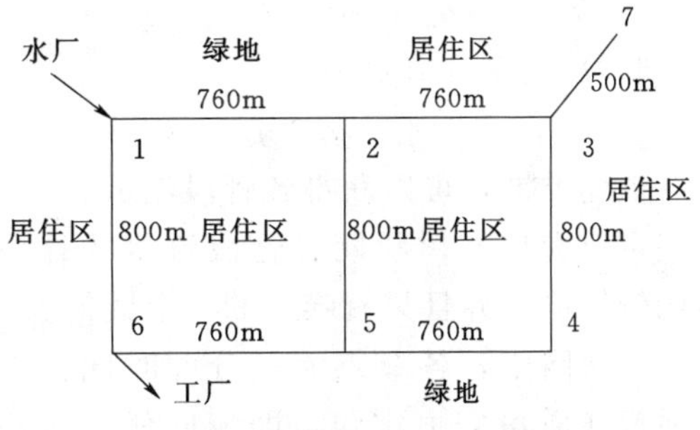

图 6.15 干管各管段长度及两侧配水情况示意图

解： 根据干管配水情况和长度，干管总计算长度（其中管段 1—2、4—5 和 5—6 长度只算一半）为

$$\sum L=4800\text{m}$$

扣除工业集中流量后，长度比流量为

$$q=\frac{300-180}{4800}=0.025\text{L/(s·m)}$$

各管段沿线流量如下：

管段 1—6、2—5、3—4 的沿线流量相同，均为 20L/s；

管段 1—2、4—5、5—6 的沿线流量相同，均为 9.5L/s（因为单侧供水，长度只算一半）；

管段 2—3、3—7 的沿线流量分别为 19L/s 和 12.5L/s。

根据各节点管段数目，计算折算后的节点流量，例如

$$q_1=\frac{1}{2}(Q_{1-2}+Q_{1-6})=14.75\text{L/(s·m)}$$

将节点流量和集中流量标注于相应的节点上，获得管网计算图，如图 6.16 所示。

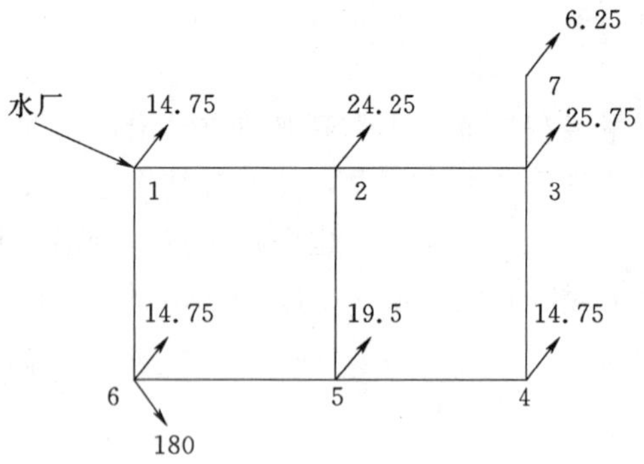

图 6.16 节点流量图

6.4.2.3 管段流量

管网中每个管段的流量包括两部分：一部分是上述的沿管段配给的沿线流量；另一部分则是经过本管段输送到后续管线去的流量，称为转输流量。其中，转输流量沿整个管段不变，沿线流量则呈直线变化。但由于已将沿线流量折算成节点流量，因此除管段始、末端节点有流量出入外，整个管段流量沿线也将保持不变。

管段流量计算的关键是转输流量，而转输流量又与采用的管网布置形式有关。

树状网是管网布置的基本形式之一。这种管网从水厂泵站到用户的管线呈树枝状布置，从水源到各节点，只能循一个方向供水。根据质量守恒定律，任何时段各管段的流量等于该管段以后（顺水流方向）所有节点流量总和。

例如图 6.17 中管段 3—4 的流量为

$$q_{3-4}=q_4$$

管段 3—7 的流量为

$$q_{3-7}=q_7+q_8+q_9$$

依此类推，可以获得各管段流量。

可以看出：树状网各管段流量的计算比较简单，并且只有唯一的一个数值。

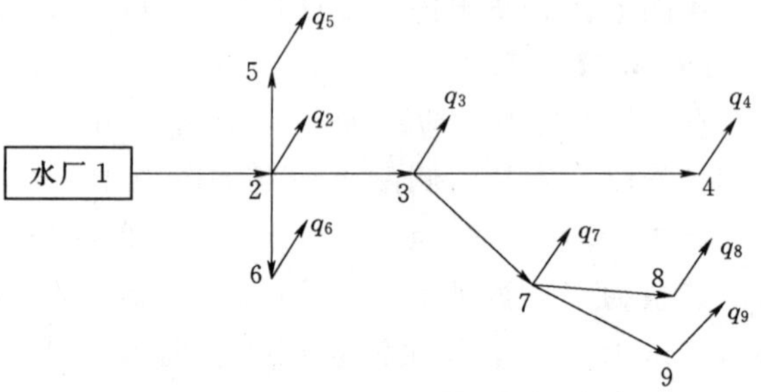

图 6.17 树状网流量分配

环状网中，各节点流量分配时同样必须遵守质量守恒定律，即流向任一节点的流量必须等于流离该节点的流量。但由于节点质量守恒方程数小于管段流量数，仅依据质量守恒方程，不能求出各管段流量值。

6.4.3 树状管网水力计算

在城镇建设初期，往往采用树状配水管网。由单一水源供水的树状管网，管段流量可以唯一确定，其水力计算比较简单，计算步骤简述如下：

（1）在注明节点流量的计算草图上，按照任一管段中的流量等于其下游所有节点流量之和的关系，求出每一管段流量。

（2）确定管网的最不利点（即控制点），该点自由水压等于最小服务水头。地形最

高处或最远处往往是最不利点。从最不利点到二级泵房或水塔的管路为主干线（或称计算管路）。在最不利点不容易确定时，可初选几个点为最不利点。例如图 6.17 中，选择 1—2—3—4 或 1—2—3—7—9 为主干线。

（3）根据管段流量和经济流速，确定主干线上各管段的管径，并求出各管段的水头损失；

（4）将干线上各管段的水头损失相加，求出干线的总水头损失，并根据式（6.26）计算二级泵站所需扬程或根据式（6.27）计算水塔所需高度。如果最不利点有多个，则使二级泵站所需扬程最大的管路为主干线，相应的点为最不利点。同时计算出主干线上各节点包括接出支线处节点的水压标高（等于节点处地面标高加服务水头，可由最不利点起逐点推算出）。

（5）进行各支线管路水力计算。支线是从干管上接出的其余管线。计算支线时，起端的水压标高为干管上接出支线节点的水压，已知。而支线末端的水压标高等于末端的地面标高加上最小服务水头，也已知。以支线起、末两端的水压标高差除以支线长度，即得支线的水力坡度，再以支线上每一管段的流量并参照此水力坡度选定相近的标准管径。一般来讲，接近水厂的支线可选用较小的管径，远离水厂的支线应选较大的管径。

以上为整个管网的终点水压已知而起点水压未知的树状网的计算步骤。若起点水压也已知，则计算方法与上述支线计算方法相同。

6.4.4 环状管网水力计算

6.4.4.1 环状管网计算的基础方程

在环状管网的节点流量计算图基础上，设定每个管段流量变量及水流流动方向。如果最终流量变量数值为正值，则表示管段水流实际方向与假定的方向一致，如果最终流量变量数值为负值，则表示管段水流实际方向与假定的方向相反。

环状管网计算时除必须遵守质量守恒定律外，还必须遵守能量守恒定律。由这两个定律得出管网恒定流的连续性方程和能量方程。管网计算的基础方程如下。

（1）连续性方程。连续性方程是指对任一节点来说，流向该节点的流量必须等于流离该节点的流量。若管网有 N 个节点，对每个节点可列出如下方程：

$$q_i+\sum(\pm q_{ij})=0 \quad (i=1,2,\cdots,N) \tag{6.40}$$

式中：q_i 为节点 i 的节点流量，包括集中流量在内，L/s；q_{ij} 表示与节点 i 相连接的各管段流量，L/s；i、j 分别为其起、止节点编号。

这里规定，流出节点的流量带“＋”号，流入节点的流量带“－”号。

由于管网中任一节点的连续性方程可由其余方程导出，故上述 N 个连续性方程只有 $N-1$ 个是独立的。

（2）能量方程。能量方程是指在环网的任一闭合环内各管段水头损失的代数和等于零。若管网有 L 个环，则可列出 L 个能量方程：

$$\sum(\pm h_{ij})_l=0 \quad (l=1,2,\cdots,L) \tag{6.41}$$

式中：h_{ij} 为第 l 个环中 $i-j$ 管段的水头损失，m；$\sum$ 表示对环 l 的所有管段求和。

同样对管段水头损失要规定方向或正负号。规定如下：环的方向一般为顺时针方向，水流沿顺时针方向流动的管段，水头损失为正；沿逆时针方向流动的管段，水头损失为负。

当环 l 内有增压或减压装置（如增压泵）时，式（6.41）右边不再是0而是增压或减压装置产生的水压差。

（3）压降方程。根据能量守恒定律，管段的水头损失等于该管段两端节点的压力差，即

$$h_{ij}=H_i-H_j \tag{6.42}$$

式中：H_i、H_j 为管段两端节点的水压标高，m。

（4）水头损失公式。管网计算时，一般不计局部阻力损失，必要时可适当增大摩阻系数或当量长度而将局部损失估计在内。沿程水头损失与其流量的关系可通过式（6.18）表达。如果考虑水流方向，并假定管段 $i—j$ 的水头损失 h_{ij} 与流量 q_{ij} 的符号相同，则水头损失进一步可表达为

$$h_{ij}=s_{ij}q_{ij}^n=s_{ij}\left|q_{ij}\right|^{n-1}q_{ij} \tag{6.43}$$

式中：s_{ij} 为环 l 中 $i—j$ 管段的摩阻系数；n 为指数。

6.4.4.2 环状管网计算的基本方法

环状管网计算时，节点流量、管段长度、管径、管材和摩阻系数等均视为已知，需要求解的是管网中各管段的流量和水头损失（或节点水压）。可采用解管段方程组、解节点方程组和解环方程组等3种方法来求解。

（1）解管段方程组法。该方法是以管网中各管段流量为未知数进行求解的一种方法。连续性方程和能量方程的独立方程数为 $N+L-1$，刚好等于 P 个管段的未知流量数，因此联立求解，可获得全部管段流量。但是由于能量方程是非线性方程，故求解的是非线性方程组。

为此，可用线性化方法先将 L 个能量方程转化为线性方程。设各管段初始流量为 q_{ij}^0，已知，管段 $i—j$ 的水头损失 h_{ij} 可近似表示为

$$h_{ij}=s_{ij}\left|q_{ij}^0\right|^{n-1}q_{ij}=c_{ij}q_{ij} \tag{6.44}$$

式中：q_{ij} 为待求的管段流量；c_{ij} 为系数，已知。

则式（6.41）可表达如下：

$$\sum(\pm c_{ij}q_{ij})_l=0 \quad (l=1,2,\cdots,L) \tag{6.45}$$

联立求解 $N-1$ 个连续性方程和线性化后的 L 个能量方程，可求出各管段的待求流量 q_{ij}，记为 q_{ij}^1。重新计算各管段的 c_{ij} 和 h_{ij}，检查是否符合能量方程。若不符合，则以 q_{ij}^1 为新的初始流量，求待求流量 q_{ij}。如此反复计算，直到各环的水头损失闭合差达到要求的精度或前后两次计算所得的管段流量之差 $|q_{ij}^{k+1}-q_{ij}^k|$ 小于允许误差时为止，即得各管段流量。此法可设全部初始流量 q_{ij}^0 等于1。另外，经过两次迭代后，初始流量也可取前两次解的平均值。

以图6.18为例，说明解管段方程组法。图6.18所示管网，有6个节点、7个管段、2个基环，假设水厂流量 Q 及各节点流量 q_i（$i=1$，2，…，6）已知。节点6为控制点，其水压也已知。各管段水流方向及基环方向如图中所示。

先列出节点连续性方程如下：

$$\left.\begin{aligned}&q_{12}+q_{14}+q_1-Q=0\\&q_{23}+q_{25}-q_{12}+q_2=0\\&q_{36}-q_{23}+q_3=0\\&q_{45}-q_{14}+q_4=0\\&q_{56}-q_{25}-q_{45}+q_5=0\end{aligned}\right\}\tag{6.46}$$

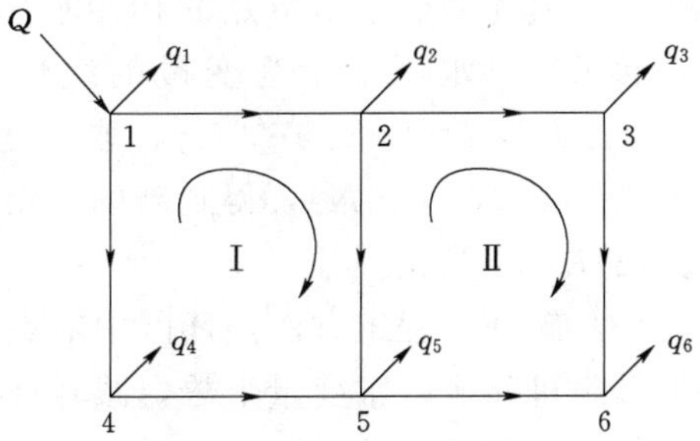

图 6.18 环网计算示例

分别针对基环Ⅰ和Ⅱ列出能量方程如下：

$$\left.\begin{aligned}&h_{12}+h_{25}-h_{45}-h_{14}=0\\&h_{23}+h_{36}-h_{56}-h_{25}=0\end{aligned}\right\}\tag{6.47}$$

将式（6.44）代入，有

$$\left.\begin{aligned}&c_{12}q_{12}+c_{25}q_{25}-c_{45}q_{45}-c_{14}q_{14}=0\\&c_{23}q_{23}+c_{36}q_{36}-c_{56}q_{56}-c_{25}q_{25}=0\end{aligned}\right\}\tag{6.48}$$

假定各管段初始流量已知，从而 c_{ij} 已知。联立求解式（6.46）、式（6.48），可获得 7 个管段流量数值。如果求出的管段流量不能满足基环Ⅰ和基环Ⅱ的水头损失之和接近零的要求，则进行下一次迭代。

（2）解节点方程组法。该方法是以管网中各节点水压值为未知数进行迭代求解的一种方法。解题思路如下。

设各节点待求水压为 H_i（$i=1, 2, \cdots, N$），根据式（6.43），有

$$q_{ij}=\left(\frac{h_{ij}}{s_{ij}}\right)^{\frac{1}{n}}=s_{ij}^{-\frac{1}{n}}(H_i-H_j)^{\frac{1}{n}}\tag{6.49}$$

式（6.49）也可表示为：

$$q_{ij}=s_{ij}^{-\frac{1}{n}}|H_i-H_j|^{\frac{1}{n}-1}(H_i-H_j)\tag{6.50}$$

假设一组节点水压值 e_i、e_j，则上式可写成

$$q_{ij}=s_{ij}^{-\frac{1}{n}}|e_i-e_j|^{\frac{1}{n}-1}(H_i-H_j)\tag{6.51}$$

令

$$k_{ij}=s_{ij}^{-\frac{1}{n}}|e_i-e_j|^{\frac{1}{n}-1}\tag{6.52}$$

则

$$q_{ij}=k_{ij}(H_i-H_j)\tag{6.53}$$

由于 k_{ij} 可根据 e_i、e_j 求出，为已知值，式（6.53）为线性方程。

将式（6.53）代入连续性方程式（6.40），共获得 $N-1$ 个独立方程。由于 N 个节点水压中，通常有一个节点水压是已知的，所以 $N-1$ 个独立方程联合求解可获得其余 $N-1$个节点水压值。

如果应用节点水压增量 ΔH_i 作为未知量，则有

$$\left.\begin{aligned}&H_i=e_i+\Delta H_i\\&H_j=e_j+\Delta H_j\end{aligned}\right\}\tag{6.54}$$

将式（6.54）代入式（6.53），有

$$q_{ij}=k_{ij}(e_i-e_j)+k_{ij}(\Delta H_i-\Delta H_j)\tag{6.55}$$

将式（6.55）代入连续性方程式（6.40），获得的是以 ΔH_i 为变量的线性方程组。

计算时先假定一组节点的初始水压 $e_i(i=1, 2, \cdots, N)$，根据该初始水压计算系数 k_{ij}，再求解以水压增量为变量的线性方程组得到 $\Delta H_i(i=1, 2, \cdots, N)$。令 $\Delta H_m=\max\{|\Delta H_i|, i=1, 2, \cdots, N\}$，取精度 ε，若 $\Delta H_m<\varepsilon$，则计算结束。否则令 $e_i'=e_i+\Delta H_i(i=1, 2, \cdots, N)$，得到新的一组节点水压 e_i'，再代入方程组计算。如此反复计算，直到 $\Delta H_m<\varepsilon$ 为止。

(3) 解环方程组方法。环网中节点数比管段数少，但基环数比节点数更少，因此求解环方程组可减少待求变量个数，减轻计算量。解环方程组法是以管网中每个环的校正流量为未知量进行求解的方法。

设环网中包含 L 个基环，解环方程组方法基本思路如下。

首先对管网进行初步流量分配，分配后各节点流量已满足连续性方程。但由初步分配的管段流量所求出的管段水头损失，并不一定同时满足 L 个环的能量方程，即有些环的水头损失代数和不等于零，称为水头损失闭合差不为零。假设 l 环的水头损失闭合差 Δh_l 不为零，记 $\Delta h_l=\sum[\pm s_{ij}(q_{ij}^0)^n]_l$，这里 q_{ij}^0 为管段 $i—j$ 的初始流量。

由于 Δh_l 不为零，l 环中各管段流量必须进行调整，即采用校正流量 Δq_l 修正各管段中的流量，调整流量后并不破坏节点流量平衡的条件。校正流量的符号，可取顺时针方向为正，逆时针方向为负。假定管段初始流量 q_{ij}^0，加上校正流量 Δq_l 后，就可满足能量方程，则可写出：

$$\sum[\pm s_{ij}(q_{ij}^0\pm\Delta q_l)^n]_l=0 \tag{6.56}$$

这里规定，当校正流量与管段流量方向相同时，则两流量相加，否则从管段流量中减去校正流量。

对环网中 L 个环均可写出类似式（6.56）的方程，联合求解，即可求出各环校正流量和各管段的新流量。根据新的流量算出管段的水头损失，如此进行，直至满足能量方程。应注意的是，在写式（6.56）时，两个环所公共的管段，应考虑两环的校正流量。

解式（6.56）构成的非线性方程组比较复杂，如果用二项式定理展开，略去高次幂的 Δq_l 项，即可转化为线性方程求解。

以图 6.18 为例说明。设 $i—j$ 管段初始分配流量为 q_{ij}^0，环Ⅰ、环Ⅱ的水头损失闭合差为 Δh_{I}、Δh_{II}：

$$\Delta h_{\text{I}}=s_{12}(q_{12}^0)^2+s_{25}(q_{25}^0)^2-s_{14}(q_{14}^0)^2-s_{45}(q_{45}^0)^2 \tag{6.57}$$

$$\Delta h_{\text{II}}=s_{23}(q_{23}^0)^2+s_{36}(q_{36}^0)^2-s_{25}(q_{25}^0)^2-s_{56}(q_{56}^0)^2 \tag{6.58}$$

这里，水头损失公式中 $n=2$。

设环Ⅰ和环Ⅱ的校正流量分别为 Δq_{I}、Δq_{II}，初分流量经校正流量调整后，能够满足能量方程。针对环Ⅰ有

$$s_{12}(q_{12}^0+\Delta q_{\text{I}})^2+s_{25}(q_{25}^0+\Delta q_{\text{I}}-\Delta q_{\text{II}})^2-s_{14}(q_{14}^0-\Delta q_{\text{I}})^2-s_{45}(q_{45}^0-\Delta q_{\text{I}})^2=0 \tag{6.59}$$

上式按二项式定理展开，并略去 Δq_{I}^2、Δq_{II}^2 及 Δq_{I}、Δq_{II} 项，整理得

$$s_{12}(q_{12}^0)^2+s_{25}(q_{25}^0)^2-s_{14}(q_{14}^0)^2-s_{45}(q_{45}^0)^2+2\Delta q_{\text{I}}(s_{12}q_{12}^0+s_{25}q_{25}^0+s_{14}q_{14}^0+s_{45}q_{45}^0)-2s_{25}q_{25}^0\Delta q_{\text{II}}=0 \tag{6.60}$$

上式前四项的值为 Δh_{I}，中间项用和式表示，则有

$$\Delta h_{\mathrm{I}} + 2\Delta q_{\mathrm{I}} \sum (sq^0)_{\mathrm{I}} - 2\Delta q_{\mathrm{II}} (s_{25} q_{25}^0) = 0 \tag{6.61}$$

针对环Ⅱ，可写出类似式（6.61）表达式如下：

$$\Delta h_{\mathrm{II}} + 2\Delta q_{\mathrm{II}} \sum (sq^0)_{\mathrm{II}} - 2\Delta q_{\mathrm{I}} (s_{25} q_{25}^0) = 0 \tag{6.62}$$

联解式（6.61）和式（6.62），可获得环Ⅰ和环Ⅱ的校正流量值，从而得到各管段流量。

假设针对环Ⅰ写能量方程时，不考虑环Ⅱ校正流量 Δq_{II} 的影响，则式（6.61）可表达为

$$\Delta q_{\mathrm{I}} = -\frac{\Delta h_{\mathrm{I}}}{2\sum (sq^0)_{\mathrm{I}}} \tag{6.63}$$

式（6.63）表明，校正流量的方向与闭合差方向相反，Δh_{I} 为正时，Δq_{I} 为负。

随着城市规模的不断扩大和给水管网的扩张，管段数和节点数、环数目也不断增加，需用计算机才能快速求解上述管段方程组、节点方程组和环方程组。

6.4.4.3 环状网水力计算步骤

以单水源供水的环状网为例说明。

（1）环状管网定线后，确定管网节点和节点间各管段的计算长度。按照最高日最高时流量计算管网的集中流量、比流量、沿线流量和节点流量。

（2）初步拟定管网各管段的水流方向，应使转输流量沿最短路线供至最远地区。根据输入管网的总流量，并考虑供水可靠性的要求，对整个管网进行流量初步分配，此时各节点应满足节点流量平衡关系。

（3）根据初步分配的流量，按照平均经济流速，选择市售标准规格的管径。另外，确定管径时还应满足消防、事故和传输时的水量、水压，因此某些管段的管径要适当放大。

（4）进行管网水力计算。可采用解环（或节点、管段）方程组方法，获得各管段的实际流量。

（5）根据各管段流量，计算各管段的水头损失。

（6）根据控制点的地形标高和要求的最小服务水头，可计算控制点的水压标高。再根据各管段的水头损失，可逐一求出各节点的水压标高。进而，可计算水厂水泵扬程和水塔高度，画出管网等水压线。如果泵站提供的水压比要求的水压大 Δm，则每一节点的实际水压均应加 Δm。

对于供水区域不大、供水安全性要求不高的地区可采用单水源供水。但对于大中城市，应尽量采用多水源供水，以加强供水的安全性。多水源（包括水塔、高地水池等）管网与单水源管网的计算基本方程是一样的，但同时又有其特殊性。以设置对置水塔的管网为例（图 6.9），管网可能存在两种工况。

（1）在最高用水时，泵站从河流取水向管网供水，同时水塔也向管网供水，各水源有各自的供水区，形成一条供水分界线。由于假定沿线流量均在节点出流，所以供水分界线必须通过节点。在供水分界线上，水压最低。

（2）在设置对置水塔时，由于一天内有部分时间二级泵站的供水量大于管网总用水量，多余的水量通过整个管网转输入水塔储存，形成最大转输供水工况。这时两水源管网成为单水源管网，不存在供水分界线。

无论何种工况，都可以通过引入“虚环”，将多水源管网转化为单水源管网，同时将

虚环和实环作为一个管网整体进行水力计算。

6.4.4.4 管网的核算条件

管段直径和水泵扬程，是按最高日最高时的用水量和水压要求确定的。但是用水量是经常变化的，所定的管径和水泵扬程能否满足其他不利的特殊用水条件下的要求呢？这就须对管网进行必要的核算，以确保经济合理地供水。通过核算，有时须将管网中个别管段的直径适当放大，也有可能需要另选合适的水泵。核算通常考虑的特殊工况如下：①室外消防时；②转输时；③事故时。

思 考 题

1. 城市给水规划中，地表水源的设计枯水流量是如何计算出来的？
2. 从技术、经济角度分析，管道水流速度为何有一个范围或最佳值？
3. 试证明：两条平行输水管，要保证事故流量是设计流量的 70%，应分成三段。
4. 给水系统中，各项构筑物的规模是如何设计的？
5. 管网水力计算的基础方程有哪些？

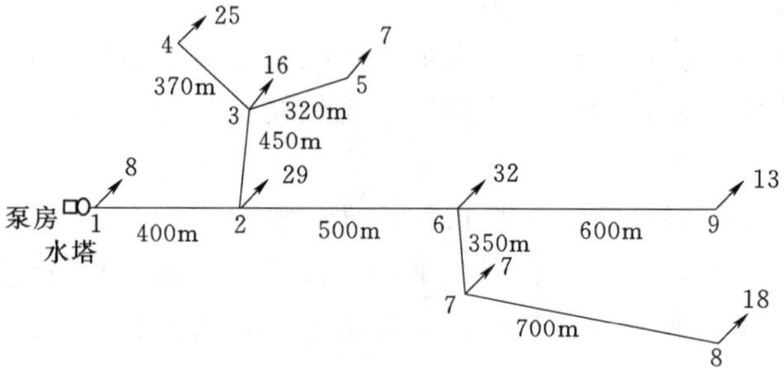

题图 6.1

6. 针对图 6.18，写出节点方程组及其线性化方程组。

7. 某城镇给水系统干管网为题图 6.1 所示的树状网。水厂泵站先将水送至水塔，然后水塔将水送到管网。供水范围内地形平坦，高程差不大，节点 4、5、8、9 处的地面标高分别为 56.0m、56.1m、55.7m、56.0m。水塔处地面标高为 57.4m。清水池吸水井最低水位 53.0m。管道采用铸铁管，各管段的管道长度已知（已在图中标注）。给水系统最高日最高时流量为 155L/s，各节点流量已知（已在图中标注，单位为 L/s）。管网要求达到的最小服务水头为 20m。要求计算各管段管径，并求水塔高度和泵房水泵扬程（补充说明：①标准管径在 100～500mm 之间以 50mm 为单位，500mm 及以上以 100mm 为单位，水头损失按舍维列夫公式计算；②计算水泵扬程时，考虑泵房管线水头损失 2.0m，水塔水柜高度 3.0m）。

8. 针对［例 6.3］，假定各节点的地面高程如下表所列，各节点的最小服务水头不低于 15m。管道采用铸铁管。要求计算各管段管径，并计算节点 1 的水压。水力坡度按如下海森-威廉公式计算：

$$i=\frac{10.67q^{1.852}}{C^{1.852}D^{4.87}}$$

式中：q 为管段计算流量，m^3/s；D 为管段的计算内径，m；C 为系数，对旧铸铁管 $C=100$。

节 点	1	2	3	4	5	6	7
地面高程/m	100	104.7	110.5	113.7	108.4	104.8	106.5

第7章 灌 溉 规 划

农作物生长所需要的水分主要来源于土壤水，而天然状况下土壤水又依靠降水和地下水补充。当土壤水不能满足作物对水分的需要时，为保证作物稳产高产，需要采取人工措施来补充土壤水分。这种人工补充土壤水分以改善作物生长条件的技术措施就称为灌溉。

灌溉系统是指一定范围内，服务于提高和稳定农作物产量而建立的水资源供水工程系统，其任务是按照作物对水分的需求，将河流、湖泊、水库或地下水源的水有计划地输送或分配到田间，以满足作物生长的需要。灌溉规划的主要内容就是在明确灌溉面积、作物品种及组成的基础上，计算作物需水量和灌溉用水量，拟定灌溉制度与灌溉方式，确定灌溉渠系（管网）布置及规模，进而确定灌溉水源工程的规模。

7.1 灌 溉 系 统 组 成

灌溉系统通常由水源和取水设施、输配水工程以及田间工程等部分组成，如图7.1所示，其作用就是将水从水源输送到田间。

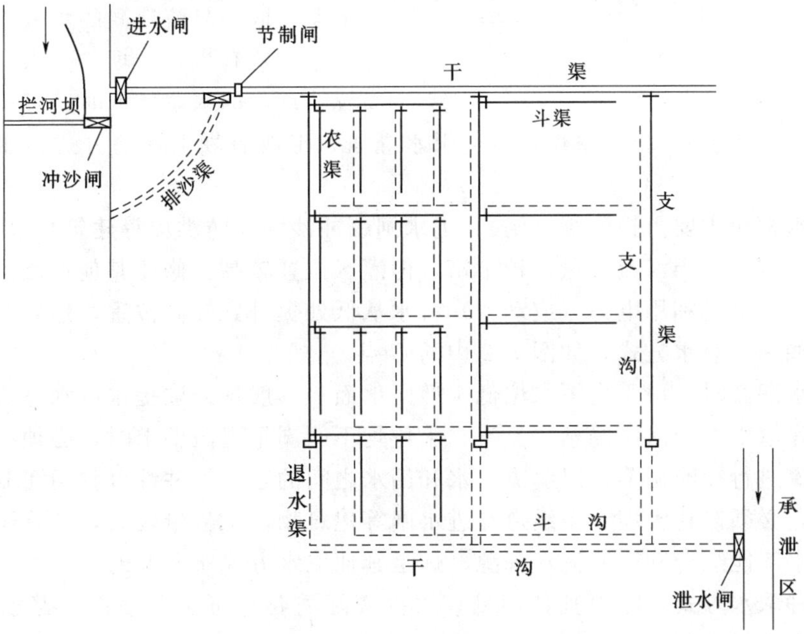

图7.1　灌溉排水系统的组成

7.1.1 灌溉水源

天然水资源中可用于灌溉的水体都是灌溉水源，它有地表水和地下水两种形式，其中地表水是主要形式。回归水和废污水经处理后可用于灌溉，是水资源的重复利用。微咸水、海水和高矿化度地下水经淡化处理后也可用于灌溉，但由于费用昂贵，尚少采用。

发展灌溉，首先要看水源条件是否具备。选择水源时，除考虑水源的位置尽可能靠近灌区和附近具备便于引水的地形条件外，还应对水源的水量、水质以及水位条件进行分析研究，以便制定利用水源的可行方案。

灌溉水质主要是指水的化学、物理性状、水中含有物的成分及其含量。灌溉水源的水质应符合作物生长和发育的要求。主要影响因子有水温、含沙量、含盐量（或称矿化度）及某些重金属如汞、铬、铅和非金属砷以及氰和氟等元素。对于农田灌溉水质的具体要求，可参考我国《农田灌溉水质标准》（GB 5084—2005）。

7.1.2 灌溉取水方式

灌溉取水方式随水源类型、水位和水量的状况而定。利用地表水灌溉，可采取的取水方式有无坝引水、有坝引水、提水取水、水库取水等；利用地下水灌溉，则需打井或修建其他集水工程。

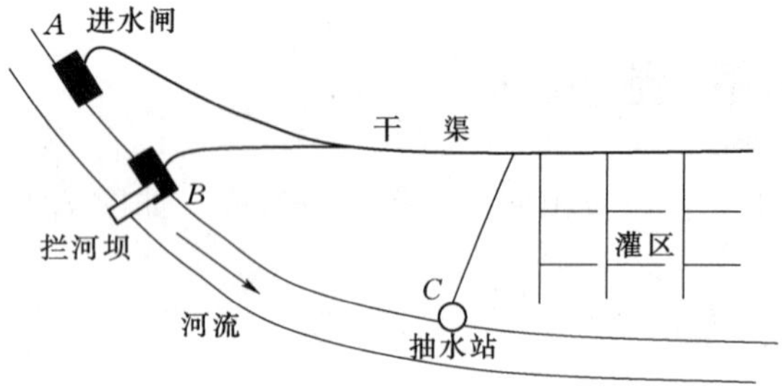

图7.2 灌溉取水方式示意图

（1）无坝引水。灌区附近河流的水位、流量均能满足灌溉要求时，即可选择适宜的位置作为取水口修建进水闸引水自流灌溉，形成无坝引水。在丘陵山区，灌区位置较高，可自河流上游水位较高的地点 A 点引水（图7.2），借修筑较长的引水渠，取得自流灌溉的水头。

（2）有坝（低坝）引水。当河流水量较丰富，但水位较低时，可在河道上修建壅水建筑物（坝或闸），抬高水位，自流引水灌溉，形成有坝引水的方式。如图7.2中的 B 点。

有坝引水枢纽主要由拦河坝（闸）、进水闸、冲沙闸及防洪堤等建筑物组成。

（3）提水取水。当河流水量比较丰富，但灌区位置较高，修建其他自流引水工程困难或不经济时，可就近利用电力（或动力）将水从低处提升到较高位置，然后自流灌溉。即采取提水（抽水）取水方式，如图7.2中的 C 点。

取地下水灌溉时，由于地下水位低于灌区地面，一般均采取提水取水方式。

（4）水库取水。当河流的枯水流量、水位均不能满足灌溉要求时，必须在河流上适当地点修建水库进行径流调节，以解决来水和用水之间的矛盾，并综合利用河流水资源。采用水库取水，必须修建大坝、溢洪道和进水闸等建筑物，工程量较大，且有相应的库区淹没问题。但水库能综合利用河流水资源，这是其他取水方式所不及的。

上述几种取水方式，除单独使用外，根据实际需要还可综合使用。譬如一些大型灌区，自水库库区引水，自流入灌区的小型水库、塘堰，然后再提水灌溉，形成了蓄、引、提结合的灌溉系统。

7.1.3 输配水工程

输配水工程是指灌溉系统中的各级渠道系统或管道系统，以及分水设施、保护装置和其他附属设施。

灌溉渠系由各级灌溉渠道和退（泄）水渠道组成。按控制面积大小和水量分配层次可把灌溉渠道分为若干等级。大、中型灌区的固定渠道一般分为干渠、支渠、斗渠、农渠四级；在地形复杂的大型灌区，固定渠道的级数往往多于四级，干渠可分成总干渠和分干渠，支渠可下设分支渠；在灌溉面积较小的灌区，固定渠道的级数较少；这种灌区的固定渠道就分为干渠、斗渠、农渠三级。

各级渠道上的建筑物主要有引水建筑物、配水建筑物（主要包括分水闸和节制闸）、泄水建筑物、量水建筑物、交叉建筑物及衔接建筑物等，分别起引水、配水、泄水、量水等作用。

7.1.4 田间工程

田间工程通常指最末一级固定渠道（农渠）和固定沟道（农沟）之间的条田范围内的临时渠道、排水小沟、田间道路、稻田的格田和田埂、旱地的灌水畦和灌水沟、小型建筑物以及土地平整等农田建设工程。

田间渠系指条田内部的灌溉网，包括毛渠、输水垄沟和灌水沟、畦等。田间渠系布置有纵向布置和横向布置两种基本形式。纵向布置指灌水方向垂直农渠，毛渠与灌水沟、畦平行。横向布置指灌水方向平行农渠，毛渠与灌水沟、畦垂直。

7.1.5 灌水方法

灌水方法就是灌溉水进入田间并湿润根区土壤的方法与方式。其目的在于将集中的灌溉水流转化为分散的土壤水分，以满足作物对水、气、肥的需要。

灌水方法按照是否全面湿润整个农田，可分为全面灌溉与局部灌溉两大类。还可按照水输送到田间的方式和湿润土壤的方式来分类。

(1) 全面灌溉。灌溉时湿润整个农田根系活动层内的土壤，地面灌溉和喷灌都属于这一类。比较适合于密植作物。

地面灌溉是最古老的也是目前应用最广泛、最主要的一种灌水方法，该法水是从地表面进入田间并借重力和毛细管作用浸润土壤，所以也称为重力灌水法。按其湿润土壤方式的不同，地面灌溉又可细分为畦灌、沟灌、淹灌和漫灌。

喷灌是利用专门设备将有压水送到灌溉地段，并喷射到空中散成细小的水滴，像天然降雨一样进行灌溉。其突出优点是对地形的适应性强，机械化程度高，灌水均匀，灌溉水利用系数高。但基建投资较高，而且受风的影响大。

(2) 局部灌溉。灌溉时只湿润作物周围的土壤，远离作物根部的行间或棵间的土壤仍保持干燥。这类灌水方法都要通过一套塑料管道系统将水和作物所需要的养分直接输送到作物根部附近。并且准确地按作物的需要，将水和养分缓慢地加到作物根区范围内的土壤中去。一般局部灌溉流量都比全面灌溉小得多，因此又称为微量灌溉，简称微灌。这类灌水方法的主要优点是：灌水均匀，节约能量，灌水流量小；对土壤和地形的适应性强；能提高作物产量，增强耐盐能力；便于自动控制，明显节省劳力。按照湿润土壤的方式，局部灌溉可分为：渗灌、滴灌、微喷灌、涌灌、膜上灌等。

上述灌水方法各有其优缺点，都有一定的适用范围，在选择时应综合考虑到作物、地形、土壤和水源等条件。

7.2 灌溉设计标准与设计用水量

7.2.1 灌溉设计标准

农作物消耗的水量主要来自降雨、地下水补给和灌溉。其中，地下水补给量一直比较稳定，而降雨量无论是年内还是年际之间都变化很大。因此，不同年份灌溉用水量也就有很大变化，有的年份灌溉用水量很大，有的年份灌溉用水量很小。是不是所有年份的灌溉用水量都要满足呢？这就涉及灌溉设计标准问题。灌溉设计标准的确定涉及技术经济综合分析，在不同规划水平年，可选择不同的灌溉设计标准，以区别经济社会发展不同阶段对灌溉要求的不同。

灌溉设计标准多采用灌溉设计保证率表示，有些地区亦有采用"抗旱天数"的。灌溉设计保证率是指灌区用水量在多年期间能够得到充分满足的概率，一般以正常供水的年数或供水不破坏的年数占总年数的百分数表示，例如设计保证率 $P=75\%$ 表示灌溉系统在长期运用过程中，平均每100年可保证75年正常供水。

灌溉设计保证率常用下式进行计算，即：

$$P=\frac{m}{N+1}\times 100\% \tag{7.1}$$

式中：P 为灌溉设计保证率，%；m 为灌溉系统能保证正常供水的年数；N 为灌溉系统供水的总年数。

灌溉设计保证率综合反映了灌区用水和系统供水两方面的影响，能较好地表达灌溉工程的设计标准。灌溉设计保证率因各地自然条件、经济条件的不同而有所不同。一般缺水地区，多以旱作物为主，其灌溉设计保证率可低一些；而丰水地区，多以水稻为主，灌溉设计保证率可高一些。具体可参照《灌溉与排水工程设计规范》(GB 50288—99)的规定。

抗旱天数是指农作物生长期间遇到连续干旱时，灌溉设施能确保用水要求的天数。其反映了灌溉工程的抗旱能力。抗旱天数的两种统计方法：①连续无雨日数，即雨量小于2mm或3mm的天数；②连续无透雨日数，即两次透雨的间隔天数。合适的抗旱天数，要根据当地水资源条件、作物种类及经济状况来确定。南方小型水稻灌区的灌溉工程也可按抗旱天数进行设计。以抗旱天数为标准设计灌溉工程时，单季稻灌区可用30～50d，双季稻灌区可用50～70d。经济较发达地区，可按上述标准提高10～20d。

7.2.2 设计灌溉用水量

由于每年的降水量及分布日期不同，故每年的灌溉用水量及灌溉过程也不同。多年的灌溉用水量系列可按照第3章介绍的方法逐年推求，然后即可以应用数理统计原理求得年灌溉用水量的理论频率曲线。该频率曲线上灌溉设计保证率对应的年用水量即为设计灌溉用水量，同时可获得相应的年内灌溉用水过程。

推求设计灌溉用水量的另一种途径是通过设计典型年进行。根据历年降雨量资料，通过频率分析，选取几种不同干旱程度的典型年份作为"设计典型年"，如中等年（降雨量频率为 50%)、中等干旱年(降雨量频率为 75%)以及干旱年(降雨量频率为 85%~90%)等，以这些典型年的降雨量资料为基础来计算设计灌溉制度、设计灌溉用水量及年内用水过程。

7.2.3 设计灌水模数

在求出设计灌溉用水量及其年内分配过程后，可进一步计算其流量过程，从而为灌溉工程规模的选择提供依据。此外，在灌溉规划中，有时直接根据设计灌水模数，来推求灌区的设计流量。

(1) 灌水模数及灌水延续时间。灌水模数是指灌区单位面积(常以 $100hm^2$ 计)上所需灌溉的净流量，又称灌水率。利用它可以计算灌溉渠道的设计流量和灌区渠首的引水流量。

灌水模数应根据灌区每种作物的每次灌水定额，逐一进行计算。设某灌区面积为 A (hm^2)，种有甲、乙、丙……各种作物，作物甲的种植面积(灌溉面积)为 aA ，其中 a 为作物甲的种植面积(灌溉面积)占灌区面积的百分数。作物甲的第 i 次灌水定额为 m_i (m^3/hm^2)，第 i 次灌水在 T_i 昼夜内完成，则对于作物甲，第 i 次灌水对应的灌水模数 q_i 计算式如下：

$$q_i=\frac{am_i}{36T_it}[m^3/(s\cdot 100hm^2)] \tag{7.2}$$

式中：T_i 为第 i 次灌水延续时间，天；t 为每天灌水延续时间，对于自流灌区，每天灌水延续时间一般以 24h 计；对于抽水灌区，则每天抽灌时间以 20~22h 计。

对其他作物，同理可求出各次灌水的灌水模数。从而获得灌区各种作物每次灌水的灌水模数。表 7.1 和图 7.3 为某自流灌区的灌水模数计算结果。

表 7.1　灌水模数计算表

作物	作物所占面积/%	灌水次数	灌水定额/(m^3/hm^2)	灌水时间			灌水延续时间/d	灌水模数/[$m^3/(s\cdot 100hm^2)$]
				始	终	中间日		
小麦	50	1	975	9月16日	9月27日	9月22日	12	0.047
		2	750	3月19日	3月28日	3月24日	10	0.043
		3	825	4月16日	4月25日	4月21日	10	0.048
		4	825	5月6日	5月15日	5月11日	10	0.048
棉花	25	1	825	3月27日	4月3日	3月31日	8	0.030
		2	675	5月1日	5月8日	5月5日	8	0.024
		3	675	6月20日	6月27日	6月24日	8	0.024
		4	675	7月26日	8月2日	7月30日	8	0.024
谷子	25	1	900	4月12日	4月21日	4月17日	10	0.026
		2	825	5月3日	5月12日	5月8日	10	0.024
		3	750	6月16日	6月25日	6月21日	10	0.022
		4	750	7月10日	7月19日	7月15日	10	0.022
玉米	50	1	825	6月8日	6月17日	6月13日	10	0.048
		2	750	7月2日	7月11日	7月7日	10	0.043
		3	675	8月1日	8月10日	8月6日	10	0.039

由上述计算公式可见，灌水延续时间直接影响着灌水模数的大小。作物灌水延续时间应根据当地作物品种、灌水条件、灌区规模与水源条件以及前茬作物收割期等因素确定。对于灌溉面积在万亩以上的灌区主要作物的灌水延续时间可以选用以下数值：水稻泡田期5～15昼夜，生育期3～5昼夜；冬小麦播前10～20昼夜，生育期10～15昼夜；棉花播前10～20昼夜，生育期5～10昼夜；玉米播前7～15昼夜；生育期5～10昼夜。万亩及万亩以下灌区可以较上述数值适当减小。

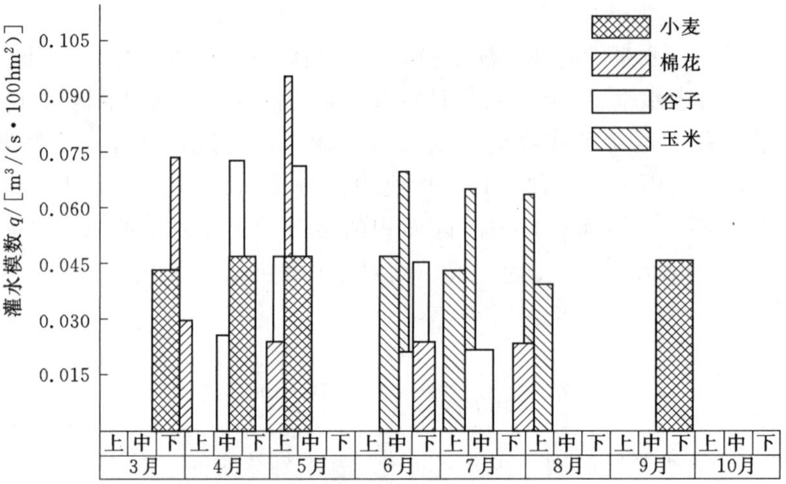

图 7.3　北方某灌区初步灌水模数图

（2）设计灌水模数。在灌溉面积一定时，灌水模数影响着渠道的流量以及渠道和渠系建筑物的造价，因此设计时必须慎重选定。为了确定设计灌水模数，推算渠首引水流量或灌溉渠道设计流量，通常可先对某一设计代表年（例如 $P=75\%$）计算出灌区各种作物每次灌水的灌水模数（表 7.1），并将所得灌水模数绘在方格纸上，如图 7.3 所示，称为灌水模数图。从图可见，各时期的灌水模数大小相差悬殊，渠道输水断断续续，不利于管理。如以其中最大的灌水模数计算渠道流量，势必工程规模偏大，不经济。因此，必须对初步算得的灌水模数图进行必要的修正，尽可能消除灌水模数高峰和短期停水现象。

修正后的灌水模数图应符合以下要求：

1）全年各次灌水模数大小应比较均匀，以累积30d以上的最大灌水模数作为计算渠道设计流量的设计灌水模数，短期的峰值不应大于设计灌水模数的120％，最小灌水模数不应小于设计灌水模数的30％。

2）宜避免经常停水，特别应避免小于5d的短期停水。

3）提前或推迟灌水日期不得超过3d，若同一种作物连续两次灌水均需变动，灌水日期不应一次提前，一次推后；延长或缩短灌水时间与原定时间相差不应超过20％。

4）灌水定额的调整值不应超过原定额的10％，同一种作物不应连续两次减小灌水定额。当上述要求不能满足时可适当调整作物组成。

图 7.4 是修正后的灌水模数图。从中可见灌区最大灌水模数降低到 0.048 [$m^3/(s \cdot 100hm^2)$]，而且持续时间达到 30 天，初步灌水率图中存在的 4 月上、下旬及 7 月上旬短期停水现象避免了。

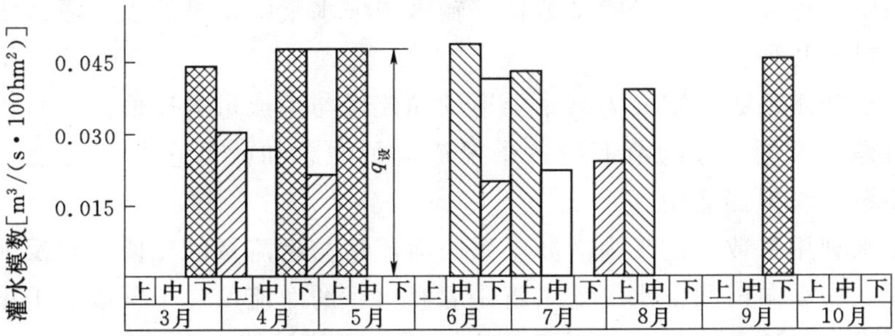

图 7.4 修正后灌水模数图

根据调查统计，中国南方水稻灌区（万亩以上）的设计净灌水模数一般为 0.067～0.09m^3/(s·100hm^2)，北方旱作灌区的设计净灌水模数一般为 0.03～0.053m^3/(s·100hm^2)。水旱田均有的大中型灌区，其综合净灌水率可按水旱面积比例加权平均求得。对于控制灌溉面积较小的斗渠、农渠（灌溉面积为几十亩到上千亩），常要在短期内集中灌水，故其设计净灌水模数远较上述经验数字为大。

7.3 渠 系 规 划

7.3.1 输水水量损失

灌溉水从水源地经过大大小小渠道组成的灌溉渠系输送到田间，在这过程中存在水量损失。渠道的水量损失包括渠道水面蒸发损失、渠床渗漏损失、闸门漏水和渠道退水等。由于水面蒸发损失、闸门漏水和渠道退水所占比重较小，实际上把渠床渗漏损失水量近似地看作总输水损失水量。

设渠道进水断面（首端）流量为 Q_g（称为毛流量），渠道出水断面（尾端）流量为 Q_n（称为净流量），渠道输水的损失流量为 Q_l，则有：

$$Q_g = Q_n + Q_l \tag{7.3}$$

对于已建成灌区，渗漏损失水量应通过实测确定。对于规划设计中灌区，常用经验公式或经验系数估算输水损失水量。

渠道输水损失流量计算公式如下：

$$Q_l = \sigma L Q_n \tag{7.4}$$

式中：Q_l 为渠道输水损失流量，m^3/s；L 为渠道长度，km；σ 为单位长度渠道水量损失系数，以小数表示。渠道单位长度水量损失系数可取自实测资料，当缺乏资料时可采用经验公式计算。

例如，土渠渗水不受地下水顶托的条件下，单位长度渠道水量损失系数计算式如下：

$$\sigma = \frac{K}{100Q_n^b} \tag{7.5}$$

式中：K 为渠床土壤透水系数；b 为渠床土壤透水指数；Q_n 为渠道净流量，m^3/s。土壤透水性参数 K 和 b 应根据实测资料分析确定，在缺乏实测资料的情况下，具体可参照《灌溉与排水工程设计规范》（GB 50288—99）取值。

灌溉规划中，更多的是用经验系数估算输水损失水量。常见的表示灌区水量损失情况的经验系数有以下几种。

（1）渠道水利用系数。定义为某条渠道的净流量与毛流量的比值。从水源或上级渠道引入的流量就是毛流量，分配给下级各条渠道流量的总和就是它的净流量。该定义对干渠、支渠、斗渠、农渠都适用。

（2）渠系水利用系数。定义为灌溉渠系的净流量与毛流量的比值，它反映整个渠系的水量损失情况。农渠向田间供水的流量就是灌溉渠系的净流量，干渠或总干渠从水源引水的流量就是渠系的毛流量。渠系水利用系数 η_s 采用下式计算：

$$\eta_s=\frac{W_a}{W_g} \tag{7.6}$$

式中：W_a 为农渠供给田间的水量，m^3；W_g 为某次灌水渠首引入的总水量，m^3。

（3）田间水利用系数。定义为实际灌入田间的有效水量和末级固定渠道（农渠）放出水量的比值，用符号 η_f 表示。

$$\eta_f=\frac{m_n A_a}{W_a} \tag{7.7}$$

式中：A_a 为农渠的灌溉面积，hm^2；m_n 为净灌水定额，m^3/hm^2；W_a 意义同上。

对旱作农田，实际灌入田间的有效水量指蓄存在计划湿润层中的灌溉水量；对水稻田，则指蓄存在格田内的灌溉水量。

田间水利用系数是衡量田间工程状况和灌水技术水平的重要指标。在田间工程完善、灌水技术良好的条件下，旱作农田的田间水利用系数应达到 0.9 以上，水稻田的田间水利用系数应达到 0.95 以上。

（4）灌溉水利用系数。灌溉水利用系数是实际灌入农田的有效水量和渠首引入水量的比值，用符号 η_0 表示。它是评价渠系工作状况、灌水技术水平和灌区管理水平的综合指标，可按下式计算：

$$\eta_0=\frac{m_n A}{W_g} \tag{7.8}$$

式中：A 为某次灌水全灌区的灌溉面积，hm^2；m_n、W_g 意义同上。

《灌溉与排水工程设计规范》（GB 50288—99）规定：灌区面积大于 30 万亩，灌溉水利用系数不低于 0.55；灌区面积在 1 万～30 万亩之间的，灌溉水利用系数不低于 0.65；灌区面积小于 1 万亩，灌溉水利用系数不低于 0.75。然而实际上，我国已建成灌区的灌溉水利用系数远低于上述数值。必须大力推行节水措施，提高灌溉水利用系数。

7.3.2 渠道特征流量

由于灌溉用水量是变动的，相应的渠道输水流量也在一定范围内变化。在规划设计时，必须考虑流量变化对渠道的影响。通常用三个特征流量来代表流量的变化范围。这三个特征流量分别表示在不同运行条件下的渠道工作流量。

（1）设计流量。设计流量是指在灌溉设计标准条件下，为满足灌溉用水要求，需要渠道输送的最大流量。通常根据设计灌水模数和灌溉面积进行计算的。设计流量是渠道的毛流量，它是设计渠道断面和渠系建筑物尺寸的主要依据。

（2）最小流量。在灌溉设计标准条件下，渠道在工作过程中输送的最小流量。用修正灌水模数图上的最小灌水模数值和灌溉面积进行计算。应用渠道最小流量可以校核对下一级渠道的水位控制条件，确定修建节制闸的位置等。

（3）加大流量。考虑到灌溉工程运行中可能出现一些难以准确估计的附加流量，把设计流量适当放大后所得到的安全流量。加大流量是渠道运行过程中可能出现的最大流量，它是设计渠堤堤顶高程的依据。如暴雨、加大灌溉水量、工程事故都可能产生附加流量。

7.3.3 渠道工作制度

渠道的工作制度是指渠道的输水工作方式，分为续灌和轮灌两种。在一次灌水延续时间内，自始至终连续输水的工作方式称为续灌。同一级渠道在一次灌水延续时间内，轮流输水的工作方式叫称为轮灌。渠道的工作制度不同，渠道设计流量的大小也不同。

为了避免水量过分集中，一般灌溉面积较大的灌区，干渠、支渠多采用续灌，支渠以下实行轮灌。轮灌时，由于缩短了渠道的输水时间，将加大输水流量，从而也加大了渠道的设计流量，相应地增加了渠道的土方量和渠道建筑物的工程量。划分轮灌组时，一般以2～3组为宜，且各组灌溉面积相近，以利配水。

设某支渠为最末一级续灌渠道，其范围内斗渠、农渠划分为两个轮灌组，记为组Ⅰ和组Ⅱ，其灌溉面积分别为A_{I}、A_{II}。在轮灌期间，支渠的设计田间净流量总是保持不变，由于组Ⅰ和组Ⅱ的灌溉面积一般情况下不相等，其灌水量也不一样，所以组Ⅰ和组Ⅱ的灌水历时是不相同的，组的灌溉面积越大相应的灌水历时越长。在同一轮灌组内，各条渠道灌水历时相同，但由于各条渠道的灌溉面积通常不相等，所以各条渠道的田间净流量并不相同，渠道的灌溉面积越大其田间净流量越大。

7.3.4 渠道设计流量的推算

因为轮灌渠道的输水时间小于灌水延续时间，所以不能直接根据设计灌水模数和灌溉面积自下而上推算渠道设计流量。常用的方法是：根据轮灌组划分情况自上而下逐级分配末级续灌渠道（一般为支渠）的田间净流量，然后再自下而上逐级计入输水损失水量，推算各级渠道的设计流量。下面结合例题介绍。

【例 7.1】 某灌区灌溉面积$A=21.4\mathrm{km}^2$，灌区有一条干渠，长5.7km，下设三条支渠，各支渠的长度及灌溉面积见表7.2，全灌区土壤、水文地质等自然条件和作物种植情况相近，第三支渠灌溉面积适中，可作为典型支渠，详细推算渠道流量。该支渠有六条斗渠，斗渠间距800m，长1800m。每条斗渠有十条农渠，农渠间距200m，长800m。灌区渠系布置如图7.5所示。该灌区主要灌溉作物是水稻，设计灌水模数$q=0.12\mathrm{m}^3/(\mathrm{s}\cdot 100\mathrm{hm}^2)$。灌区土壤为中黏壤土。试推求干、支渠的设计流量。

表 7.2　支渠长度及灌溉面积

渠别	一支	二支	三支	合计
长度/km	4.2	4.6	4.0	
灌溉面积/$100\mathrm{hm}^2$	5.8	8.4	7.2	21.4

解： 第一步，确定渠道工作制度。干渠、三条支渠实行续灌，其中，支渠为末级续灌渠道。斗渠、农渠进行轮灌。轮灌组划分方式为集中编组。以第三支渠为例，一斗渠、二

斗渠、三斗渠相邻划为一组，四斗渠、五斗渠、六斗渠相邻划为另一组。农渠也分为二组，每组包括五条集中农渠（五条农渠相邻）。

第二步，求最末一级续灌支渠的设计田间净流量及农渠的田间净流量、农渠毛流量。

以典型支渠（三支渠）为例，在支渠范围内，不考虑损失水量的设计田间净流量为：

$$Q_{3z}=A_3q=7.2\times0.12=0.864(\mathrm{m^3/s})$$

式中：Q_{3z}为支渠的田间净流量，$\mathrm{m^3/s}$；A_3 为三支渠的灌溉面积，$100\mathrm{hm^2}$。

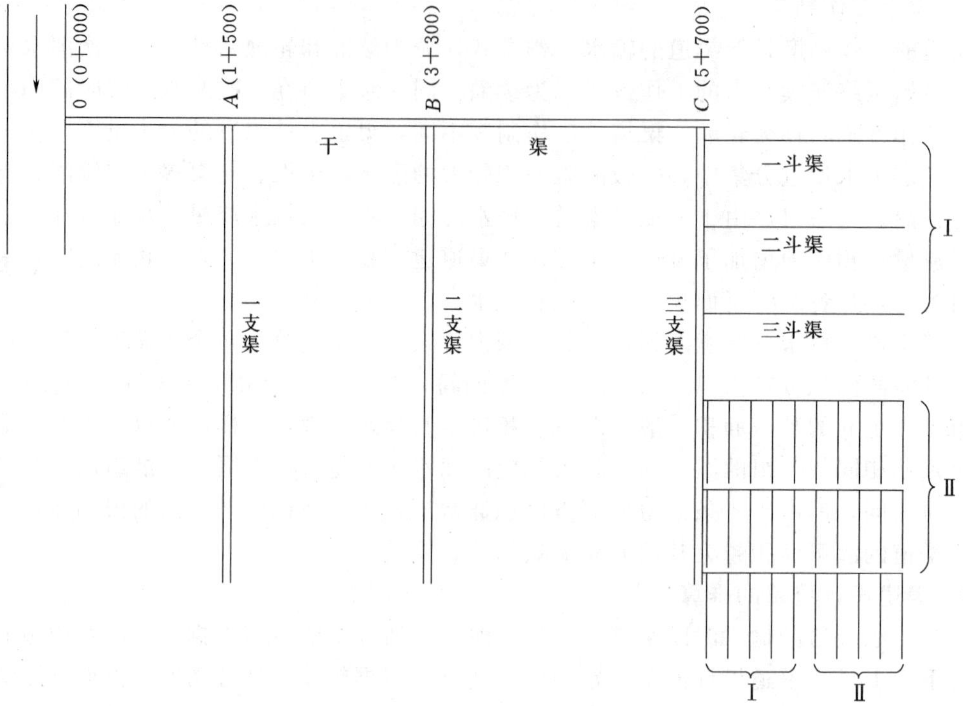

图 7.5　灌溉渠系布置

三支渠下有 6 条斗渠、60 条农渠，分成 4 个轮灌组，每组包括 3 条斗渠，15 条农渠。一般情况下，各个轮灌组的灌溉面积不相等，各个轮灌组的灌水时间不等；每个轮灌组内各条农渠灌溉面积不同，其田间净流量也不相同。应根据农渠的灌溉面积分配 Q_{3z}。但本例斗渠、农渠的灌溉面积相等，则农渠的田间净流量为

$$Q_f=\frac{Q_{3z}}{15}=\frac{0.864}{15}=0.0576(\mathrm{m^3/s})$$

取田间水利用系数 $\eta_f=0.95$，则农渠的净流量为

$$Q_a=\frac{Q_f}{\eta_f}=\frac{0.0576}{0.95}=0.0606(\mathrm{m^3/s})$$

灌区土壤属中黏壤土，相应的土壤透水性参数为：$K=1.9$，$b=0.4$。据此可计算农渠每千米输水损失系数：

$$\sigma_a=\frac{K}{100Q_a^b}=\frac{1.9}{100\times0.0606^{0.4}}=0.0583$$

农渠的毛流量或设计流量为

$$Q_{ag}=Q_a(1+\sigma_a L_a)=0.0606\times(1+0.0583\times0.4)=0.062(m^3/s)$$

这里假定农渠进入田间的水量集中在农渠中间流出。

第三步，按农渠—斗渠—支渠—干渠顺序，推算各级渠道的设计流量。

(1) 计算斗渠的设计流量。每条斗渠有 10 条农渠，分为两组。因为一条斗渠内同时灌水的农渠有 5 条，所以，斗渠的净流量等于 5 条农渠的毛流量之和：

$$Q_d=5\times0.062=0.31(m^3/s)$$

农渠分两组轮灌，各组要求斗渠供给的净流量相等。但是，两组农渠进水口距斗渠首端的远近不同，输水损失水量不一样。从不利角度考虑，以距斗渠首端较远一组农渠灌水时需要的斗渠毛流量作为斗渠的设计流量。相应的斗渠的平均工作长度 $L_d=1.4$km，斗渠每千米输水损失系数为 0.0304，斗渠的毛流量或设计流量为

$$Q_{dg}=Q_d(1+\sigma_d L_d)=0.31\times(1+0.0304\times1.4)=0.323(m^3/s)$$

(2) 计算三支渠的设计流量。斗渠也是分两组轮灌，以距支渠首端较远的轮灌组要求的支渠毛流量作为支渠的设计流量。斗渠第Ⅱ轮灌组支渠的平均工作长度 $L_{3z}=3.2$km，支渠每千米输水损失系数为 0.0192。

支渠的净流量为

$$Q_{3zn}=3Q_{dg}=3\times0.323=0.969(m^3/s)$$

支渠的毛流量为

$$Q_{3zg}=Q_{3zn}(1+\sigma_{3z}L_{3z})=0.969\times(1+0.0192\times3.2)=1.029(m^3/s)$$

从而获得，三支渠的灌溉水利用系数：

$$\eta_{3z}=\frac{Q_{3z}}{Q_{3zg}}=\frac{0.864}{1.029}=0.84$$

(3) 计算一、二支渠的设计流量。一、二支渠的田间净流量同样以灌溉面积乘以设计灌水模数求得。以典型支渠（三支渠）的灌溉水利用系数作为扩大指标，用来计算一、二支渠的设计流量。

$$Q_{1zg}=\frac{Q_{1z}}{\eta_{3z}}=\frac{5.8\times0.12}{0.84}=0.829(m^3/s)$$

$$Q_{2zg}=\frac{Q_{2z}}{\eta_{3z}}=\frac{8.4\times0.12}{0.84}=1.2(m^3/s)$$

(4) 推求干渠各段的设计流量。干支渠道，渠道流量较大，上下游流量相差悬殊，这就要求分段推算设计流量，各渠段采用不同的断面。由于干支渠道多为续灌，渠道的输水时间都等于灌区灌水延续时间，可以直接由下级渠道的毛流量推算上级渠道的毛流量。即自下而上逐级，逐段推算设计流量。在分段推算续灌渠道设计流量时，一般不用经验系数估算输水损失水量，而用经验公式估算。

BC 段净流量为 1.029m^3/s，渠道长度 2.4km，每公里输水损失系数为 0.0188，*BC* 段设计流量或毛流量为

$$Q_{BCg}=1.029\times(1+0.0188\times2.4)=1.075(m^3/s)$$

AB 段净流量为 2.275m^3/s（2.275=1.075+1.2），渠道长度 1.8km，每公里输水损失系数为 0.0137，*AB* 段设计流量为：

$$Q_{ABg}=2.275\times(1+0.0137\times1.8)=2.331(m^3/s)$$

OA 段的净流量为 $3.16m^3/s$（3.16=2.331+0.829），渠道长度 1.5km，每公里输水损失系数为 0.012，OA 段设计流量为：

$$Q_{OAg}=3.16\times(1+0.012\times1.5)=3.217(m^3/s)$$

渠道最小流量以修正灌水模数图上的最小灌水模数值作为计算的依据，计算的方法步骤同设计流量。续灌渠道加大流量是在设计流量基础上乘以“加大系数”得到的。设计流量越小，加大系数越大。规范规定，加大系数最小不低于 110%，最大不超过 135%。轮灌渠道不考虑加大流量。

7.3.5 渠道断面设计

满足渠道的输水、配水要求是对渠道纵、横断面设计的基本要求，此外还应保证渠道边坡稳定和渠道的冲淤平衡，保证行水安全。在满足上述要求前提下，做到渠道工程量最小，造价最低。

7.3.5.1 渠道设计基本公式

灌溉渠道一般都是正坡明渠。在渠首进水口至第一个分水口之间或在两个相邻分水口之间，渠段内流量可近似为常数。而且一个渠段内，渠道水深、过水断面面积和平均流速也保持不变。渠段内水流状态为明渠均匀流。因此，灌溉渠道纵横断面可以按明渠均匀流公式设计。

渠道的平均流速按下式公式计算：

$$v=\frac{1}{n}R^{2/3}i^{1/2} \tag{7.9}$$

式中：v 为渠道平均流速，m/s；n 为渠床糙率系数；R 为水力半径，m；i 为渠底比降。

渠道设计流量为：

$$Q=Av \tag{7.10}$$

式中：Q 为渠道设计流量，m^3/s；A 为渠道过水断面面积，m^2。

在输水流量（设计流量）Q 给定的条件下，选择合适的断面型式和断面尺寸是渠道横断面设计主要内容。渠道横断面应根据灌溉面积、沿线地形地质条件以及边坡稳定的需要和是否衬砌等因素，按接近水力最佳断面进行设计。土渠宜采用梯形断面，混凝土或石渠宜采用矩形或 U 形断面。渠道横断面亦可采用实用经济断面。

对于土渠，渠道设计不仅要考虑输水流量，还要考虑渠底比降、渠床糙率、渠道边坡系数、稳定渠床的宽深比以及渠道的不冲、不淤流速等因素。

（1）渠底比降 i。在坡度均一的渠段内，两端渠底高差和渠段长度的比值称为渠底比降。应根据渠道沿线的地面坡度、下级渠道进水口的水位要求、渠床土质、水源含沙情况、渠道设计流量大小等因素，选择适宜的渠底比降。在设计工作中，可参考地面坡度和下级渠道的水位要求初选一个比降，计算渠道的过水断面尺寸，再按不冲流速、不淤流速进行校核，如不满足要求，再修改比降重新计算。

（2）渠床糙率系数 n。渠床糙率系数是反映渠床粗糙程度的技术参数。n 值的大小直接影响到设计的渠道断面大小及输水流量。对于大型渠道的糙率 n 值，应通过试验或专门研究确定。对于一般渠道的糙率 n 值，可参照有关规范选定。

（3）渠道的边坡系数 m。渠道的边坡系数是渠道边坡倾斜程度的指标，其值等于边坡在水平方向的投影长度和在垂直方向投影长度的比值。m 值的大小关系到渠坡的稳定，要根据渠床土壤质地和渠道深度等条件选择适宜的数值。大型渠道的边坡系数应通过土工试验和稳定分析确定；中小型渠道的边坡系数根据经验选定。

（4）渠道断面的宽深比 a。渠道断面的宽深比是渠道底宽 b 和水深 h 的比值。宽深比对渠道工程量和渠床稳定有较大影响。渠道断面过于窄深，容易产生冲刷；过于宽浅，又容易淤积。稳定断面的宽深比应满足渠道不冲、不淤要求，它与渠道流量、水流含沙情况、渠道比降等因素有关。比降小的渠道应选较小的宽深比，以增大水力半径，加快水流速度；比降大的渠道应选较大的宽深比，以减小流速，防止渠床冲刷。

国内外研究机构对灌溉渠道稳定断面的宽深比做了大量的研究工作，提出了许多经验公式。例如美国垦务局公式：

$$a=4-m \tag{7.11}$$

从多泥沙河流引水的渠道，《灌溉与排水工程设计规范》（GB 50288—99）提出按以下经验公式初步选择设计水深和宽深比：

$$h=\lambda Q^{1/3} \tag{7.12}$$

式中：h 为渠道设计水深，m；λ 为常数，$\lambda=0.58\sim0.94$，一般可取 0.76；Q 意义同前。

当 $Q<1.5\text{m}^3/\text{s}$ 时，

$$a=NQ^{1/10}-m \tag{7.13}$$

当 $Q=1.5\sim50\text{m}^3/\text{s}$ 时，

$$a=N'Q^{1/4}-m \tag{7.14}$$

式中：$N=2.35\sim3.25$；$N'=1.8\sim3.4$。

（5）渠道不冲不淤流速。水在渠道中流动时，具有一定的能量，这种能量随水流速度的增加而增加，当流速增加到一定程度时，渠床上的土粒就会随水流移动，土粒将要移动而尚未移动时的水流速度就是临界不冲流速或简称不冲流速。在稳定渠道中，临界不冲流速就是允许的最大平均流速，用 v_{cs} 表示。渠道水流的挟沙能力随流速的减小而减小，当流速小到一定程度时，部分泥沙就开始在渠道内淤积。泥沙将要沉积而尚未沉积时的流速就是临界不淤流速。渠道不淤流速主要取决于渠道含沙情况和断面水力要素，也应通过试验研究或总结实践经验而定。临界不淤流速就是允许的最小平均流速，用 v_{cd} 表示。为了维持渠床稳定，渠道通过设计流量时的平均流速（设计流速）v_d 应满足以下条件：

$$v_{cd}<v_d<v_{cs} \tag{7.15}$$

临界不冲不淤流速可根据有关经验公式确定。《灌溉与排水工程设计规范》（GB 50288—99）规定：土渠设计平均流速宜控制在 0.6～1.0m/s，但最小不宜小于 0.3m/s；清、浑水两用土渠的平均流速应按冲淤平衡渠道设计。寒冷地区冬、春季灌溉的渠道设计平均流速不宜小于 1.5m/s。

7.3.5.2 梯形渠道横断面设计

常见的渠道断面型式有半圆形、U 形、梯形等。由于灌溉渠道输水量大，多是土方渠道，所以以梯形断面渠道为主。图 7.6 所示为半填半挖渠道。如果没有填方，就是挖方渠道。

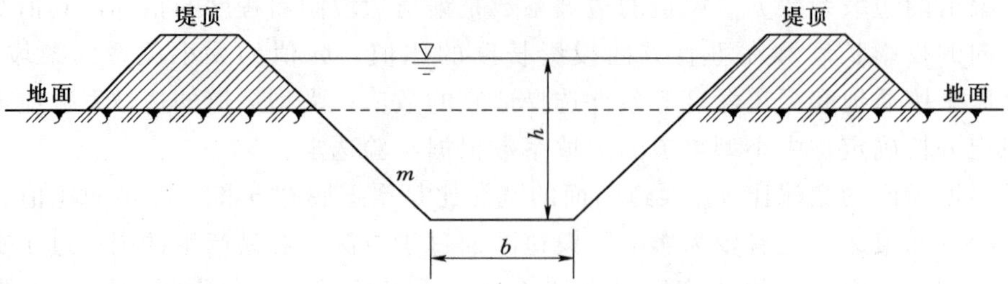

图 7.6 半填半挖梯形断面渠道

梯形渠道横断面设计任务是确定梯形渠道过水断面的水深 h 和底宽 b。针对不同断面型式分别介绍如下。

(1) 一般梯形断面。这是广泛使用的渠道设计方法。根据公式 (7.10) 用试算法求解渠道的断面尺寸，具体步骤如下：

1) 假设 b、h 值。为了施工方便，底宽 b 应取整数。因此，一般先假设一个整数的 b 值，再选择适当的宽深比 a，用公式 $h=b/a$ 计算相应的水深值。

2) 计算渠道过水断面的水力要素。根据假设的 b、h 值计算相应的过水断面面积 A、湿周 χ、水力半径 R，计算公式如下：

$$A=(b+mh)h \tag{7.16}$$

$$\chi=b+2h\sqrt{1+m^2} \tag{7.17}$$

$$R=\frac{A}{\chi} \tag{7.18}$$

3) 计算渠道流量。用式 (7.10) 计算，假定比降 i 和糙率系数 n 已知。

4) 校核渠道输水能力。上面计算出来的渠道流量 (Q^*) 是假设的 b、h 值相应的输水能力，一般不等于渠道的设计流量 (Q)。通过试算，反复修改 b、h 值，直至渠道计算流量等于或接近渠道设计流量为止。要求误差不超过 5%，即：

$$\left|\frac{Q-Q^*}{Q}\right|\leqslant 0.05$$

在试算过程中，如果计算流量和设计流量相差不大时，只需修改 h 值，再行计算；如二者相差很大时，就要修改 b、h 值，再行计算。

5) 校核渠道流速

$$v_d=\frac{Q^*}{A} \tag{7.19}$$

渠道的设计流速应满足前面提到的校核条件式 (7.15)。

如不满足流速校核条件，就要改变渠道的底宽 b 值和渠道断面的宽深比，重复以上计算步骤。直到既满足流量校核条件又满足流速校核条件为止。

【例 7.2】 某灌溉渠道采用梯形断面，设计流量 $Q=3.2\text{m}^3/\text{s}$，边坡系数 $m=1.5$，渠比降 $i=0.0005$，渠床糙率系数 $n=0.025$，渠道不冲流速 $v_{cs}=0.8\text{m/s}$，该渠道为清水渠道，无防淤要求，但为了防止长草，最小允许流速为 0.4m/s。求渠道过水断面尺寸。

解： 初取 $a=2$，即 $b=2\text{m}$，$h=1\text{m}$，作为第一次试算的断面尺寸。

根据上述公式，计算渠道断面各水力要素：

$$A=3.5\text{m}^2,\ \chi=5.61\text{m},\ R=0.624\text{m},\ C=36.98$$

计算渠道输水流量：

$$Q^*=AC\sqrt{Ri}=3.5\times36.98\times\sqrt{0.624\times0.0005}=2.286(\text{m}^3/\text{s})$$

校核渠道输水能力：

$$\left|\frac{Q-Q^*}{Q}\right|=\frac{3.2-2.286}{3.2}=0.286>0.05$$

从上式看出，流量校核不满足要求，需调整 h 值，重新计算。再假设 $h=1.1$m，1.15m，1.22m，按上述步骤进行计算，计算结果列入表 7.3。

表 7.3　　渠道过水断面水力要素

h/m	A/m²	χ/m	R/m	C/(m$^{1/2}$/s)	Q^*(m³/s)
1.0	3.50	5.61	0.624	36.98	2.286
1.1	4.02	5.97	0.673	37.45	2.76
1.15	4.28	6.15	0.697	37.66	3.012
1.22	4.67	6.40	0.730	37.96	3.39

经反复试算，可得 $Q^*=3.2\text{m}^3/\text{s}$，相应的 $h_d=1.185$m。

校核渠道流速：

$$v_d=\frac{Q^*}{A}=\frac{3.2}{(2+1.5\times1.185)\times1.185}=0.715(\text{m/s})$$

设计流速满足校核条件：

$$0.8>0.715>0.4$$

所以，渠道设计过水断面的尺寸是：

$$b_d=2.0\text{m},\ h_d=1.185\text{m}$$

（2）水力最优梯形断面。在渠道比降和渠床糙率一定的条件下，通过设计流量所需要的最小过水断面称为水力最优断面。采用水力最优断面的宽深比可使渠道工程量最小。梯形渠道水力最优断面的宽深比按下式计算：

$$a_0=2(\sqrt{1+m^2}-m) \tag{7.20}$$

式中：a_0 为梯形渠道水力最优断面的宽深比；m 为梯形渠道的边坡系数。

采用水力最优梯形断面时，可按以下步骤直接求解：

1）计算渠道的设计水深。由式（7.20）和明渠均匀流流量计算公式（7.10）推得水力最优断面的渠道设计水深为

$$h_d=1.189\left[\frac{nQ}{(2\sqrt{1+m^2}-m)\sqrt{i}}\right]^{3/8} \tag{7.21}$$

2）计算渠道的设计底宽：

$$b_d=a_0h_d \tag{7.22}$$

3）校核渠道流速。流速计算和校核方法与采用一般断面时相同。如设计流速不满足校核条件时，说明不宜采用水力最优断面形式。

水力最优断面具有工程量最小的优点，小型渠道和石方渠道可以采用。对大型渠道来说，因为水力最优断面比较窄深，开挖深度大，施工困难，而且渠道流速可能超过允许不冲流速，影响渠床稳定。所以，大型渠道常采用宽浅断面。可见，水力最优断面仅仅指输水能力最大的断面，不一定是最经济的断面，渠道设计断面的最佳形式还要根据渠床稳定要求、施工难易等因素确定。

(3) 梯形渠道实用经济断面。在实际设计中，一般渠道断面都在大于水力最佳断面的情况下选择。因为大型输水渠道，为了节省土石方，少占地，需要考虑较窄深的断面；而负有配水任务的渠道，则须选择较宽浅的断面。因此，实用中的渠道断面较水力最佳断面面积增大至104%，仍认为基本符合最佳水力条件，这个范围的断面称为实用经济断面。这种断面的渠道设计流速比水力最佳断面的流速减少40%，其水深是水力最佳断面水深的68%，相应的渠底宽为290%。

实用经济断面与水力最佳断面的各项水力参数的关系如下：

$$\alpha=\frac{v_d}{v}=\frac{A}{A_d}=\left(\frac{R_d}{R}\right)^{2/3} \tag{7.23}$$

$$\left(\frac{h}{h_d}\right)^2-2\alpha^{2.5}\left(\frac{h}{h_d}\right)+\alpha=0 \tag{7.24}$$

$$\beta=\frac{b}{h}=\frac{\alpha}{\left(\frac{h}{h_d}\right)^2}(2\sqrt{1+m^2}-m)-m \tag{7.25}$$

其中，带下标"d"的参变量均为水力最佳断面的参变量，未带下标的参变量均为实用经济断面的参变量；α为水力最佳断面的流速与实用经济断面的流速相比的偏离系数；β为实用经济断面的宽深比。其他参变量意义同前。

在设计中，假定α分别取1.00、1.01、1.02、1.03、1.04，即可计算出相应的渠道断面尺寸。

(4) 渠道过水断面以上部分的有关尺寸。

1) 渠道加大水深。渠道通过加大流量时的水深称为加大水深h_j。计算加大水深时，渠道设计底宽b_d已经确定。可采用前述方法求出。

2) 安全超高。为防止风浪引起渠水漫溢，保证渠道安全运行，挖方渠道的渠岸和填方渠道的堤顶应高于渠道的加大水位，要求高出的数值称为渠道的安全超高。安全超高计算式如下：

$$\Delta h=\frac{1}{4}h_j+0.2 \tag{7.26}$$

3) 堤顶宽度。渠岸和堤顶的宽度可按下式计算：

$$D=h_j+0.3 \tag{7.27}$$

7.3.5.3 渠道的纵断面设计

灌溉渠道不仅要满足输送设计流量要求，还要满足水位控制要求。纵断面设计的任务是根据灌溉水位要求确定渠道的空间位置，先确定不同桩号处的设计水位高程，再根据设计水位确定渠底高程、堤顶高程、最小水位等。

(1) 灌溉渠道的水位推算。为了满足自流灌溉的要求，各级渠道入口处都应具有足够的水位。这个水位是根据灌溉面积上控制点的高程加上各种水头损失，自下而上逐级推算出来的。计算公式如下：

$$Z=Z_0+\Delta h_0+\sum Li+\sum \Delta h \tag{7.28}$$

式中：Z 为渠道进水口处的设计水位，m；Z_0 为渠道灌溉范围内控制点的地面高程，m；Δh_0 为控制点地面与附近末级固定渠道设计水位的高差，一般取 0.1～0.2m；L 为某段渠道的长度，m；i 为该段渠道的比降；Δh 为水流通过渠系建筑物的水头损失，m。

（2）渠道纵断面图的绘制。渠道纵断面图包括：沿渠地面高程线、渠道设计水位线、渠道最低水位线、渠底高程线、堤顶高程线、分水口位置、渠道建筑物位置及其水头损失等，如图 7.7 所示。

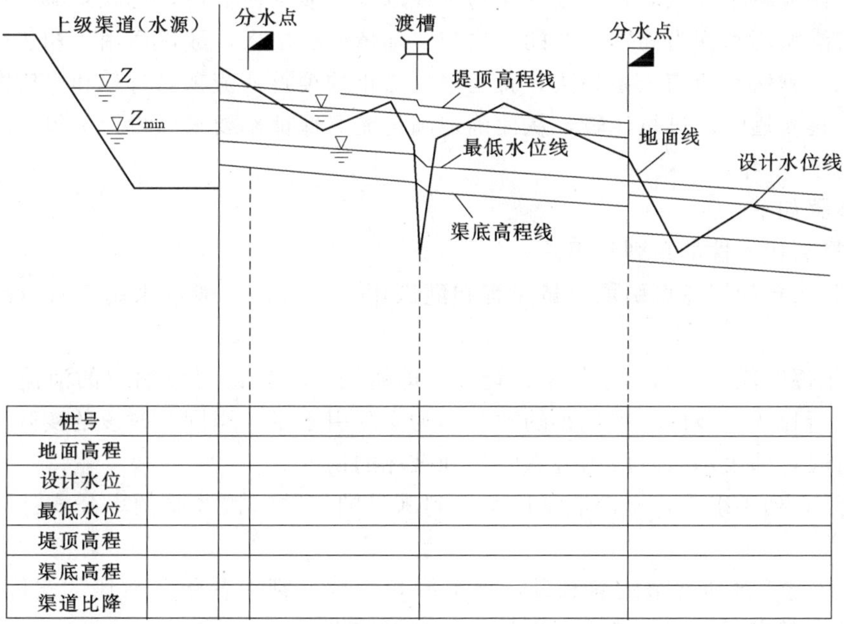

图 7.7　渠道纵断面图

7.4　取水工程水利计算

上节根据灌区面积和设计灌水模数，已经推求出了渠首设计流量。本节将分析水源（一般是河流）是否有足够流量供取用，及相应的取水工程的规模。

灌溉取水方式包括无坝引水、低坝引水、水库供水和抽水。其中抽水、无坝、低坝引水工程因不能对河流来水进行重新调节，应该根据河流来水量，综合考虑河道内流量要求与河道外其他用户用水量要求，确定可以引取的河流来水量，并校核已求出的渠首设计流量是否合适。

7.4.1　设计流量的确定

渠首设计流量的确定可采用以下方法。

（1）设计灌水模数法。此法首先根据灌区所处位置及水旱田面积比例等，参考附近灌区的灌水经验，选定设计灌水模数值 q[m^3/(s·100hm^2)]，并按上节方法，推求出渠首设计流量，或按下式求出渠首设计流量：

$$Q_d=\frac{qA}{\eta_0} \tag{7.29}$$

式中：Q_d 为渠首设计流量，m^3/s；q 为设计灌水模数值；A 为灌溉面积，100hm^2；η_0 为灌区的灌溉水利用系数。

然后统计历年作物生长期或灌溉临界期中渠首河段最小5日（或旬）平均流量，扣除河道内流量与河道外其他用户用水量，获得河流可引取的流量，并绘制频率曲线。根据渠首设计流量 Q_d，在频率曲线上查得相应频率 P，此值就是灌溉保证率。如 P 小于灌溉设计保证率，则应减小灌溉面积或改变作物组成以减小灌水模数值，也就是减少渠首设计流量。此法将灌溉用水视为固定不变的，这与实际情况有出入，故仅适用于初步规划阶段。

（2）长系列法。所谓长系列法，就是根据历年的渠首河流来水过程和已定灌区的灌溉用水过程，逐年逐时段进行比较，从而确定满足灌溉保证率要求的设计流量。一般要求资料系列不少于30年。

具体步骤如下：

1）选择有代表性的系列年组。

2）计算历年的河流可引取流量过程和灌区用水过程，一般可采用5日（或旬）作为计算时段。

3）逐年逐时段进行引水水量平衡计算。即将同一时段的可以引取的河流来水量与灌溉用水量进行比较，取两者中较小的数字作为实际引水量。当同一时段的实际引水量小于灌溉用水量时，即表示该时段出现灌溉遭到破坏的情况。

4）统计系列年组中，全部灌溉用水得到满足的年数，按经验频率公式计算灌溉保证率 P。

5）如 P 与灌区所要求的灌溉设计保证率相一致，则在各年各时段的实际引水量中，选取其中最大的实际引水量换算成流量，作为渠首设计流量。

6）如 P 与灌区所要求的灌溉设计保证率不一致，则应重新设定灌溉面积或改变作物组成计算。通常情况下是 P 小于灌溉设计保证率，此时应减少灌溉用水量，从而减少渠首设计流量。

（3）设计代表年法。设计代表年法就是选择某几个代表年份，进行引水平衡计算。具体计算步骤如下：

1）选择设计代表年，为避免仅选择一个年份作为代表年带来的偶然性，一般可按下述方式选择一个代表年组：①根据渠首河流历年（或历年灌溉临界期）的来水量，计算可引取的水量，进行频率分析，按灌区所要求的灌溉设计保证率，选出2～3年，作为设计代表年，并求出相应年份灌溉用水过程；②对灌区历年作物生长期降雨量或灌溉定额进行频率分析，选择频率接近灌区所要求的灌溉设计保证率的年份2～3年，作为设计代表年，并根据水文资料，查得相应年份渠首河流的来水过程及可引取流量过程；③由上述一种或两种方法所选得的设计代表年中，选出2～6年，组成一个设计代表年组。

2）对设计代表年组中的每一年，进行引水量平衡计算与分析。

3）选择设计代表年组中实际引水流量最大的年份，作为设计代表年，并以该年最大引水流量作为设计流量。

如果在上述计算中，发生不能满足灌溉用水量的情况，则应采取缩小灌溉面积，改变作物组成或降低设计标准等措施，并重新计算。

7.4.2 进水闸尺寸的确定

对于无坝引水、低坝引水情形，根据渠首设计流量及闸前、闸后设计水位、过闸水流状态等，可确定进水闸的闸孔尺寸。

进水闸闸孔尺寸，主要指闸底板高程和闸孔的净宽。如闸底板高程已经确定，根据过闸设计流量、闸前及闸后设计水位，即可按水力学的方法判别过闸水流状态并采用相应的计算公式计算闸孔净宽，如果过闸水流状态为宽顶堰淹没出流，则闸孔宽度可按下式计算：

$$B=\frac{Q_d}{\sigma_s\varepsilon m\ \sqrt{2g}H^{3/2}} \tag{7.30}$$

式中：B 为闸孔净宽，m，若分孔，则为 nb（n 为孔数，b 为每孔净宽）；Q_d 为过闸设计流量，就是设计引水流量，m^3/s；H 为包括行近流速水头的闸前堰顶总水头，m；σ_s 为淹没系数，与闸前及闸后水位有关；ε 为侧收缩系数，与边墩及中墩形状、个数及闸孔净宽有关；m 为宽顶堰流量系数，与进口是否设置底坎的形状有关。σ_s、ε、m 可按水力学有关公式计算或查表确定。

在无坝引水情况下，闸前设计水位为等于引水闸所在河段河流水位减去闸前水位降落 Δz。Δz 的大小与引水流量占引水前河流流量的比例（称为取水系数）有关。若取水系数为 0.3，引水流速为 $1.0m^3/s$，则 Δz 约为 0.03m。在大江大河上，由于取水系数很小，Δz 甚微，可忽略不计。

在低坝引水情况下，闸前设计水位应考虑坝的壅水作用。此外，如闸前引水渠较长，则闸前设计水位还应减去引水渠中水头损失。

闸后设计水位一般是根据灌区高程控制要求确定的干渠渠道水位，但这一水位还应根据闸前设计水位扣除过闸水头损失加以校核。如果不足，则应以闸前水位扣除过闸水头损失作为闸后设计水位，而将灌区范围适当缩小，或者向上游重新选择新的取水地点。

7.4.3 抽水泵站扬程的确定

对于抽水取水情形，渠首设计流量就是泵站的设计流量，泵站的设计扬程 H_P 按下式计算：

$$H_P=H_0+h_s+h_c+h_a \tag{7.31}$$

式中：H_0 为静扬程，m，即渠首最高水位与河流最低水位的高程差；h_s 为水泵吸水管的水头损失，m；h_c 为水泵压水管的水头损失，m；h_a 为安全水头，一般取 1～2m。

在求出设计流量及设计扬程后，可进行水泵选型。

7.4.4 灌溉水库的水利计算

灌溉水库调节计算的任务是研究改变径流天然情况的可能性，便于将年内（年际）径流的逐月（旬、日）过程加以重新分配，确定灌溉面积、灌溉设计保证率与兴利库容三者之间的关系。为此可以进行多方案比较，以达到合理选择工程规模及特征值的目的。具体讲，就是确定水库死水位、正常（或设计）蓄水位，也就是调节库容，同时拟定水库调度运行方式。

以灌溉为主的水库死水位主要取决于灌溉引水高程的需要及泥沙淤积的需要两个因素。

（1）保证灌溉引水需要。自流灌溉要求引水渠道的渠底具有一定高程。这个高程应由灌区控制点高程及引水渠道的纵坡和渠道长度推算而得。考虑水库放水建筑物的坡降及长度定出放水建筑物进口底板高程。再根据放水建筑物泄放渠道设计流量的最小水头，加上进口底板高程，就得到水库设计死水位。

（2）保证水库淤沙需要。水流进入库区后流速变慢，水流挟沙能力降低，河流泥沙按颗粒粗细先后沉积于水库中。所以死库容除满足上述引水高程及其相应的库容以外，尚应满足水库在使用年限内沉积泥沙所需要的库容称为淤沙库容。淤沙库容可能大于自流引水要求所定的垫底库容，这时应选用二者的较大库容作为设计死库容，其相应的水位是设计死水位。

当死水位及其库容选定之后，接着就是兴利库容及正常蓄水位的确定。兴利库容大小主要决定于河流各年来水量及其分配和灌溉用水量及其分配。具体就是，在来水、用水过程确定的情况下，考虑水库的水量损失，按水量平衡原理，由年初或灌水季节初的库水位起，顺时序逐月进行调节计算，即可得到水库为满足灌溉用水要求而需要的蓄水过程及调节库容。

然后，根据多年水库蓄水量变化和既定的灌溉设计保证率，可确定兴利库容大小及正常蓄水位高低。有关调节计算原理与方法已在前述课程介绍，这里不再重复。

思 考 题

1. 确定设计灌溉用水量有哪些方法？其优缺点又是什么？
2. 设计灌水模数与哪些因素有关？为什么要对初步灌水模数图进行修正？
3. 斗渠、农渠采用轮灌后，其灌水模数是否与干渠的灌水模数相同？
4. 渠道灌溉水利用系数、渠系灌溉水利用系数、田间水利用系数及灌区灌溉水利用系数，是如何定义的？
5. 渠道的特征流量有哪些？在渠道设计时各有什么作用？
6. 梯形渠道实用经济断面与水力最佳断面比较，其水力参数有哪些特点？
7. 自流灌溉时，渠道进水口的设计水位应该满足什么条件？
8. 分析在何种条件下，可采用无坝引水、低坝引水或建灌溉水库、建抽水泵站？

第 8 章　河流水电规划

河流水流蕴含的能量，称为水能。在天然情况下，河流水能以克服摩阻、冲刷河床、挟带泥沙等形式分散地消耗掉。水能利用的历史悠久，但在现代利用天然水能生产电能，也就是水力发电是水能利用最主要的形式。

河流水电规划就是根据河流水能资源开发的要求，并结合河流其他治理开发任务，拟定河流梯级开发方案，初步拟定枢纽特征水位（正常蓄水位、死水位、汛期限制水位）与水电装机规模，提出供电方向，并阐明发电效益。

8.1　河流梯级开发方案

河流水能资源的多少取决于河流水量（或流量）和河流落差（水面高程差）这两个基本要素。要开发利用一条河流蕴藏的水能，首先要把沿河分散的落差集中起来，形成可资利用的水头。其次，将河流流量引到专门的生产电能装置（即水电机组）及水工建筑物。在集中落差和引用流量这两个环节，集中落差是基础。

由于受地质地形条件、工程技术经济水平等因素限制，一条河流的落差不可能一次性全部被利用，相反是沿河分段被利用。即对全河流由上而下，一个河段接着一个河段集中落差，水库水电站呈阶梯状的布置形式，这种开发方式叫做河流的梯级开发。

河流（河段）梯级开发方案包括梯级的级数、每个枢纽的位置、开发方式等内容。应根据水力发电在河流治理开发任务中的主次地位，在流域总体规划指导下，综合考虑社会经济发展对电力的需求、水能资源分布特点、综合利用要求、地形地质条件、水库淹没、动能经济指标和环境影响等因素，经方案比较选定。

8.1.1　河流梯级开发方案的拟定

河流的自然特性、沿岸的社会经济条件及综合利用要求是拟定梯级开发方案应考虑的基本因素。一般而言，河流上游段属于河源段，其流经地区为高原或峡谷地貌，地旷人稀，经济基础较差，河流综合利用任务较小，常以发电为主，但在建高坝大库时，需考虑自然保护要求、保护河谷地带耕地、草场要求及预防地质灾害。河流的中游河段，有峡谷、丘陵、平原等地貌，一般情况下，在丘陵和平原相间的地区，土地比较集中，人口相对较多，经济有一定的发展，对河流的开发有一定的综合利用要求，比如防洪、灌溉、供水、航运等。河流的下游河段，一般为平原地区（间有丘陵），土地肥沃，物产丰富，人口稠密，经济发达，在河流开发中，对防洪、航运等问题的解决要求迫切，发电问题限于地形地质条件，有时开发不易，退居其次。总之，在河流梯级规划中须全面调查研究，深入分析，权衡利弊，从政治、经济、环境保护、生态平衡等方面，综合分析评价，择优选择。

在拟定河流梯级开发方案时，一般包括以下内容：

（1）确定梯级枢纽的布局。即确定整条河流上控制性和一般性枢纽的位置、布置方式，以及它们之间的水面衔接方式等。

为了充分地开发利用河流的水能资源，需将全河分为若干河段，布置梯级水库和电站，进行分段开发。分级的一般原则是：尽量减少级数，每级集中尽可能大的水头。拟定各级水库的正常蓄水位时，应尽量使上下梯级之间相互衔接，以充分利用河流的落差。各级水库位置和库容的安排应与它控制的来水有较好的配合，避免过多的水库淹没。为此常将坝址选在重要城镇的上游，所选的开发方式要有良好的技术经济指标等。有时为避免过多淹没大片良田、重要工矿区、交通干线和著名的名胜古迹等，允许上下梯级间断布置，或变一级布置为多级布置等。有时为充分利用下级水库良好的建库条件，可提高其正常蓄水位，使之超过上级电站的下游水位，形成重叠梯级。实践证明，上游具有较大水库的梯级开发方案比较理想，这样可以“一库建成，多站受益”，提高全河的径流调节程度，增加各级水电站的出力和发电量。

尽可能使各梯级电站“首、尾相连”，以便充分利用落差，是拟定河流水电梯级开发方案时普遍考虑的原则。但是，近年来保护生态环境呼声日益强烈，在“保护中开发”和“在开发中保护”成为较共同的认识。在这种情况，一些河段可能因为自然生态保护，上下游水电站水位不能衔接，其中间落差不可以被利用。

（2）确定各个梯级枢纽的综合利用任务和开发方式、开发规模。必须贯彻综合治理开发利用的原则，根据经济社会发展的需要，在防洪、发电、灌溉、供水、航运及生态环境改善等诸多任务中，确定每个枢纽综合利用任务及其主次关系。再根据自然条件、技术经济比较，确定各个枢纽的开发方式，即坝式、引水式或混合式开发。通过径流调节计算、水能计算和经济计算等方面的综合分析，初步选定各个梯级枢纽的主要参数。

（3）近期工程及开发次序的确定。在拟定的河流梯级开发方案中，不可能也不必要同时修建各个工程，有一个先后开发的次序。梯级开发方案中被选中首先开发的一个或一批水利水电枢纽就叫近期工程。选择的近期工程应能满足当前迫切要解决的综合利用要求，且技术经济指标较优越、具备一定的施工条件等。实践证明，水电站群中的第一期工程既可能由电力系统的发展需要提出来，也可能根据综合利用中的防洪或供水任务而提出来。

（4）枢纽的联合运行计划。根据各梯级枢纽在各专业规划中所担负的任务，初步拟定它们的调度方式、调度图及梯级联合调度运行计划，阐明梯级开发效益。

8.1.2 梯级开发布置形式与补偿作用

8.1.2.1 布置形式

根据水利水电枢纽在流域所处的地理位置，河流梯级开发形成了以下三种基本布置形式：

（1）布置在同一条河上的串联形式水电站水库群［图8.1（a）］，水库间有密切的水力联系，即上、下游水电站水库之间存在水量联系，有时在水头上也存在叠加。

（2）布置在干流上和（或）主要支流上的并联形式水电站水库群［图8.1（b）］，水库间没有直接的水力联系，但同一河流不同支流上的并联水库群之间，可能共同满足下游某些要求，如防洪、灌溉要求等，因此常常有水利联系。

(3) 串并联组合的混合水电站水库群，是位于同一河流和不同河流上串联与并联混合的更一般的水电站水库群形式[图8.1 (c)]。这些水库之间，有的有水力联系，有的有水利联系，又因处在同一电力系统中而有电力联系，情况是多种多样的。

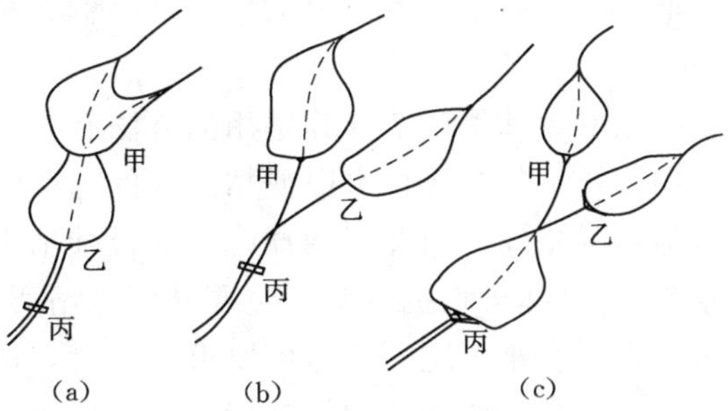

图 8.1 水库群示意图

8.1.2.2 补偿作用

河流开发形成了水库水电站群，当水库水电站群联合工作时，常可起到相互补偿的作用，获得更大效益。根据补偿的目的，补偿作用可分为：

(1) 水利补偿。通过水库群的共同调节，满足地区的防洪、灌溉、航运等提出的流量要求、水位要求、水深要求等。

(2) 电力补偿。通过水电站的调节，保证电网的发电量和发电保证率等要求。

(3) 生态补偿。近年来，水利工程改善生态环境的作用日益体现，通过水库的调节，满足改善生态环境质量的要求。

8.1.2.3 补偿机理

根据补偿的作用机理来分类，补偿又可分为水文补偿和库容补偿：

(1) 根据水文特性差异，不同河流间，或同一河流各支流间的水文情况有同步和不同步两种。利用两河（或支流）丰、枯水期的起讫时间不完全一致（即所谓水文不同步情况）、最枯水时间相互错开的特点，把它们联合起来，共同满足用水或用电的需要，就可以相互补充水量，提高两河的保证流量。这种利用水文条件的差别来进行的径流补偿，称为水文补偿。

(2) 利用各水库调节性能的差异也可以进行补偿。以年调节水库和多年调节水库联合工作为例。如果将两个水库联系在一起来研究调节方案，设年调节水库工作情况不变，则多年调节水库的工作情况要考虑年调节水库的工作情况，一般在丰水年适当多蓄水，枯水年多放水；在一年之内，丰水期尽可能多蓄水，枯水期多放水。这样，两水库联合运行就可提高总的枯水流量。这种利用库容差异所进行的径流补偿，称为库容补偿。

由于水库水电站群相互之间存在补偿作用，故在进行水电规划设计中，就必须考虑水电站群之间的联合工作，共同完成发电和其他水利任务。

8.2 水库群径流调节和水能计算

8.2.1 并联水电站群径流电力补偿调节

在同一电力系统中的并联水电站群，它们之间可进行径流电力补偿调节，其目的是提高水电站群的总保证出力，并使出力过程尽可能均匀，以增加替代火电容量的效益。并联水电站群的径流电力补偿调节计算，主要解决两个问题：①补偿调节后水电站群的总保证出力提高多少，即增加补偿效益多大；②各水电站补偿后其出力过程如何，即水电站群总出力如何合理地在各个电站之间进行分配。补偿的办法是依靠调节性能好的水电站（称为补偿电站）帮助调节性能差的水电站（称为被补偿电站），提高和拉平水电站群的总出力过程。

径流电力补偿调节计算常用的方法有时历法。时历法的具体思路和步骤如下：

（1）统一的设计枯水段或枯水年的选择。由于各水电站水库调节性能不同，水文条件也可能不尽相同，因此要选择统一的设计枯水段（有多年调节水库）或枯水年（只有年调节水库）。具体可根据一两个主要补偿电站所在河流的径流特性，参照其他电站的径流特性来确定。若难于统一或精度要求较高时，可用长系列径流资料进行计算。

（2）划分补偿电站和被补偿电站。按水电站补偿能力大小对电站进行分类，即将调节库容、多年平均流量和水头大的，综合利用要求比较简单的大容量水电站作为第一类补偿电站；库容、水量和水头较大者作为第二类补偿电站；其余条件较差的均可作为被补偿电站。补偿调节的次序是先由第二类补偿电站对被补偿电站进行补偿，然后再由第一类电站进行再补偿，依次进行。

（3）计算被补偿电站出力过程。对每一个被补偿电站，根据各自的调节库容和天然来水过程，按单库有利的调节方式进行水能计算，求得各被补偿电站的出力过程，然后同时段相加，即得所有被补偿电站的总出力过程。如有综合利用的要求，则在操作计算中，应满足综合利用的要求。

（4）计算补偿电站出力过程，按补偿电站的补偿能力从小到大的次序，对被补偿电站总出力过程进行补偿。即分别以每一补偿电站的有效库容和天然来水，在被补偿的总出力过程线上，逐时段进行补偿调节计算，使得补偿后的总出力过程尽可能地均匀。

由于各时段来水不同，需假定各时段不同的补偿后总出力来进行试算，试算过程如下：

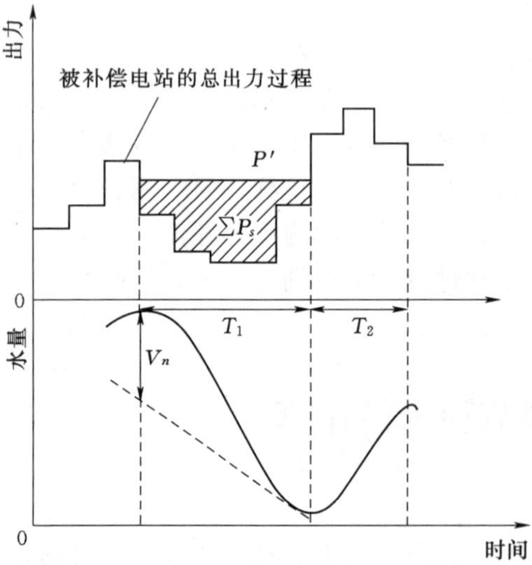

图 8.2　水电站群电力补偿调节示意图

首先按照补偿电站的径流过程，大致确定补偿水库的各供水段 T_1 和各蓄水段 T_2（图 8.2）。其次，在各段中假定一拟发的总出力 P'，即可求得补偿电站所需的逐月出力值，即阴影部分所示。然后根据补偿电站的有效库容及该时段的天然来水量，按出力过程已知进行调节计算至 T_1 时段末，看水库存水是否刚好用完。如果假定的拟发出力 P' 太大，则水库没有到 T_1 时段末，便提前泄空了；如果 P' 偏小，则到时段末，水库尚有剩余水量。这都应重新假定 P' 使水库能在 T_1 末刚好放空，此时所得的 P' 即为所求。这样，继续以同样的试算法进行第二时段，即 T_2 蓄水段的补偿调节计算。此时拟发出力也应满足使补偿电站水库从库空到库满。然后进行下一调节周期的计算。

在假定P'时，为了避免多次试算，可以作预先的近似估算，即根据T_1时段内，补偿电站的天然来水量ΣQ及有效库容V_n，按下式近似估算补偿电站可发的补偿出力：

$$\sum P=9.81\eta\left(\sum Q+\frac{V_n}{T_1}\right)\overline{H} \tag{8.1}$$

式中的正号表示供水段；$\overline{H}$为平均水头，系由死库容$V_L+V_n/2$查出上游水位，与由调节流量查出的下游水位之差而得。由此近似计算的$\sum P$值，在被补偿电站总出力过程线上，求P'线，使$\sum P_s$（图 8.2 中阴影的面积）与通过式（8.1）计算之$\sum P$相等。这样补偿调节试算，一般有一两次便可成功。

当第一个补偿电站的调节计算完成之后，再进行第二个补偿电站的计算，如此逐个地进行补偿调节计算，最后即求得水电站群补偿后的总出力过程。在此统一设计枯水段内，最低的总出力值，即为水电站群补偿后的总保证出力。如果补偿调节计算是按长系列进行的，则可将各时段的总出力，从大到小依次排列，作经验频率曲线，相应于规定的设计保证率的出力值，即为所求之保证出力。

具体计算可列表进行，如表 8.1 所示。简要说明如下。

先假定调节时段系统拟发出力（一般要求同一供水期为一常数，相邻供水期尽量相同），计算被补偿电站的总出力，填入（1）、（2）栏，从而初步得到该时段补偿电站的出力［(1)栏－(2)栏］。试算求出该时段补偿电站的调节流量及时段末蓄水量、水位变化，如（5）、（7）栏。继而进行下一个时段的计算。注意，本电站水库蓄水量最大值为8280（m^3/s）·月。所以最终计算结果是本补偿电站蓄水期出力小于供水期出力。系统实际总出力与拟发出力有一定偏差。

如此类推，可继续进行第 2 个补偿电站的出力计算。

8.2.2 梯级水电站径流电力补偿调节

8.2.2.1 梯级水电站径流调节计算

位于同一河流上的梯级水电站之间有水力联系。上级水电站水库调节径流后，对其下游各级水电站的来水都有影响，下级水电站的来水是经上级水库调节后的下泄流量加上两站之间的区间来水之和，而不再是原来的下级水电站的天然来水。因此，梯级水电站的调节计算应从最上一级开始，往下逐级进行。除最上一级水电站的天然入流过程不受影响外，第二级以下各级水电站原来的天然入流过程均将改变。因此，从第二级开始，逐级逐时段向下进行入库流量过程的修正计算。以年调节水库的梯级水电站为例，计算步骤如下。

（1）第一级水库进行调节计算，其方法与单一水库计算相同，求得调节出库流量Q_1过程线。

（2）第一级水库的调节出库流量过程与第一至第二级之间相应的区间径流量Δq_2相加减去区间用水及损耗水量，即得第二级水库的入库流量q_2过程线，计算式如下：

$$q_2=Q_1+\Delta q_2-QX_2-QL_2 \tag{8.2}$$

式中：QX_2为第二级水库综合用水部门的耗水量；QL_2为第二级水库水量损失。

（3）已知第二级水库的入库流量q_2过程，进行调节计算，可求得第二级水库出库流量Q_2过程，并与第二至第三级之间相应的区间流量Δq_3相加减去相应的水量损耗，即获得第三级水库的入库流量q_3过程线，计算式如下：

表 8.1　水电站补偿调节计算表

时间	系统拟发出力/MW	系统已有出力/MW	要求补偿电站的出力/MW	补偿电站出力计算									
				入库流量/(m^3/s)	调节流量/(m^3/s)	水库存放水量/[(m^3/s)·月]	时段末蓄水量/[(m^3/s)·月]	平均蓄水量/[(m^3/s)·月]	水库平均水位/m	电站尾水位/m	时段平均水头/m	时段平均出力/MW	系统实际总出力/MW
	(1)	(2)	(3)	(4)	(5)	(6)	(7)	(8)	(9)	(10)	(11)	(12)	(13)
1930年4月							4710						
1930年5月	770	548	222	777	468	309	5019	4864.5	150.7	92.5	57.7	229	777
1930年6月	770	525	245	2086	481	1605	6624	5821.5	154.9	92.6	61.8	253	778
1930年7月	770	531	239	622	445	177	6801	6712.5	158.2	92.5	65.2	246	777
1930年8月	770	534	236	1479	426	1053	7854	7327.5	160.2	92.5	67.2	243	777
1930年9月	770	532	238	796	416	380	8234	8044	162.3	92.4	69.4	245	777
1930年10月	770	432	338	630	584	46	8280	8257	162.9	92.8	69.7	346	778
1930年11月	770	410	360	227	599	−372	7908	8094	162.5	92.8	69.2	352	762
1930年12月	770	387	383	157	651	−494	7414	7661	161.2	92.9	67.8	375	762
1931年1月	770	349	421	148	737	−589	6825	7119.5	159.5	93.1	65.9	413	762
1931年2月	770	316	454	152	825	−673	6152	6488.5	157.4	93.3	63.6	446	762
1931年3月	770	295	475	161	904	−743	5409	5780.5	154.7	93.4	60.8	467	762
1931年4月	770	334	436	173	872	−699	4710	5059.5	151.6	93.3	57.8	428	762
说明		为所有被补偿电站出力和	(1)栏、(2)栏之差	来水作为已知	根据(3)栏出力试算	(4)栏、(5)栏之差	水量平衡方程求出	根据(7)栏计算	根据(8)栏数值查库容曲线	根据(5)栏数值查尾水曲线	(9)栏−(10)栏−0.5m	按出力公式计算，出力系数8.5	(12)栏、(2)栏之和

注　$1m^3/s·月=2626560m^3$。

$$q_3 = Q_2 + \Delta q_3 - QX_3 - QL_3 \tag{8.3}$$

用同样方法逐级进行调节计算，直到最末一级水库水电站。如此，可求出各级入库流量和出库流量过程线。然后根据水库水位-库容关系曲线、水电站尾水位关系曲线及电站出力系数、水头损失等，计算出各级水电站出力过程线和发电量。

为了求梯级水电站的保证出力，可对长系列流量资料，按上述方法修正各级入库流量，进行各级的径流调节和水能计算。然后将各级水电站各年供水期的平均出力按从大到小排列，绘出各级水电站的供水期平均出力频率曲线，根据设计保证率确定各级水电站的保证出力。

将各级水电站同时段出力相加，得到总出力过程，然后对梯级总出力过程排频，求得对应设计保证率的出力，就是梯级水电站群的总保证出力。

为了求梯级水电站群的多年平均年发电量，可对长系列或统一的代表期进行上述梯级调节计算，求得各级水电站的时段平均出力变化过程，然后分别计算各级的多年平均发电量，相加之和即为梯级水电站群的多年平均年发电量。

8.2.2.2 梯级水电站径流电力补偿调节

上述梯级水电站径流调节计算本质上各级水库电站独立进行调节，即在确定每级水库调节流量时，没有考虑该库对下游水电站出力的补偿作用。

如果考虑梯级水库补偿作用，将会获得更大的电力电量效益。以处于同一电力系统中的两个梯级水库水电站为例。若区间来水大时，下级电站出力大，此时上级电站可减少发电，多蓄水；若区间来水少时，上级电站就要多放水，多发电，这样使梯级水电的总出力更均匀，满足系统供电要求。这种运行方式称为梯级补偿运行。

梯级水电站的径流电力补偿计算方法常采用时历法。其具体步骤如下：

（1）计算期选择。如径流补偿目的是提高保证出力，要求选择统一的设计枯水段（有多年调节水库）或枯水年（没有多年调节水库）。如涉及多年平均发电量计算，应选择包含各种来水情况的长系列。

（2）划分补偿电站和被补偿电站。划分方法同并联水电站群。

（3）根据补偿电站在梯级中所处位置，采取适当方法进行径流电力补偿计算。

梯级开发中，最常见的是梯级第一级是“龙头”水库电站，其库容大、调节能力强、电站装机容量大，在电力系统中地位重要，一般是补偿电站。由于“龙头”水库电站对其下游各级水库电站都有调节作用，从下游最末一级水库电站开始往上游逐级倒算，是合适的方法。

以两个梯级水电站为例。设上级电站甲的水库调节性能较好，下级电站乙仅有日以下调节能力，补偿调节目的是使调节计算期内两级电站出力过程均匀且尽量大。首先假定甲对乙补偿后，甲乙两电站的总出力为 P_T。然后从下游电站开始往上游计算。先计算乙电站的出力过程。而且采用的是甲乙电站区间径流过程，采用等流量或等出力或其他规则，计算乙电站的出力过程，记为 P_{1t}，t 为时段编号。则 $P_T - P_{1t}$ 为甲电站放水后甲、乙两个电站共同出力。设 Q_t 为甲电站发电流量，则有：

$$K_1 Q_t H_{1t} + K_2 Q_t H_{2t} = P_T - P_{1t} \tag{8.4}$$

式中：K_1、K_2 分别为甲电站和乙电站的出力系数；H_{1t}、H_{2t} 分别为甲电站和乙电站的时段平均水头。

逐时段计算，如果到计算期末甲水库水位刚好降到死水位，说明 P_T 假设合理；如果未到计算期末甲水库水位提前降到死水位或到计算期末，库水位未降至死水位，说明 P_T 过大或过小。这时应重新假定 P_T 数值进行计算。

由于计算过程中，电站尾水位不够准确，在试算确定 P_T 值后，再从上游电站到下游电站逐级进行径流调节和水能计算，复核梯级电站出力过程和发电量。

以上方法可推广到两个以上水库电站组成的梯级。

由于梯级中各水库电站调节性能各异，补偿电站在梯级中位置不定，采用优化方法计算梯级径流电力补偿的保证出力或多年平均发电量是目前通用的方法。

8.2.3 水电站群的补偿效益

补偿后电站群的总保证出力与补偿前各水电站单独工作时的保证出力总和之差，便是补偿效益。它可进一步分为水文补偿效益和库容补偿效益。

设 A、B 两个电站，单独工作时计算的保证出力分别是 PA_{f1}，PB_{f2}，令 $P_f^1=PA_{f1}+PB_{f2}$。

将 A、B 两个电站独立工作时出力过程同时段相加，获得总出力过程，排频获得对应设计保证率的出力，记为 P_f^2。

将 A、B 两个电站作为整体，进行补偿调节计算，获得总出力过程，排频获得对应设计保证率的出力，记为 P_f^3。

则水文补偿效益就为 $P_f^2-P_f^1$，库容补偿效益就是 $P_f^3-P_f^2$。

值得一提的是，关于水电站群联合运用调节的计算，目前已发展到采用“系统科学”的方法，通过建立数学模型，应用计算机寻求问题的最优解或满意解，以发挥水电站群联合运用的最大效益。

8.3 水库水电站群参数选择

正常蓄水位、死水位和装机容量是水库水电站的三个主要参数，在“水利计算”或“水能规划”课程中已介绍了单一水电站这些参数的确定方法，即：先拟定若干个正常蓄水位方案，对任一指定的正常蓄水位方案，选择合理的死水位，计算相应的保证出力，然后确定其装机容量，并计算这三个参数组合下的电站动能指标及经济效益。根据动能经济指标值，结合其他因素，最终选定正常蓄水位、死水位和装机容量。对于水电站群这三个参数的选择，不仅要考虑参数之间的相互关联性，还要考虑各电站间错综复杂的关系。尤其是梯级水电站由于存在水力、水利及电力联系，参数选择更为复杂。

梯级水库水电站的三个主要参数原则上应联合选择，但要建立并求解整体优选模型是比较困难的。目前采用分别选择的方法，其基本思路如下：

(1) 拟定各水库水电站的正常蓄水位方案。限制正常蓄水位抬高的因素有：库区淹没、浸没造成的损失情况，坝址及库区的地形地质条件，水量利用程度和水量损失情况，河流梯级开发方案及其他条件。下限值考虑的因素有：发电和其他综合利用部门的最低要求，水库泥沙淤积等。在每个水库正常蓄水位上、下限值选定后，若在该范围内无特殊变化，则可按等间距选取3～6个正常蓄水位作为比较方案。各个水库的正常蓄水位方案组合成梯级水库正常蓄水位方案。

(2) 对于拟定的一组水库正常蓄水位组合，以水电站群保证出力最大为目标，建立优选相应死水位的数学模型。求解获得水电站群的总保证出力及正常蓄水位和死水位的组合方案。或者对每组正常蓄水位和死水位组合方案，以总保证出力最大进行选择。

在选择每个电站死水位时，泥沙要求、水轮机运行要求及综合利用要求均可作为约束处理。

(3) 初步确定水电站的装机容量。其具体步骤是：①根据计算的水电站群总保证出力，像单一水电站那样，在设计水平年负荷图上进行电力电量平衡，确定水电站群的最大工作容量；②根据各水电站的特点，定出分配原则，确定最大工作容量在各水电站之间的分配；③根据各水电站的自身情况，分别论证是否设置重复容量，以及设置备用容量的大小。最大工作容量加备用容量加重复容量就是各个水电站装机容量。

(4) 在水库水电站群正常蓄水位、死水位和装机容量均确定条件下，进行水库群联合运行调度计算，求出水库水电站群多年平均发电量和保证出力。计算水电站群经济效益，并进行经济分析比较。

8.4 水电站水库群蓄放水次序

在运行阶段，水电站水库群蓄放水次序的确定是在各库入库径流有较准确的中长期预报的前提下进行的。由于各电站装机规模已定，而且系统负荷也假定已知，确定蓄放水次序的最优准则一般是，在满足综合利用要求和保证电力系统正常供电的前提下，水电站群总发电量最大。

我们已经知道，水库水电站的电能通常可分为两部分：一部分是库蓄电能，即水库前期蓄水泄放所能生产的电能，它的大小取决于水库消落深度；另一部分是不蓄电能，指天然来水所能产生的电能，它与水库的水位有关。由于各水库特性不同，在同一供水或蓄水时段，它们为生产同样数量电能所引起的库水位（或水头）变化是不同的，这样就导致当流过相同流量时，各电站的出力和发电量不同，即不蓄电能的损失（或增量）大小不同。因此，为了使水电站群联合运行的总发电量尽可能大，上述准则可进一步简化为：在满足综合利用要求和保证系统正常供电的前提下，水电站群的总不蓄电能在供水期损失最小，在蓄水期增加最大。

8.4.1 梯级水电站放水次序

(1) 第一判别式。自计算时刻至水库供水期末，按不蓄电能损失最小准则，确定梯级水电站水库放水次序。

假定水库1、2为同一电力系统中两个具有年调节性能的非重叠梯级电站水库，且水库1位于水库2上游，两电站共同承担的系统负荷已定，记为P_T，并已知（或已预报出）两个水库在供水期的天然入库径流值。根据两个水库计算时刻水位及供水期天然入库流量，可计算出两个电站的不蓄出力分别为Pb_1，Pb_2。由于$Pb_1+Pb_2<P_T$，所以需要水库1或水库2单独放水或两库共同放水发电，以补充不蓄出力不足的部分。补充出力的大小为：

$$P = P_T - Pb_1 - Pb_2 \tag{8.5}$$

下面讨论梯级水电站水库的放水方式及放水次序。不失一般性，认为电站1位于电站2上游。

假定由电站1动用库蓄水量发电，则：

$$P_1 = 9.81\eta_1 Q_{r1}(H_1 + H_2) = 9.81\eta_1(H_1 + H_2)F_1\frac{\mathrm{d}H_1}{\mathrm{d}t} \tag{8.6}$$

式中：Q_{r1}为水库1的供水流量；η_1为电站1和2的发电效率；H_1、H_2分别为电站1和电站2的计算时刻水头；F_1为水库1的库面积；$\mathrm{d}H_1$为水库1的消落深度。这里认为电站水头的变化等于坝前水位的变化（即不考虑尾水位变化的影响）。

如果由电站2动用库蓄水量发电，则：

$$P_2 = 9.81\eta_2 Q_{r2} H_2 = 9.81\eta_2 H_2 F_2\frac{\mathrm{d}H_2}{\mathrm{d}t} \tag{8.7}$$

式中：各符号的含义与式（8.6）符号的含义相同。

由于$P_1 = P_2 = P$，并假定$\eta_1 = \eta_2$，因而有：

$$\mathrm{d}H_2 = \frac{F_1(H_1 + H_2)}{F_2 H_2}\mathrm{d}H_1 \tag{8.8}$$

由于库水位的消落，导致计算时刻至供水期末的电站不蓄电能产生损失。其中，电站1供水的不蓄电能损失值为：

$$\Delta E_1 = 0.00272\eta_1 W_1\mathrm{d}H_1 \tag{8.9}$$

电站2供水的不蓄电能损失值为：

$$\Delta E_2 = 0.00272\eta_2(W_2 + V_1)\mathrm{d}H_2 \tag{8.10}$$

式中：W_1、W_2分别为水库1、2在计算时刻至供水期末这段时期的天然入库水量；V_1为水库1在这段时期的总供水量；其他符号意义同前。

显然，如果$\Delta E_1 > \Delta E_2$，表明水库2放水发电有利。将式（8.8）代入式（8.10），由$\Delta E_1 > \Delta E_2$推导出如下判别式：

$$K_1 > K_2 \tag{8.11}$$

其中：

$$\left.\begin{aligned} K_1 &= \frac{W_1}{F_1(H_1 + H_2)} \\ K_2 &= \frac{W_2 + V_1}{F_2 H_2} \end{aligned}\right\} \tag{8.12}$$

式中：K_1、K_2分别为水库1、2的判别系数。

式（8.11）表明，若$K_1 > K_2$，则水库2放水发电有利；同理，若$K_1 < K_2$，则水库1放水发电有利；若$K_1 = K_2$，则应由两库同时放水，并尽量保持$K_1 = K_2$。也就是说，根据判别系数K值大小，可判断梯级水库放水次序。

上述推导可推广至两个以上的水库组成的非重叠梯级，其中第i个水库的判别系数为

$$K_i = \frac{\sum_{k=1}^{i-1} V_k + W_i}{F_i \sum_{k=i}^{n} H_k} \tag{8.13}$$

式中：K_i 为自上而下编号的第 i 个水库的判别系数；W_i 为第 i 个水库在计算时刻至供水期末的天然入库水量；V_k 为第 k 个水库同期供水量；F_i 为第 i 个水库在计算时刻的水面面积；H_k 为第 k 个水库在计算时刻的工作水头；n 为梯级的水库数目。

同样，各库供水的先后次序由它们各自的 K 系数大小决定。K 系数小者，表示因供水而引起的不蓄电能损失小，故应先供水；K 系数大者，应后供水，暂按天然流量工作；最优供水方式是维持各库的 K 值相等，直至其中一库消落至死水位，这时该库按天然流量工作，其他各库仍按上述原则供水。

（2）第二判别式。在供水期的有限时间 ΔT（如月或旬）内，以不蓄电能损失总值最小为准则，确定非重叠梯级的最优放水次序的判别式。

方式 1：水库 1 先供水 ΔT_1 时间，消落库容 ΔV_1，相应消落深度 Δh_1，然后再由水库 2 供水 ΔT_2 时间，消落库容 ΔV_2，相应消落深度 Δh_2，总不蓄电能为

$$E_{01}=9.81Q_1\eta_1\left(H_1-\frac{\Delta h_1}{2}\right)\Delta T_1+9.81\eta_2\left(Q_2+\frac{\Delta V_1}{\Delta T_1}\right)H_2\Delta T_1+$$
$$9.81Q_1\eta_1(H_1-\Delta h_1)\Delta T_2+9.81Q_2\eta_2\left(H_2-\frac{\Delta h_2}{2}\right)\Delta T_2 \tag{8.14}$$

方式 2：水库 2 先供水 ΔT_2 时间，消落库容 ΔV_2，相应消落深度 Δh_2，然后再由水库 1 供水 ΔT_1 时间，消落库容 ΔV_1，相应消落深度 Δh_1，总不蓄电能为

$$E_{02}=9.81Q_1\eta_1H_1\Delta T_2+9.81Q_2\eta_2\left(H_2-\frac{\Delta h_2}{2}\right)\Delta T_2+$$
$$9.81\eta_2\left(Q_2+\frac{\Delta V_1}{\Delta T_1}\right)(H_2-\Delta h_2)\Delta T_1+9.81Q_1\eta_1\left(H_1-\frac{\Delta h_1}{2}\right)\Delta T_1 \tag{8.15}$$

两种方式下的不蓄电能差为

$$\Delta E_0=E_{02}-E_{01}=9.81\left[Q_1\eta_1\Delta h_1\Delta T_2-\eta_2\left(Q_2+\frac{\Delta V_1}{\Delta T_1}\right)\Delta h_2\Delta T_1\right] \tag{8.16}$$

在 $\Delta T=\Delta T_1+\Delta T_2$ 时段内，由水库 1 或由水库 2 供水的附加出力应相等，若忽略 Δh_1 和 Δh_2 对各自电站电能改变的差值，并认为 $\eta_1=\eta_2$，则有

$$\frac{\Delta V_1(H_1+H_2)}{\Delta T_1}=\frac{\Delta V_2H_2}{\Delta T_2} \tag{8.17}$$

即

$$\Delta T_1=\frac{\Delta V_1(H_1+H_2)}{\Delta V_2H_2}\Delta T_2=\frac{F_1\Delta h_1(H_1+H_2)}{F_2\Delta h_2H_2}\Delta T_2 \tag{8.18}$$

若供水方式 2 有利，显然 $\Delta E_0=E_{02}-E_{01}>0$，将式（8.18）代入式（8.16）中，并令 $Q_{r1}=\dfrac{\Delta V_1}{\Delta T_1}$，有

$$K_1>K_2 \tag{8.19}$$

其中：

$$\left.\begin{aligned}K_1&=\frac{Q_1}{F_1(H_1+H_2)}\\K_2&=\frac{Q_2+Q_{r1}}{F_2H_2}\end{aligned}\right\} \tag{8.20}$$

式（8.19）表明，如果 $K_1>K_2$，表明按方式 2 供水有利；如果 $K_1=K_2$，表明两库

同时供水方式有利。

同样的，可推广至两个以上水库所组成的间断梯级，其中第 i 个水库的判别系数为

$$K_i = \frac{\sum_{k=1}^{i-1} Q_{rk} + Q_i}{F_i \sum_{k=i}^{n} H_k} \tag{8.21}$$

式中：Q_i 为第 i 个水库在 ΔT 时间的平均天然入库流量；Q_{rk} 为第 k 个水库在 ΔT 时间的平均供水流量；其他符号意义同前。

8.4.2 梯级水电站蓄水次序

水库群蓄水意味着水库群的总不蓄电能大于电力系统所要求的电站群应承担的出力，所以才有多余水量蓄在水库中。水库蓄水抬升水头，导致电站的不蓄电能增加。水库群最有利的蓄水方式应使水库群总不蓄电能增加最大（与损失最小等效）。梯级水电站蓄水次序的判别式推导与供水情况类似，而且同样有第一判别式和第二判别式。

（1）第一判别式。自计算时刻至蓄水期末，按不蓄电能增加最大原则，确定非重叠梯级水电站蓄水次序。其判别系数为

$$K_i = \frac{W_i - \sum_{k=1}^{i-1} V_k}{F_i \sum_{k=i}^{n} H_k} \tag{8.22}$$

式中：V_k 为第 k 水库自计算时刻起至蓄水期末的蓄水量，即等于蓄水期末的蓄水量减去计算时刻的蓄水量。其他符号含义同前。

（2）第二判别式。在蓄水期的某段时间 ΔT 内，按不蓄电能增加最大原则，确定非重叠梯级水电站蓄水次序。其判别系数为

$$K_i = \frac{Q_i - \sum_{k=1}^{i-1} Q_{sk}}{F_i \sum_{k=i}^{n} H_k} \tag{8.23}$$

式中：Q_{sk} 为第 k 水库在 ΔT 内的平均蓄水流量；其余符号含义同前。

（3）判别式的应用。按 K 值大小决定蓄水次序，K 值大者应先蓄水。以两库组成的梯级为例，若 $K_1 < K_2$，则上游电站按天然来水工作，下游水库先蓄水。经过一段时间运行后，两库 K 值相等，这时应根据系统要求维持两库 K 值相等的原则分配负荷，直至一库蓄满为止。而后蓄满的水库按天然流量工作，未蓄满的水库继续蓄水，一直至蓄水期末蓄满水库。

8.4.3 并联水库蓄放水次序

并联水库和梯级水库的不同之处，在于各库没有直接的水力联系。一库的不蓄出力因供水的损失或因蓄水的增加，只取决于本库的入库径流量和供、蓄水的组合关系，和其他水库的供、蓄水量不发生直接关系。因此，可视为非重叠梯级的特例。并联水库的判别式如下：

（1）第一判别式：

$$K_i = \frac{W_i}{F_i H_i} \tag{8.24}$$

（2）第二判别式：

$$K_i = \frac{Q_i}{F_i H_i} \tag{8.25}$$

式中：W_i、Q_i、F_i、H_i 意义同前。

式（8.24）和式（8.25）的使用方法同梯级水库。

上述第一判别式和第二判别式分别是苏联学者倪克勤和科瓦连科首先提出来的，此外国内外学者还提出了不同形式的判别式。总的来说，水库群最优蓄放水次序判别式，是在供、蓄水期或其中有限时段内有完全准确的入库径流预报的前提下导出的，目的在于提高不蓄电能效益。在实际应用中，还需要进一步考虑其他因素，如不同类型机组效率的不同、各库有不同的综合利用要求、后蓄先供电站的预想出力降低、先蓄后供电站弃水量的增加及电站长期运行的保证出力问题等。综合考虑这些因素，研究水电站水库群的最优调度运行方式，属于水库群优化调度课题。这方面国内外已有大量的研究成果，可查阅相关文献。

思　考　题

1. 通常讲，梯级水库既是电力系统一部分，又是水资源系统一部分。在河流水电规划中，从哪些方面体现了此观点？

2. 环境保护越来越受到社会关注，环境保护对水电开发的影响主要体现在哪些方面？（结合正常蓄水位选择、开发方式选择、调度运行方式等说明）

3. 梯级水站开发存在哪些单一水电站所没有的效益？如何计算这些效益？

4. 水电站时历补偿法一般是以哪个电力指标为目标？时历补偿法的基本步骤有哪些？

5. 水库群蓄放水次序的最优准则是什么？

6. 试比较第一判别式和第二判别式有哪些方面不同？

第9章 防洪与排水规划

9.1 防洪规划

9.1.1 洪水灾害与防洪措施

洪水是指江河、湖泊、海洋等水体的水量急剧增加，或者水位迅猛上涨的一种水流现象。按其成因不同，洪水可分为暴雨洪水、融雪洪水、冰凌洪水、山洪、海啸、风暴潮、溃坝洪水等。在我国，主要洪水类型是暴雨洪水，但其他类型洪水在局部地区比较严重。

作为一种自然现象，洪水对人类社会有利有弊。只是到了近现代时期，由于人口增加、工农业发展及城市化进程，洪水发生带来的不利后果越来越严重，并日益受到人们关注，洪水灾害遂成为常见的自然灾害之一。

为了保护人民生命财产安全，促进工农业生产发展，维持人类社会和生态环境的和谐，人们采取了各种防御洪水或减轻洪水灾害损失的手段和对策，这些手段和对策统称为防洪措施。防洪措施可分为两大类：①防洪工程措施；②防洪非工程措施。这两类措施的合理配置，相互协调，就构成了现代的防洪系统。

9.1.1.1 防洪工程措施

防洪工程措施指为控制和抗御洪水，以减免洪水灾害而修建的各种工程措施，通常包括以下几种：

(1) 拦蓄洪水、控制泄量的措施。即在河流上游或支流山区，兴建具有防洪功能的水库。水库拦洪蓄水，既可削减下泄洪峰洪量，减轻下游洪水压力，又可蓄洪补枯，提高洪水资源化利用率，具有一举多得的功效。

(2) 滞洪减流的措施。一般在河流中下游，通过预先开辟的分（蓄）洪区、分（减）流河道及民（圩）垸等措施，从主河道分出部分洪量，减轻防洪保护区的洪水威胁。分洪区如建有分洪闸和泄洪闸等，它将起到一定的蓄洪和滞洪的作用，属于可控的措施；对于临时扒口的民垸仅有滞洪作用。分（减）流河道同样是在主河道超过某一特定水位下，分减部分水量，通过人工河渠将其直接排入另一水体（湖泊、海洋、或其他河道），或绕过防护区泄入本河下游河段。

(3) 增大河道泄洪能力的措施。主要包括沿河筑堤、拓宽河床断面、疏浚河道、人工截弯取直和消除河滩障碍等工程措施。这些都是自古至今常用的防洪措施。这种措施旨在增大河道排泄能力，但无法控制洪量并加以利用。

(4) 水土保持工程。在山区修建各类小型水土保持工程，增加浅层土壤的蓄水能力，可以延缓径流汇集，减轻水土流失，削减河道洪峰洪量和含沙量。这种措施对减缓中等以下雨洪型洪水的作用非常显著，对于高强度的暴雨洪水作用减弱。

总之，防洪工程措施通过对洪水的蓄、滞、分、泄，起到了改变洪水过程，减轻洪水威胁的效果。但任何防洪工程措施防御洪水的能力总是有限的。因为，在一定的经济技术条件下，防洪工程只能防御比较合理的防洪标准洪水，不可能防御超标准的稀遇洪水。因此，在采用工程措施的同时，采用各种非工程防洪措施是十分必要的。

9.1.1.2 防洪非工程措施

防洪非工程措施是通过法令、政策、经济手段和工程以外的其他技术手段，以减少洪灾损失的措施。非工程防洪措施一般包括：

（1）设置蓄滞洪（行洪）区。根据受淹频率，将河堤外部分历史上的低洼地带，划分为蓄滞洪（行洪）区，对蓄滞行洪区内土地利用、产业结构、居住条件进行全面规划，合理布局，限制不合理的土地开发利用，保证蓄滞洪（行洪）时损失最小。

（2）在地势低洼的居民区修建村台、躲水楼、安全台等设施，作为居民临时躲水的安全场所，从而保证人身安全和减少财物损失。对洪水易淹区内的建筑物高程、结构及其内部财物管理制定特殊规定。

（3）建立洪水预报和警报系统。根据预报警报，可在洪水来临前疏散人口、财物，做好抗洪抢险准备，以避免或减少重大的洪灾损失。

（4）抗洪抢险。包括洪水来临前采取的预备措施，洪水发生时堤防巡查、险工抢护，洪水后的清理和救灾（如发生时）善后等工作。

（5）洪水保险。尽管它不能减少洪水泛滥而造成的洪灾损失，但可将大洪水造成的一次性大损失转化为多次的小损失，从而降低因洪灾引起的经济波动和社会不安对人们的冲击。

工程措施和非工程措施相结合是现代防洪系统的突出特征，并使得现代防洪系统成为一个融合自然、工程技术和经济社会子系统的复合系统。

9.1.2 防洪标准

防洪标准是各种防洪保护对象或水利水电工程本身要求达到的防御洪水的标准。因此，防洪标准包括防洪保护对象的防洪标准和水利水电工程的防洪标准。这两种标准是衡量防洪措施、防洪能力和防御洪水水平的标准。它们均是以采取某项防洪措施后，下游防护对象和防洪工程能够防御多少年一遇的洪水（概率概念）来表示。防洪标准决定着防洪措施的规模和投资，也决定着防护地区的防洪安全程度和防洪的社会经济效果。水利水电工程的防洪标准还决定着工程本身能够承受稀遇洪水的安全可靠程度。因此，防洪标准的选取，在很大程度上是权衡防洪安全与经济的关系，应该通过分析论证确定。

防洪保护对象的防洪标准，应根据防护对象的重要性、历次洪水灾害及其对政治经济的影响，按照《防洪标准》（GB 50201—2014）确定。表 9.1 和表 9.2 分别为城市防护区和乡村防护区的防洪标准。此外，《防洪标准》（GB 50201—2014）还对工矿企业、交通运输设施、电力设施、环境保护设施、通信设施、文物古迹和旅游设施、水利水电工程等防护对象的防洪标准进行了具体规定。

表 9.1 城市防护区的等级和防洪标准

等级	重要性	常住人口/万人	当量经济规模*/万人	防洪标准（重现期）/年
Ⅰ	特别重要城市	≥150	≥300	≥200
Ⅱ	重要的城市	50～150	100～300	100～200
Ⅲ	中等城市	20～50	40～100	50～100
Ⅳ	一般城市	<20	40	20～50

注 当量经济规模=城市防护区人均 GDP 指数乘以人口数，人均 GDP 指数=城市防护区人均 GDP 与同期全国人均 GDP 的比值。

表 9.2 乡村防护区的等级和防洪标准

等级	防护区的人口/万人	防护区耕地面积/万亩	防洪标准（重现期）/年
Ⅰ	≥150	≥300	50～100
Ⅱ	50～150	100～300	30～50
Ⅲ	20～50	30～100	20～30
Ⅳ	<20	<30	10～20

水利水电工程包括水库工程、水电站工程、拦河水闸工程、灌溉与排水工程、供水工程、堤防工程。根据其工程规模、效益和在国民经济中的重要性分为 5 等。水利水电枢纽的水工建筑物，根据其所属枢纽工程的等别、作用和重要性分为 5 级。按照主要建筑物的级别，《防洪标准》（GB 50201—2014）给出了具体的防洪标准。在实际中，还采用《水利水电枢纽工程等级划分及设计标准（山区、丘陵区部分）》（SDJ 12—78）（试行）及其补充规定。

在许多情况下，防洪标准仅给出了一个范围。具体取值则需经分析论证后，与有关部门协商选定。遭受洪灾或失事后损失巨大、影响十分严重的防护对象，可采用高于规定的防洪标准。对临时性的防护对象，可采用低于规定的防洪标准。防洪标准一时难以达到者，可采用分期提高的办法。

防洪标准可进一步分为设计标准和校核标准，譬如大坝的防洪标准。设计标准是指当发生小于或等于该标准洪水时，应保证防护对象的安全或防洪设施的正常运行。校核标准是指遇该标准相应的洪水时，采取非常措施，在保障主要防护对象和主要建筑物安全的前提下，允许次要建筑物局部或不同程度的损坏，允许次要防护对象受到一定程度的损失。

9.1.3 防洪规划的任务和内容

防洪规划是指为防治一定范围（流域或地区）内的洪水灾害而制定的总体防洪方案。它是一种战略性计划，对洪灾治理及防洪设施的建设起长期的指导作用。其任务是：根据国家或地区社会、经济发展需要，结合地区的自然、地理条件，特别是流域洪水特性及其危害程度，制定和选择防洪整体方案（工程措施和非工程措施相结合的）和治理程序，以便取得较佳的防洪经济效益、社会效益和环境效益；同时，也为防洪系统设计和流域综合开发提供有利依据。

防洪工程规划的基本内容和步骤大致包括以下几点：

（1）搜集基本资料包括现状和历史上的自然环境和社会经济资料，研究流域洪水特性，分析历史洪灾及成因，分析干支流现有防洪能力等，明确本流域洪水的基本特性和进一步研究防洪规划设计的基本任务，确定防洪对象。

（2）根据防护对象的重要性，选定防洪标准，确定相应的设计洪水，以及有关防洪工程的设计标准。对大江大河的防洪，可分别选定近期和远景的不同防洪标准。

（3）拟定防洪规划设计方案，并进行分析比较和选定。在选定防洪标准或工程的设计标准后，具体的技术工作是：根据防洪标准推求相应的设计洪水；根据不同防洪工程（如水库、堤防、分洪工程等）拟定相应的工程运用规则（防洪调度方式）；对不同的防洪规划设计方案进行调洪演算和洪水演进计算，确定各方案的防洪工程规模和参数；通过技术经济综合分析选定合理方案。除对设计洪水制定规划方案外，还需对超标准洪水提出应急措施，以保障重要的防护对象和人民生命的安全。

在制定工程规划时，应充分发挥堤防的防洪作用，同时考虑蓄滞洪工程、水库、河道整治等措施的合理配置与运用。对于蓄滞洪工程与水库工程应尽可能地考虑综合利用的作用。堤防工程、河道整治等应与水环境改善、水景观美化相结合。

9.1.4 水库防洪规划

水库是重要的防洪工程措施。对于单个水库而言，其防洪规划的主要内容包括：明确水库防洪任务，拟定大坝等水工建筑物防洪标准及水库防护区的防洪标准（如果有的话），进行设计洪水和校核洪水计算；拟定泄洪建筑物型式和尺寸，拟定水库防洪调度方式；按照水库防洪任务和防洪标准，按拟定的防洪调度方式进行调洪计算，根据计算的最高调洪水位，确定水库防洪特征水位（包括汛限水位、防洪高水位、设计洪水位、校核洪水位）；考虑风浪超高和安全加高，确定坝顶高程。

对于水库群而言，当水库群共同承担下游防护区的防洪任务时，已属于区域防洪工程规划。一般讲，区域防洪任务可通过多种防洪工程措施，共同实现。例如，汉江中下游防洪就是依靠上游丹江口水库、中下游堤防、中游分洪民垸、下游分洪道及分蓄洪区组成复杂的防洪工程系统来实现的。因此，在制定区域防洪规划时，必须对各种防洪工程的布局、规模及防洪运用方式进行全面考虑，综合协调。下面，以图 9.1 所示的两个水库为例，简要介绍水库群的防洪规划内容。

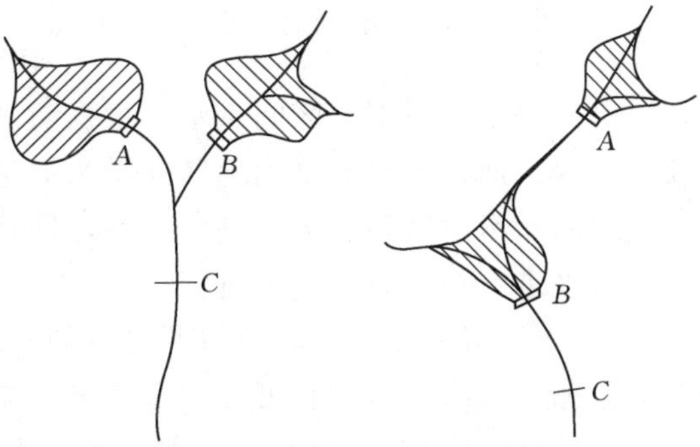

(a) 并联水库　　(b) 串联水库

图 9.1　并、串联水库示意图

假定水库群共同承担下游地区防洪任务，其防洪标准是在防洪控制点 C 出现设计标准洪水时，通过水库群联合调蓄洪水，确保防洪控制点的流量在河道安全泄量以内，或河道洪水位不超过堤防安全水位。显然，由于各个水库距防护区的距离不同，而且各水库所在断面（河流）的洪水特性也不尽相同，即使两个水库的防洪库容一样，其对防护区的防洪效果也会有不同。一般地，距防护区远的水库削减洪峰效果比距防护区近的水库的削峰效果差。这是因为上游水库控制的流域面积较小及有区间洪水加入等。另外，水库防洪调度方式对防洪效果也有重要影响。因此，在地区洪水组成及地区设计洪水已经确定条件下，如何确定水库群的防洪调度方式和如何分配水库群防洪库容，成为水库群防洪规划要解决的问题。

9.1.4.1　*水库群防洪调度方式*

单一水库防洪调度方式有自由泄洪、固定（或分级固定）泄量、补偿调节方式等。当由上游水库群共同负担下游某地防洪任务时，由于洪水的地区组成分布、水库特性、河道情况各异，确定防洪调度方式是比较复杂的。在规划设计阶段，针对并联水库群与串联水库群，可分别按如下方法确定。

（1）并联水库群。以并联两个水库为例，一般可采用以下三种调度方式：

1）先后补偿调节方式。如图 9.1（a）所示，当 A、B 两河洪水具有一定程度的同步性时，可选定防洪调节能力大、洪水比重亦大的水库，例如 B 库，作为防洪补偿调节水库。此时 A 库可按其本身防洪及综合利用等要求放水，求得尽可能均匀的下泄过程线 q_A。不考虑洪水演进中坦化变形，将此过程线与 ABC 区间洪水过程线 Q_c 相加，获得（Q_c+q_A），B 库应按 $q_允-(q_A+Q_c)$ 流量下泄。B 库设计洪水过程线减去下泄流量，即为 B 库的防洪库容，如图 9.2 中阴影面积所示。

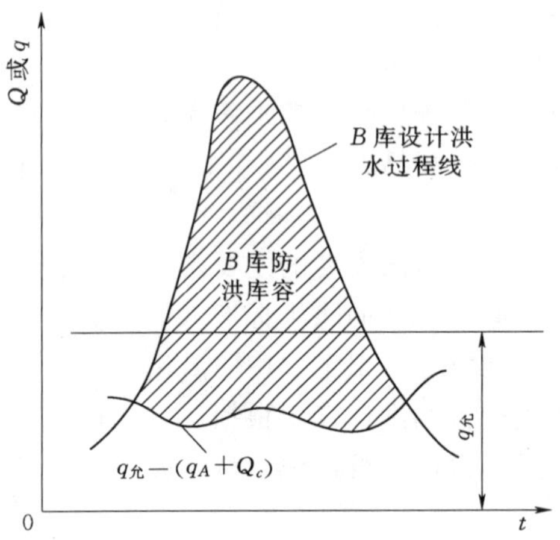

图 9.2　B 库防洪库容计算示意

2）并行补偿调节方式。当 A、B 两河洪水相差不大，但同步性较差时，宜采用这种方式。其要点是：先不考虑下游区间洪水，根据防洪控制点允许泄量的要求，求出两库尽量均匀的放水过程。两库下泄流量加上区间洪水演进到防洪控制点，如果超过防洪控制点安全泄量，则进一步考虑区间洪水的补偿问题，即将区间洪水由两水库合理地分担，求得各水库对区间洪水进行补偿后的放水过程线。

3）独自削峰调度。两库只按照自身的有关控制条件，分别进行削峰调度。这样两库下泄流量加上区间洪水，有可能超过防洪控制点安全泄量。

此外，根据洪水特性还可以采取各水库依次蓄洪的方式，即根据各水库本时段来水多少决定哪一个水库蓄水。如果来水比较均匀，也可以按各水库等比例蓄洪的规则进行调度。

（2）串联水库群。如图 9.1（b）所示。由于串联水库群上级水库的泄水可以被下级水库再调节，故串联水库群的调度方式，主要是研究各级水库的蓄泄次序问题。在进行防洪统一调度时，如各水库洪水有一定的同步性，为便于控制水库区间来水，一般以先蓄上游水库较为有利；为预防下次洪水而腾空库容时，一般以先泄放下游水库较有利。如各水库洪水同步性较差，则应考虑洪水的地区组成、时间分配等特性，制订各水库的蓄泄次序。如各个水库之间尚有防洪要求时，则在统一调度中还应考虑这种要求。

9.1.4.2 水库群防洪库容的分配

水库群防洪库容指的是汛限水位和防洪高水位之间的库容。当汛限水位等于正常蓄水位时，防洪与兴利完全没有结合，而当汛限水位低于正常蓄水位时，防洪库容与兴利库容部分结合。在这种情况下，防洪库容的大小（即汛限水位的高低）对水库兴利效益有影响。

由上游水库群共同担负下游某防护地区的防洪任务时，各水库防洪库容的确定，要考虑各水库的水文特性、库容情况及综合利用要求等方面，务使各水库预留的防洪库容在满足下游防洪要求的前提下，既要与防洪库容有关的投资要小，又要对综合利用其他方面的影响最小。仍以图9.1所示的两库为例，说明水库群防洪库容的分配。

(1) 总防洪库容的确定。有A、B两库，防洪控制点为C。如果水库到防洪控制点区间［如图9.1 (a) 的情况为ABC区间，如图9.1 (b) 的情况为BC区间］某一防洪标准的设计洪峰流量不大于C处的允许泄量，则可根据C点的设计洪水过程线，按削峰调度方法求出所需总防洪库容V_C，如图9.3所示。这个总防洪库容是在考虑最理想的调度情况下求出的，因而是最小值。实际上，由于补偿调节不可能完全准确等原因，各水库安排的防洪库容总数V_T应该大于V_C，偏大比例约10%～30%。

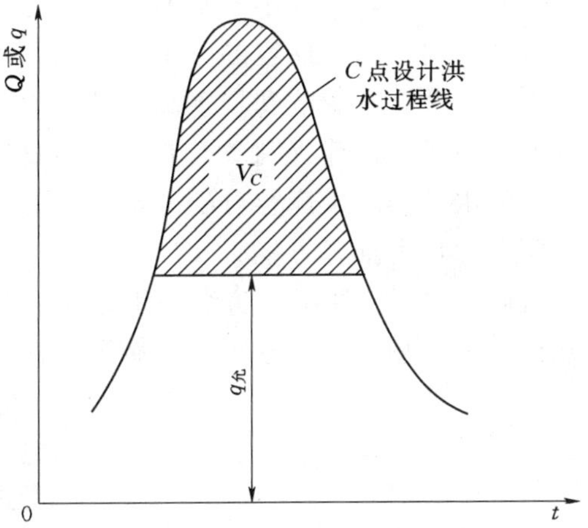

图9.3 总防洪库容计算示意图

(2) 各库最小防洪库容的确定。由于各水库位置不同及防洪控制点以上各个地区的洪水组成情况的变化，从保证下游防洪保护区安全角度，各水库的防洪库容（即拦蓄超额洪水量）应该不一样。从设计角度，应当考虑设计标准以内地区洪水组合情况及其他水库发挥最大防洪作用时，本库应该承担的防洪库容，据以确定各水库最小防洪库容。这个防洪库容是不能由其他水库代替的，是必须承担的。当然，各水库最小防洪库容可以为0。

对于并联水库，如图9.1 (a) 所示，针对某种地区洪水组合情形，如C点以上发生设计标准洪水，而AC区间也发生同频率洪水，B库以上洪水相应，设B库足够大，可以完全不泄水，此时A库所需要的防洪库容就是A库必须承担的防洪库容。改变地区洪水组合，相应的A库必须承担的防洪库容也会改变。在多种地区洪水组成中，选择一个最小的A库必须承担的防洪库容，作为A库最小的防洪库容，记为V_A。

同理，可求出B库最小的防洪库容V_B。

对于串联水库，如图9.1 (b) 所示。由于B库以上洪水（包括A库出流）均能为B库所再调节，如A库以下河段本身无防洪任务，则B库以上各库均无必须承担的防洪库容，仅B库有此需要。B库所必须承担的防洪库容，应该是A库不泄水情形下，根据AC区间（即C点以上流域面积减去A库以上流域面积）的洪水按C处允许泄量计算求得。然后，在多种地区洪水组成中，选择一个最小的B库必须承担的防洪库容，作为B库最小的防洪库容。

如果各水库最小防洪库容之和 V_A+V_B 小于总防洪库容 V_T，则至少差额部分 $V_T-(V_A+V_B)$ 应在各水库之间再进行分配。

(3) 各库防洪库容分配方案的拟定与比选。对各水库拟定若干个防洪库容方案，各水库防洪库容不小于前面确定的最小防洪库容，且各水库防洪库容之和等于总防洪库容 V_T。从而形成多组防洪库容分配方案。针对每一组防洪库容分配方案，采用设计标准洪水及其地区洪水组成，各水库按照确定的防洪调度方式进行调洪计算，考虑河道洪水演进，可求出防洪控制点的洪水过程。如果洪峰流量小于河道允许流量，则该组防洪库容分配方案可行。一般讲，水库群防洪库容分配可能存在多组可行方案。

各库防洪库容的大小与水库汛限水位和防洪高水位的高低直接有关。当汛限水位等于正常蓄水位时，防洪库容的大小基本上与水库兴利效益无关，这时防洪库容的大小仅与防洪高水位相关，即影响到坝顶高程及水库防洪投资。当汛限水位低于正常蓄水位时，防洪库容的大小既与水库兴利效益有关，又直接影响到坝顶高程及水库防洪投资。因此，可根据不同的水库群防洪库容分配方案相应的防洪投资和兴利效益，选择较优的水库群防洪库容分配方案作为推荐方案。

【例 9.1】 *N* 江干流防洪采用库堤结合防洪工程体系，在干流上游及其右侧支流上规划建设三个大型水库，分别为 *G* 库、*L* 库和 *B* 库，三库共同承担干流中游工业重镇 *Q* 市防洪任务，即要求将 *Q* 市防洪控制断面 200 年一遇天然洪峰流量 13600m³/s 削减到 10000m³/s（堤防安全泄量）以下。另外，*G* 库还承担其下游 *NJ* 镇的防洪任务。三库坝址控制面积占 *Q* 市以上流域面积的百分比分别为 20%、16% 及 54.2%。三库及防护控制断面位置如图 9.4 所示。经过对 *Q* 市典型洪水地区组成分析，发现三个水库入库洪峰与相应的区间洪峰基本上同步，因此水库群总的防洪调度原则是为区间洪水错峰。具体是，*G* 库、*L* 库只按其自身有关控制条件，分别进行错峰调度，以减轻 *B* 水库的防洪压力。最终 *B* 库完成为 *Q* 市的错峰调度。

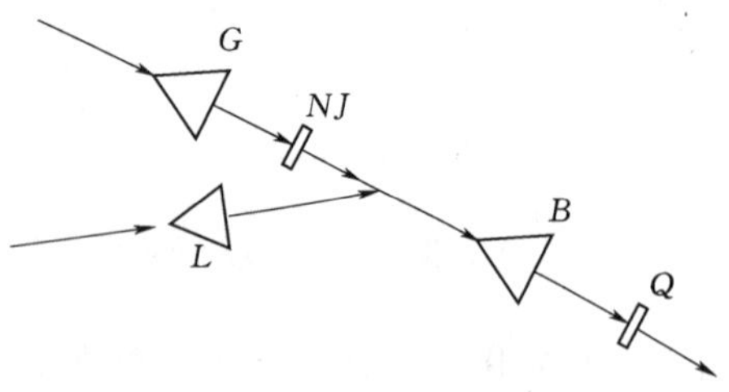

图 9.4　水库群防洪工程体系

假设 200 年一遇的设计洪水地区组成已通过典型年洪水资料的放大获得。各控制站点之间洪水传播时间也已分析确定。在各库入库设计洪水和起调水位已给定条件下，水库防洪调度方式不同导致防洪高水位也不相同，从而各库防洪库容和总防洪库容也不一样。针对 *N* 江干流三个水库，拟定了 8 组水库群防洪库容分配方案见表 9.3 。其中，方案 *A*、*B*、*C* 的特点是，*G* 库防洪高水位为 307.75m，*L* 库分别按两级削峰控制泄流方式、一级削峰控制泄流方式和不专门为下游设置防洪库容调洪。方案 *D*、*E*、*F* 的特点是 *G* 库防洪高水位为 308.79m，*L* 库分别按上述三种方式调洪。方案 *G* 的特点是防洪库容多设在上游 *G* 库和 *L* 库，方案 *H* 的特点是防洪库容多设在下游 *B* 库。*G*、*L* 和 *B* 库的正常蓄水位分别为 305m，270m 和 219m，三库除方案 *G*、*H* 外均从正常蓄水位起调，200 年一遇的 *Q* 市防洪控制断面的天然洪峰流量为 13600m³/s。8 组方案的防洪高水位、防洪库容和削峰值、水库防洪总投资列于表 9.3 中。

表 9.3　　N 江干流水库群防洪库容分配调算成果表

项目		A	B	C	D	E	F	G	H
G 库	起调水位/m	305	305	305	305	305	305	305	305
	防洪高水位/m	307.75	307.75	307.75	308.79	308.79	308.79	307.66	307.02
	防洪库容/亿 m^3	16.55	16.55	16.55	22.97	22.97	22.97	16.03	11.90
L 库	起调水位/m	270	270	270	270	270	270	268.5	270
	防洪高水位/m	273.15	272.48	270.37	273.15	272.48	270.37	275.58	271.73
	防洪库容/亿 m^3	8.26	6.13	0.87	8.26	6.13	0.87	18.67	4.29
B 库	起调水位/m	219	219	219	219	219	219	209	217.8
	防洪高水位/m	222.37	222.53	222.99	222.08	222.45	222.57	214.42	222.53
	防洪库容/亿 m^3	20.93	21.94	24.94	18.49	21.46	22.25	21.79	28.15
三库总防洪库容/亿 m^3		45.73	44.62	42.35	49.72	50.56	46.08	56.49	44.34
Q 断面调节后洪峰/(m^3/s)		9989	9991	9920	9714	9840	9926	9976	9998
削峰值/(m^3/s)		3611	3609	3680	3886	3760	3674	3624	3602
单位防洪库容削峰值/(m^3/s/亿 m^3)		78.96	80.88	86.89	78.16	74.37	79.73	64.15	81.15
水库防洪总投资/亿元		6.40	6.26	6.01	6.45	6.67	6.02	8.10	6.76

从表 9.3 可见，8 个方案的调洪效果均能使 Q 断面调节后洪峰流量不超过 10000m^3/s。从三库总防洪库容看，方案 C 的总防洪库容最小，为 42.35 亿 m^3。从单位防洪库容削峰值看，方案 C 的数值最大；从水库防洪总投资看，方案 C 和 F 的数值很接近，但方案 C 的数值略小。综合起来看，方案 C 是经济的防洪库容分配方案。方案 C 和 F 反映了水库群防洪库容分配的趋势，即 L 库不专门设防洪库容，干流的防洪任务由 G、B 库共同承担。相应的两库防洪库容设置的范围是：G 库在 16 亿～23 亿 m^3 之间，B 库防洪库容在 22 亿～25 亿 m^3 之间。

9.1.5 堤防规划与分（蓄、滞）洪工程规划

9.1.5.1 堤防规划

堤防是沿河流、湖泊、海洋或行洪区、分洪区、水库库区的周边修筑的挡水建筑物，是世界上最早广泛采用的防洪工程。筑堤的目的是防御洪水泛滥，保护居民和国民经济建设；使同等流量的水深加大，流速增大，有利于输水输沙；修堤围垦或造陆，可扩大人类生产、生活空间；抵御风浪及抗御海潮。

堤防按其所在位置不同，可以分为河堤、湖堤、海堤、围堤和水库堤防五种。因各自工作条件不同，故其规划设计要求也有很大不同。这里主要介绍河堤规划。

河堤位于河道两岸，用于保护两岸城镇和农村不受洪水侵犯。因河水涨落相对较快，高水位持续历时一般不长，堤内浸润线往往难以发展到最高洪水位的位置，故其断面尺寸相对较小。

根据河堤所在位置和重要性，可分为干堤、支堤和民堤。干堤修建在大江、大河的两岸，保护重要城镇、大型企业和大片农田，故设计标准较高，由国家或地方专设机构管

理。支堤沿支流两岸修建，防洪标准一般低于同流域的干堤，要根据堤防重要程度而定。如汉江是长江的支流，但汉江下游的堤防保护着大片重点农业区，故其防洪标准比一般支堤为高，并被列为确保堤段。重要支流堤防多由流域部门负责修建，一般支堤则由地方修建、管理。民堤是在河道内行洪区、湖区修建的土堤，又称民埝。民堤一般保护范围小，防洪能力较低。

堤防是我国各河流平原河段防洪的主要措施。从水利计算角度，堤防防洪规划设计的任务主要是选择设计标准，推求修堤后河道的水面线，以供比选堤线、堤距、堤高，如图 9.5 所示。

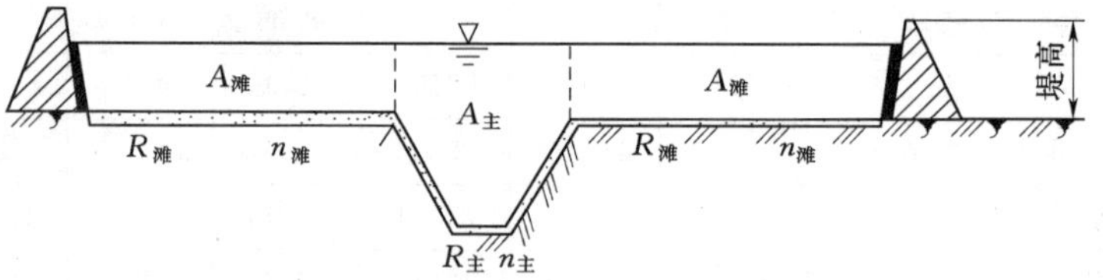

(a)

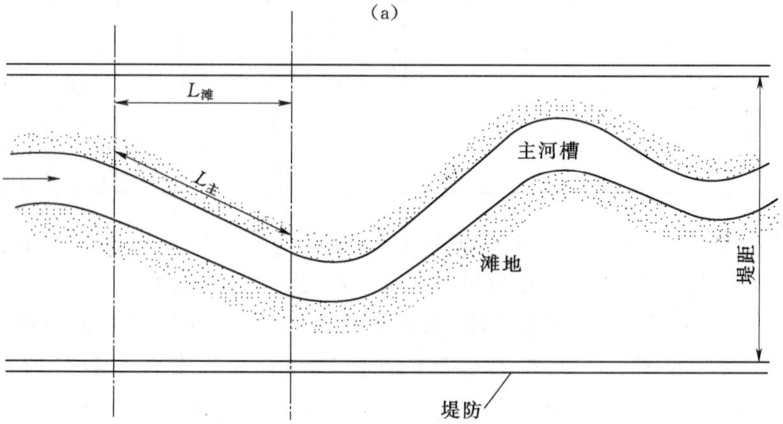

(b)

图 9.5　蜿蜒河段及堤线

天然河道修筑堤防后，由于泄水河道变窄，当某一流量通过时，在缓坡段，两堤间水位较筑堤前抬高 ΔZ，水流纵断面上接壅水曲线 CA，下连降水曲线 MN，修筑堤防时需要根据设计及校核流量和堤距宽度计算水位抬高值 ΔZ，并绘出壅水曲线和降水曲线，如图 9.6 所示。

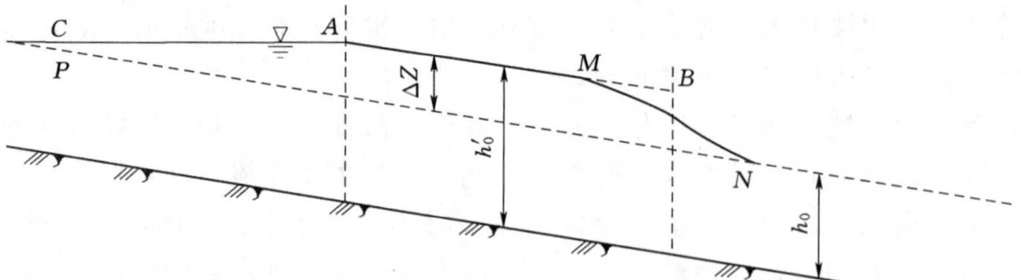

图 9.6　筑堤河道的水面线

PN—筑堤前的天然河道水面线；AB—筑堤河段；h_0—筑堤河段天然情况的正常水深；h_0'—筑堤河段在筑堤后的正常水深

9.1.5.2 分（蓄、滞）洪工程规划

目前，江河中下游平原地区，主要依靠堤防保护。但现有堤防工程一般只能防御10～20年一遇洪水，重点地区也只能防御约100年一遇洪水，如果一旦发生特大洪水，就必须给洪水以出路，采取有准备、有计划的分（蓄、滞）洪措施，确保重要城镇、工矿以及江河沿线广大地区的安全，把洪水灾害缩小到最低限度。

分洪是指把河道的部分超额洪水经分洪道直接分流入海、入湖，或进入其他河流，或绕过防洪保护区在其下游返回原河道。分洪区是指利用河道两侧的低洼圩垸，或利用附近的湖泊、洼地加修围堤而形成的用来分蓄洪水的区域。分洪区的全部工程措施称为分洪工程，一般包括进洪设施、分洪道、分（蓄）洪区及其安全避洪设施，以及排洪设施等。蓄洪是指将进洪设施分泄的洪水直接或经分洪道进入湖泊或洼地围成的区域蓄存起来，起蓄洪或滞洪作用。这样的区域称为蓄洪区。在河流、湖泊涨水期，蓄洪区只蓄不泄，通过蓄洪起到降低河流、湖泊水位的作用。在河流、湖泊水位回落后再将蓄洪区的水量泄放出去。滞洪是指为短期阻滞或延缓洪水行进速度而采取的措施，其目的是与主河道洪峰错开，这样的区域称为滞洪区。如荆江洪水，经四口分流入洞庭湖后，又从城陵矶以下流回长江，洞庭湖就起着滞洪作用。总之，分（蓄、滞）洪区一般布置在河堤外，起临时蓄存超额洪水的作用。图9.7为荆江分洪工程的示意图。

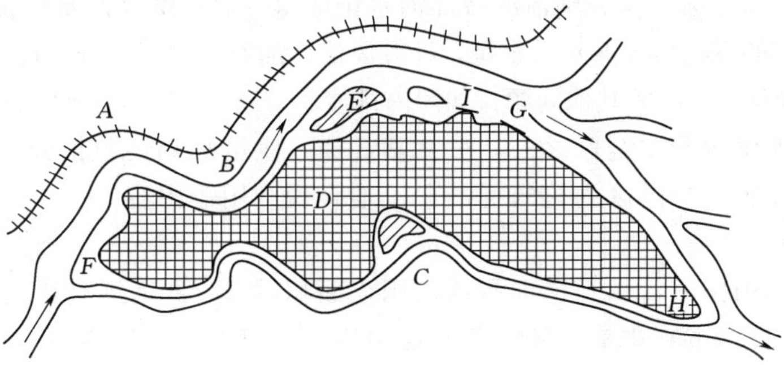

图9.7 荆江分洪工程示意图

A—荆江大堤；*B*—荆江；*C*—虎渡河；*D*—分洪区；*E*—安全区；
F—进洪闸；*G*—泄洪闸；*H*—节制闸；*I*—扒口吐洪

我国分（蓄、滞）洪区地处江河中、下游，大多数是在湖泊、洼地基础上建设形成，具有蓄洪垦殖双重目的。由于蓄滞洪区人口稠密、土地肥沃、经济发展较快，目前区内居民安全与生产的矛盾突出。必须重视分（蓄、滞）洪工程的规划和建设管理。

分（蓄、滞）洪区规划主要包括蓄滞洪区的位置选择、分洪量及分洪水深的确定。选择分（蓄、滞）洪区位置的原则为：①尽可能地邻近防护区和被保护堤段，以利于分洪时能迅速降低重点河段的洪水位，使其最大限度地发挥防洪作用；②尽量利用地势低洼的湖泊、洼地。因为湖泊、洼地本来就是洪水的天然调蓄场所，其蓄洪容积大、淹没损失小、修建围堤工程量小；③因地制宜地确定其进、泄洪口门位置，进洪和泄洪最好都有控制工程；④该地区人口密度相对较小，群众在分洪时迁安相对容易。

分洪量及分洪水深的确定方法为：根据拟定的防护区防洪标准，由防洪控制点的防洪

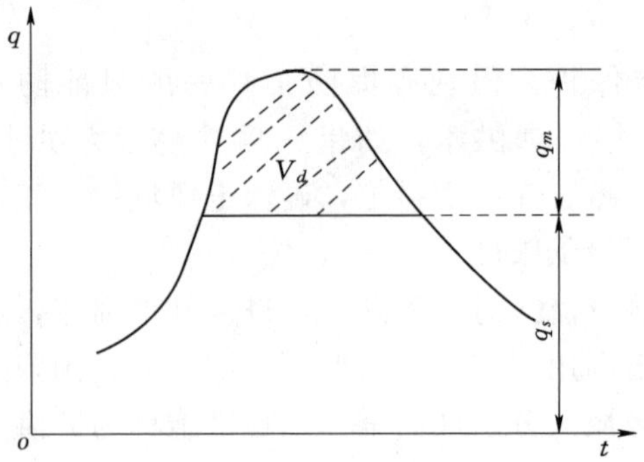

图 9.8　分洪口处设计洪水流量过程曲线

设计洪水进行洪水演进计算，求出分洪口处的河道洪水流量过程，其中超过分洪口下游河道安全泄量 q_s 的部分，称为超额洪量，如图 9.8 所示。图中阴影面积即为理想情况下所需要的设计分洪量 V_d，设计最大分洪流量为 q_m。求得分洪总量后，可再按分蓄洪区范围和区内地形，求得平均分洪水深和最大分洪水深。区内水深取决于所围成的分蓄洪区的面积大小。分蓄洪区面积大，则水深小，分洪淹没范围大；分洪区面积小，则水深大，不利于及时退水，并将增加安全设施的建设难度。在设计最大分洪流量 q_m 给定和闸上游水位、闸下游水位已知条件下，可进行进洪闸、分洪道的规划设计。

安全台及安全区规划是分洪区规划的重要内容。安全台及安全区的规划布局，要做到保证分洪区人民安全和便利生产的原则。安全台及安全区一般布置在地势比较高，围堤工程量小，并尽可能利用原来堤防比较好的顺堤之地。对于人口比较稠密的居民点，农村贸易集镇以及工厂、企业等较为集中的地点，可根据实际情况设立安全区。安全区的布置，以适当分散为宜。安全区的围堤标准应分别情况按江河水位或蓄（滞）洪设计水位拟定。临时堤超高 1.0m，拦蓄洪水位的堤按蓄（滞）洪水位，计算风浪，加安全超高。分（蓄、滞）洪区的报警措施，分洪信号以及安全区的其他问题，如区内排渍、交通等，均应全面规划、妥善解决。

除进洪闸、泄洪闸和安全区之外，分（蓄、滞）洪区规划还包括分洪预警报、转移道路和桥梁、人口安置、分洪区内建筑标准、土地合理利用等内容。

9.1.6　山洪防护

我国是一个多山国家，山丘区面积约占国土面积的 2/3，远远高出世界平均水平。全国 2100 多个行政县（市）中有 1500 多个是山区县（市），山丘区人口占全国总人口的 56％。傍山建设的居住区或工业区一般地势较低、平坦，除了应考虑本区域雨水排水外，还应防御外来洪水侵袭。通常的措施是考虑在本区域上游设置排洪沟，以排除沿山坡倾泻而下的山洪洪峰。城镇或工矿企业防洪规划的主要任务是防止由暴雨而形成的巨大地面径流所产生的严重危害。

确定城市或工业区防洪标准的依据一般有：城市或工业区的规模，城市或工业区的地理位置、地形、历次洪水灾害情况，当地的经济技术条件等。对于上游有大中型水库的城市，防洪标准应适当提高。表 9.4 为我国《防洪标准》（GB 50201）规定的工矿企业防洪标准，城市和农村的防洪标准见表 9.1 和表 9.2。

表 9.4　　工矿企业的等级和防洪标准

等级	工矿企业规模	防洪标准（重现期）/年
Ⅰ	特大型	100～200
Ⅱ	大型	50～100
Ⅲ	中型	20～50
Ⅳ	小型	10～20

9.1.6.1 设计洪水流量计算

相应于防洪设计标准的洪水流量，称为设计洪水流量。由于多数山洪集水面积不大，缺少相应的水文监测站点，无实测洪水流量资料可资利用，设计洪水流量一般采用以下推理法和经验公式估算。

（1）洪水调查及洪峰流量的估算法。洪水调查主要是深入现场，勘察洪水痕迹，调查访问当地的老人，了解留在河岸、树干、沟道及岩石上的洪痕，还需查阅地方志及其他一些文字记载资料。根据调查的洪痕，测量河床的横断面和纵断面，按如下均匀流公式计算洪峰流量：

$$Q=vA=\frac{1}{n}R^{2/3}i^{1/2}A \tag{9.1}$$

式中：Q 为洪峰流量，m^3/s；A 为河槽的过水断面面积，m^2；v 为河槽的流速，m/s；i 为河槽的水面比降；R 为河槽的水力半径，m；n 为河槽的粗糙系数。

（2）推理公式法。中国水利水电科学研究院水力研究所提出的推理公式已得到广泛应用，其公式如下：

$$Q=0.278\frac{\psi S}{\tau^m}F \tag{9.2}$$

式中：Q 为设计洪峰流量，m^3/s；S 为暴雨雨力，即与设计重现期相应的最大的 1h 降雨量，mm/h；τ 为流域的集流时间，h；m 为暴雨强度衰减指数；F 为集水面积，km^2；ψ 为洪峰径流系数。

此公式最适合用于集水面积为 40～50km^2 的地区。

（3）地区性经验公式。地区经验公式可参阅各省（直辖市、自治区）水文手册，其中应用最普遍的以流域面积 F 为参数的经验公式，其表达式如下：

$$Q=kF^m \tag{9.3}$$

式中：Q 为设计洪峰流量，m^3/s；F 为流域面积，km^2；k、m 分别为随地区及洪水频率而变化的系数和指数。

地区经验公式法使用方便，计算简单，但地区性很强。相邻地区采用时，必须注意各地区的具体条件是否一致，否则不宜套用。

上述各公式中的各项参数的确定可参阅《给水排水设计手册》中有关洪峰流量计算一节。对于以上三种方法，应特别重视洪水调查法，在此法的基础上再结合其他方法进行。

9.1.6.2 排洪沟水力计算

（1）直线段排洪沟水力计算。对于新建排洪沟，如已知设计洪峰流量，排洪沟过水断面尺寸的计算方法是：首先假定排洪沟水深、底宽、纵坡及边坡系数，可根据明渠均匀流公式［式（7.9）、式（7.10）］求出排洪沟的流速和流量，若计算流量与设计流量误差大于 5%，则重新修改水深值，重复上述计算步骤，直到求得两者误差小于 5%为止。

若是复核已建排洪沟的排洪能力，则排洪沟水深、底宽、纵坡、边坡系数等均为已知，根据明渠均匀流公式求出排洪沟通过的流量。

（2）弯曲段水力计算。由于弯曲段水流因离心力作用而产生的外侧与内侧的水位差，故设计时外侧沟高大于内侧沟高，即弯道外侧沟高除考虑沟内水深及安全超高外，尚应增

加水位差 h 的1/2，h 单位为 m，其计算式为：

$$h=\frac{v^2B}{gR_0} \tag{9.4}$$

式中：v 为排洪沟平均流速，m/s；B 为弯道宽度，m；R_0 为弯道半径，m；g 为重力加速度，m/s^2。

9.2　城市雨水排水规划

降水的时间不均匀性意味着全年雨水量的大部分常常集中在一段时间内降下。尤其是短时间内强度极大的暴雨，往往在很短时间内形成巨大的洪水流量，若得不到及时疏导，将会对地面设施、社会财产和人身安全造成严重的危害。为防止暴雨径流造成危害，需要修建雨水排除系统，以便有组织地及时将暴雨径流排入水体。

根据排水的对象及要求，排水问题可分为城市（城镇）排水问题和农田排水问题两大类。城市是人口密集区，也是工业企业和商业集中地区，由于城市建设发展，改变了城市下垫面特征，造成暴雨汇流时间缩短、洪峰流量加大，加上排水管道设计标准偏低、城市水体调蓄径流能力下降，这些因素综合作用，导致城市内涝问题越来越严重。另一方面，我国许多城市由于基础设施不完善，没有独立的雨水排放系统，雨水与居民生活污水、工业企业生产废水合在一起排放，既增加了废污水处理成本，又造成雨水资源的浪费。

将城市中生活污水、工业废水和雨水混合在同一管渠内排除的系统称为合流制排水系统。分流制排水系统是将生活污水、工业废水和雨水分别在两个或两个以上各自独立的管渠内排除的系统。其中，排除雨水的系统称为雨水排水系统，排除生活污水、城市污水或工业废水的系统称为污水排水系统。本节讨论城市雨水排水问题。

9.2.1　城市雨水排水系统组成及其布置

9.2.1.1　城市雨水排水系统组成

降落在地面（包括屋面）上的雨水，一部分被植被和地面的洼地截留，一部分渗入土壤，余下的水形成地表径流，进入雨水排水系统。城市雨水排水系统通常包括以下主要部分：

（1）建筑物的雨水管道系统和设备。主要是收集住宅建筑、公共建筑、工业厂房等大型建筑的屋面雨水，并将其排入室外的雨水管渠系统中。建筑物的雨水管道系统和设备，一般在建筑物设计、建造时考虑。

（2）街坊或厂区雨水管渠系统。敷设在一个街坊或厂区内，收集屋面或地面雨水的管道系统称街坊或厂区雨水管渠系统。

（3）街道雨水管渠系统。敷设在街道下，用以排除从街坊或厂区管渠流来的雨水。它由支管（渠）、干管（渠）、主干管（渠）等组成。在一个城市排水区界内，常按分水线划分成几个排水流域（或单元）。在各排水流域内，支管承受街坊或厂区流来的雨水，干管是汇集输送由支管流来的雨水，也常称流域干管，主干管是汇集输送由两个或两个以上干管流来的雨水，并把雨水输送至出水口的管道。

（4）出水口。雨水排入水体的渠道和出口称为出水口，它是整个城市雨水排水系统的终点设施。

(5) 雨水调蓄池。当雨水径流增大，排水管渠的输送能力不能满足要求时，为提高排水安全性，一种经济的做法是将雨水径流的高峰流量暂时储存在调蓄池中，待流量下降后，再从调蓄池中将水慢慢地排出，以削减洪峰流量，降低下游雨水干管的管径，提高区域的防洪能力，减少洪涝灾害。根据调蓄池在系统中的位置，可分为末端调蓄池和中间调蓄池。末端调蓄池位于一个排水系统的末端（出水口附近），主要用于污染物浓度较高的初期雨水暂时储存；中间调蓄池位于一个排水系统的起端或中间位置，可用于削减洪峰流量和雨水利用储存。

9.2.1.2 雨水管渠布置

雨水管渠系统是由雨水口、雨水管渠、检查井、出水口等构筑物所组成的一整套工程设施。雨水管渠系统布置的主要任务，是要使雨水顺利地从建筑物、车间、工厂区或居住区内排泄出去，既不影响生产，又不影响人民生活，达到既合理又经济的要求。雨水管渠布置应遵循下列原则：

(1) 充分利用地形，就近排入水体。为尽可能地收集雨水，在规划雨水管线时，首先按地形划分排水区域，再进行管线布置。为减少雨水干管的管径和长度，雨水管渠应本着分散和就近排放的原则布置。在地势适当向水体倾斜地区，各排水流域的干管以最短距离与水体（河流）垂直相交的方向布置，可保证雨水管渠以最短路线、较小的管径把雨水就近排入水体。当地形平坦，且地面平均标高低于河流洪水期常水位时，需将管道出口适当集中，在出水口前设雨水泵站，暴雨期间雨水经抽排进入水体。由于雨水泵站一年中运行时间短，利用率低。因此，应尽可能利用地形，使雨水靠重力排入水体，而不设置泵站。除非万不得已，要尽量避免设置雨水泵站。

(2) 结合街区及道路规划。街区内部的地形、道路布置和建筑物的布置是确定街区内部雨水地面径流分配的主要因素。街区内的地面径流可沿街两侧的边沟排除。道路通常是街区内地面径流的集中地，所以道路边沟最好低于相邻街区地面标高。按排除地面径流的要求，道路纵坡最好在0.3%～6%范围内。雨水管渠常常沿街道敷设，干管最好位于人行道或慢车道下，以便检修。

(3) 结合城市竖向规划。就是研究在规划城市各部分高度时，如何合理地利用自然地形，使径流能在最短时间内，沿最短距离流到街道，并沿街道边沟排入最近的雨水管渠或天然水体。

(4) 合理开辟水体。应利用城市中的洼地和池塘，或有计划地开挖一些池塘，以便储存因暴雨量大时雨水管渠一时排除不了的径流量，避免地面积水。所开挖的水体还可供游览、娱乐，在缺水地区还可蓄水备用，实现雨水综合利用。

9.2.2 雨水管渠设计流量

雨水管渠设计流量是确定雨水管渠断面尺寸的重要依据。城镇排除雨水的管渠，由于汇集雨水径流的面积较小，一般采用推理公式法来计算雨水管渠的设计流量，计算公式为：

$$Q=\psi qF \tag{9.5}$$

式中：Q 为雨水管渠设计流量，也是雨水管渠通过的最大流量，L/s；ψ 为径流系数；F 为汇水面积，即雨水管渠汇集和排除雨水的地面面积，hm^2；q 为设计暴雨强度，指设计降雨时段内平均设计暴雨强度，L/(s·hm^2)。

该公式用于小流域面积计算暴雨设计流量已有多年的历史，也是我国室外排水设计规范规定采用的公式。但是，当汇水面积超过 2 km^2 时，宜考虑降雨时空分布的不均匀性和管网汇流过程，采用水文学模型和水力学模型计算雨水设计流量。

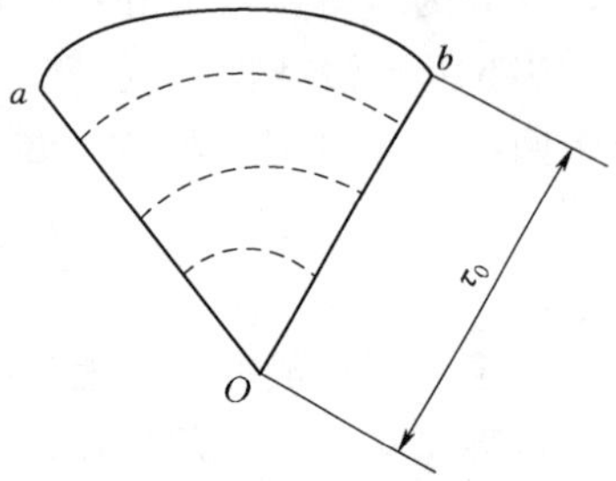

图 9.9　扇形流域汇流过程

9.2.2.1　*汇水面积 F 的确定*

在城市中，雨水径流由地面流至雨水口，经雨水管渠最后排入江河。由于地面上各点距雨水口距离不等，同一时刻降落在各点的雨水流到雨水口的时间不同。图 9.9 所示为一个扇形的流域汇水面积，其边界线为 Oa 线，Ob 线和 ab 弧，O 点为集流点（如雨水口或管渠上某一断面）。

在降雨开始产生径流后不久，在 O 点所汇集的流量仅来自靠近 O 点的小块面积上的雨水，离 O 点较远的面积上的雨水此时仅流至中途。随着降雨历时的延长，更远的面积上的雨水流至 O 点，也就是汇水面积不断扩大。当流域边缘线 ab 上的雨水流到集流点 O 时，汇水面积扩大到整个流域面积，即全流域全部参与径流。将流域最远点的雨水径流流到集流点的时间称为流域的集流时间，记为 τ_0。

雨水管渠设计的极限强度理论认为降雨强度随降雨历时的增长而减少，同时认为汇水面积的增长与降雨历时成正比，而且汇水面积随降雨历时的增长比降雨强度随降雨历时增长而减小的速度更快。因此，如果降雨历时 t 小于流域的集流时间 τ_0，显然只有一部分面积上产流到达集流点，集流点流量小于最大流量。如果降雨历时 t 大于流域的集流时间 τ_0，流域全部面积已参与径流，面积不再增长，而降雨强度却随降雨历时的增长而减少，流量也随之由最大逐渐减小。因此，只有当降雨历时 t 等于流域的集流时间 τ_0 时，全部面积参与径流，在集流点产生最大流量。

9.2.2.2　*径流系数 ψ 的确定*

影响 ψ 值的主要因素为地面覆盖的透水性。此外，还与降雨历时、暴雨强度及暴雨雨型有关。如降雨历时较长，地面已经湿透，地面进一步渗透减少，ψ 就大些；暴雨强度大，ψ 值也大。通常汇水面积是由各种性质的地面覆盖所组成，随着它们占有的面积比例的变化，ψ 值也各异，所以整个汇水面积上的平均径流系数 ψ 值是按各类地面面积用加权平均法计算而得到。在雨水管渠设计中，可采用区域综合径流系数，一般市区的综合径流系数 $\psi=0.5\sim0.8$，郊区 $\psi=0.4\sim0.6$，特别高强度开发地区，ψ 也不应高于 0.8。

严格执行规划控制的径流系数体现了低影响开发（Low Impact Development，LID）的重要理念。小区的高强度开发，导致径流量增加，不能通过市政公共服务设施的一再扩建，使其与之适应，而应由小区内部源头减量。如径流系数达不到规划控制要求，就应采用就地调蓄（设立景观生态水池、调蓄池等）、延缓出流时间（设立屋面绿化和雨水综合利用）等措施，保证径流系数达标。当地区整体改建时，对于相同的设计重现期，改建后的径流量不得超过原有径流量。

9.2.2.3 设计暴雨强度 q 的确定

暴雨强度指某一连续降雨时段内的平均降雨量，用符号 i 表示，单位为 mm/min。它是描述暴雨特征的重要指标，也是决定雨水管渠设计的主要因素。根据某一地区多年降雨观测资料，采用年最大值方法或其他方法取样，然后对样本进行统计分析，获得反映暴雨强度 i、降雨历时 t、重现期 P 三者之间关系的曲线或数学公式，称为暴雨强度公式（曲线）。

在工程上，常用单位时间内单位面积上的降雨体积 q [单位：$L/(s \cdot hm^2)$] 来表示暴雨强度。两种表示形式的换算关系为

$$q=167i \tag{9.6}$$

我国常用的暴雨强度公式形式为

$$q=\frac{167A_1(1+c\lg P)}{(t+b)^n} \tag{9.7}$$

式中：q 为设计暴雨强度，$L/(s \cdot hm^2)$；P 为设计重现期，年；t 为降雨历时，min；A_1、c、b、n 为地方参数，根据样本数据进行计算确定。

暴雨强度曲线如图 9.10 所示。全国若干城市的暴雨强度公式可查阅《给水排水设计手册》。

从式（9.7）看出，设计暴雨强度 q 与重现期 P 和设计降雨历时 t 有关。

（1）设计重现期 P。从暴雨强度公式可知，暴雨强度随着重现期的不同而不同。在雨水管渠设计中，若选用较高的设计重现期，计算所得设计暴雨强度大，管渠的断面相应也大。对防止地面积水是有利的，安全性高，但经济上则因管渠设计断面的增大而增加了工程造价；若选用较低的设计重现期，管渠断面可相应减小。这样投资少，但安全性差，可能发生排水不畅和地面积水等情况。

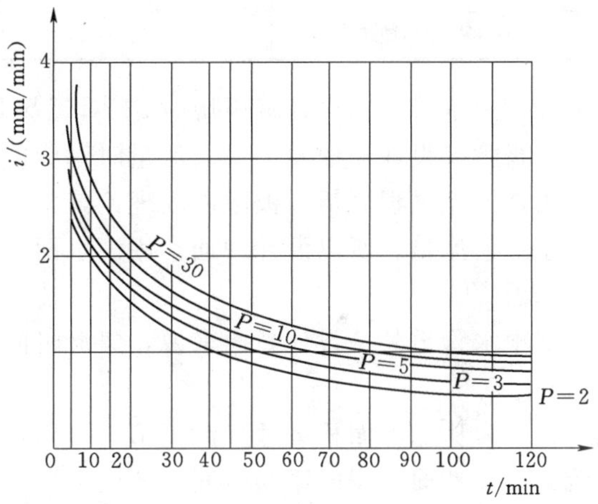

图 9.10 暴雨强度曲线

雨水管渠设计重现期，应根据汇水地区性质（广场、干道、厂区、居住区）、地形特点和气候特征等因素，经技术经济比较后按表 9.5 的规定取值。表 9.5 为《室外排水设计规范》(GB 50014—2006)（2014 局部修订版）的规定，它有如下特点：设计重现期最小为 2 年；中心城区的重要地区包括行政中心、交通枢纽、学校、医院和商业聚集区等设计重现期为 3 年或 5 年；大幅提高了地下通道等地区的设计重现期，原因是地下通道等位于排水系统的末端，雨水汇流至此再无其他出路（与其他区域相比），必须设置可靠设施进行排除或储存，否则将造成严重积水。

《室外排水设计规范》(GB 50014—2006)（2014 局部修订版）还规定了内涝防治设计重现期，它是指用于进行城镇内涝防治系统设计的暴雨重现期，使地面、道路等地区的积水深度不超过一定的标准。内涝防治设计重现期大于雨水管渠设计重现期。内涝防治设计

重现期，应根据城镇类型、积水影响程度和内河水位变化等因素，经技术经济比较后确定，应按表 9.6 的规定取值。

表 9.5　　雨水管渠设计重现期　　单位：年

城区类型 / 城镇类型	中心城区	非中心城区	中心城区的重要地区	中心城区地下通道和下沉式广场等
特大城市	3～5	2～3	5～10	30～50
大城市	2～5	2～3	5～10	20～30
中等城市和小城市	2～3	2～3	3～5	10～20

注　特大城市指市区人口在 500 万人以上的城市；大城市指市区人口在 100 万～500 万人的城市；中等城市和小城市指市区人口在 100 万人以下的城市。

表 9.6　　内涝防治设计重现期

城镇类型	重现期/年	地面积水标准
特大城市	50～100	1. 居民住宅和工商业建筑物的底层不进水； 2 道路中一条车道的积水深不超过 15cm
大城市	30～50	
中等城市和小城市	20～30	

（2）雨水管渠的设计降雨历时 t。对每场降雨而言，有无数个降雨历时。但设计降雨历时是指管渠设计断面发生最大流量时对应的降雨历时。

根据汇流过程分析和极限强度理论，雨水管道相应的全部汇水面积参与径流，雨水管道发生最大流量。所以设计中通常用汇水面积最远点雨水流到设计断面时的集流时间作为设计降雨历时。

对雨水管道某一设计断面来说，集流时间由两部分组成并可用下式表达：

$$t=t_1+t_2 \tag{9.8}$$

式中：t_1 为从汇水面积最远点流到第一个雨水口的地面集流时间，min；t_2 为雨水在管道内流到设计断面所需的流动时间，min。

1）地面集水时间 t_1 的确定：地面集水时间是指雨水从汇水面积上最远点流到第一个雨水口的时间。它受到地形坡度、地面铺砌、地面种植情况、道路纵坡和宽度等因素的影响，此外也与暴雨强度有关。但在上述各因素中，水流距离的长短和地面坡度是主要因素。实际应用时，要准确地计算 t_1 是困难的，一般采用经验数值。根据《室外排水设计规范》（GB 50014—2006）规定，地面集水时间视距离长短和地形坡度及地面覆盖情况而定，一般采用 $t_1=5\sim15$min。

按照经验，一般在建筑密度较大、地形较陡、雨水口分布较密的地区，或街坊内设置雨水暗管时，宜采用较小的 t_1 值，可取 $t_1=5\sim8$min；而在建筑密度较小、汇水面积较大、地形较平坦、雨水口布置较稀疏的地区，宜采用较大值，一般可取 $t_1=10\sim15$min。起点井上游地面流动距离以不超过 120～150m 为宜。

在设计工作中，应结合具体条件恰当地确定。如 t_1 选用过大，将会造成排水不畅，以致使管道上游地面经常积水；选用过小，又将使雨水管渠尺寸加大而增加工程造价。

地面汇流 t_1 也可采用经验公式估算，如机场排水公式：

$$t_1=0.703(1.1-\alpha)L^{0.5}J^{-0.333} \tag{9.9}$$

Schaake公式：

$$t_1=1.397L^{0.24}J^{-0.16}I^{-0.26} \tag{9.10}$$

以上式中：α为径流系数；L为坡面流长度，m；J为地面平均坡度；I为不透水面积百分比。

2）管渠内雨水流动时间t_2的确定：t_2是指雨水在管渠内的流动时间，即

$$t_2=\sum_k \frac{l_k}{60v_k} \tag{9.11}$$

式中：l_k为第k管段的长度，m；v_k为第k管段满流时的水流速度，m/s；60为单位换算系数。

综上所述，计算雨水管渠设计流量所用的推理公式可写为

$$Q=\psi F\frac{167A_1(1+c\lg P)}{(t_1+t_2+b)^n} \tag{9.12}$$

式中：各符号含义同前。

式（9.12）表明，对于单一排水流域，在全部面积参与径流时发生最大流量。但实际工程中对于较大排水区域，一般划分为若干个排水流域（单元），每个排水流域设置一个雨水口和雨水支管，然后若干雨水支管再接入雨水干管。由于各排水流域距离有远有近，各排水流域的最大雨水流量并不一定在雨水干管相遇，这时应根据具体情况分析管道中某一断面最大流量可能发生的情况，并比较选择其中的最大流量作为相应管段的设计流量。下面举例说明两个有一定距离的独立排水流域的雨水干管交汇处最大设计流量的计算方法。

【例9.2】 有一条雨水干管接受两个独立排水流域的雨水径流，如图9.11所示。图中F_A为城市中心区汇水面积，F_B为城市近郊区汇水面积，暴雨重现期$P=1$年。已知：

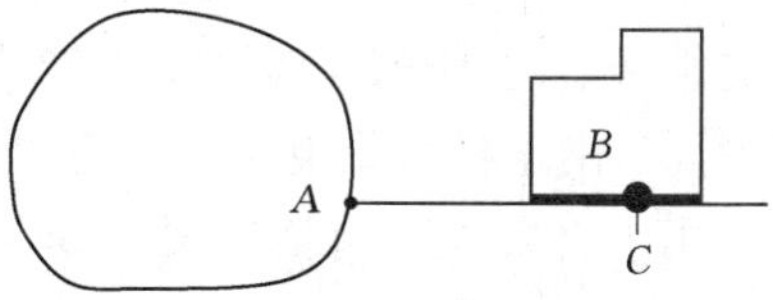

图9.11 两个独立排水流域雨水汇流示意图

1）$P=1$年时的暴雨强度公式为

$$q=\frac{983}{(t+4)^{0.56}}$$

2）径流系数中心区取$\psi=0.70$，近郊区取$\psi=0.55$。

3）$F_A=30\text{hm}^2$，$t_A=25\text{min}$；$F_B=15\text{hm}^2$，$t_B=15\text{min}$；雨水在AB段管道流行时间$t_{A-B}=10\text{min}$。

试求A、C点的设计流量Q是多少？

解： 根据雨水管渠设计的极限强度理论，当集流时间等于设计降雨历时，全部汇水面积参与径流时，发生最大流量。所以，城市中心区雨水口A处的最大流量为

$$Q_A=0.70\times\frac{983}{(t+4)^{0.56}}\times F_A=0.70\times\frac{983}{(25+4)^{0.56}}\times 30=3132.1(\text{L/s})$$

近郊区雨水口B处的最大流量为

$$Q_B=0.55\times\frac{983}{(t+4)^{0.56}}\times F_B=0.55\times\frac{983}{(15+4)^{0.56}}\times 15=1559.2(\text{L/s})$$

所以，管道首端断面 A 最大设计流量应等于3132.1L/s。C 断面为 A、B 雨水汇合后管道断面，由于承接中心区和近郊区的雨水，这两个区最大流量出现时间不同步，所以 C 断面最大流量发生在何时要进行比较分析而定。

工况1：雨水口 B 的最大流量达到 C 点。假定 B 与 C 距离很近，流动时间忽略不计，此时集流时间为 $t=t_B=15\text{min}$。由于 $t_{A-B}=10\text{min}$，可知只有部分中心区面积上产生的流量达到 C 点。此时，来自中心区的流量为

$$Q'_A=0.70\times\frac{983}{(t-t_{A-B}+4)^{0.56}}\times F'_A=0.70\times\frac{983}{(5+4)^{0.56}}\times\frac{30}{25}\times5=1206.2(\text{L/s})$$

C 点总流量为

$$Q_C=Q_B+Q'_A=1559.2+1206.2=2765.4(\text{L/s})$$

工况2：雨水口 A 的最大流量达到 C 点。此时，集流时间为 $t=t_A+t_{A-B}=35\text{min}$，来自郊区面积上的最大流量已经通过 B 点。来自近郊区的流量为

$$Q'_B=0.55\times\frac{983}{(t+4)^{0.56}}\times F_B=0.55\times\frac{983}{(35+4)^{0.56}}\times15=1042.3(\text{L/s})$$

C 点总流量为

$$Q_C=Q'_B+Q_A=3132.1+1042.3=4174.4(\text{L/s})$$

比较工况1与工况2，选择其中最大流量作为 C 断面设计流量，即 C 点设计流量为4174.4L/s。

9.2.3 雨水管渠设计

雨水管渠系统任务就是及时地汇集并排出在雨天时降雨形成的地面径流。雨水沿沟渠进入支管（渠）、干管，流入主干管，最终排向河流、湖泊等调蓄水体。与供水管网多是环状网不同，雨水排水管道系统多呈树状分布。支管（渠）是树枝，主干管（渠）就是树干。

雨水管渠设计包括管渠定线和水力计算。在管渠线路确定后，雨水管渠水力计算的目的是合理、经济地选择管渠断面尺寸、坡度和管道埋深。为简化计算工作，目前在排水管道计算中，仍按重力流、均匀流考虑。在设计流量得出后，圆管设计管段的设计流速和设计坡度等水力参数，可由以下公式计算：

设计流速：

$$v=\frac{4Q}{\pi D^2} \tag{9.13}$$

设计坡度：

$$i=\left(\frac{nv}{R^{2/3}}\right)^2=\left(\frac{4Qn}{\pi D^2R^{2/3}}\right)^2 \tag{9.14}$$

式中：v 为设计流速，m/s；Q 为设计流量，m^3/s；D 为管径，m；R 为水力半径，对于圆管 $R=D/4$；i 为水力坡度（即管底坡度）；n 为管壁粗糙系数，其值根据管壁材料确定。混凝土和钢筋混凝土管的管壁粗糙系数一般采用0.013～0.014。

在工程设计中，通常在选定管材后，n 即为已知数，同时设计流量 Q 也已知，在剩下的三个未知数 D、v 和 i 中，可参照地面坡度先假定一个管底坡度 i，计算出 D 和 v。由于

D值一般不符合管材统一管径规格，因此需要对D值调整。最终使所求得的D、v和i符合设计参数的规定。

9.2.3.1　雨水管渠设计参数规定

为使雨水管渠正常工作，避免发生淤积、冲刷等现象，对雨水管渠水力计算的基本参数作如下的一些技术规定。

（1）设计充满度。雨水较污水清洁，对环境的污染较小，加上暴雨径流量大，但相应的较高设计重现期的暴雨强度的降雨历时一般不会很长，因此从减少工程投资的角度来讲，雨水管渠允许溢流。所以雨水管道的充满度按满流考虑，即$h/D=1$（h表示管道中的水深，D表示管道的直径），在设计流量下的h/D称为设计充满度。若是明渠，则应有等于或大于0.20m的超高，街道边沟应有等于或大于0.03m的超高。

（2）设计流速。和设计流量、设计充满度相应的水流平均速度称为设计流速。雨水在管内流动缓慢时，水中杂质可能下沉，产生淤积；当流速过大时，可能产生冲刷，甚至损坏管道。为避免雨水所挟带的泥沙等无机物质在管渠内沉淀下来而堵塞管道，雨水管道的最小设计流速为0.75m/s；明渠内最小设计流速为0.4m/s。为防止管壁受到冲刷而损坏，一般规定，雨水管道的最大设计流速为：金属管道10m/s，非金属管道5m/s。明渠内水流深度为0.4～1.0m，最大设计流速根据明渠建筑材料的耐冲刷性质不同而不同。

（3）最小设计坡度和最小管径。根据水力计算公式，在满流时，管道水流速度与坡度和管径有关。设计时，通常使管道埋设坡度与地面坡度一致，但相应的流速应等于或大于最小设计流速，以防止管道内产生沉淀。这点在地势平坦或管道走向与地面坡度相反时尤为重要。因此，将相应于最小设计流速时的管道坡度称作最小设计坡度。另一方面，管径越小，相应的管道坡度应越大。但通常只需规定最小管径的最小设计坡度值即可。

此外，在雨水管道系统的上游部分，设计流量较小，若根据流量计算，则管径会很小。但为减少堵塞，便于养护，常规定一个允许的最小管径。

《室外排水设计规范》规定：雨水管道最小管径为300mm，相应的最小坡度为0.003；雨水口连接管最小管径为200mm，最小坡度为0.01。

（4）最小覆土深与最大埋深。覆土厚度是指管道外壁顶部到地面的距离。埋设深度是指管道内壁底部到地面的距离。为了降低工程造价，缩短工期，管道埋深越小越好。但是，覆土厚度应有一个最小的限值。这个最小限值称为最小覆土厚度。最小覆土厚度取决于以下3方面的要求：一是必须防止管道内雨水冰冻和因土壤冻胀而损坏管道；二是必须防止管壁因地面荷载而受到破坏；三是必须满足街坊雨水管道衔接的要求。综合上述要求，可以确定该管道的最小覆土厚度或最小埋设深度。雨水在管道中依靠重力从高处流向低处，当管道坡度大于地面坡度时，管道的埋深就愈来愈大，尤其在地势平坦地区更为突出。管道埋深越大，则造价越高。所以，对管道的最大埋深应有要求。最大埋深应根据技术经济指标及施工方法来确定。一般，干燥土壤中，最大埋深不超过8m，在多水、流砂、石灰岩地层中，一般不超过5m。当超过最大埋深时，应设置泵站以提高管渠的位置。

（5）雨水管道控制点。在雨水排水区域内，对管道系统的埋深起控制作用的点称为控制点。例如各条管道的起点大多是这条管道的控制点。这些控制点中距离出水口最远的一点，通常是整个排水管道系统的控制点。排水区域中某些低洼地区的管道起点，也可能是整个管道系统的控制点。

确定控制点的标高时，一方面，应根据城市的竖向规划，保证排水区域内各点的雨水都能排出，并考虑未来发展，在埋深上适当留有余地。另一方面，不能因顾及个别控制点而增加整个管道系统的埋深。为了减少控制点管道的埋深，从而减少整个管道系统的埋深，降低工程造价，通常可采取如下措施，例如，加强管材强度；填土提高地面高程以保证最小覆土厚度；设置中途泵站、局部泵站和终点泵站，以提高水位等。

【例 9.3】 已知图 9.11 中 AB 管段设计流量 $Q=3132.1\text{L/s}$，$n=0.0135$，该管段处的地面坡度为 0.004，试计算该管段的管径 D、流速 v 和管底坡度 i。

解： 假定管底坡度 $i=0.004$，根据式（9.14），可求出 $D=1.33\text{m}$ 和流速 $v=2.26\text{m/s}$。流速符合水力计算设计参数的规定。但管径 D 的值介于 $D=1.20\sim1.40\text{m}$ 之间，不符合管材统一规格的规定。因此，需调整管径 D。

设采用 $D=1.20\text{m}$，求出 $Q=3132.1\text{L/s}$ 时的管底坡度 $i=0.007$，$v=2.77\text{m/s}$；再设采用 $D=1.40\text{m}$，求出 $Q=3132.1\text{L/s}$ 时的管底坡度 $i=0.003$，$v=2.04\text{m/s}$。相比较而言，$D=1.20\text{m}$ 时管底坡度 i 与地面坡度相差较大，势必增加管道埋深，不宜采用。

9.2.3.2 雨水管渠的设计计算

雨水管渠设计主要包括以下内容：

（1）划分排水流域与管渠定线。根据城市地形以及道路、河流的分布状况，结合城市总体规划图，首先确定排水区界，划分排水流域（单元），其次选择出水口的位置，然后进行管渠定线，确定雨水管渠位置和走向等。

排水区界是雨水排水系统设置的界限。在排水区界内，根据地形及城镇和工业区的竖向规划，划分排水流域。一般在丘陵及地形起伏的地区，可按等高线划出分水线，通常分水线与流域分界线基本一致。在地形平坦无显著分水线地区，可按面积的大小划分，使各相邻流域的管道系统能合理分担排水面积，使干管在最大合理埋深情况下，尽量使绝大部分雨水能以自流排水为原则。

在总平面图上确定雨水管道的位置和走向，称为雨水管道的定线。管道定线一般按主干管-干管-支管的顺序依次进行。定线时，应充分利用地形，使管道的走向符合地势，一般宜顺坡排水。为减少雨水干管的管径和长度，雨水管渠应本着分散和就近排放的原则布置。在地势适当向水体倾斜地区，各排水流域的干管以最短距离与水体（河流）垂直相交的方向布置，可保证雨水管渠以最短路线、较小的管径把雨水就近排入河流或湖泊。当城镇地形平坦，且地面平均标高低于河流、湖泊洪水期常水位时，由于有防洪设施阻隔，雨水不能自流外排入河流，此时宜集中排放，且在出水口前设雨水泵站，暴雨期间雨水经抽排进入水体。

根据定线后管道的具体位置，在管道转弯处、管径或坡度改变处、有支管接入或两条以上管道交互处，以及超过一定距离的直线管段上，都应设置雨水检查井。

（2）设计管段及设计流量的确定。两个检查井之间的管段采用的设计流量不变，且采用同样的管径和坡度，称其为设计管段。但在直线管段上，为了疏通管道，需在一定距离处设置检查井，这种情况下视为可以采用同样管径和坡度的连续管段，可以划作一个设计管段。一般地，凡有集中流量进入、有旁侧管道接入的检查井均可作为设计管段的起点。设计管段一般控制在200m以内，如果管段划得太短，则计算工作量增大，设计管段划得太长，则设计方案不经济。

各设计管段汇水面积的划分应结合地面坡度、汇水面积的大小、雨水管渠布置以及雨水径流的方向等情况进行。并将每块面积进行编号，列表计算其面积。

（3）确定设计计算基本数据，计算设计流量。根据各排水流域的实际情况，确定设计重现期、地面集流时间及径流系数等，列表计算各设计管段的设计流量。

（4）水力计算。在确定设计流量后，便可以从上游管段开始依次进行各设计管段的水力计算，确定出各设计管段的管径、坡度、流速；根据各管段坡度，并按管顶平接的形式，确定各点的管内底高程及埋深。

（5）绘制管道平面图和纵剖面图。将洪峰流量作为雨水管渠系统设计流量，设计流量大，造成管渠断面大，工程造价高。如果在雨水管渠上设置调节设施把雨水径流的洪峰暂存其内，待洪峰过后，再将储存池内的水慢慢排出，就可以极大地降低下游雨水干管的断面尺寸。如果调节池后设有泵站，还可减少泵站装机容量。

天然洼地、池塘等用作调节池，其位置取决于天然水系。若考虑人工建造调节池，则要选择合理的位置，一般可在雨水干管中游或有大流量管道的交汇处、正在进行大规模住宅建设和新城区开发的区域、在拟建雨水泵站前的适当位置处设置人工的地面式或地下式调节池。调节池的型式可参考有关书籍。

9.3 农田排水规划

农作物生长受土壤中水、气、热、养分等状况所制约。农田水分长期不足或长期过多，会导致土壤中的空气、养分、温热状况变差，影响作物的正常生长，甚至造成农作物凋萎死亡（缺水情况下）或窒息死亡（水分过多情况下）。所以，为了获得较好的作物收成，应使作物在适宜的土壤水分环境中生长，而农田灌溉与农田排水是调节农田水分状况的两种主要措施。其中，农田排水的任务是排除农田中多余的水分（包括地面以上及根系层），保证农作物正常生长。

涝和渍是农田常见的两种自然灾害。涝灾是由于降雨超渗部分在田间形成径流水层和低洼地汇集的地面积水引起的，排除涝水是农田排水的首要任务。这种排水称为除涝排水，又称地面排水。渍害则由于雨后平原坡度较小的地区和低洼地，在排除地面积水以后，地下水位过高，根系活动层土壤含水率太高，通气不良，造成作物减产，甚至死亡。降低地下水位这种排水称为防渍排水。此外，在我国广大干旱半干旱地区，当地下水位过高，地下水矿化度也较高时，由于潜水蒸发强度大，水分蒸发后，盐分累积在土壤表层，造成土壤的盐碱化。而降低地下水位，减少潜水蒸发，是解决盐碱灾害的一种有效措施。这种情况的排水称为防止土壤盐碱化的排水。它与防渍排水同属排除地下水。

9.3.1 农田排水系统组成及其布置

农田排水系统是对用以除涝、防渍、防盐碱化的各级排水沟（管）道及建筑物的总称。它主要由田间排水沟系、各级输水沟、蓄涝湖泊、排水闸、抽排泵站和排水承泄区等组成，如图9.12所示。排（输）水沟系和灌溉渠系相似，一般可分为干沟、支沟、斗沟、农沟四级固定沟道。但当排水面积较大或地形较复杂时，固定排水沟可以多于四级；反之，也可少于四级。干沟、支沟、斗沟三级沟道组成输水沟网，农沟及农沟以下的田间沟道组成田间排水沟系。农田中由降雨所产生的多余地面水和地下水通过田间排水沟系汇集，然后经输水沟系和排水枢纽排泄到承泄区。

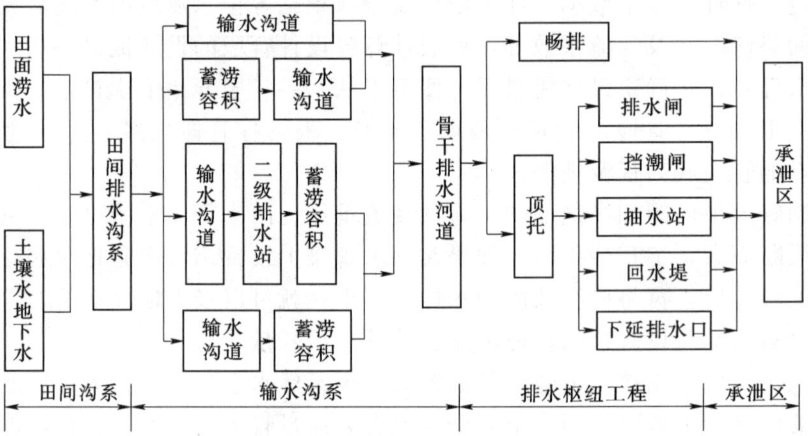

图9.12 排水系统模式图

(1) 田间排水沟系。田间排水沟系分明沟、暗沟（管）、竖井等几种。明沟主要用以排除地表径流，当明沟有足够的深度和间距时，也可以发挥控制地下水位的作用。明沟排水具有施工简单、投资少、见效快的优点，但开挖工程量大、占地多，而且存在塌坡、淤积、生长杂草等问题。暗管排水主要用以控制土壤水分和降低地下水位。由于它不占耕地，有利于机耕，已广泛采用。它的主要缺点是容易塌坡淤塞，施工时要注意质量和做好滤层。在地表透水性差而地层浅部有良好砂层时，可采用竖井排水或结合井灌起到排水作用。竖井排水可以形成较大的降深，能有效地控制地下水位，还可减少田间排水系统和土地平整工作量。但它需消耗能源，在地表土层透水系数过小或下部承压水的压力过高时，难以达到预期的排水效果。

(2) 排水沟道。排水沟道一般分为干沟、支沟、斗沟等数级。它主要用以排水，有时也起到蓄水和滞水作用。通常采用明沟将涝（渍）水自流排入承泄区。但在一些地区，汛期外江水位高于排水区内的沟道水位，涝水不能自流排出，须设置泵站抽排。为了节省排水费用和能源，还要尽量利用排水区内的湖泊、洼地滞蓄一部分涝水。

排水系统的布置应全面规划，尽量做到以下几点：①排水沟道要处于控制面积的最低处，以求尽量自流排水；②根据地形应将排水地区划分为高、中、低等片，做到高水高排，低水低排，自排为主，抽排为辅；③排水干沟的出口应选择在承泄区水位较低和河床比较稳定的地方；④下级排水沟道的布置要为上级沟道排水创造良好的条件，干沟要尽可能布置成直线，此外，排水沟布置要避开土质差的地带，以节省工程费用并使排水安全及时；⑤在有外水入侵的排水区，应布置截流沟或撇洪沟，使外来的地面水和地下水直接引入排水干沟或承泄区。

9.3.2 排水设计标准

由于排水既包括排出地面水又包括排出地下水，排水设计标准亦包括两方面的内容：一是排除地表多余降雨径流的排涝（除涝）标准，二是控制农田地下水位的排渍（除渍）标准。

9.3.2.1 排涝标准

我国排涝规划设计中，使用最为普遍的是以排水区发生一定重现期的暴雨，作物不受涝作为设计排涝标准。这种表达方式除明确指出一定重现期的暴雨外，还规定在这种暴雨发生时作物不允许受涝。即当实际发生暴雨不超过设计暴雨时，农田的淹水深度、淹水历时应不超过农作物正常生长所允许的耐淹水深和耐淹历时。

此外，也有以排水区作物不受涝的保证率为设计排涝标准，或以某一定量暴雨或涝灾严重的典型年作为排涝设计标准。

设计排涝标准是确定排涝流量及排水工程设施规模的重要依据。设计排涝标准确定得是否合理，直接关系到工程的经济效益及其可行性。如设计标准定得过高，则工程规模过大，可能造成国家资金和设备的大量积压；反之，如设计标准定得过低，则工程规模过小，除涝效益又不显著，达不到除涝要求。所以设计排涝标准应当通过排水工程的费用、效益分析和经济论证加以确定。根据调查，目前我国大多数地区排涝标准采用了暴雨重现期为5～10年一遇的设计标准。

排涝标准除规定一定重现期的暴雨外，还应包括暴雨历时和排涝时间。除涝设计标准中的暴雨历时，一般采用1d、3d、7d、15d、30d等时段。采用暴雨历时长短，视流域面积大小、地形、植被等条件而定。在小流域中，对规划设计排水沟起决定作用的是形成洪峰的短历时暴雨。据华北平原地区实测资料分析，对于100～500km^2的排水面积，洪峰流量主要由一日暴雨形成，而对于500～5000km^2的排水面积，洪峰流量一般由三日暴雨形成。因此，设计暴雨历时一般视流域面积大小等条件定为1～3日是适宜的。

排涝时间应根据作物的耐淹能力，即耐淹历时和耐淹水深确定。排涝时间不应超过作物的耐淹历时，否则作物受涝减产。在无经验资料时，通常应对排水区进行调查，以作物不减产为原则，设计排涝天数。由于不同地区现有工程基础不同，雨情与灾情不同，农业发展对治涝要求也不尽相同，应因地制宜的综合分析确定。根据已有资料，设计排涝天数视设计暴雨历时不同而异，旱作区一般可采用1～3d暴雨从作物受淹起1～3d排至田面无积水；水稻区一般可采用1～3d暴雨3～5d日排至耐淹水深。具有调蓄容积的排水系统，可根据调蓄容积的大小采用较长历时的设计暴雨或一定间歇期的前后两次暴雨作为设计标准；排空调蓄容积的时间可根据当地暴雨特性统计分析两次暴雨的间歇天数确定，一般可采用7～15日。

任何作物都具有一定的耐淹水深和耐淹历时，当超过作物允许的耐淹水深和耐淹历时时，将影响作物的正常生长，轻则造成减产，重则造成绝收。作物耐淹水深和耐淹历时随作物的品种、生育阶段而异。一般应根据当地或邻近地区有关试验或调查资料分析确定。无试验或调查资料时，可参照《灌溉与排水工程设计规范》（GB 50288—2016）或表9.7选取。

表 9.7 部分作物耐淹水深和耐淹历时

作　　物	生育阶段	耐淹水深/cm	耐淹历时/d
小麦	拔节—成熟	5～10	1～2
棉花	开花结铃	5～10	1～2
玉米	抽穗	8～12	1～1.5
	灌浆	8～12	2
	成熟	10～15	2～3
水稻	返青	3～5	1～2
	分蘖	6～10	2～3
	拔节	15～20	4～6
	孕穗	20～35	4～6
	成熟	30～35	4～6

除设计暴雨的雨量、历时和排涝时间之外，除涝排水设计标准还应包括设计内水位和设计外水位等。设计外水位是指承泄区的水位。由于承泄区和排水区汇水区域并不相同，因此，设计外水位要根据排水系统出口所在承泄区的具体情况，通过水文水利计算和技术经济分析加以确定。设计内水位是指排水出口处的沟道通过排泄流量时的水面高程。在排渍情况下，设计内水位一般应定在农田地下水位降到规定深度所必需的高程上。

9.3.2.2 降低地下水位的排渍标准

农作物排渍标准是指控制农作物不受渍害的农田地下水排降标准，通常是将排水区由设计暴雨形成的地面水排除后，地下水位应在旱作物耐渍时间内排降到农作物耐渍深度以下，以消除由于土壤水分过多或稻田通气不良所产生的渍害。农作物的设计排渍深度是指农作物在不同生育阶段要求保持一定的地下水适宜埋藏深度，即土壤中水分和空气状况适宜于农作物根系生长（有利于农作物增产）的地下水深度。当地下水位经常维持在农作物的设计排渍深度时，则农作物不受渍害。

由于农作物的耐渍深度和耐渍时间因作物种类、生育阶段、土壤性质、气候条件以及采取的农业技术措施等不同而变化，是一个动态指标。因此，各种农作物设计排渍深度、耐渍深度、耐渍时间和水稻田适宜日渗漏量，应根据当地邻近地区农作物试验或种植经验、调查资料分析确定，无试验资料或调查资料时，旱田设计排渍深度可取 0.8～1.3m，水稻田设计排渍深度可取 0.4～0.6m，旱作物耐渍深度可取 0.4～0.6m，耐渍时间 3～4d。水稻田适宜日渗漏量可取 2～8mm/d（黏性土取较小值，沙性土取较大值）。

有渍害的旱作区，农作物生长期地下水位应以设计排渍深度作为控制标准，但在设计暴雨形成的地面水排除后，应在旱作物耐渍时间内将地下水位降至耐渍深度。水稻区应能在晒田期内将地下水位降至设计排渍深度。土壤渗漏量过小的水稻田应采取地下水排水措施，使其淹水期的渗漏量达到适宜标准。

9.3.3 排水流量计算

排水流量是确定各级排水沟道断面、沟道上建筑物规模以及分析现有排水设施排水能力的主要依据。设计排水流量分设计排涝流量和设计排渍流量两种。前者用以确定排水沟道的断面尺寸；后者作为满足控制地下水位要求的地下水排水流量，又称日常排水流量，以此确定排水沟的沟底高程和排渍水位。

(1) 设计排涝流量的计算。推求设计排涝流量（又称最大设计流量）的基本途径有两类：①用流量资料推求；②用暴雨资料推求。由于平原地区水文测站少，资料年限短，设计标准较低，受人类活动的影响较大，例如排水河道开挖前与开挖后，同样的暴雨所形成的流量相差很大等，故一般难以根据实测径流资料进行统计分析，而往往采用由设计暴雨推求排涝流量的方法。

推算设计暴雨的方法有两种：①典型年法，即采用排水地区内某个涝灾严重的年份作为典型年，以这一年的某次最大暴雨作为设计暴雨；②频率法，即当流域内有足够的测站和较长的降雨资料，用各年最大的一次面平均降雨量，直接进行面雨量的频率计算，求得设计标准的暴雨量。当除涝排水面积较小时，一般可用点雨量代表面雨量。

由设计雨量推求径流深（净雨深），湿润半湿润地区多采用"超蓄产流法"计算净雨深。干旱半干旱地区当地下水位埋深较大时，一次降雨不可能使地下水位以上的土层蓄满，可采用"超渗产流法"计算净雨深。也可采用经验性方法，如降雨径流相关图法及暴雨扣损法。

农田区径流过程除受土壤蓄水影响外，田间的灌水沟、排水沟均对降雨径流有一定的调蓄作用。目前对大范围的农田排水一般采用排涝模数，即每平方公里排出流量，进行排水干、支沟的流量计算。田间末级固定排水沟（农沟），一般用调整沟间距的办法，达到缩短降雨径流在田间滞留的时间，以及在农沟控制的田块内增设毛沟以加快田间排水，保证不超过允许的淹没时间。

国内计算农田排涝流量的常用方法有如下 3 种：

1) 最大排涝模数经验公式法。该法适用于计算大型涝区的最大排涝流量，其计算公式为

$$q=KR^{m}F^{n} \tag{9.15}$$

式中：q 为设计排涝模数，$m^3/(s\cdot km^2)$；F 为排水沟设计断面所控制的排涝面积，km^2；R 为设计径流深，mm；K 为综合系数（反映河网配套程度、排水沟坡度、降雨历时及流域形状等因素）；m 为峰量指数（反映洪峰与洪量的关系）；n 为递减指数（反映排涝模数与面积的关系），n 取值小于 0。

式（9.15）考虑了形成最大流量的主要因素。首先是反映了随着排涝面积（或流域）的增大及其自然调蓄作用的增加而排涝模数减少的情况；其次还考虑了一次径流过程的峰量关系等。目前各地区或各流域在应用式（9.15）时，都根据该地区的除涝排水标准，选用接近设计标准的河流或排水系统的实测资料进行大量统计分析，确定公式中的各项系数和指数。

必须指出，公式中将很多因素的影响都综合在 K 值中，因而 K 值变动幅度较大，一般规律是：暴雨中心偏上，净雨历时长、平槽以下径流深大，地面坡度小，流域形状系数小，河网调节程度大，则 K 值小；反之则大。当流域或地区较大时，如果不考虑条件的差别，采用统一的 K 值，将会影响计算成果精度。

【例 9.4】 湖北平原地区某地有排水沟，设计断面上控制排涝面积 $300km^2$，除涝标

准为10年一遇，设计3d暴雨量250mm，前期影响雨量50mm。求该排水沟断面设计排涝流量。

解：将设计暴雨量和前期影响雨量相加，总雨量为300mm。查当地降雨径流相关图，得径流系数$\alpha=0.67$，设计径流深R

$$R=0.67\times250=167.5(\mathrm{mm})$$

代入湖北省平原湖区排涝模数经验公式，有排涝模数q

$$q=0.0135RF^{-0.201}=0.719[\mathrm{m^3/(s\cdot km^2)}]$$

则排水沟断面处的设计排涝流量为

$$Q=qF=0.719\times300=216(\mathrm{m^3/s})$$

2）平均排除法。平均排除法是以排水面积上的设计净雨在规定的排水时间内排除的平均排涝流量或平均排涝模数作为设计排涝流量或排涝模数的方法，即

$$Q=\frac{RF}{86.4t} \tag{9.16}$$

或

$$q=\frac{R}{86.4t} \tag{9.17}$$

式中：Q为设计排涝流量，$\mathrm{m^3/s}$；q为设计排涝模数，$\mathrm{m^3/(s\cdot km^2)}$；$F$为排水沟控制的排水面积，$\mathrm{km^2}$；$R$为设计径流深，mm；$t$为规定的排涝时间，d，主要根据作物的允许耐淹历时确定。对于水田，一般选3～5d；对于旱地因作物耐淹性较差，排涝时间应当选得短些，一般取1～3d。

径流深R可采用如下方法计算：

对于水田：

$$R=P-h_c-ET \tag{9.18}$$

对于旱田：

$$R=\alpha P \tag{9.19}$$

式中：P为设计暴雨量，mm；h_c为水田滞蓄水深，mm，由水稻耐淹水深确定；ET为水田田间腾发量，mm；α为径流系数。

如排水区既有旱地又有水田时，则首先按式（9.17）～式（9.19）分别计算水田和旱地的排涝模数，然后按旱地和水田的面积比例加权平均，即得综合排涝模数。

这一方法确定的排涝流量或排涝模数是一个均值。为了与前述按照最大排涝模数确定排水沟设计流量的方法相区别，故把这法称为平均排除法。对于水网圩区和抽水排水地区，由于河网有一定调蓄能力，不论排水面积大小，此方法都是比较适用的。而对于排水沟道调蓄能力较差的地区（如有些坡水区等），按此法算得的排涝流量可能偏小，故一般认为它仅适用于控制面积较小的排水沟，这是因为较小的排水沟，在不超过作物允许耐淹历时的条件下，可以允许地面径流在短时间内漫出沟槽。此法计算简便是其优点，但它没有反映出排水面积越大、其排涝模数越小这一规律；而且当排水面积很大时，涝水汇流时间往往也超过计算中一般规定的排涝时间3～5d。因此应用此法时，首先要针对具体条件，分析其适用性。

3）排涝流量过程线法。当涝区内有较大的蓄涝区时，即蓄涝区水面占整个排涝区面积的5%以上时，需要考虑蓄涝区调蓄涝水的作用，并合理确定蓄涝区和排水闸、泵站等除涝工程的规模。对于这种情况，就需要采用概化过程线等方法推求设计排涝流量过程线，供蓄涝、排涝演算使用。

（2）排渍流量的计算。地下水排水流量，自降雨开始至雨后同样也有一个变化过程和一个流量高峰。当地下水位达到一定控制要求时的地下水排水流量称为日常流量，它不是流量高峰，而是一个比较稳定的较小的数值。单位面积上的排渍流量称为设计地下水排水模数或排渍模数 [$m^3/(s \cdot km^2)$]，其大小决定于地区气象特点（降雨、蒸发条件）、土质条件、水文地质条件和排水系统的密度等因素。对于排渍模数，一般难于进行理论分析，给出计算公式，而是根据实测资料分析确定。

一般在降雨持续时间长、土壤透水性强和排水沟系密度较大的地区，设计排渍模数具有较大的数值。根据一些地区资料，由于降雨而产生的设计排渍模数见表9.8。

表9.8　各种土质的设计排渍模数

土　质	设计排渍模数 /[$m^3/(s \cdot km^2)$]	土　质	设计排渍模数 /[$m^3/(s \cdot km^2)$]
轻沙壤土	0.03～0.04	重壤、黏土	0.01～0.02
中壤	0.02～0.03		

在盐碱土改良地区，由于冲洗而产生的设计排渍模数常大于表9.8所列数值。而防止土壤次生盐碱化地区，在强烈返盐季节，其地下水控制在临界深度时的设计排渍模数一般较小。

9.3.4 排水沟设计水位与断面设计

设计排水沟，一方面要使沟道能通过排涝设计流量，使涝水顺利排入外河；另一方面还要满足控制地下水位等要求。因此，排水沟的设计水位可以分为排渍水位和排涝水位两种。

（1）排渍水位（又称日常水位）。这是排水沟经常需要维持的水位，在平原地区主要由控制地下水位的要求（防渍或防止土壤盐碱化）所决定。

为了控制农田地下水位，排水农沟（末级固定排水沟）的排渍水位 D_f 应当低于农田要求的地下水埋藏深度，离地面一般不小于1.2～1.5m；有盐碱化威胁的地区，轻质土不小于2.2～2.6m，如图9.13所示。而斗沟、支沟、干沟的排渍水位，要求比农沟排渍水位 D_f 更低，因为需要考虑各级沟道的水面比降和局部水头损失，例如排水干沟，为了满足最远处低洼农田（图9.14）降低地下水位的要求，其沟口排渍水位可由最远处农田平均田面高程（A_0），考虑降低地下水位的深度和斗、支、干各级沟道的比降及其局部水头损失等因素逐级推算而得，即

$$z_d = A_0 - D_f - \sum Li - \sum \Delta z \tag{9.20}$$

式中：z_d 为排水干沟沟口的排渍水位，m；A_0 为最远处低洼农田地面高程，m；D_f 为农沟排渍水位离地面距离，m；L 为斗沟、支沟、干沟各级沟道长度，m，如图9.14所示；i 为斗沟、支沟、干沟各级沟道的水面比降，如为均匀流，则为沟底比降；Δz 为各级沟

道沿程局部水头损失，如过闸水头损失取 0.05～0.1m，上下级沟道在排地下水时的水位衔接落差一般取 0.1～0.2m。

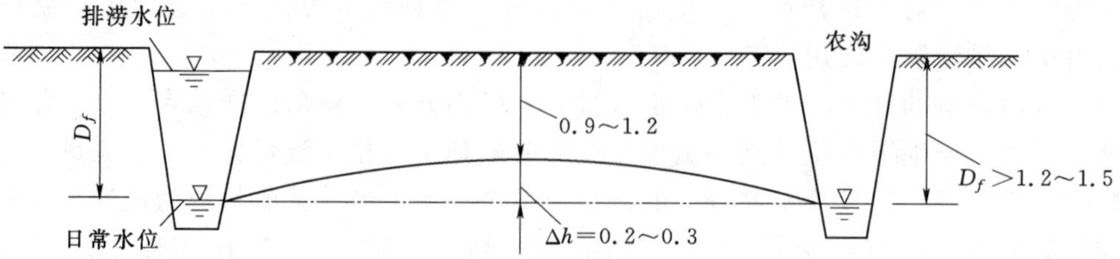

图 9.13 排渍水位与地下水位控制的关系（单位：m）

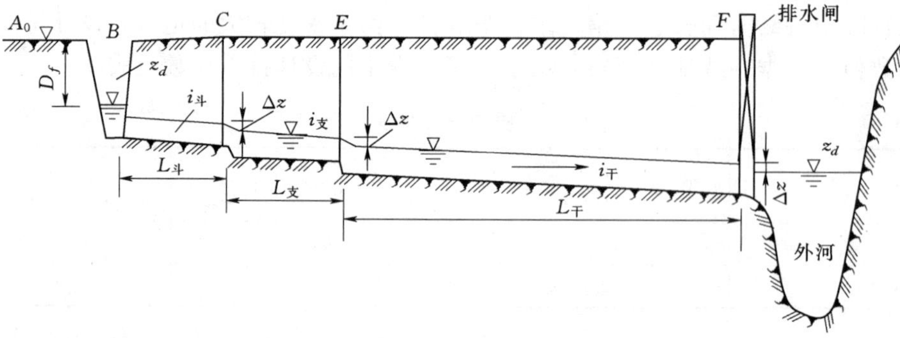

图 9.14 干沟、支沟、斗沟、农沟排水沟排渍水位关系图

对于排渍期间承泄区（又称外河）水位较低的平原地区，如干沟有可能自流排除排渍流量时，按上式推得的干沟沟口处的排渍水位 z_d，应不低于承泄区的排渍水位或与之相平。否则，应适当减小各级沟道的比降，争取自排。而对于经常受外水位顶托的平原水网圩区，则应利用抽水站在地面涝水排完以后，再将沟道或河网中蓄积的涝水排至承泄区，使各级沟道经常维持排渍水位，以便控制农田地下水位和预留沟网容积，准备下次暴雨后滞蓄涝水。

（2）排涝水位（又称最高水位 z_m）。排涝水位是排水沟宣泄排涝设计流量（或满足滞涝要求）时的水位。由于各地承泄区水位条件不同，确定排涝水位的方法也不同，但基本上分为下述两种情况。

1）当承泄区水位一般较低，如汛期干沟出口处排涝设计水位始终高于承泄区水位，此时干沟排涝水位可按排涝设计流量确定，其余支、斗、沟的排涝水位亦可由干沟排涝水位按比降逐级推得。但有时干沟出口处排涝水位比承泄区水位稍低，此时如果仍须争取自排，势必产生壅水现象，于是干沟（甚至包括支沟）的最高水位就应按壅水水位线设计，其两岸常需筑堤束水，形成半填半挖断面，如图 9.15 所示。

2）在承泄区水位很高、长期顶托无法自流外排的情况。此时沟道最高水位是分两种情况考虑，一种情况是没有内排站的情况，这时最高水位一般不超出地面，以离地面 0.2～0.3m 为宜，最高可与地面齐平，以利排涝和防止漫溢，最高水位以下的沟道断面应能承泄除涝设计流量和满足蓄涝要求。另一种情况是有内排站的情况，则沟道最高水位

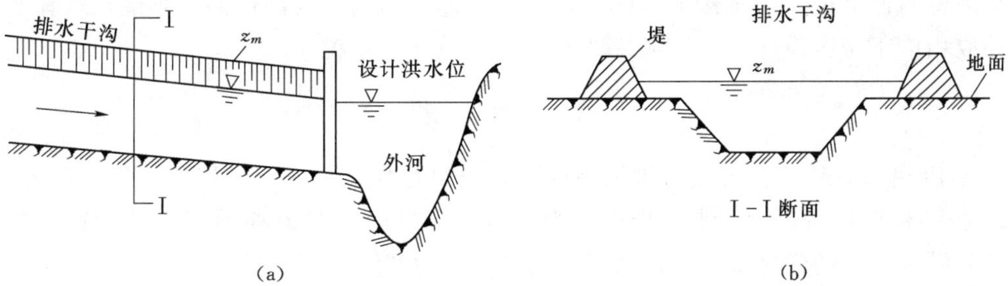

图 9.15 排水出口壅水时干沟的半填半挖断面示意图

可以超出地面一定高度（如内排站采用圬工泵时，超出地面的高度就不应大于 2～3m），相应沟道两岸亦需筑堤。

（3）排水沟断面设计。当排水沟的设计流量和设计水位确定后，便可确定沟道的断面尺寸，包括水深与底宽等。如图 9.16 所示，h 为按排涝设计流量确定的排水沟水深，h_0 为排地下水时沟中水深，h_0＝0.1～0.2m。

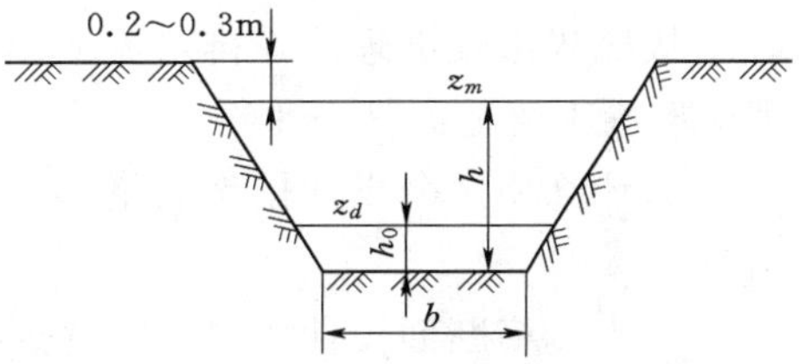

图 9.16 排水沟横断面图

排水沟一般是根据排涝设计流量，按恒定均匀流公式设计断面尺寸。但在承泄区水位顶托发生壅水现象的情况下，往往需要按恒定非均匀流公式推算沟道水面线，从而确定沟道的断面以及两岸堤顶高程等。推算水面线的方法已在水力学中有详述，这里从略。但对于排水沟道的断面因素如底坡 i、糙率 n 及边坡系数 m 等应结合排水沟特点进行分析拟定。

按排涝设计流量确定的排水沟水深 h（相应的排渍水深为 h_0）及底宽 b，还不一定是最后采用的数值。考虑到在有些地区干、支沟需要满足通航、养殖要求及滞涝、甚至引水灌溉要求，因此还必须根据这些要求对沟道水深（h）、排渍水深（h_0）及底宽（b）进行校核。

9.3.5 设计外水位的选择

从目前我国部分地区设计外水位的情况来看，各地区采用的方法虽然不尽相同，但从中可以概括出两点基本规律。

（1）对于选择水位标准，一种情况是采取相应于涝区暴雨重现期的水位；另一种情况是采用多年平均水位。一般当涝区设计降雨与承泄区水位同频率遭遇的可能性较大时，采用前者；否则采用后者。

（2）对于选择水位特征期，则有多种选择，如年或汛期最高水位、年或汛期最高日平均水位、汛期最高 5 日或旬平均水位、最高汛期平均水位等等。具体选择时，可建议考虑以下原则：①当涝区设计降雨与承泄区水位同频率遭遇的可能性较大时，可采用相应于涝区设计降雨同频率的承泄区排涝天数（3～10d）平均水位作为设计外水位；②当涝区设计降雨与承泄区水位同频率遭遇的可能性较小时，可根据各地的具体情况确定，一般可采用排涝天数（3～10d）平均高水位的多年平均值。

感潮河段的设计外水位，原则上可与上述设计外水位的确定方法相同。取各年排涝期内的高潮位与低潮位，按排涝天数的平均值（即连续高高潮与高低潮的半潮位）作频率计算，并取相应于涝区设计降雨同频率的潮位作为设计潮水位。

思 考 题

1. 防洪措施有哪些？各类防洪措施的主要效果是什么？

2. 防洪标准是通过什么来体现的？为什么对不同防护对象和不同的工程等别要规定不同的防洪标准？防洪标准选择的经济学基础是什么？

3. 水库防洪规划主要确定防洪库容、防洪调度方式及泄洪建筑物布置、型式及尺寸。其中防洪库容大小与防洪调度方式有关。试举例说明。

4. 水库群防洪库容分配方法有哪些？

5. 确定雨水管渠设计流量的推理公式与哪些因素有关？

6. 按照极限强度理论，排水流域出口断面在什么时候出现最大流量？有没有极限强度理论不适用情况？

7. 为什么要区分设计排涝流量和设计排渍流量？二者对排水沟的断面尺寸要求有无不同？

8. 排水沟横断面设计要考虑哪些因素？是否与排水沟的功能有关？

9. 城镇雨水排水系统、农田排涝系统规划设计时，是如何考虑设计标准的（通过哪些参数或量体现标准高低的）？

第10章　水资源节约与保护

面对日益严重的缺水状况，最终的选择无非是两条途径，一是从“开源”的角度出发，通过工程和技术手段增加可供水量；二是从“节流”角度出发，通过节水措施的实施来提高用水效率，抑制需水量过快增长。由于水资源的有限性，“开源”的空间在许多地区已经越来越小，加强水资源节约与保护尤显重要。

10.1　节　约　用　水

节约用水的英文是“Water Conservation”，具有“水资源保护、守恒与节约”之意。节约用水的内涵在实践中也是不断发展的。美国内务部1978年将节约用水定义为：有效利用水资源，供水设施与供水系统布局合理，减少需水量；1979年又提出：减少水的使用量，减少水的浪费与损失，增加水的重复利用和回用。1983年美国政府对于节约用水的内涵解释是：“减少需水量，提高水的使用效率并减少水的损失和浪费，为了合理用水改进土地管理技术，增加可供水量”。

我国对于节约用水的内涵也有多种不同的解释，其中，《全国节水规划纲要（2001—2010年）》将节约用水定义为：在不降低人民生活质量和经济社会发展能力的前提下，采取现实可行的综合措施，减少水的损失和浪费，提高用水效率，合理和高效利用水资源。

综合起来，节约用水的内涵大致上包括以下三个方面：

（1）节约水量是节约用水的基本内容，包括减少需水量，改善供水系统，减少水的损失和浪费，增加水的重复利用和回用。

（2）提高水资源利用效率是节约用水的本质。通过法律法规、行政、技术与经济手段加强用水管理，调整用水结构，改进用水工艺，高效合理地发挥水资源的多重功能，在水资源一定的条件下实现产出最大化。

（3）实现水资源可持续利用是节约用水的根本目的。节水的最终结果是减少水资源的消耗量，缓解经济社会用水与生态环境保护的矛盾，进而实现水资源持久利用。

因此，节约用水是对水资源利用状况和水平的一种衡量，本质上反映的是水资源利用的效率。

通常认为经济效率是对资源使用情况的一种衡量，是指稀缺资源的使用量与使用所带来的收益量之间的对比关系。英国经济学家法约尔（Farrer，1957）把一般意义上的经济效率分解为技术效率和配置效率两部分。他从投入角度给出了技术效率的定义，认为技术效率是指在相同的产出下生产单元理想的最小可能性投入与实际投入的比率。勒宾森（Leibenstein，1966）从产出角度认为技术效率是指在相同的投入下生产单元实际产出与理想的最大可能性产出的比率。总之，技术效率是指由科技含量的提高而带来的产出成效，反映了对现有资源有效利用的能力。配置效率是指以投入要素的最佳组合来生产出“最优的”产品数量组合，是在给定资源和技术的条件下，通过资源的优化组合和有效配置，使资源从边际生产率低的地方流向边际生产率高的地方，从而使得资源利用更合理、社会总价值达到最大。

参照上述效率的定义，可以把水资源利用效率定义为水资源投入和带来的产出的比率，它是配置效率和技术效率的统一。

10.2 用水水平评价

从投入角度，一个用水主体（可以是一个企业、一个行业或一个地区）与其他用水主体比较，在产出相同的条件下，如果水资源投入量越小，则其水资源利用效率就越高，相应的用水水平也越高。用水水平越高，节水程度越高。

根据评价对象的不同，用水水平评价可分为 3 个层次：

（1）企业层面上的评价，主要以具体用水单位（例如一个企业、工厂、灌区）为对象，评估用水单位内部的水资源利用状况。工业园区或企业生产车间用水评价也可归于此类。

（2）行业层面上的评价，主要以特定的行业（例如火电行业、冶金行业、农业等）为对象，评估整个行业的水资源利用状况。

（3）区域层面上的评价，以某个地区（或城市）为对象，进行水资源利用状况和水平的综合评价。

企业层面的评价侧重于技术效率，区域层面更重视配置效率。

与第 2 章水资源综合评价类似，用水水平评价一般包括如下步骤：建立评价指标体系；指标测算与归一化；指标相对重要性的量化（即赋权重）；综合评价等。下面主要介绍评价指标的选择。

10.2.1 企业用水评价指标

企业层面评价以具体用水单位为对象，通过评价比较不同单位或同一单位不同时期的水资源利用效率。由于各种用水单位有自身特点，评价指标的构成也不尽相同。下面主要介绍工业企业和灌区常见的用水水平指标。

10.2.1.1 工业用水指标

（1）工业用水分类。工业用水按不同的用途分为生产用水和生活用水两大类。其中，厂区和车间内职工生活用水及其他用途的杂用水统称为生活用水；直接用于生产的水，称为生产用水。生产用水包括间接冷却水、工艺用水和锅炉用水。

1）间接冷却水。在工业生产过程中，为保证生产设备能在正常温度下工作，用来吸收或转移生产设备的多余热量所使用的冷却水（此冷却水与被冷介质之间由热交换器壁或设备隔开），称为间接冷却水。

间接冷却水是一种载热工质，具有量大、质好、温度相对高、消耗少的特点。间接冷却水在工业用水中占的比重很大，特别是火电、冶金、化工企业一般占其总取水量的

60%～80%。但由于间接冷却水不与工质物料接触，所以水质基本上没有什么变化，便于循环利用，只有在浓缩倍数很高的情况下，水质含盐成分才增高。间接冷却水在完成生产流程后，水温会升高几度到十几度，如果要重复利用或排到环境水体中，就必须把温度降下来，在散热过程中会有部分水量被蒸发，即消耗部分水量。

2）工艺用水。在工业生产过程中，用来制造、加工产品以及与制造、加工工艺过程有关的这部分水称为工艺用水。工艺用水又划分为产品用水、洗涤用水、直接冷却水和其他用水。这部分水一般用水量大、污染严重、消耗损失量也较大。

产品用水是指在生产过程中，作为产品的生产原料的那部分水。此水或为产品的组成部分或参加化学反应。最典型的产品就是瓶装水、饮料。洗涤用水是指在生产过程中，对原料、物料、半成品进行洗涤处理的水。这部分水对水质有不同的要求。但洗涤后的废水污染较重，如造纸行业中白水、黑水，电镀、印染的漂洗水等。这部分水在工艺用水中用水量大，消耗少但污染重，必须经过处理后才能复用或允许排放。直接冷却水是在生产过程中，为满足工艺过程需要，使产品或半成品冷却所用且与之直接接触的冷却水。如热处理的用水、纺织行业的直接喷雾水等。这部分水水质较差，消耗量也大。除上述三类用水外的其他用水，如试压用水、除尘用水等属其他工艺用水。

3）锅炉用水。为工艺或采暖、发电需要产汽的锅炉用水及锅炉水处理用水统称为锅炉用水。它包括锅炉给水、锅炉水处理用水。直接用于产生工业蒸汽进入锅炉的水称为锅炉给水，它由两部分组成，一部分是回收由蒸汽冷却得到的冷凝水，另一部分是补充的软化水。锅炉水处理用水是指为锅炉制备软化水时所需要的再生、冲洗等项目用水。

（2）工业用水系统的水量关系。将具体用水单位（可以是一个企业、一个车间或一台设备等）视为一个用水系统（或单元），按照系统内水量关系，工业用水量可分为用水量、取水量、耗水量、漏溢水量、排水量、循环用水量、串联用水量、重复利用水量、串联排水量9种，其定义见表10.1。

表10.1　　工业用水量分类及定义

序号	用水量分类名称	符号	定义	备注
1	用水量	Q_t	在确定系统（或单元）内，使用的各种水量的总和，等于取水量与重复利用水量之和	用水量又可分为间接冷却水用水量、工艺用水量、锅炉用水量、职工生活用水量
2	取水量	Q_f	用水系统取自任何水源被该企业第一次利用的水量。取水量习惯上也称新水量、供水量	取水量亦可分为间接冷却水取水量、工艺取水量、锅炉取水量、职工生活取水量
3	耗水量	Q_c	在确定系统内，生产过程中进入产品、蒸发、飞溅、携带及生活饮用等所消耗的水量	
4	漏溢水量	Q_l	在确定系统内，管网、设备、阀门、水箱、水池等用水与储水设施漏失或溢出的水量	
5	排水量	Q_d	在生产过程中，从用水系统最终排到环境中的水量或进入外部污水系统的水量	
6	循环用水量	Q_{cy}	在确定系统内，生产过程中已用过的水，无需处理或经处理再用于该系统代替新水的水量	

续表

序号	用水量分类名称	符号	定义	备注
7	串联用水量	Q_s	在确定系统内，生产过程中另一个系统的排水，不经处理或经处理后，被该系统再次利用的水量	串联用水量就是以串联方式复用的水量
8	重复利用水量	Q_r	在确定系统内，一切以各种方式再利用的水量总和，等于循环用水量和串联用水量之和	重复利用水量亦可分为间接冷却水循环水量、工艺水回用量、锅炉水回用量、职工生活水回用量
9	串联排水量	Q_{sd}	在生产过程中，从用水系统排到其他用水系统的水量	

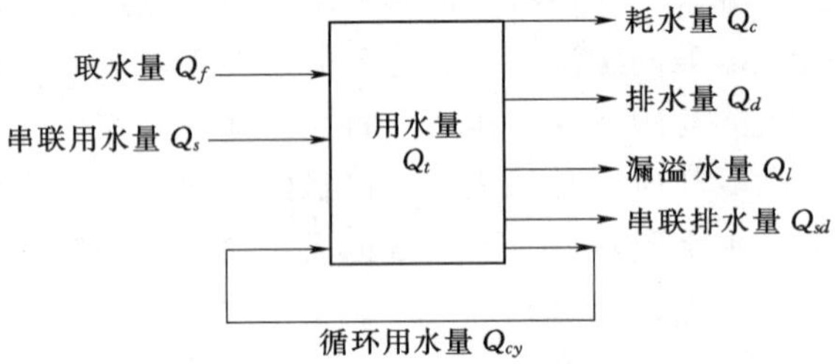

图 10.1　用水系统各种水量之间的关系

从上述定义可见，各种水量之间存在着必然的联系。同一用水系统各种水量之间的关系如图 10.1 所示。

对于不同用水系统，各种水量所占比例可能不同，但都遵循一个水量平衡原则，即在一定的计量时间内，用水系统的输入水量等于输出水量。这里的计量时间可以是 1 年，也可以是 24h 或数天。

从输入侧看，系统（单元）用水量为：

$$Q_t = Q_f + Q_{cy} + Q_s \tag{10.1}$$

即总用水量（Q_t）等于取水量（Q_f）加循环用水量 Q_{cy}（包括内部串联用水量）加串联用水量（Q_s）。

从输出侧看，系统用水量为：

$$Q_t = Q_{cy} + Q_c + Q_d + Q_l + Q_{sd} \tag{10.2}$$

即总用水量又等于耗水量 Q_c、排水量 Q_d、漏溢水量 Q_l 与循环用水量 Q_{cy} 加串联排水量 Q_{sd} 之和。

根据定义，重复利用水量等于循环用水量与串联用水量之和。即

$$Q_r = Q_{cy} + Q_s \tag{10.3}$$

从式（10.1）和式（10.2）可知，取水量等于耗水量、排水量、漏溢水量之和加上系统内外的串联水量差，即

$$Q_f = Q_c + Q_d + Q_l + Q_{sd} - Q_s \tag{10.4}$$

当串联水量差为零时，取水量就等于耗水量、排水量、漏溢水量之和，即

$$Q_f = Q_c + Q_d + Q_l \tag{10.5}$$

当一个用水系统的串联用水量和串联排水量均等于零时，该系统又称封闭用水系统，否则称为非封闭用水系统。

为了直观地表示用水系统的水量关系，无论在规划设计阶段还是运行阶段，可绘制用水系统的水平衡图。水平衡图要求反映主要用水单元的供水、排水、耗水流程及水量等用水全貌。图 10.2 为某火力发电厂的水平衡图。

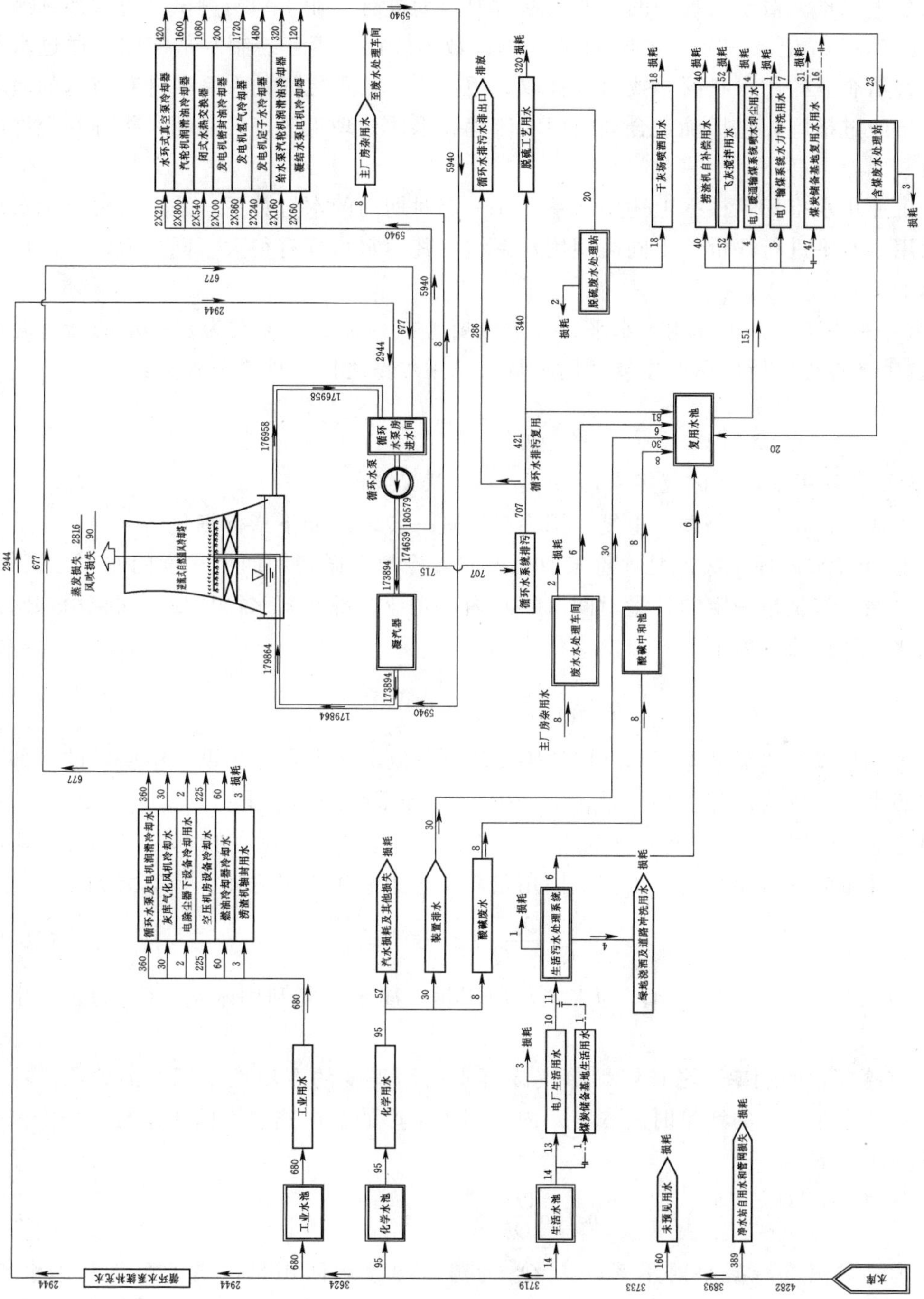

说明：本图所示为 2×1000MW 机组水量平衡图，其中循环冷却水系统的水量按凝汽量 Dk=1811.4t/h，冷却倍率为 48 倍计算。

图 10.2 火电机组用水工艺流程及水量平衡图（单位：m^3/h）

水平衡图中水量单位一般采用 m^3/h，m^3/d 或万 m^3/年。对于用水受季节性影响较大的企业如火电厂，应同时绘制不同季节的水平衡图和年平均水平衡图，或在年平均水平衡图中标明最大水量。对于已投产的企业，通常要定期进行企业水平衡测试，每次连续测试时间为7d，每24h记录一次，共取3～4次测试数据统计分析，绘制水平衡图。通过水平衡测试，查清企业的用水状况，找出各种取、用、排、耗水之间的关系。针对节水的薄弱环节，提出改进措施，包括确定合理的用水流程和水质处理工艺，控制用水指标在允许的范围之内。

（3）工业用水指标。根据上述用水系统在一定时期内的水量关系，采用各种指标对用水系统的用水水平进行评价。不同类型用水系统，其用水指标有很大不同。但常见的用水评价指标如下。

1）重复利用率。是工业用水水平的一个重要考核指标。其定义为在一定的计量时间（年）内、生产过程中所使用的重复利用水量与总用水量之比，计算公式为：

$$\eta=\frac{Q_r}{Q_t}\times 100\% \tag{10.6}$$

式中：η 为重复利用率，又称复用率，%；Q_r、Q_t 意义同前。

根据工业生产用水的分类，重复利用率又可进一步通过如下指标细化。

a. 间接冷却水循环率 η_c。是评价工业生产间接冷却水循环和回用程度的专项性指标。间接冷却水循环率是指一定的计量时间（年）内，企业内部冷却水循环量与间接冷却水总用水量之比，计算公式如下：

$$\eta_c=\frac{Q_{cr}}{Q_{cr}+Q_{cf}}\times 100\% \tag{10.7}$$

式中：η_c 为间接冷却水循环率，%；Q_{cr} 为从冷却设备流出又进入冷却设备中使用的那部分循环利用的水量，称为冷却水循环量；Q_{cf} 为间接冷却系统的取水量。

b. 工艺水回用率 η_p。考核工业生产中工艺水回用程度的专项性指标。工艺水回用率是指一定的计量时间（年）内，工艺水回用量与工艺水总用水量之比。计算式如下：

$$\eta_p=\frac{Q_{pr}}{Q_{pr}+Q_{pf}}\times 100\% \tag{10.8}$$

式中：η_p 为工艺水回用率，%；Q_{pr} 为工艺水回用量，属于重复利用水量；Q_{pf} 为工艺水取水量。

c. 蒸汽冷凝水回用率。考核锅炉蒸汽冷凝水回用程度的专项性指标。锅炉蒸汽冷凝水回用率定义为在一定的计量时间（年）内，用于生产的锅炉蒸汽水回用量与锅炉产汽量之比，计算式如下：

$$\eta_b=\rho\frac{Q_{br}}{Dh}\times 100\% \tag{10.9}$$

式中：η_b 为锅炉蒸汽冷凝水回用率，%；Q_{br} 为蒸汽冷凝水回用量，属于重复利用水量，m^3；D 为锅炉产气量，kg/h；ρ 为水的密度，kg/m^3；h 为年工作小时数。

2）新水利用率 K_f。也称新水利用系数，是指在一定的计量时间（年）内，生产过程中使用的新（取）水量与外排水量之差同新（取）水量之比，计算式如下：

$$K_f=\frac{Q_f-Q_d}{Q_f} \tag{10.10}$$

3）单位用水指标。

a. 单位产品取水量 V_f。是指企业生产单位产品需要从各种水源提取的水量，计算公式如下：

$$V_f=\frac{Q_f}{Y} \tag{10.11}$$

式中：V_f 为单位产品取水量；Q_f 为在一定的计量时间内，生产过程中取水量的总和，m^3；Y 为在一定的计量时间内产品产量。

b. 万元产值取水量 W_f。是指工业生产中，每生产 1 万元产值的产品所需的取水量，计算式如下：

$$W_f=\frac{Q_f}{Z} \tag{10.12}$$

式中：Z 为在一定的计量时间内产品的产值，万元。

如果不是采用产值，而是采用产品增加值核算，则 W_f 又称为万元增加值取水量。

4）其他指标。除上述指标外，还有其他企业用水水平指标，如对火力发电厂，常用全厂设计发电水耗率（又称全厂装机水耗率）表示装备技术水平。设计发电水耗率指标为夏季纯凝工况、频率为 10% 的日平均气象条件、机组满负荷运行时单位装机的耗水量，计算式如下：

$$b_n=\frac{Q_{fu}}{N} \tag{10.13}$$

式中：b_n 为全厂设计发电水耗率，$m^3/(s \cdot GW)$；Q_{fu} 为全厂设计新鲜水消耗量，它等于设计从水源总取水量减去返回水源的排水量，m^3/s；N 为全厂机组额定容量，GW。国家强制性标准《取水定额第 1 部分：火力发电》规定，单机容量≥600MW，淡水循环燃煤火电厂的装机水耗率上限为 0.6。

对于实际运行的火电厂，在考核期（年）内的实际全厂发电水耗率，与式（10.13）类似，可按下式计算：

$$b_e=\frac{W_{fu}}{E} \tag{10.14}$$

式中：b_e 为全厂实际发电水耗率，$m^3/(MW \cdot h)$；W_{fu} 为考核期内全厂实际的新鲜水消耗量，它等于从水源总取水量减去返回水源的排水量，m^3；E 为考核期内全厂实际总发电量，MW·h。

在火电、石油化工、钢铁等行业，冷却水量大，占用水总量比例高。提高冷却水尤其是间接冷却水的重复循环利用是工业节水的重要途径。循环水浓缩倍数就是衡量循环水系统节水程度的一个重要指标。由于水分蒸发、风吹损失等情况使循环冷却水中离子的浓度不断升高（浓缩）。循环水浓缩倍数是指循环水中的离子浓度与补充水中相应离子浓度的比值。浓缩倍数低，补充水量、排污量均大且水处理药剂的效能得不到充分发挥；浓缩倍数高可以减少水量，节约水处理费用。可是浓缩倍数过高，水的结垢倾向会增大，结垢控制及腐蚀控制的难度变大。故循环水的浓缩倍数要有一个合理的控制指标。一般地，火电厂循环冷却水系统的浓缩倍率应控制在 3.0～5.0。

浓缩倍数的检测方法有很多，一般选用的组分有 Cl^-、Ca^{2+}、SiO_2、K^+ 和电导率等。火电厂一般采用 Cl^-。

10.2.1.2 灌区用水指标

作物灌溉的目的是为了提高作物的产量和品质。从投入产出角度，利用较少灌溉水量产出更多的作物产量，是灌溉用水水平高的标志。衡量灌溉用水水平的指标很多，含义也不尽统一。这里仅介绍以灌区为对象的评价指标。

（1）渠系水利用效率（又称渠系水利用系数）。渠系水利用系数的传统定义是：渠系输送到田间的流量与流入渠系的流量之比值。由于渠系工作时一般划分许多个轮灌组，对于不同的轮灌组，渠系输送到田间的流量与流入渠系的流量之比值不一定相同，即渠系水利用效率不一定相同。因此，这里渠系水利用效率定义为：在正常运行情况下，在一定的时间（一年或一个完整的灌水周期）内，流出渠系（进入田间）的总水量与流入渠系的总水量之比值。计算式表达如下：

$$\eta_s=\frac{W_a}{W_g} \tag{10.15}$$

式中：η_s 为渠系水利用效率；W_a 为在正常运行情况下，在一定时间内，由渠系进入田间的总水量；W_g 为在正常运行情况下，在一定时间内，灌区渠系渠首引水总量。

（2）田间水利用效率（又称田间水利用系数）。灌溉水由末级固定渠道（农渠）进入田间后，发生毛渠渗水损失、地面径流、旱田深层渗漏等水量损失。田间水利用系数的传统定义是农渠的田间净灌水量与农渠流出的水量之比值［参见式（7.7）］。在实际灌溉中，旱田的田间净灌水量为蓄存在田间计划湿润层中的水量，淹灌水田的田间净灌水量为拦蓄在格田中的水量。由于各农渠控制范围不一定相同，因此不同的农渠可能有不同的田间水利用效率。为了使灌区田间水利用效率指标具有唯一性，这里灌区田间水利用效率的定义为各条农渠田间净灌水量之和与各条农渠流入田间水量之和的比值。由于全灌区各条农渠的田间净灌水量之和即为灌区的田间净灌水量，因此灌区的田间水利用效率可表达如下：

$$\eta_f=\frac{W_{an}}{W_a} \tag{10.16}$$

式中：η_f 为灌区田间水利用效率；W_{an} 为灌区田间净灌水量；W_a 为农渠放出进入田间的水量。

在制定灌水计划时，田间净灌水量等于净灌水定额与灌溉面积之积。但实际的田间净灌水量一般参照类似灌区的实测值，或者根据经验确定。

（3）水有效利用效率。在田间净灌水量中，消耗于作物蒸腾的水量才是真正被作物有效利用的水量，消耗于棵间蒸发和水田深层渗漏的水量则是无效消耗。因此，水有效利用效率可定义为：消耗于蒸腾的田间净灌水量与总的田间净灌水量之比值。即

$$\eta_e=\frac{W_{et}}{W_{an}} \tag{10.17}$$

式中：η_e 为水有效利用效率；W_{et} 为消耗于作物蒸腾的田间净灌水量；W_{an} 为田间净灌水量。

W_{et}可通过作物需水量减去有效降雨量和地下水补给量估算出来。

(4) 灌溉水利用效率。灌溉的最终目的是满足作物的蒸腾需水要求。在灌溉过程中的渠系输水损失、棵间蒸发和深层渗漏均视为无效的水分消耗。因此，灌溉水利用效率可定义为消耗于作物蒸腾的灌水量与灌区渠首引水量之比值，公式表达如下：

$$\eta_I = \frac{W_{et}}{W_g} \tag{10.18}$$

式中：η_I 为灌溉水利用效率；W_{et}、W_g 意义同前。

上式还表明，灌溉水利用效率等于渠系水利用效率、田间水利用效率及水有效利用效率的乘积。

(5) 水分生产率。水分生产率是指在一定的作物品种和耕作栽培条件下单位水量消耗所能获得的作物产量，反映了作物产出量与其耗用水量间的关系。计算公式如下：

$$CWP = \frac{Y}{W + P + D + \Delta W} \tag{10.19}$$

式中：CWP 为作物水分生产率，kg/m^3；Y 为作物产量，kg，它可定义为总干物质产量或籽粒（谷粒）产量。对不同种类作物而言，相应的产量还可统一转换为货币单位。W 为作物全生育期内灌水量，m^3；P 为作物全生育期内有效降水量，m^3；D 为作物全生育期内地下水补给量，m^3；ΔW 为作物生育期始末土壤含水量的差值，m^3。

灌溉水分生产率是指单位灌溉用水量消耗所能获得的作物产量，计算式如下：

$$CWP_I = \frac{Y}{W} \tag{10.20}$$

式中：CWP_I 为作物灌溉水分生产率，kg/m^3；其他符号意义同前。

从式（10.19）和式（10.20）可以看出，作物水分生产率一般要小于等于灌溉水分生产率，当农作物所消耗的水量全部来自灌溉时，两者才相等。

依据灌水量采用的是净灌水量还是毛灌水量，作物水分生产率又分别称为净水分生产率和毛水分生产率，灌溉水分生产率也如此。但毛灌溉水分生产率更能综合反映灌区灌溉和农作物的管理水平。

(6) 节水量。分为净节水量与毛节水量。净节水量指采取节水措施后减少的无效消耗水量和无效流失水量之和。毛节水量是指由于提高灌溉效率，降低渗漏损失和田间蒸发等而少取用的灌溉水量。毛节水量的来源有两个，一个是净节水量，一个是因为灌溉效率的提高而减少的各种渗漏损失。其计算公式为：

$$\Delta W_g = W_0 - W_t = A\left(\frac{m_0}{\eta_0} - \frac{m_t}{\eta_t}\right) \tag{10.21}$$

式中：ΔW_g 为毛节水量，m^3；η_t 为节水灌溉的灌溉水利用系数；η_0 为传统方法的灌溉水利用系数；m_t 为节水灌溉的综合净灌溉定额，m^3/hm^2；m_0 为传统方法的综合净灌溉定额，m^3/hm^2；A 为灌溉面积，hm^2。

10.2.2 行业用水评价指标

行业用水评价是从整体上对一个地区（或国家）的某个行业（或产业）的用水效率进行评价，以便比较不同地区该行业的用水效率差异或同地区不同时期该行业的用水效率变化。以工业、农业和城镇生活用水为例，常见的行业用水评价指标如下。

10.2.2.1 工业

（1）工业用水重复利用率。定义为一定的计量时间（年）内，工业重复利用水量与工业总用水量之比，计算式同式（10.6）。由于火力发电业用水特殊性，为了便于地区间的横向对比，在计算工业水重复利用率时一般不包括火力发电业。

（2）工业万元增加值取水量 V_I。定义为一定的计量时间（年）内，每万元工业增加值所需的取水量，计算公式为：

$$V_I=\frac{WI_t}{IV_t} \tag{10.22}$$

式中：WI_t 为报告期（第 t 年）内同一范围的工业取水量，m^3；IV_t 为相应的工业增加值，万元。该指标反映水资源投入与产出的关系，是一项反映综合经济效果的水量指标，体现了工业用水的宏观水平。

（3）工业万元增加值取水量降低率 R_I。是指基期与报告期工业每万元增加值取水量的差值与基期工业每万元增加值取水量之比。计算公式为：

$$R_I=\left(1-\frac{V_I}{V_{Ib}}\right)\times 100\% \tag{10.23}$$

式中：V_{Ib} 为基期工业每万元增加值取水量，m^3/万元增加值。

此外，单位工业产品取水量、工业万元增加值耗水量等也是经常使用的指标。

10.2.2.2 农业

农业灌溉水从水源到形成作物产量要经过 4 个环节：①通过渠道或管道将水从水源输送至田间；②将引至田间的灌溉水，尽可能均匀地分配到所指定的面积上，并转化为土壤水；③作物吸收、利用土壤水，以维持其生理活动；④通过作物复杂的生理过程，形成经济产量。对应这 4 个环节，衡量灌溉水利用效率的指标大致上可分为两类，一是"灌溉效率"类指标，它们表达了将水从水源输送到田间并储存于作物根系层被作物所利用的效率；二是"水分生产率"类指标，表达了作物吸收和利用土壤水分形成产量过程中的效率。只有两者都高效，灌溉行为才是高效的。目前衡量农业灌溉水利用效率的常见指标有：

（1）农业灌溉水利用系数。定义为实际灌入农田的有效水量与渠首引水量之比值。计算式如下：

$$\eta_a=\frac{W_{an}}{W_g} \tag{10.24}$$

式中：η_a 为灌溉水利用系数；W_{an} 为实际灌入农田的有效水量；W_g 为渠首引水量。

式（10.24）定义的灌溉水利用系数与式（10.18）定义的灌溉水利用效率有所不同。从理论上讲，式（10.18）考虑了田间株间蒸发、深层渗漏等无效消耗，更全面些。但是在区域范围内比较准确地计算田间水分的无效消耗量，目前还有困难。所以，从操作层面上，多采用式（10.24）计算。

（2）作物灌溉水分生产率。在区域范围内，不同农作物的生长情况、水分利用习性均不相同，使得各种作物在经济产品产量及水分生产率上具有很大的差异，把具有相同特性的作物归到一类，例如将所有以籽实为最终收获物的粮食作物（玉米、高粱、小麦、大豆、水稻等）归为一类，将以块茎或块根为收获对象的作物（马铃薯、甜菜等）归为一类。每一类作物的平均灌溉水分生产率，由该类中各种农作物的灌溉水分生产率与种植面积进行加权平均得到。计算公式如下：

$$CWP_i = \frac{\sum_j CWP_{i,j} A_j}{\sum_j A_j} \tag{10.25}$$

式中：CWP_i 为第 i 类作物的平均灌溉水分生产率，kg/m³；$CWP_{i,j}$ 为第 i 类第 j 种作物的灌溉水分生产率，kg/m³；A_j 为第 j 种作物的种植面积，hm²。

也可以将不同种类作物的产量统一转换为货币单位，则相应地作物灌溉水分生产率计算式可表达如下：

$$CWP_V = \frac{Y_V}{W} \tag{10.26}$$

式中：CWP_V 为作物灌溉水分生产率，元/m³；Y_V 为作物产量的货币价值，元；W 为灌溉水量，m³。

式（10.26）适用于区域间比较或多种作物之间比较。

（3）节水灌溉工程控制面积比例。定义为区域节水灌溉工程控制面积占有效灌溉面积的百分比。

（4）单位面积灌溉用水量。指在一定的计量时间内，单位有效灌溉面积上的灌溉净用水量，为农田灌溉净用水总量与有效灌溉面积的比值，是反映区域农田灌溉用水水平的指标。根据耕地是水田、旱地和蔬菜地，单位面积灌溉用水量还可细分。

（5）农业用水计量率。指有计量设施的农业取水口灌溉用水量占农业灌溉总用水量的比例。

10.2.2.3 城镇生活

城镇用水按用途分，有生产运营用水、公共服务用水、居民家庭用水、消防及其他特殊用水。其中，居民家庭用水和公共服务用水又称为生活用水。居民家庭用水是指城市范围内所有居民家庭的日常生活用水，包括城市居民、公共供水站用水等。公共服务用水是指为城市社会公共生活服务的用水，包括行政、事业单位、部队营区、商业和餐饮业以及其他社会服务业等行业的用水。

通常城镇生活用水评价指标如下：

（1）居民人均生活用水量。指居民聚居区报告期内（一般为1年），城镇居民家庭每人每日用于日常生活所取用的水量，是反映城市居民维持居家生活所需要的用水量。计算式为：

$$V_L = \frac{W_{lt}}{NT} \times 1000 \tag{10.27}$$

式中：V_L 为居民人均生活日用水量，L/(人·d)；W_{lt} 为报告期生活用水取（新）水量，m³；N 为报告期用水人数，人；T 为报告期日历天数，d。

人均生活日用水数量从一个侧面反映城市居民生活水平及卫生、环境质量，但并不是越高越好，更不是越低越好。它要与城市经济的发展、城市居民生活水平、居住条件、卫生条件和社会环境条件等相适应，因此不同城市应有不同的合理生活用水标准。

对于学校、医院等事业单位及宾馆、饭店等企业，也可采用人均生活日用水量、床均日用水量等指标。

(2) 城镇人均综合用水量。指居民聚居区报告期内城镇人均用于生活的综合用水量，包括城镇人均居民生活用水量和公共用水量（指公共建筑业和服务业用水量，不含浇洒道路、绿地和其他市政用水）的总和，是反映城市发展所需要的宏观用水指标。计算式同式(10.27)，只是 W_{lt} 采用综合用水取水量。

(3) 生活用水重复利用率。对于学校、事业单位、服务行业等，还采用用水重复利用率指标。

(4) 城镇节水器具普及率。指居民聚居区报告期内城镇居民家庭使用的节水器具数与使用的用水器具总数的比值。

(5) 城镇和工业用水计量率。指有计量设施的用水量占城镇和工业总用水量的比例。

10.2.3　区域用水评价指标

影响一个地区（或城市）水资源利用效率的因素众多，不仅有技术方面，还有管理、政策方面，因此其指标体系的涵盖面更广。另外，从评价的目的看，不仅考察经济，还涉及社会、环境。下面重点介绍常见的指标。

(1) 万元国内生产总值（GDP）取水量 V_G。V_G 是指生产每万元国内生产总值所取用的新水量，它是综合反映在一定的经济实力下区域的宏观用水水平的指标，计算公式为：

$$V_G=\frac{WG_t}{GDP_t} \tag{10.28}$$

式中：WG_t 为报告期（如第 t 年）取水总量，m^3；GDP_t 为报告期国内生产总值，万元。

(2) 万元国内生产总值取水量降低率 R_G。指基期与报告期每万元国内生产总值取水量的差值与基期每万元国内生产总值取水量之比。该指标与“万元国内生产总值取水量”指标不同的是，它排除了城市间经济社会结构不同的影响，具有一定的可比性。该指标能清楚地表明城市节约用水、计划用水的开展程度，也可以从宏观上评价国家节约用水与计划用水的执行情况。计算公式为：

$$R_G=\left(1-\frac{V_G}{V_{Gb}}\right)\times 100\% \tag{10.29}$$

式中：V_{Gb} 为基期每万元国内生产总值取水量，m^3/万元 GDP。

(3) 类似地，还有第二（或第三）产业每万元增加值取水量、第二（或第三）产业每万元增加值取水量降低率等指标。

(4) 城镇公共供水管网漏损率。管网是对出水厂后的干管至用户水表之间的所有管道及其附属设备和用户水表的总称。管网漏损率是指管网漏水量与供水总量之比。这是衡量一个供水系统供水效率的指标，计算公式为：

$$R_a=\frac{W_a-W_{ae}}{W_a}\times 100\% \tag{10.30}$$

式中：R_a 为管网年漏损率，%；W_a 为供水总量，即一定时间（年）内水厂供出的经计量确定的全部水量，m^3；W_{ae} 为有效供水量，即水厂将水供出厂外后，各类用户实际使用到的水量，包括收费的（即售水量）和不收费的（即免费供水量）；m^3。

（5）农业灌溉水利用系数。表达式为式（10.24）。

（6）再生水利用率 R_w 是评价区域污水再生利用的重要指标，指报告期内区域污水经处理后回用的水量与污水处理量之比，计算公式为：

$$R_w=\frac{W_{cy}}{W_{ct}}\times 100\%\tag{10.31}$$

式中：W_{cy} 为报告期污水处理后利用量，m^3；W_{ct} 为报告期污水处理量，m^3。

与再生水利用率相似的指标还有中水回用率、城市污水处理回用率。

（7）城镇污水集中处理率。指城市污水集中处理总量与污水排放总量的百分比。与之相似的另一个指标是城市生活污水集中处理率，是指城市市辖区经过城市集中式污水处理厂二级处理达标的城市生活污水量与城市生活污水排放总量的百分比。

（8）其他管理方面指标。包括节水器具普及率、计划用水实施率、用水计量监控率等。

除上述指标外，区域用水评价还经常用到 10.2.2 节介绍的行业用水评价指标。

10.3 用水定额编制

用水定额是在一定期限内、一定约束条件下，在一定的范围内以一定核算单元所规定的用水水量限额（数额）。它是人为规定的一种考核指标或衡量尺度。

用水定额在水资源规划、供需计划特别是工业企业、公共设施等用水计划的编制中得到广泛应用。但从用水定额的自身特性来看，它又有不同的特性，具有以下 3 种形式：①设计定额，是从设计角度出发，主要为了满足用户的需求，其定额一般较宽裕，侧重于“供”。如《建筑给水排水设计规范》《室内给水设计规范》中的有关用水定额；②统计定额，经常出现在供用水统计报表或需水预测中，反映的是现状或未来的用水情况；③管理定额，是为计划用水和用水管理部门服务的，比较注重于科学性和先进性，侧重于“管”。

根据用水量的组成划分，用水定额主要有居民生活用水定额、综合生活用水定额（包括公共建筑用水定额）、工业用水定额、灌溉用水定额等。

用水定额的核算单元因城市用水量组成类别而异，居民生活、公共建筑，多以人均计算。工业用水定额核算单元比较复杂，根据行业特点可以是单位最终合格产品、中间产品或初级产品，也可以是单位原材料加工量、产值、设备工作量或容量等。灌溉定额及浇洒道路定额，以单位面积计算。

用水定额的编制是一项科学、严肃的工作，在编制过程中主要遵循以下基本准则：①科学、合理、因地制宜的原则；②以不同用水水平单位水平衡测试结果为依据；③突出重点用水行业；④体现先进性；⑤充分考虑节水的潜力；⑥兼顾公平性和可行性；⑦体现地区用水特点和结构。

下面介绍用水定额编制的常用方法。

10.3.1 二次平均先进法

二次平均法是列入国家用水定额通则的一种方法。它是通过两次求平均的方法来制定用水定额。下面结合例题介绍该方法。

【例 10.1】 以某市热轧带钢产品用水定额编制为例介绍该方法。热轧带钢产品生产的用水特点是以煤气发生炉用蒸汽耗水量以及加热炉、轧钢机冷却循环水用新水量为主，工艺及辅助生产用新水量为辅。另外，热轧带钢的生产还有一定量的附属生产用水量，主要是生活用水，如办公、食堂、浴室、汽水房、卫生间用水量。在确定了热轧带钢生产的用水结构和用水属性（生产、辅助生产、附属生产用新水量）后，开始制定热轧带钢的用水定额。

解： 第一步，从全市冶金行业用水调查的资料中，查得热轧带钢生产企业的用水情况见表 10.2。由于企业 7 用水明显不合理，经调查发现该企业处于半停产状况，生活用水过多。因此，将其从样本中去掉。

表 10.2　某市热轧带钢生产企业单位产品用新水量情况

企业编号	1	2	3	4	5	6	7	8	9	10	11	12
年产带钢/万 t	40	43	45	50	48	42	20	44	47	51	41	45
年用新水量/万 m^3	41.0	49.9	43.6	43.3	44.8	41.8	53.4	45.7	42.5	43.7	51.3	43.4
单位产品新水量/(m^3/t)	1.025	1.16	0.969	0.866	0.933	0.995	2.67	1.039	0.904	0.857	1.251	0.964

第二步，进行二次平均计算。

首先将企业 1 至 12（去掉企业 7）的单位产品新水量进行平均，得到均值 $V_1=0.997$ (m^3/t)。

再求小于均值 V_1 的企业单位产品新水量的平均值 $V_x=0.927(m^3/t)$。

然后求二次平均值，即计算 $V_2=0.5(V_1+V_x)=0.962(m^3/t)$。

第三步，进行先进性评判。其具体程序如下：

（1）计算样本（去掉企业 7，为 11 个样本）均方差 $s=0.1148$。

（2）计算二次平均值 V_2 的标准化变量为：

$$u=\frac{V_2-V_1}{s}=\frac{0.962-0.997}{0.1148}=-0.305$$

（3）查标准正态分布表，得 $\Phi(u)=0.38$。这一结果说明，如果以二次平均值 $0.962m^3/t$ 为用水定额的话，热轧带钢生产企业中，单位产品新水量不超过用水定额的企业占比为 38%，而超过用水定额的企业占比为 62%，大多数企业的单位产品新水量超定额，需要加大节水力度。由此，可判断二次平均值符合先进水平。

因此按照二次平均先进法，确定热轧带钢生产的用水定额为 $0.962m^3/t$。

在初步确定用水定额后，尚需要进一步与该产品水平衡测试用水定额值、国家颁布的该产品的用水定额现状平均值等进行比较，最终确定该产品用水定额。

10.3.2　概率测算法

该方法假定企业单位产品新（取）水量的调查测试数据较好地符合正态分布。因此，在定额编制中引入了正态分布函数计算不同节水水平下的定额。假设单位产品新水量服从均值为 μ、方差为 σ^2 的正态分布 $N(\mu, \sigma^2)$，那么水平 a 下的用水定额就是正态分布 $N(\mu, \sigma^2)$ 的分位数 x_a。

现给定一个概率 a，u_a 是标准正态分布的 a 分位数，即

$$a=\Phi(u_a) \tag{10.32}$$

查标准正态分布表，可获得 u_a 值。根据一般正态分布和标准正态分布的关系，有：

$$x_a=\mu+\sigma u_a \tag{10.33}$$

式中的 μ 和 σ 可分别利用样本均值和样本标准差来估计，从而得到用水定额 x_a。

10.3.3 Pert 法

Pert 法又称主观概率法。有些产品能够生产的企业不多，导致单位产品新水量样本数偏少。这类产品用水定额的制定，由于缺乏参照系和相关数据无法采用二次平均法或概率测算法，因此一般采用专家评议法（经验法）编制用水定额。在采用专家评议法时，为了减少个人因素的干扰，提高定额的科学性和先进性，一般先采用特尔斐法计算，然后再用 Pert 法进行修正，最后进行先进性评议和修正。以钢管产品用水定额编制为例说明如下。

【例 10.2】 某钢管公司是我国“八五”期间建设的一座现代化企业，1996 年 1 月正式投产，国内市场占有率为 35%，公司节约用水管理规范，万元产值耗水量列全国冶金行业特钢系统前列。现拟编制钢管产品用水定额。

解： 第一步：采用特尔斐法，经过三轮专家咨询，得到钢管产品用水定额为 2.0～3.5m^3/t。其中，多数专家认可 2.78m^3/t。

第二步：采用 Pert 法计算，求出均值 μ 和均方差 σ。计算式如下：

$$\mu=\frac{a+b+4m}{6}=\frac{2.0+3.5+4\times 2.78}{6}=2.77$$

$$\sigma=\frac{|a-b|}{6}=0.25$$

式中：a 为乐观值；b 为悲观值；m 为最可能值。

本例中 a 取 3.5；b 取 2.0；m 取 2.78。

第三步：先进性评议。由专家进行合理性判断，一般要求单位产品新水量不超过定额的概率在 1/3～2/5 之间。这里确定概率为 $\Phi(u_a)=40\%$，即单位钢管产品新水量等于或低于定额的概率为 40%。

由 $\Phi(u_a)=0.4$，查标准正态分布表得 $u_a=-0.253$；再由

$$x_a=\mu+\sigma u_a=2.77-0.253\times 0.25=2.71(m^3/t)$$

得到钢管产品的用水定额为 2.71m^3/t。

10.4 水资源保护

在水资源开发利用中，由于没有正确处理合理开发利用与有效保护之间关系，从而导致诸多水问题的出现，例如水污染严重、水功能退化、水资源短缺等，严重影响到经济社会可持续发展。所谓水资源保护是指为维护水域水量、水质、水生态的功能与资源属性，防止水源枯竭、水污染和水生态系统恶化所采取的技术、经济、法律、行政等措施的总和。

我国江、河、湖、库水域的地理分布、空间尺度差异很大，其自然环境、水资源特征、开发利用程度等具有明显的地域性。另一方面，各地区经济社会发展程度不一致，对水资源开发利用与保护的需求、目标也不相同。考虑到这种差异性，科学合理地进行水功能区划分，并基于水功能区划进行水资源保护和管理是当前较为普遍做法。

10.4.1　水功能区及其水质目标

水功能区是指为满足人类对水资源合理开发、利用、节约和保护的需求，根据水资源的自然条件和开发利用现状，按照流域综合规划、水资源保护和经济社会发展要求，依其主导功能划定范围并执行相应水环境质量标准的水域。水功能区划的目的是根据区划水域的自然属性，结合经济社会需求，协调水资源开发利用和保护、整体和局部的关系，确定该水域的功能及功能顺序。

10.4.1.1　水功能区

对水域进行的功能划分能否准确反映水资源的自然生态、社会经济属性，很大程度上取决于功能区划体系（结构、类型、指标）的合理性。我国《水功能区划分标准》（GB/T 50594—2010）将水功能区划为两级体系，即一级区和二级区，如图 10.3 所示。

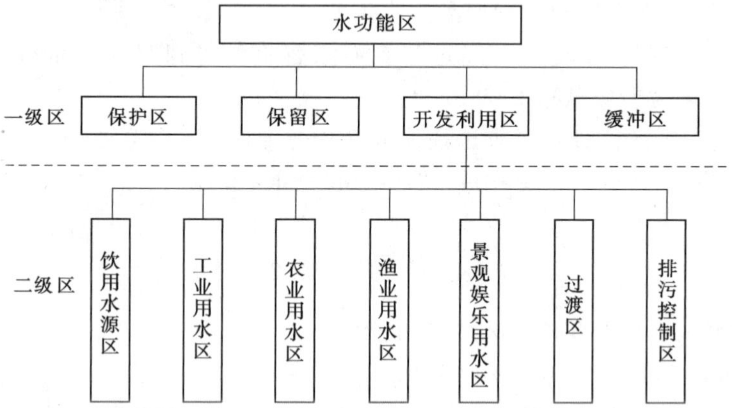

图 10.3　水功能区分级分类体系

（1）一级水功能区。由保护区、保留区、开发利用区和缓冲区组成。

1）保护区指对水资源保护、饮用水保护、自然生态及珍稀濒危物种的保护具有重要意义的水域。如重要河流的源头河段划出专门涵养保护水源的源头水保护区；国家级和省级自然保护区范围内的水域；对典型生态、自然生境保护具有重要意义的水域；跨流域、跨省的大型调水工程水源地及其调水线路；省内重要的饮用水源地。

2）保留区指目前不具备开发条件的水域或受人类活动影响较少，开发利用程度不高，为今后开发利用和保护水资源而预留的水域。该区内应维持现状不遭破坏。

3）开发利用区是指为满足城镇生活、工农业生产、渔业、旅游娱乐或排污等需求而划定的水域。一般在水资源开发利用程度较高、对水域有各种用水和排水要求的城市江段。

4）缓冲区是为协调省（自治区、直辖市）际用水关系以及在水质要求较低水功能区与水质要求较高水功能区衔接时，为满足较高水功能区水质要求而划分的水域，包括省

（界）际缓冲区和功能缓冲区。

一级区划宏观上解决水资源开发利用与保护的问题并协调地区间的关系。保护区、保留区、开发利用区和缓冲区一经划定，全流域水资源开发利用与保护的总体格局基本确定，其中，开发利用区和缓冲区是水污染治理和水资源管理的重点。

（2）二级水功能区。共分七类，即饮用水源区、工业用水区、农业用水区、渔业用水区、景观娱乐用水区、过渡区和排污控制区。

1）饮用水源区是指为城镇提供综合生活用水而划定的水域。根据已建生活取水口的布局状况，结合规划水平年内生活用水发展要求，将取水口相对集中的水域划为饮用水源区。划区时尽可能选择上游或受其他开发利用影响较小的水域。

2）工业用水区是指为满足工业用水需求而划定的水域。根据工业取水口的分布现状，结合规划水平年内工业用水发展要求，将工业取水口较为集中的水域划为工业用水区。

3）农业用水区是指为满足农业灌溉用水而划定的水域。根据农业取水口的分布现状，结合规划水平年内农业用水发展要求，将农业取水口较为集中的水域划为农业用水区。

4）渔业用水区是指为水生生物自然繁育以及水产养殖而划定的水域。根据鱼类重要产卵场、栖息地和重要的水产养殖场位置及范围划分。

5）景观娱乐用水区是指以满足景观、疗养、度假和娱乐需要为目的的江河湖库等水域。根据当地是否有重要的风景名胜及度假、娱乐和运动场所涉及的水域划分。

6）过渡区是指为满足水质目标有较大差异的相邻水功能区间水质要求而划定的过渡衔接水域。根据相邻功能区的用水要求确定是否设置过渡区，其范围可根据实际情况和经验来确定。低功能区对下游高功能区水质影响较大时，过渡区的范围应适当大一些，规划时根据纳污能力计算结果对范围进行复核。

7）排污控制区是指生产、生活废污水排污口比较集中的水域，且所接纳的废污水不对下游水环境保护目标产生重大不利影响。排污控制区的设置和范围应从严掌握。

二级区划针对一级区划中的开发利用区，按照不同的用水取向和功能区衔接要求分别划定，主要协调用水部门之间的关系。水功能二级区划是水体纳污能力计算和污染物总量控制的重点区域。

10.4.1.2 水功能区水质目标

水功能区水质目标是指根据水功能区水质现状、排污状况、不同水功能区的特点、水资源配置对水功能区的要求以及技术经济条件，拟定的水功能区现状条件和规划条件下的水质保护目标。水功能区划定后，应拟定各一、二级水功能区的水质目标值。

保护区水质标准原则上应符合《地表水环境质量标准》（GB 3838—2002）中的Ⅰ类或Ⅱ类水质标准，当由于自然、地质原因不满足时，应维持现状水质。保留区水质标准应不低于Ⅲ类或按现状水质控制。开发利用区水质标准按照二级水功能区划相应类别的水质标准确定。缓冲区水质标准根据实际需要执行相应水质标准或按现状水质控制，通常需与有关相邻省（自治区、直辖市）协调。总体来说，保护区、保留区和缓冲区水质目标一般为保持现状水质。当现状水质较差时，根据当地经济社会条件和需求，可适当提高水质目标值。

开发利用区各二级水功能区水质目标值拟定需要综合考虑水功能区水质类别、水功能区水质现状、相邻水功能区的水质要求、水功能区排污现状与相应的规划、现状和规划年用水部门对水功能区水质的要求、社会经济状况及特殊要求。一般饮用水源区水质标准应符合Ⅱ～Ⅲ类标准，饮用水源一级保护区执行Ⅱ类标准；工业用水区水质标准应符合Ⅳ类标准；农业用水区水质标准应符合Ⅴ类标准，或按《农田灌溉水质标准》（GB 5084—2005）的规定确定；渔业用水区水质标准应符合Ⅱ类或Ⅲ类水质标准，也可按《渔业水质标准》（GB 11607—89）的规定确定；景观娱乐用水区水质标准应根据具体使用功能符合《地表水环境质量标准》（GB 3838—2002）中相应水质标准；过渡区及排污控制区水质标准应按其出流断面的水质状况达到相邻水功能区的水质控制标准确定。

10.4.1.3　水功能区纳污能力

水功能区纳污能力指在满足水功能区水域使用功能要求的前提下，按照给定的水功能区水质目标、设计水量、排污口位置及排污方式，水功能区水体所能容纳的最大污染物量，一般以 t/年表示。当水功能区设计条件发生变化时，水功能区纳污能力亦将发生变化。

水功能区纳污能力主要应用于功能区水环境质量控制，是制定水资源保护规划和经济发展规划的依据。污染物的排入应该与功能区纳污能力相适应，如果超出纳污能力，就必须采取措施对进入水功能区的污染物入河量和陆域污染源排放进行控制和削减。

一般而言，水环境质量较好的保护区、保留区和缓冲区的水质目标原则上是维持现状，以其污染物现状入河量作为其纳污能力。部分保护区、保留区和缓冲区水环境质量较差，水环境质量需要改善，则其纳污能力需通过合理的技术方法计算得出。开发利用区需根据其水功能二级区的设计条件和水质目标，选择适当的模型或方法计算求得其纳污能力。

水功能区纳污能力是以功能区水质目标和水体稀释自净规律为依据的。一切与功能区水质目标和水体稀释自净规律有关的因素，如水环境质量标准，水体自然背景值，水量及水量随时间的变化，水体的物理、化学、生物学及水力学特性以及排污点的位置和方式等均能影响水功能区纳污能力。水质模型是这些因素相互作用的数学表达，因此水功能区纳污能力可以通过选择适当的水质数学模型进行计算求得。

根据污染物在水体中的空间分布特点，水功能区纳污能力数学模型可分为零维、一维、二维和三维水质模型。小型湖泊和水库可视为功能区内污染物均匀混合，可采用零维水质模型计算纳污能力；宽深比不大的中小河流，污染物质在较短的河段内基本能在断面内均匀混合，断面污染物浓度横向变化不大，可采用一维水质模型计算纳污能力；对于大型宽阔水域及大型湖泊、水库，宜采用二维水质模型或污染带模型计算纳污能力。不论采用哪种水质模型，对所采用的模型都要进行检验。

以下仅简单介绍一维水质模型。当污染物在河流横断面上均匀混合，河段的污染物浓度可按下式计算：

$$C_x = C_o \exp\left(-K \frac{x}{u}\right) \tag{10.34}$$

式中：C_x 为流经 x 距离后的污染物浓度，mg/L；C_o 为初始断面的污染物浓度，mg/L；K 为污染物综合衰减系数，l/s；x 为沿河段的纵向距离，m；u 为河道断面的平均流速，m/s。

相应的水域纳污能力按下式计算：

$$M=(C_s-C_x)(Q+Q_p) \tag{10.35}$$

式中：M 为水域纳污能力，g/s；C_s 为水质目标浓度值，mg/L；Q 为初始断面的入流流量（设计流量），m^3/s；Q_p 为废污水排放流量，m^3/s；其余符号意义同前。

当计算河段分布有多个排污口时，为简化计算，可将多个排污口概化为一个集中的排污口（图 10.4）。概化排污口位于河段中点处，相当于一个集中点源，该集中点源的实际自净长度为河段长的一半。因此，对于水功能区下断面，其污染物浓度为：

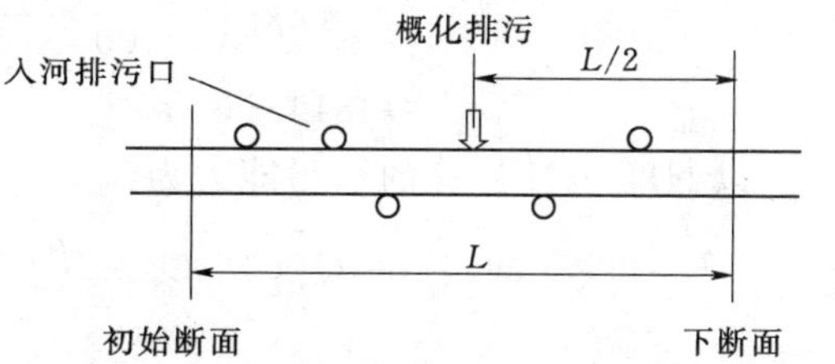

图 10.4 河流一维模型概化图

$$C_{x=L}=C_o\exp\left(-\frac{KL}{u}\right)+\frac{m}{Q}\exp\left(-\frac{KL}{2u}\right) \tag{10.36}$$

式中：$C_{x=L}$ 为水功能区下断面污染物浓度，mg/L；m 为污染物入河速率，g/s；其余符号意义同前。

根据水功能区下断面水质目标，且不考虑水功能区废污水排放流量，由式（10.36）反推水域最大允许纳污量。即：当 $C_{x=L}=C_s$ 时，有

$$m=Q\left[C_s-C_o\exp\left(-K\frac{L}{u}\right)\right]\exp\left(\frac{KL}{2u}\right) \tag{10.37}$$

$$M=31.536m \tag{10.38}$$

式中：M 为水功能区纳污能力，t/a；C_s 为控制断面（下断面）水质目标浓度值，mg/L；其余符号意义同前。

在实际工作中，应根据需要和可能选择合适的模型。一是要视计算对象的需要和所掌握资料的多少，二是尽可能采用简单模型解决问题。更多模型及计算方法可参考《水域纳污能力计算规程》（GB/T 25173—2010）和有关著作。

【例 10.3】 某河流二级水功能区为排污控制区，功能区长度、设计流量、设计流速、C_o、C_s、K 等参数均已给定，见表 10.3。若排污口概化为中间排污，请计算该排污控制区纳污能力。

表 10.3 某排污控制区纳污能力计算参数表

功能区长度 L /km	设计流量 Q /(m^3/s)	设计流速 u /(m/s)	化学需氧量（COD_{Cr}）			氨氮（NH_3-N）		
			C_o /(mg/L)	C_s /(mg/L)	K /(1/d)	C_o /(mg/L)	C_s /(mg/L)	K /(1/d)
1.5	10.1	0.1	15	17	0.2	0.44	0.59	0.35

解： 按题意，该排污控制区纳污能力采用式（10.38）计算，需注意各参数单位间的换算。

以 COD_{Cr} 计算的纳污能力为

$$M_{COD_{Cr}}=Q\left[C_s-C_o\exp\left(-K\frac{L}{u}\right)\right]\exp\left(\frac{KL}{2u}\right)\times 31.536$$

$$=10.1\times\left[17-15\times\exp\left(-\frac{0.2}{86400}\times\frac{1.5\times1000}{0.1}\right)\right]$$

$$\times\exp\left(\frac{0.2}{86400}\times\frac{1.5\times1000}{2\times0.1}\right)\times31.536$$

$$=814.1(t/a)$$

以 NH_3-N 计算的纳污能力为

$$M_{NH_3\text{-}N}=Q\left[C_s-C_o\exp\left(-K\frac{L}{u}\right)\right]\exp\left(\frac{KL}{2u}\right)\times31.536$$

$$=10.1\times\left[0.59-0.44\times\exp\left(-\frac{0.35}{86400}\times\frac{1.5\times1000}{0.1}\right)\right]$$

$$\times\exp\left(\frac{0.35}{86400}\times\frac{1.5\times1000}{2\times0.1}\right)\times31.536$$

$$=57.8(t/a)$$

10.4.1.4　污染物入河量控制

污染物入河量是指直接或通过沟、渠、管道等设施进入河流、湖（库）的污染物数量。为了保证水质要达到功能区水质目标，在一定的规划设计水量条件下，功能区水体的纳污能力是一定的。因此，必须对进入功能区水体的污染物入河总量进行控制。

根据水功能区纳污能力和污染物入河量，综合考虑水功能区水质状况、当地技术经济条件和经济社会发展，确定进入水功能区污染物的最大数量，称其为污染物入河控制量。污染物入河控制量是进行水功能区水质管理的依据，不同的功能区入河控制量按不同的方法分别确定，同一功能区不同水平年入河控制量也可以不同。

确定水功能入河控制量的基本原则如下：

（1）对于污染物现状入河量小于纳污能力的水功能区，一般是经济欠发达、水资源丰沛、现状水质良好的地区，可在污染物入河量的基础上，以不超过纳污能力和不违背国家政策法规为原则，为当地经济社会发展预留适当排污空间，选用小于纳污能力的规划污染物入河量为入河控制量。对保护区、保留区和饮用水水源区，则应严格以污染物现状入河量为入河控制量，不应允许增加排污量。

（2）对于污染物现状入河量大于纳污能力的水功能区，饮用水水源区和保护区各水平年入河控制量均采用现状纳污能力进行控制；对开发利用区各水功能二级区，需改善水质的保护区及水质污染严重的缓冲区，应综合考虑功能区水质状况、功能区达标计划和当地社会经济状况等因素确定不同水平年入河控制量。

【例10.4】　在［例10.3］中，若该排污控制区现状污染物入河量如下：COD_{Cr} 为2150t/a，NH_3-N 为216t/a。请计算控制断面污染物入河控制量及其削减量、削减率。

解： 对于该排污控制区，COD_{Cr} 和 NH_3-N 的现状污染物入河量分别为2150t/a和216t/a，而计算得到的纳污能力分别为814.1t/a和57.8t/a。现状污染物入河量大于其纳污能力，因此控制断面污染物入河控制量按纳污能力控制。以 COD_{Cr} 为例：

控制断面污染物入河控制量为814.1t/a，削减量＝2150－814.1＝1335.9(t/a)，削减率＝1335.9/2150×100％＝62.1％。

10.4.2　饮用水水源地保护

饮用水水源地一般指提供城乡居民生活及公共服务用水取水工程的水源地域，包括河流、湖泊、水库、地下水等，广义的水源地还包括河流源头地区。由于供水目标的特殊性，在水资源保护中，对饮用水水源地的保护提出了更为严格的保护要求。

10.4.2.1 保护区范围与水质目标

根据《饮用水水源保护区划分技术规范》（HJ/T 338—2008），饮用水水源保护区分为地表水饮用水源保护区和地下水饮用水源保护区，地表水饮用水源保护区包括一定面积的水域和陆域，地下水饮用水源保护区指地下水饮用水源地的地表区域。饮用水水源保护区按照不同的水质标准和防护要求分级划分，一般划分为一级保护区和二级保护区，必要时可增设准保护区。

划定的水源保护区范围，应防止水源地附近人类活动对水源的直接污染；应足以使所选定的主要污染物在向取水点（或开采井、井群）输移过程中，衰减到所期望的浓度水平；在正常情况下保证取水水质达到规定要求；一旦出现污染水源的突发情况，有采取紧急补救措施的时间和缓冲地带。在确保饮用水水源水质不受污染的前提下，划定的水源保护区范围应尽可能小。

饮用水地表水源一级保护区的水质目标不得低于《地表水环境质量标准》（GB 3838—2002）Ⅱ类标准，二级保护区的水质不得低于Ⅲ类标准，并且保证流入一级保护区的水质满足一级保护区水质标准的要求。准保护区内的水质标准应保证流入二级保护区的水质满足二级保护区水质标准的要求。地下水饮用水源保护区（包括一级、二级和准保护区）水质各项指标不低于国家规定的《地下水质量标准》（GB/T 14848—2017）Ⅲ类标准。

10.4.2.2 保护区的划分方法

保护区的水域范围一般应采用数学模型方法计算分析确定。在技术条件有限的情况下，也可采用类比经验方法确定，同时开展跟踪监测。若发现划分结果不合理，应及时予以调整。

（1）河流型饮用水水源保护区。一般河流型水源地，应用二维水质模型计算得到保护区范围。从取水口起算，一级保护区上游侧范围大于按模型计算的岸边污染物最大浓度的衰减过程，即衰减到一级保护区水质标准允许的浓度所需的距离，但其上、下游范围不小于饮用水源卫生防护带划定的范围。二级保护区上游边界到一级保护区上游侧边界的距离应大于污染物从二级保护区水质标准浓度水平衰减到一级保护区水质标准浓度水平所需的距离。

根据经验，一级保护区水域长度为取水口上游不小于1000m，下游不小于100m的河道水域；保护区水域的宽度为5年一遇洪水所能淹没的区域。通航河道以河道中泓线为界，保留一定宽度的航道外，规定的航道边界线到取水口范围即为一级保护区范围，非通航河道为整个河道范围。一级保护区陆域范围的确定，以确保一级保护区水域水质为目标，陆域沿岸长度不小于相应的一级保护区水域河长，沿岸纵深与河岸的水平距离不小于50m。

二级保护区水域长度在一级保护区的上游侧边界向上游（包括汇入的上游支流）延伸不得小于2000m，下游侧外边界距一级保护区边界不得小于200m。二级保护区水域宽度为一级保护区水域向外扩展至10年一遇洪水所能淹没的区域，有防洪堤的河段二级保护区的水域宽度为防洪堤内的水域。

二级保护区陆域沿岸长度不小于二级保护区水域河长，沿岸纵深范围不小于1000m。

对于流域面积小于 100km^2 的小型流域，二级保护区可以是整个集水范围。当水源地水质受保护区附近点污染源影响严重时，应将污染源集中分布的区域划入二级保护区管理范围，以利于对这些污染源的有效控制。

根据流域范围、污染源分布及对饮用水源水质影响程度，需要设置准保护区时，可参照二级保护区的划分方法确定准保护区的范围。

潮汐河段水源地，运用非稳态水动力-水质模型模拟，计算可能影响水源地水质的最大范围，作为一级保护区水域范围。其一级保护区上、下游两侧范围相当，范围可适当扩大。二级保护区不宜采用类比经验方法确定，采用模型计算时，按照下游的污染水团对取水口影响的频率要求，计算确定二级保护区下游侧外边界位置。

（2）湖库型饮用水水源保护区。依据湖泊、水库型饮用水水源地所在湖泊、水库规模的大小，将湖库型饮用水水源地分为小型、中型和大型三类（表 10.4）。

表 10.4　　湖库型饮用水水源地分类

水库	小型，$V<0.1$ 亿 m^3	湖泊	小型，$S<100km^2$
	中型，0.1 亿 $m^3\leqslant V<1.0$ 亿 m^3		
	大型，$V\geqslant 1.0$ 亿 m^3		大中型，$S\geqslant 100km^2$

注　V 为水库总库容；S 为湖泊水面面积。

小型水库和单一供水功能的湖泊、水库应将正常水位线以下的全部水域面积划为一级保护区，大中型湖泊、水库采用模型分析计算方法确定一级保护区范围。当大、中型水库和湖泊的部分水域面积划定为一级保护区时，应对水域进行水动力（流动、扩散）特性和水质状况的分析、二维水质模型模拟计算，确定水源保护区水域面积。一级保护区范围内主要污染物浓度满足《地面水环境质量标准》（GB 3838—2002）Ⅱ类水质标准的要求。同时，一级保护区范围不得小于卫生部门规定的饮用水源卫生防护范围。

一般来说，小型湖泊、中型水库水域范围为取水口半径 300m 范围内的区域，大中型湖泊、大型水库为取水口半径 500m 范围内的区域。湖泊、水库沿岸陆域一级保护区范围，小型湖泊、中小型水库为取水口侧正常水位线以上 200m 范围内的陆域，或一定高程线以下的陆域，但不超过流域分水岭范围。大中型湖泊、大型水库为取水口侧正常水位线以上 200m 范围内的陆域。

二级保护区水域范围通过模型分析计算方法确定，二级保护区边界至一级保护区的径向距离需大于所选定的主要污染物从Ⅲ类水质标准浓度水平衰减到Ⅱ类水质标准浓度所需的距离。小型湖泊、中小型水库一级保护区边界外的水域面积设定为二级保护区，大中型湖泊、大型水库以一级保护区外径向距离不小于 2000m 区域为二级保护区水域面积，但不超过水面范围。

二级保护区陆域范围应依据流域内主要环境问题，结合地形条件分析确定。当面污染源为主要污染源时，二级保护区陆域沿岸纵深范围，主要依据自然地理、环境特征和环境管理的需要，通过分析地形、植被、土地利用、森林开发、地面径流的集水汇流特性、集水域范围等确定，边界不超过相应的流域分水岭范围。当水源地水质受保护区附近点污染源影响严重时，应将污染源集中分布的区域划入二级保护区管理范围，以利于对这些污染源的有效控制。

若依据地形条件分析，小型水库可将上游整个流域（一级保护区陆域外区域）设定为二级保护区；小型湖泊和平原型中型水库的二级保护区范围是正常水位线以上（一级保护区以外），水平距离2000m区域；山区型中型水库二级保护区的范围为水库周边山脊线以内（一级保护区以外）及入库河流上溯3000m的汇水区域；大中型湖泊、大型水库可以划定一级保护区外不小于3000m的区域为二级保护区范围。

按照湖库流域范围、污染源分布及对饮用水水源水质的影响程度，二级保护区以外的汇水区域可以设定为准保护区。

（3）地下水饮用水水源保护区。地下水饮用水源保护区的划分，应在收集相关的水文地质勘查、长期动态观测、水源地开采现状、规划及周边污染源等资料的基础上综合确定。保护区是以地下水取水井为中心，溶质质点迁移100天的距离外包线范围为一级保护区。一级保护区以外，溶质质点迁移1000天的距离所圈定的范围为二级保护区（即水源开采影响区）。补给区和径流区为准保护区。

10.4.2.3 保护区的污染防治要求

饮用水地表水源各级保护区及准保护区内均必须遵守下列规定：禁止一切破坏水环境生态平衡的活动以及破坏水源林、护岸林、与水源保护相关植被的活动。禁止向水域倾倒工业废渣、城市垃圾、粪便及其他废弃物。运输有毒有害物质、油类、粪便的船舶和车辆一般不准进入保护区，必须进入者应事先申请并经有关部门批准、登记并设置防渗、防溢、防漏设施。禁止使用剧毒和高残留农药，不得滥用化肥，不得使用炸药、毒品捕杀鱼类。

饮用水地下水源各级保护区及准保护区内均必须遵守下列规定：禁止利用渗坑、渗井、裂隙、溶洞等排放污水和其他有害废弃物。禁止利用透水层孔隙、裂隙、溶洞及废弃矿坑储存石油、天然气、放射性物质、有毒有害化工原料、农药等。实行人工回灌地下水时不得污染当地地下水源。

为了构筑完善的水源地安全保障体系，饮用水水源地保护必须采取工程措施和非工程措施相结合的防治措施。其中非工程措施主要包括管理措施、政策保障和制度建设等方面，工程措施主要是在饮用水水源保护区建立隔离防护、污染源综合整治、生态修复与保护等综合工程体系。

思　考　题

1. 节约用水的内涵是什么？

2. 灌溉用水水平评价通常包含哪些指标？分析灌溉水利用系数与作物水分生产率的含义。

3. 分析工业用水系统中各种水量之间关系。封闭式用水系统与非封闭式用水系统的差别在哪里？

4. 对于具体工业用水系统，重复利用水量包括哪些水量？多级串联利用水量是否只计算一次？

5. 工业用水量与工业取水量有何不同？在工业用水考核、水资源需求预测中，我们关心的主要是哪个水量?

6. 工业水重复利用率的定义。工业水重复利用率与工业用水定额的关系。

7. 阐述用水定额编制的二次平均先进法、主观概率法的主要原理。

8. 用水定额的先进性是如何体现的?

9. 我国水资源保护体系是如何设计的?如何协调开发利用与保护的关系?

第11章 水资源管理

水资源管理是运用法律、行政、经济、技术等手段对水资源的开发、利用、节约、保护及水旱灾害治理这些活动，进行计划、组织、控制、协调、监督，以求实现人水和谐、经济社会可持续发展的目的。

水管理的历史悠久。随着人类社会的发展和生产的拓展，水管理的目标、内容和方式也随之变化。社会经济愈发展，人类对水的依赖性愈强，对水资源管理的要求也就愈高。各个国家不同时期的水资源管理与其社会经济发展水平及水资源开发利用水平密切相关，同时，世界各国由于政治、社会、宗教、自然地理条件和文化素质水平、生产水平以及历史习惯等原因，其水资源管理目标、内容和形式也不可能一致。

自20世纪80年代可持续发展概念被明确提出以来，可持续发展思想已经广泛为世人所接受。许多国家和地区已经把是否有利于持续发展作为衡量各种活动是否得当的最重要的出发点之一。从当前全球正面临水资源危机的现实来看，水资源管理是以水资源可持续利用支撑经济社会可持续发展为最终目的。这是现代水资源管理理念的根本特征。

11.1 水资源管理的基本原则

《中华人民共和国水法》(2002年修订)，是调整和统筹各类水事关系的一部综合性法律，覆盖面广。《中华人民共和国水污染防治法》(2008年修订)、《中华人民共和国防洪法》(2016年修订)、《中华人民共和国水土保持法》(2010年修订)及《取水许可和水资源费征收管理条例》(2006年颁布)等则属于专门性法律法规。上述法律法规确立了我国水资源管理的一系列基本原则。

(1)水资源属于国家所有原则。《中华人民共和国宪法》是我国的根本大法，具有最高的法律效力。《中华人民共和国宪法》第九条规定："矿藏、水流、森林、山岭、草原、荒地、滩涂等自然资源，都属于国家所有，即全民所有；由法律规定属于集体所有的森林和山岭、草原、荒地、滩涂除外"。本条确立了矿藏资源和水资源完全属于国家所有，凸显了矿藏资源和水资源的重要。

《中华人民共和国水法》第三条规定"水资源属于国家所有。水资源的所有权由国务院代表国家行使。农村集体经济组织的水塘和由农村集体经济组织修建管理水库中的水，归各级农村集体经济组织使用"。也就是说，农村集体经济组织的水塘和由农村集体经济组织修建管理的水库中的水，农村集体经济组织只有使用权，没有所有权。这一规定，与《中华人民共和国宪法》精神一致。

鉴于水资源日益紧缺与水污染形势日趋严峻，迫切需要强化国家对水资源的宏观管理，加强跨流域调水、不同地区之间的水量分配、跨界水污染防治和合理配置水资源工作。而水资源属于国家所有为水资源统一管理奠定了基础。

（2）水资源统一管理原则。《中华人民共和国水法》第十二条规定：“国家对水资源实行流域管理与行政区域管理相结合的管理体制。国务院水行政主管部门负责全国水资源的统一管理和监督工作”。为了实现全国水资源的统一管理和监督，国务院水行政主管部门应当制定全国水资源的战略规划，对水资源实行统一规划、统一配置、统一调度、统一实行取水许可制度和水资源有偿使用制度等。国务院水行政主管部门在国家确定的主要江河、湖泊设立流域管理机构，在所管辖的范围内行使法律、行政法规规定和国务院水行政主管部门授予的水资源管理和监督职责。《中华人民共和国水法》还规定，“县级以上地方人民政府水行政主管部门按照规定的权限，负责本行政区域内水资源的统一管理和监督工作。”这是考虑到我国地域广阔，各地水资源状况和经济社会发展水平差异很大，水资源管理必须紧密结合各地实际情况，充分发挥县级以上地方人民政府水行政主管部门依法管理本行政区域内水资源的积极性和主动性。

但是《中华人民共和国水法》第十三条规定：“国务院有关部门按照职责分工，负责水资源开发、利用、节约和保护的有关工作”。这一规定将水资源统一管理与水资源开发、利用、节约和保护工作进行了分离。

（3）水资源综合利用原则。《中华人民共和国水法》第四条规定：“开发、利用、节约、保护水资源和防治水害，应当全面规划、统筹兼顾、标本兼治、综合利用、讲求效益，发挥水资源的多种功能，协调好生活、生产经营和生态环境用水”。这一条包含几层涵义：①“开发、利用水资源，应当坚持兴利与除害相结合，兼顾上下游、左右岸和有关地区之间的利益，充分发挥水资源的综合效益，并服从防洪的总体安排。”；②“开发、利用水资源，应当首先满足城乡居民生活用水，并兼顾农业、工业、生态环境用水以及航运等需要，在干旱和半干旱地区开发、利用水资源，应当充分考虑生态环境用水需要。”；③“从事水资源开发、利用、节约、保护和防治水害等水事活动，应当遵守经批准的规划；因违反规划造成江河和湖泊水域使用功能降低、地下水超采、地面沉降、水体污染的，应当承担治理责任。”

（4）节约用水原则。针对目前全社会节水意识薄弱、水价偏低、用水浪费严重、水的重复利用率较低等问题，《中华人民共和国水法》对节约用水、计划用水作出了一系列规定：“国家厉行节约用水，大力推行节约用水的措施，推广节约用水新技术、新工艺，发展节水型工业、农业和服务业，建立节水型社会”“国家对用水实行总量控制和定额管理相结合的制度”。

（5）水资源保护优先原则。环境保护是我国的基本国策。水是基础性的自然资源和战略性的经济资源，要从保障经济社会可持续发展的高度，加大水污染防治和保护生态的力度，实现水资源的可持续利用，建设人与自然和谐相处的“环境友好型社会”。《中华人民共和国水法》第九条规定：“国家保护水资源，采取有效措施，保护植被，植树种草，涵养水源，防治水土流失和水体污染，改善生态环境。”

（6）运用经济手段管理水资源原则。水资源费征收是国家行使水资源所有权、推行水资源有偿使用的实现形式，是优化水资源配置，促进水资源合理利用的经济杠杆。《中华人民共和国水法》规定：“国家对水资源依法实行取水许可制度和有偿使用制度。直接从江河、湖泊或者地下取用水资源的单位和个人，应当按照国家取水许可制度和水资源有偿使用制度的规定，向水行政主管部门或者流域管理机构申请领取取水许可证，并缴纳水资源费。”同时《中华人民共和国水法》还规定：“用水实行计量收费和超定额累进加价制度。”

在运用经济手段控制污染方面，《中华人民共和国水污染防治法》及相关法规规定：企事业单位向水体排放污染物的，按照国家规定缴纳排污费；超过国家或地方规定的污染物排放标准的，按照国家规定缴纳超标准排污费，并负责治理。

随着市场经济体制的不断完善，水权及水市场理论得到积极探索与实践。2005 年水利部颁布了《水利部关于水权转让的若干意见》，首次为水权交易提供了政策依据。此外，用水户的用水权交易也正在积极尝试，一些地方开始推进用水制度改革，对用水户实行总量控制、定额管理，用水户根据定额指标购买用水权，并推行用水权有偿转让，交易价格由交易双方自行商定，促进了用水权的市场流转和水资源的市场化配置。

总的来说，我国运用经济手段管理水资源尚处探索阶段。一方面，相关法律制度不够健全、市场机制欠完善，导致运用经济手段管理水资源缺乏良好的外部环境；另一方面，经济手段的设立与运用应充分反映我国社会、经济及水资源的现实特点，针对性和可操作性要强。

11.2　水资源管理制度

《中华人民共和国水法》的适用范围包括开发、利用、节约、保护、管理水资源，防治水害。《中华人民共和国水法》和其他专门性法律确立了多项水资源管理基本制度。下面从水资源开发利用、节约和保护三方面进行简要介绍。这三个方面分别对应水资源人工循环的取、用、耗排的三个环节。

11.2.1　水资源开发利用

（1）水资源规划制度。水资源规划是水资源开发、利用等水事活动的基础。《中华人民共和国水法》将“水资源规划”单列一章，突出了水资源规划的法律地位，强调了水资源规划的引导作用。《中华人民共和国水法》第十四条规定：“开发、利用、节约、保护水资源和防治水害，应当按照流域、区域统一制定规划。”水资源规划分为以下三类：①全国水资源战略规划。全国的水资源战略规划是宏观规划，主要是在查清我国水资源及其开发利用现状、分析评价水资源承载能力的基础上，根据水资源的分布和经济社会发展整体布局，计划水资源的配置和综合治理问题；②流域综合规划与区域综合规划。综合规划是指根据经济社会发展需要和水资源开发利用现状编制的开发、利用、节约、保护水资源和防治水害的总体部署；③流域专业规划和区域专业规划。专业规划包括防洪、治涝、灌溉、航运、供水、水力发电、竹木流放、渔业、水资源保护、水土保持、防沙治沙、节约用水等。《中华人民共和国水法》第十五条第一款规定：“流域范围内的区域规划应当服从流域规划，专业规划应当服从综合规划。”

（2）水中长期供求规划制度。水中长期供求规划，是调节水资源的总供给和总需求关系的总体部署，以水资源可供给量和生态环境可承受能力为基础，立足现实、展望中长期。根据经济社会发展对水的需求量和水资源可开发水平决定的可供量决定需求，按照统筹兼顾、综合平衡和合理调配的原则，协调好全国或流域、区域的生活、生产和生态用水。水中长期供求规划的制定关系到国民经济的各个方面和生态环境，是国民经济中长期规划的重要组成部分。

《中华人民共和国水法》第四十四条规定："水中长期供求规划应当依据水的供求现状、国民经济和社会发展规划、流域规划、区域规划，按照水资源供需协调、综合平衡、保护生态、厉行节约、合理开源的原则制定。"

（3）水资源论证制度。《中华人民共和国水法》第二十三条第二款规定："国民经济和社会发展规划以及城市总体规划的编制、重大建设项目的布局，应当与当地水资源条件和防洪要求相适应，并进行科学论证；在水资源不足的地区，应当对城市规模和建设耗水量大的工业、农业和服务业项目加以限制。"水资源论证是加强水资源事前管理，从源头上有效控制开发利用水资源的重要手段，是取水许可制度的重要前置环节，为各级水行政主管部门审批取水许可提供技术咨询意见，是保证取水许可审批科学、合理的技术前提。水资源论证也是经济社会规划、布局，重大项目选址等的重要前置条件，是深化取水许可制度，减少审批随意性，规范科学许可的一项重要制度保障。水资源论证可分为规划水资源论证和建设项目水资源论证。

（4）取水许可制度和水资源有偿使用制度。取水许可制度和水资源有偿使用制度是我国用水管理的一项基本制度，是调控水资源供求关系的基本手段。《中华人民共和国水法》第四十八条规定："直接从江河、湖泊或者地下取用水资源的单位和个人，应当按照国家取水许可制度和水资源有偿使用制度的规定，向水行政主管部门或者流域管理机构申请领取取水许可证，并缴纳水资源费，取得取水权。但是，家庭生活和零星散养、圈养畜禽饮用等少量取水的除外。"

取水许可和水资源费是由水资源的稀缺性和由法律规定的水资源属于国家所有这一原则决定的。用水户对水资源的合法利用必须首先向国家的水行政管理部门预先申请，经审批并发放许可证后才能依法取得一定额度内水资源的使用权。征收水资源费的主要宗旨，在于利用经济杠杆厉行节约用水，遏制用水浪费现象，建立节水型社会。

2006年国务院通过了《取水许可和水资源费征收管理条例》，进一步明确了取用水的内涵和取水许可的范围，明确了流域和行政区域总量控制的要求和措施及取水许可分级审批管理权限，简化和规范了取水许可程序，健全和完善了取水许可制度；明晰了水资源费征收范围、征收主体和水资源费征收标准的制定原则，完善了水资源费征收和缴纳政策，规范了水资源费的用途，落实和健全了国家水资源有偿使用制度。目前，全国20多个省（自治区、直辖市）颁布了征收水资源费的办法和标准。但由于水资源费标准普遍偏低，未反映水资源价值和稀缺程度，以及征收范围不全面等，水资源有偿使用制度还不够健全和完善，需要依法进一步推进。

（5）水量分配和统一调度制度。《中华人民共和国水法》第四十五规定："调蓄径流和分配水量，应当依据流域规划和水中长期供求规划，以流域为单元制定水量分配方案。"四十六条规定："县级以上地方人民政府水行政主管部门或者流域管理机构应当根据批准的水量分配方案和年度预测来水量，制定年度水量分配方案和调度计划，实施水量统一调度。”水量分配方案是指在一个流域内，根据流域内各行政区域的用水现状、地理、气候、水资源条件、人口、土地、经济结构、经济发展水平、用水效率、管理水平等各项因素，将水资源分配到各行政区域的计划。同时，在旱情紧急情况下，为减轻严重缺水干旱造成的损失，各流域和各行政区域应当制定水量调度预案。实行水量分配方案和调度预案制度，是提高应对干旱灾害能力、缓解水资源日益短缺问题的重要措施。

《中华人民共和国水法》规定：“水量分配方案和旱情紧急情况下的水量调度预案经批准后，有关地方人民政府必须执行。年度水量分配方案和调度计划，有关地方人民政府必须服从。”

(6) 用水总量控制制度。用水总量是水资源管理的宏观控制指标，是指各流域、省(自治区、直辖市)、市（州、盟)、县（区、旗)、各部门、各企业、各用水户可使用的水资源量。总量控制指标，要根据全国各级水资源调查评价，在摸清全国可利用水资源量、各级可利用水资源量和各行各业、各用水户用水定额以及现状用水量的基础上，才能确定。《中华人民共和国水法》第四十七条规定：“国家对用水实行总量控制和定额管理相结合的制度”“省、自治区、直辖市人民政府有关行业主管部门应当制定本行政区域内行业用水定额”“县级以上地方人民政府发展计划主管部门会同同级水行政主管部门，根据用水定额、经济技术条件以及水量分配方案确定可供本行政区域使用的水量，制定年度用水计划，对本行政区域内的年度用水实行总量控制。”

11.2.2 节约用水

由于水资源开发难度越来越大、成本越来越高，并且可开发的水资源量是有限度的。相比而言，节水管理可以有效地抑制需水过快的增长，缓解水资源短缺状况，减少废污水排放量，投入小，见效大。

(1) 用水定额管理制度。用水定额是水资源管理的微观控制指标，是确定水资源宏观控制指标总量控制的基础。定额涉及经济、社会的各行各业和居民生活，要在水平衡测试的基础上确定各行各业、各种单位产品和服务项目的具体用水量。《国务院关于实行最严格水资源管理制度的意见》(2012年）要求：加快制定高耗水工业和服务业用水定额国家标准。各省、自治区、直辖市人民政府要根据用水效率控制红线确定的目标，及时组织修订本行政区域内各行业用水定额。对纳入取水许可管理的单位和其他用水大户实行计划用水管理，建立用水单位重点监控名录，强化用水监控管理。

(2) 超定额累进加价制度。为了激励各用水户进一步节约用水，计划用水，实行超定额累进加价制度。根据用水定额和各用水户的产品量和人口数，下达各用水户的用水总量限额，在限额以内的用水量，实行平价收费，超过限额以外的用水量，实行平价基础上累进加价收费。这样，一方面能进一步促进各用水户节约用水，以减少自己的水费开支，达到节约用水的目的；另一方面，通过价格杠杆，促进用水权向高附加值用水户配置。

(3) 节水设施与主体工程同时设计、同时施工、同时投产制度。《中华人民共和国水法》第五十三条第一款规定：“新建、扩建、改建建设项目，应当制订节水措施方案，配套建设节水设施。节水设施应当与主体工程同时设计、同时施工、同时投产。”其规定了所有的新建、扩建、改建建设项目，都要制订节水措施方案，包括配套建设节水设施。节水设施应当与主体工程同时设计、同时施工并同时投产运用（简称“三同时”）。不能主体工程建成投入使用了，节水设施没有建成或者节水设施没有达到国家规定的要求。否则，要承担《中华人民共和国水法》第七十一条规定的法律责任。

（4）落后工艺、设备和产品淘汰制度。为了提高我国水资源利用效率，《中华人民共和国水法》专门规定了国家逐步淘汰落后的、耗水量高的工艺、设备和产品，推广节水型生活用水器具。《国务院关于实行最严格水资源管理制度的意见》进一步要求：制定节水强制性标准，逐步实行用水产品用水效率标识管理，禁止生产和销售不符合节水强制性标准的产品。大力发展管道输水、喷灌、微灌等高效节水灌溉。要抓紧制定并公布落后的、耗水量高的用水工艺、设备和产品淘汰名录。逐步淘汰公共建筑中不符合节水标准的用水设备及产品，大力推广使用生活节水器具，着力降低供水管网漏损率。

11.2.3 水资源保护

（1）水（环境）功能区划制度。随着社会经济快速发展，水资源多重用途之间、水资源开发利用与保护之间的矛盾日益突出。通过划定不同类型的水（环境）功能区，来指导、约束水资源开发利用和保护的实践活动，保证水资源的开发利用发挥最佳社会、经济和环境效益。

（2）饮用水水源保护区制度。饮用水安全问题事关人民健康，其重要性不言而喻。《中华人民共和国水法》第三十二条规定：“国家建立饮用水水源保护区制度。省、自治区、直辖市人民政府应当划定饮用水水源保护区，并采取措施，防止水源枯竭和水体污染，保证城乡居民饮用水安全。”第三十四条规定：“禁止在饮用水水源保护区内设置排污口。”

建立饮用水水源保护区制度，对规范和严格饮用水水源保护区的划定、管理及其确立补偿机制，建立水源安全的应急处置制度，统一水质标准，加强饮用水水源的监督管理提供了法律依据。

（3）排污总量控制制度。水污染物排放总量控制通常是指根据一个地区（区域或流域）的水环境特点和自净能力，依据水环境质量标准和水污染物排放标准，水污染物排放总量控制在水环境承载能力范围之内。

长期以来，我国水环境管理主要采取污染物排放浓度控制，浓度达标即视为合法。但实践表明，单靠控制浓度达标，无法有效遏制水环境污染加剧的趋势。究其原因，主要是因为它没有将污染物的控制和削减与当地水环境目标相联系，虽然各企业排放的污水达到规定的排放标准，水体中的污染物总量仍可能超过区域的允许限值，从而使水质继续恶化。水污染物排放总量控制方式，就是在一定时期内，根据经济、技术、社会等条件，采用向水污染物排放源分配水污染物允许排放量形式（削减各排污单位的排放量），将一定空间范围内水污染源排放的污染物总量控制在水环境质量容许限度内而使区域水环境质量目标得以实现，从而改善水质。

《中华人民共和国水法》规定，“县级以上人民政府水行政主管部门或者流域管理机构应当按照水功能区对水质的要求和水体的自然净化能力，核定该水域的纳污能力，向环境保护行政主管部门提出该水域的限制排污总量意见。”《中华人民共和国水污染防治法》第十八条规定：“省、自治区、直辖市人民政府应当按照国务院的规定削减和控制本行政区域的重点水污染物排放总量，并将重点水污染物排放总量控制指标分解落实到市、县人民政府。市、县人民政府根据本行政区域重点水污染物排放总量控制指标的要求，将重点水污染物排放总量控制指标分解落实到排污单位。

(4) 排污许可制度。排污许可属行政许可的范畴，是指具有法定环境保护管理权限的行政机关根据有排污意愿的公民、法人或其他组织的申请，经依法审查，准予其从事符合法定条件、标准的排污活动的行政行为。具体说，排污许可制度，是以水污染物排放总量控制为基础，由环境保护行政主管部门对排放水污染物的单位和个人排污的种类、数量、性质、去向、方式等实行审查许可的制度。排污单位和个人在持有排污许可证的情况下方有权排污，同时必须按照许可证规定的范围和要求排污。《中华人民共和国水污染防治法》第二十条规定："国家实行排污许可制度。"

排污许可制度最早在瑞典实行，后来为多数发达国家所采用，成为环境管理的一项基础性制度。实施的目标是改善环境质量，实施的基础是污染物排放总量控制。实施排污许可制度不仅有利于落实污染物排放总量控制制度，而且有利于实施排污权交易，为加快水污染治理、降低治理成本创造条件。

(5) 排污收费制度。排污收费制度，是指国家对向环境排放污染物或者超过法定排放标准排放污染物的排污者，按照所排放污染物的种类、数量和浓度，依据法定的征收标准征收费用的制度，目的是运用排污收费这一经济杠杆，鼓励排污者减少污染物的排放，促进污染治理，进而提高资源利用效率，保护和改善环境。

"污染者付费"是国际通行的国际环境管理原则，是国外实践证明的一种行之有效的举措。在我国水环境污染严重、水资源相对匮乏的情形下，借鉴国外先进经验，实施排污收费制度，充分发挥其经济杠杆的调节作用，有利于水环境的保护。

11.2.4 最严格水资源管理制度

随着我国工业化、城镇化不断推进，水资源需求将在较长一段时期内持续增长，水资源供需矛盾将更加尖锐，我国水资源面临的形势将更为严峻。为了从制度上推动我国经济社会发展与水资源水环境承载能力相适应，2011 年中央 1 号文件和中央水利工作会议明确要求实行最严格水资源管理制度，随后印发了《国务院关于实行最严格水资源管理制度的意见》(2012 年)。

《国务院关于实行最严格水资源管理制度的意见》主要内容概括来说，就是确立"三条红线"，实施"四项制度"。"三条红线"：①确立水资源开发利用控制红线，到 2030 年全国用水总量控制在 7000 亿 m^3 以内；②确立用水效率控制红线，到 2030 年用水效率达到或接近世界先进水平，万元工业增加值用水量降低到 $40m^3$ 以下，农田灌溉水有效利用系数提高到 0.6 以上；③确立水功能区限制纳污红线，到 2030 年主要污染物入河湖总量控制在水功能区纳污能力范围之内，水功能区水质达标率提高到 95%以上。为实现上述红线目标，进一步明确了 2015 年和 2020 年水资源管理的阶段性目标。"四项制度"：①用水总量控制制度；②用水效率控制制度；③水功能区限制纳污制度；④水资源管理责任和考核制度。将水资源开发利用、节约和保护的主要指标纳入地方经济社会发展综合评价体系，县级以上人民政府主要负责人对本行政区域水资源管理和保护工作负总责。表 11.1 是国务院制定的全国及有关省（自治区、直辖市）不同阶段水资源管理考核目标。为严格考核，各省（自治区、直辖市）在各自行政区域范围内，将上述控制目标层层分解到各地区（市），各地区（市）分解到县（区），有的地方甚至分解到乡镇。

表 11.1　　全国及部分省（自治区、直辖市）不同阶段水资源管理考核目标

全国或省、市	用水总量控制目标/亿 m^3			2015 年用水效率控制目标		重要江河湖泊水功能区水质达标率控制目标/%		
	2015 年	2020 年	2030 年	万元工业增加值用水量比 2010 年下降/%	农田灌溉水有效利用系数	2015 年	2020 年	2030 年
全国	6350	6700	7000	30	0.530	60	80	95
北京市	40.00	46.58	51.56	25	0.710	50	77	95
山东省	250.60	276.59	301.84	25	0.630	59	78	95
甘肃省	124.80	114.15	125.63	30	0.540	65	82	95
湖北省	315.51	365.91	368.91	35	0.496	78	85	95
广东省	457.61	456.04	450.18	30	0.474	68	83	95

注　各省（直辖市、自治区）2015 年后的用水效率控制目标，综合考虑国家产业政策、区域发展布局和物价等因素，结合国民经济和社会发展五年规划另行制定。

11.3　水　价　管　理

11.3.1　水价的内涵

目前人类社会用水的绝大部分是通过各类供水工程获得的，或者说由供水企业提供的。用水户获得每单位水资源时，向供水企业支付的货币金额就是所称的水价。

在我国，1981 年以前水费一直作为行政事业性收费管理，一些地方甚至无偿供水。随着我国市场经济制度逐渐建立，水价形成机制和水价管理制度在逐步完善。目前，主流的观点是合理的水价应由资源水价、工程水价和环境水价 3 部分组成，再考虑水价的加收与减免及市场供需调节的作用，就构成商品水的市场价格。

（1）资源水价。资源水价又称水资源费，是国家根据水资源的稀缺性和国家所有原则，通过授予或转让使用权，而向水资源使用者征收的费用。征收水资源费的依据主要有以下代表性观点。

1）资源稀缺论。水资源既具有效用又存在稀缺性，因而有价值，其价值的经济体现是水资源所有权持有者通过转让水资源使用权收取一定的水资源费，因此水资源的稀（短）缺性和国家所有是收取水资源费的理论依据。

2）劳动补偿论。收取水资源费是对水资源开发前进行水资源调查、勘探、测量、资料整理、分析、保管和科研所有花费的劳动补偿。但也有不少人认为水资源开发前的数据资料采集、保管等劳动，应由资料价值补偿，而与水资源价值无关，即使资料数据值钱，也不等于天然水资源增值。

3）级差收益论。开采优等、中等条件的水资源，其合理成本低于开采劣等条件水资源的合理成本，它们的差额成为超额利润，这就是“级差地租”，应该收归国家所有，从而形成“级差地租”性质的水资源费。

（2）工程水价。供水企业取得水资源使用权后，建设和运营供水工程（包括水源工程、取水、水处理和输配水工程等）要支出费用，主要包括工程费（勘测、设计和施工等）、服务费（包括运行、经营、管理、维护和修理等）和资本费（利息和折旧等）。水价中用来补贴这部分费用的价格就是工程水价。

（3）环境水价。是指经过使用的水排出用户范围后，对水环境造成污染，而为治理污染和保护水环境所付出的代价。国家通过发放排污许可证等措施和手段，对排污者征收一定的水污染费用（即污水处理费）。污水处理费计入供水价格。

11.3.2 水价制定的原则

（1）补偿成本及合理收益原则。成本回收及合理利润原则是市场经济条件下企业生存的基本条件，供水企业也不例外。合理的水价应使供水企业能回收水资源开发利用过程中投入的全部成本，且能使其获得一定的利润，但不允许供水企业凭借其垄断地位获得超额利润。只有这样才能保证供水企业的正常运营和发展。

由于各地区的自然地理条件、经济社会条件、水资源条件相差较大，导致水资源开发成本的不同，进而影响到价格水平的高低。另外，供水工程的投资结构，也会影响水价。例如，全部由国家投资的供水工程、国家投资与银行贷款相结合的供水工程、私人资本或外资参与投资的供水工程的投资回报率不同，水价也不同。由于水利工程有较强的公益性，全部成本不可能分摊到用户名下，只能部分成本分担，所以是补偿成本。

（2）兼顾效率与公平原则。一方面，水价的制定应符合资源配置的有效性原理。水价要充分体现水的商品属性，发挥价格杠杆作用，促进节约用水，优化配置资源，促使水资源流向效率较高的领域，取得更好的经济效益和社会效益；另一方面，水价的制定也应考虑公平原则。不仅要考虑在不同收入阶层、不同区域以及不同用户之间的公平，而且还要考虑代际公平。保证每个人在既定的价格水平下都有平等的机会使用其所需要的水资源的权益。

（3）用水户承受能力原则。承受能力是指人们在某种信号的刺激下仍能保持常态的容忍能力。用水户承受能力包括心理承受能力和经济承受能力两方面。承受能力较强，则供水价格较高，反之则供水价格较低。不同类型的用水主体如农业、工业及生活等对水价的承受能力各不相同。即便是同一类主体的不同用户，其承受能力也有差异。部分原因是用水户利用水资源产生的效益不同。因此，在水价制定时应考虑用户的承受能力，制定出能为用户普遍接受的价格。通常情况是，在供水成本相近的供水区域内，按照用水户类型及各行业的特点，分别制定不同用水对象的供水价格。

（4）可持续发展原则。水价的制定必须能够保证水资源的可持续开发利用，应能弥补水资源开发利用的外部成本。水资源开发利用的外部成本主要包括水环境污染造成的经济损失和恢复水环境所需的费用，这些外部成本在水价中便体现为环境水价。如果没有环境水价或环境水价不能弥补水资源开发利用的外部成本，当污染物排放超过水体的自净能力时，水环境就会遭到破坏，进而影响到水资源的开发利用，水利企业的生产成本也会加大，最终导致水利产业和整个经济社会难以实现可持续发展。

11.3.3 水价制定的方法

11.3.3.1 线性定价模式

线性定价模式是指单位产品或服务的价格始终保持不变的定价模式，其主要特点是以用户需求量或者使用量为计价依据。主要有：边际成本定价模式、平均成本定价模式、影子价格定价模式等。

（1）边际成本定价模式。边际成本是指每多生产一个单位产品或服务所引起的总成本的变化量。假设供水企业的生产成本包括固定成分 C_f 和可变成分 $C_v(X)$，X 为供水量，总生产成本为

$$C(X)=C_f+C_v(X) \tag{11.1}$$

边际成本可表达如下：

$$MC=\frac{\Delta C}{\Delta X} \tag{11.2}$$

式中：MC 为边际成本；ΔX 为产量的变化量；ΔC 为总成本的变化量。

边际成本，可分为短期边际成本和长期边际成本。对于供水企业，短期边际成本一般指供水能力未发生变化时，供水量增加导致的生产成本的变化量。而长期边际成本则指供水能力发生变化这种情况。

边际成本定价模式，简单地说就是使价格等于边际成本。假设 P 为社会认可的制定的水价，相应的水量需求函数为 $X=f(P)$，其逆需求函数的形式为

$$P=P(X) \tag{11.3}$$

式中：X 为供水量；$P(X)$ 为连续、可微的函数。

现在假设制定水价的目标是使得社会福利（W）最大化。在微观经济学中，社会福利是由社会总效益（SB）减社会总成本（SC）得到的差来表示，其中社会总效益为

$$SB=\int_0^X P(X)\mathrm{d}X \tag{11.4}$$

于是，社会福利就可以表示为

$$W=\int_0^X P(X)\mathrm{d}X-C(X) \tag{11.5}$$

假定生产成本函数也是连续和可微的，则 W 最大化的必要条件为

$$\mathrm{d}W/\mathrm{d}X=P(X)-C'(X)=0 \tag{11.6}$$

所以，$P=C'(X)$，即价格等于边际成本。

从理论上来说，在完全竞争条件下边际成本定价可以获得社会福利最大。但是，在供水行业中，固定资本在整个资本结构中所占的比重较大，导致固定成本占总成本的比重较大。如果采用边际成本定价模式，将使得平均成本高于边际成本，导致供水企业出现亏损。要使供水企业继续生产，其亏损部分必须得到补偿，或者按平均成本定价。

（2）平均成本定价模式。平均成本定价模式是根据供水服务的平均成本来确定水价的一种定价模式。按平均成本定价原则，水价为

$$P=\frac{C_f+C_v(X)}{X} \tag{11.7}$$

在平均成本定价过程中，关键是确定供水企业的成本。由于成本数据是根据历史的供水成本资料确定的，并不能确切反映现在和将来的市场变化，因此在制定水价时应考虑这些影响因素。

11.3.3.2 非线性定价模式

所谓非线性定价模式，是指消费者为某一商品或者服务支付的总价格同购买的总数量不成线性比例的一种定价模式。主要有两部制水价模式和阶梯式水价模式等。

(1) 两部制水价模式。所谓两部定价（two - part tariff)，顾名思义，价格由两部分构成：第一个部分是与使用量或购买量无关的固定费用；第二部分是按消费量的多少而征收的从量费用。假如说，我们考察一个公共企业，它提供产品的固定成本为 C_f，边际成本不变为 c，并假设消费者总数共有 N 人，那么，两部制定价可以表述为：首先对于每一个消费者征收一笔固定费用 C_f/N，其次按消费量 X_i 征收费用 cX_i，消费者支付的总费用为 $C_f/N+cX_i$，消费的平均价格为

$$P_i=\frac{C_f/N+cX_i}{X_i}=c+\frac{C_f}{NX_i} \tag{11.8}$$

即价格由两部分组成。

两部制水价模式是运用两部制定价原理而形成的一种水价模式。两部制水价模式可以分为两种：①容量水价和计量水价相结合的两部制水价模式，它适用于城市供水工程；②基本水价和计量水价相结合的两部制水价模式，它针对农业供水工程提出的。

1）容量水价＋计量水价模式。所谓容量水价，是指用水量在某一定额范围内不管用水与否或用水量是多少，均按固定水费计收。所谓计量水价，是指用水量超过某一定额后，对超过的用水量按量收费。容量水价保证了供水企业始终有一定的固定收入，用于补偿供水工程的固定成本。用水户不论是否用水都应缴纳容量水费。计量水价在回收固定资产成本的基础上，主要从正常供水的运行成本和维修管理费用以及税金、合理利润的角度来考虑。计量水价用于补偿供水工程的正常运营成本。

合理的两部制水价，既可以满足人们生活用水的基本要求，又能通过计量水价调节居民用水行为，同时回收供水成本，获取一定利润。

2）基本水价＋计量水价模式。是指供水经营者每年向用水户提供一定数量的基本水量，用水户缴纳相应的基本水费，用水超出基本水量后，再按照超过的水量和计量水价缴纳计量水费。基本水价和计量水价相结合的两部制水价模式如图 11.1abc 线所示，其中 W_1 为基本水量。

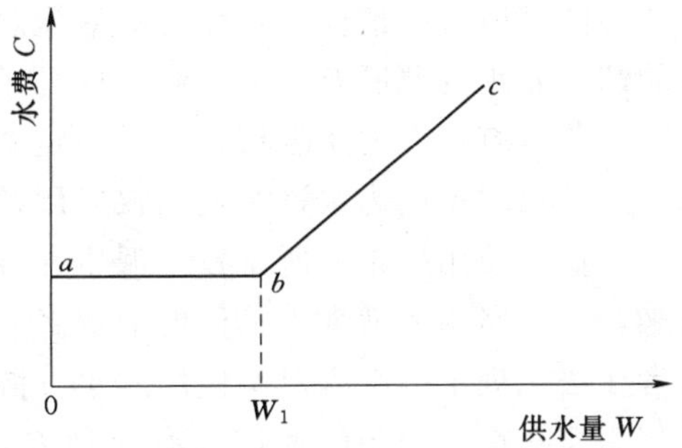

图 11.1 两部制水价示意图

在正常情况下，实际供水量应大于基本水量，在遇到特殊情况时，如用水户自身原因不需要供水，或者年实际需水量大于零，但小于基本水量时，则两部制水价计费等于基本水费。

(2) 阶梯式水价。所谓阶梯式水价，是在合理核定居民用水及各类企业用水等基本用水量的基础上，对定额以内的用水实行低价，超过基本用水量的部分实行超额累进加价，如图 11.2 所示。例如，对居民生活用水，第一级水量称为基本水量，其上限为 W_1，相应水

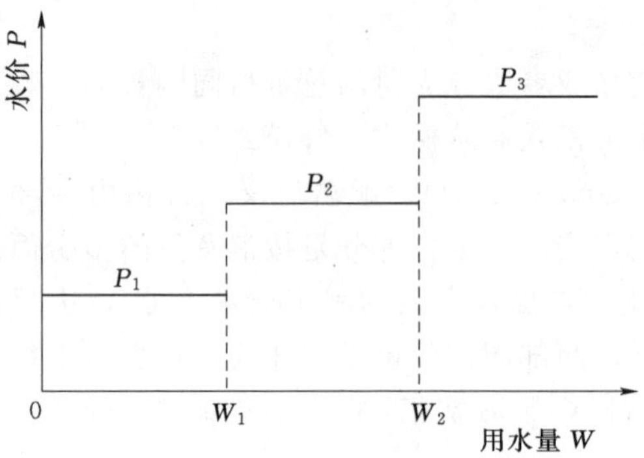

图 11.2　阶梯式水价示意图

价为 P_1，P_1 可低于成本；第二级水量主要是用于改善和提高用水户生活质量，满足多样化用水要求，相应的水价为 P_2，$P_2>P_1$。第三级水量主要用于满足用水户的奢侈性用水要求，相应水价最高。

实行阶梯式水价时，供水企业则是在较低的消费量执行低价，在较高的消费量执行高价。主要目的则是为了兼顾水资源利用时的公平和效率，即通过低水价保证水资源的公平利用，同时也通过高水价来保证水资源利用的效率。

制定阶梯式水价涉及 3 个参数：用水量分段的数量、每一分段的用水量和每一分段的单位水价。原国家计委和建设部联合颁布的《城市供水价格管理办法》第十三条规定：阶梯式计量水价可分为三级，级差为 1∶1.5∶2，具体比价关系由所在城市政府价格主管部门会同同级供水行政主管部门结合本地实际情况来确定。

11.4　水权管理

11.4.1　水权的内涵

水权通常是指以水资源所有权为基础的一组权利，包括水资源的所有权、使用权和经营权等。水资源的所有权是对水资源占有、使用、收益和处置的权利，是对水资源的全面的、直接的支配权。从理论上讲，人们开发、利用和消耗水资源，原则上应该取得水资源的所有权。由于水资源所有权已经包括使用权，水资源所有权人有权使用其所有的水资源，因而仅对水资源所有权人而言，似乎没有必要设立水资源使用权。但是，现实是在水资源为国家所有的情况下，作为政治概念的国家不能直接利用水资源，真正直接利用水资源的却是非水资源所有权人。解决这一矛盾的可行方案是，在不改变水资源所有权的前提下，由非所有权人向所有权人支付一定费用后取得利用并收益所有权人拥有的水资源的权利。这种权利多称为水资源使用权或用益物权。

水资源使用权是从所有权中派生并分离出来的一项权利。使用权一旦从所有权中分离出来，其权属主体就变为具体的消费者。水资源的使用权与每个消费者休戚相关，它是消费者在法律规定范围内对所使用的水资源的占有、使用、受益和依法处分的权利。经由法律行为而获得水资源的使用权有两种方式：①通过获得取水许可证并缴纳水资源费而获得；②依据法律规定由其他水权转让而获得。然而，在实践中，由于水资源的特殊性，作为个体消费者或群体消费者，通常都不能或难以直接使用水资源，而需要接受专门从事供水的企业提供的服务，也就是说，在水资源的国家所有权和消费者的使用权之间，还存在着水资源的经营权。经营权的权属主体通常是开发和经营水资源的企业，包括从事水资源的开发、输送、加工、配水等活动的企业或机构。在市场经济条件下，这些企业或机构的性质都是经营性的。

11.4.2 水权的分类

根据水权内涵的不同，水权可以分为水资源的所有权、水资源的使用权以及水资源的经营权3种。根据水权的不同功能，又可以将水权划分为生活用水水权、生产用水水权和生态环境用水水权。

生活用水水权，即满足城市居民生活、农村居民生活及家养牲畜用水的那部分水权。生活用水水权有如下的特点：

（1）保证率要求高。水是人类最基本的必需品之一，没有水人类不可能生存。显然，生活用水供给首先考虑的不是经济效益，而是社会效益。

（2）供水水质要求高。生活供水水质必须达到国家规定的生活饮用水标准，否则，将对人民群众的健康造成极大的危害。

（3）水权分配时，生活用水水权必须优先满足。这部分水权的价格也不应由市场单独决定，而应由政府根据居民的承受能力结合市场情况来决定。

生产用水水权可以分为工业用水水权、农业用水水权、第三产业用水水权等多样化的用水水权。生产用水水权具有竞争性、排他性和利益关联性等私有物品的特征，需要通过市场来协调。其中农业用水水权因农业需水受自然因素影响大、季节性强，而和生活用水水权、工矿企业用水水权有很大不同。

生态环境用水水权是指维持生态系统和环境健康而必需的那部分水权。其中生态用水水权是指陆生、水生生物能够保持正常生存状态所需要的那部分水权，环境用水水权是指保持适宜环境质量的用水水权。显然，不管是生态用水还是环境用水，都是一种非排他性的公共物品，难以进入水市场，应该由政府负责提供。由于生态环境用水影响着经济社会的可持续发展，水资源的分配必须重视生态环境用水，分配的生态环境用水份额应满足维持区域生态系统稳定和使生态环境保持良性状态所需的水量。

11.4.3 水权的初始分配

水资源的所有权属于国家，国家通过某种方式赋予水资源的使用权给各个地区、各个单位及个人。这一过程就是水资源使用权的初始分配，也即水权的初始分配。问题是国家按照什么原则和方法，给各地区、单位和个人分配多少水权量（水资源使用额度）。

11.4.3.1 *初始分配的原则*

水权的初始分配本质上是各用水主体之间的一种利益分配，分配时应当遵循一定的原则。目前讨论的分配原则主要在以下方面：

（1）基本用水优先。包括基本生活用水和生态环境基本用水。由于水对人类生存的极端重要性，每个人的基本生活用水权必须优先保证。正常情况下，首先要满足城市居民生活用水、农村人畜用水。同时，政府要预留出一部分生态和环境水权，专门用于生态环境保护。

（2）公平与效率兼顾。水资源初始分配，必须充分体现公平性的原则，这样落后和欠发达地区才能在发展阶段通过转让水权获得发展资金，而发达地区可以通过在市场上购买水权满足快速发展对水资源的需求。在满足公平性的前提下，应把水资源优先配置到经济效益高的地区。经济上有效率的资源分配，是资源利用的边际效益在用水各部门中都相等，以获取最大的经济效益。

（3）尊重现状。存在必有其合理性。现状用水是多种因素、多方利益主体博弈的结果，我们应该尊重现状用水，以现状用水为基础进行水资源配置，这将会增加流域各地区水资源分配的可操作性。

（4）留有余量。由于不同地区经济发展程度各异，需水发生时段不同，人口的增长和异地迁移会产生新的对水资源的基本需求。流域水资源配置在考虑生态系统需水的前提下，水资源配置还要适当留有余地，中央政府保留这部分预留资源的水权，不能分光吃净。

11.4.3.2 *初始分配模式*

初始水权分配包括两个层次内容：一是指流域水权向行政区域进行逐级分配；二是指各级行政区域将所分得的水权，通过取水许可的形式分配给具体用水户。实践中，主要的水权分配模式有以下几种。

（1）人口分配模式。该模式主张位于同一水源地（或流域）的所有居民应平等享用水资源。因此在进行水权分配时，将可分配水量按人口分配到各地区或单位。这种分配模式强调了所有的居民拥有同等的用水权，体现了资源分配的公平性。但是该模式忽略了不同行业从业人员对水资源的需求差异。对城镇居民而言，水资源仅仅是生活资料，而对农村居民来说，水不仅是生活资料还是生产资料。同时劳动密集产业也将获得较多的水权。

（2）面积分配模式。该模式是按照流域内各地区自然面积大小对流域可分配水量进行分配。该模式类似于国外的河岸权，即规定水权归属沿岸的土地所有者。但是，流域面积与相应的耕地面积及其他生产要素的分布并不呈简单的比例关系，如黄河上游地区流域面积普遍较大，但需水量并不是很大。如果按照这一模式进行分配，可能会使黄河下游在枯水年份更加无水可用。作为一种替代，采用耕地面积对农业水量进行分配，或许更合适些。

（3）产值分配模式。一般来说，一个地区的用水水平与其经济发展是相对应的，而GDP指标是反映地区经济发展水平的重要指标。因此按GDP指标分配水权，较上述两种分配模式，更具有现实可能性。然而，该模式与平等发展权利理论相抵触。水资源是人类的共同遗产，其使用最终要促进每一个人的福祉。对于在发展机会上居于劣势的地区，在资源的使用上需要分配更多的资源，而且要求发达地区帮助落后地区实现在发展机会上的均等。同时该模式对于产业的发展不利。由于农业需水量大、对水资源依赖度高，采用该模式将导致农业等产值低行业的水权量逐年减少，从长期看必将导致农业等低产值行业退化与产业发展失衡。

（4）混合分配模式。不同的地区、不同行业与不同的社会群体对水权的分配模式偏好各不相同，因此将人口分配模式、面积分配模式和产值分配模式进行加权得到混合分配模式。对于混合分配模式而言，实施的关键是权重的确定，而权重的大小则取决于各方的谈判能力和决策者偏好。由于该分配模式综合了各方的意见，分配结果容易被各决策方接收。

（5）现状分配模式。现状分配模式是在承认各地区用水现状的基础上，以现有的用水量（上一年或近几年的加权平均值）为标准，依据这种“溯往原则”进行水权分配。由于当前用水现状在一定程度上反映了不同地区经济发展水平和用水规模，因而现状分配模式具有一定的合理性。但是，现有的用水不一定是公平和高效的，如果按照现状分配模式进行水权的分配，很难体现社会的公平和正义。另外，这种分配模式会增加潜在竞争者的进入障碍，这不利于产业结构调整。

（6）市场分配模式。所谓市场分配模式，即通过公开竞争（如拍卖）的方式对水权进行分配。一般而言，水权的拍卖价格高于上述初始分配的水权价格，参与竞买者一般是水资源边际产出较高的行业（如工业中的高新产业及高效农业等）。由于有较高的效益预期，往往会对这部分水资源产权支付较高的价格。

市场分配模式可以使水资源流向效益高的用途，提高了水资源的利用效率。较之上述的五种分配模式，只要有足够的资金，就可获得水资源，降低了潜在竞争者的进入障碍。其不利方面是，如果单纯通过市场进行分配，这种分配模式可能导致水权由部分水权参与者所垄断局面。

总之，在初始水权分配过程中，涉及各地区、各用水户的利益调整，应当根据不同流域的具体情况选择初始水权分配的模式，并借助政府宏观调控、民主协商机制以及水权的交易机制，从根本上提高水资源配置效率。

11.5　水资源管理信息系统

水资源具有不均匀分布和动态变化的特点，其开发利用保护涉及气象、水文、地质地貌、生态环境、土地利用及社会经济等多方面的因素，各因素的时空变化及其相互关系的信息量十分庞大。传统的信息管理方法，在技术上越来越不适应现代水资源管理的需要。地理信息系统（GIS）是在计算机软硬件支持下，能够实现信息采集、贮存、管理、分析、处理及输出的技术系统。GIS的一个显著特征是它能够实现对空间数据的分析、处理和管理。GIS除了具有存储管理属性数据的能力外，还具有存储管理表征空间定位和拓扑关系数据的能力。GIS的这些特点正适合对水资源信息资料的管理。

水资源管理信息系统（WRMIS）是以计算机、地理信息系统（GIS）技术为手段，进行水资源信息的获取、分析、处理、存储与表达，并为水资源规划及管理提供水资源空间信息支持和管理决策依据的计算机系统。借助水资源管理信息系统，可以使文字资料与其地理位置连接起来，非常形象直观地表达一个地区的地形地貌和水资源情况，使得管理更加精准、系统化和高效率。同时通过GIS，把一个地区的资料整合起来，可为及时掌握当地的水资源时空分布、水资源的开发、利用、治理、配置、节约和保护等提供优质服务。

目前水资源管理信息系统从应用模式划分，可以分为以下三种类型：一是面向水行政主管部门的水资源管理业务工作，强调的是对具体水资源管理业务工作过程的模拟；二是面向公众服务，通过Internet/Intranet向公众提供相应水资源空间与属性信息服务，以满足社会公众对水资源信息的需求；三是面向水资源领域专业工作者，强调的是对于水资源计算结果的获得和分析，涉及水资源的监测、水资源规划、水资源预测、水资源评价与决策等方面。这里主要介绍前两类应用模式的水资源信息管理系统。

11.5.1　系统组成

水资源管理信息系统一般采用三层模型结构，即数据层、服务层和应用层。数据层为水资源数据库，为应用系统提供基础数据；服务层为应用支撑平台，为应用系统提供基础服务和公共应用服务；应用层为水资源各业务应用系统，实现各业务管理功能。应用层的用户主要包括水行政主管部门、政府相关职能部门、取用水户和社会公众。系统分层体系结构如图 11.3 所示。

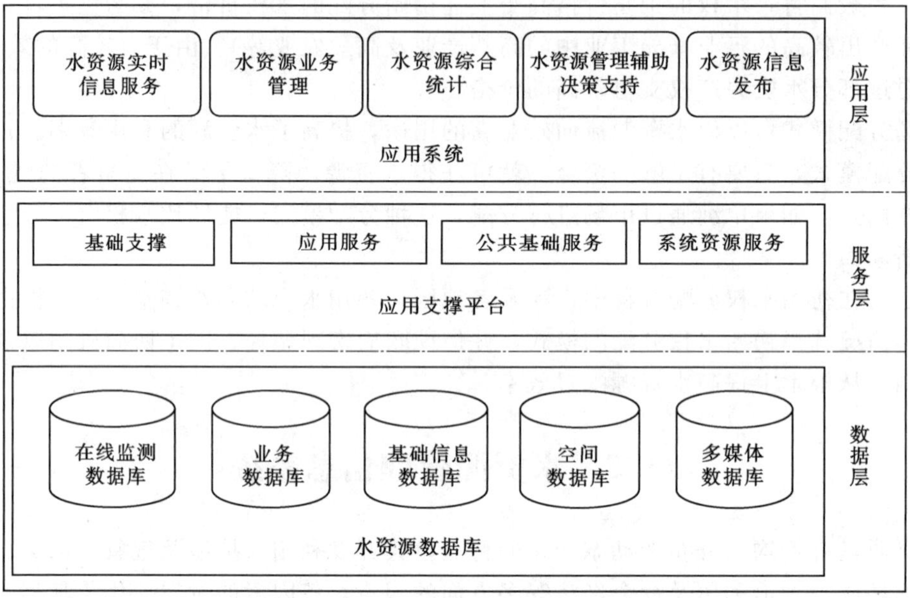

图 11.3　水资源管理信息系统分层体系结构示意图

水资源数据库是水资源管理系统的数据层，存储和管理系统应用层各子系统共用的所有数据，是水资源实时监控与管理系统的数据中心，为决策支持系统提供数据服务。

应用支撑平台汇聚了水资源管理信息系统各项业务应用中的公共或可复用的业务处理逻辑，通过 Web Service 技术，以服务的方式开发，形成标准化与开放的软件资源，为水资源管理业务处理提供信息及软件资源支撑服务。

应用系统需要相应的功能时，直接调用应用支撑平台提供的相应的服务，还可通过应用支撑平台中的数据交换和服务总线存取数据库中的数据，实现应用系统开发与数据库分离。系统内部或者与外部系统之间的交换也通过统一的数据交换和服务平台完成。

应用系统的总体框架通常采用 C/S 和 B/S 混合模式，以充分发挥二者的优势。业务管理系统、综合统计系统及信息发布平台一般为 B/S 结构，空间数据管理多用 C/S 结构，辅助决策系统以 C/S 结构为主，信息服务、综合统计系统和信息发布平台以 B/S 为主。

11.5.2　系统功能

水资源管理信息系统包括水资源实时信息服务、水资源业务管理、水资源综合统计、水资源管理辅助决策支持、水资源信息发布等五大子系统，其主要功能结构如图 11.4 所示。

(1) 水资源实时信息服务。水资源实时信息服务系统主要是对遥测站的实时信息的管理和查询统计分析，主要功能包括遥测站信息接收处理、站点管理、远程监测、统计分

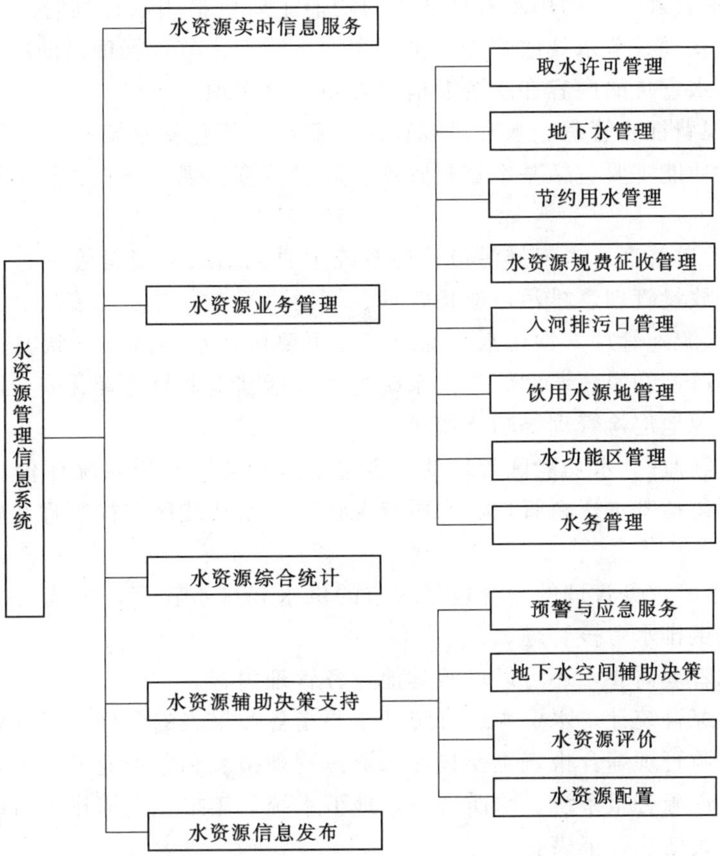

图 11.4　水资源管理信息系统主要功能结构示意图

析、数据录入编辑、数据汇集、日志管理等。

水资源实时信息服务系统采用 B/S 架构，系统功能基于 WebGIS 技术，实现遥测信息的自动监视、遥测信息召测、遥测站参数远程设置、遥测信息查询统计，遥测数据上传等功能。

（2）水资源业务管理。在应用基础平台上，研发涵盖水资源管理各个方面的业务管理系统，基于数据库技术、网络通信技术和 GIS 技术，以可视化方式真实、直观地管理各种水资源信息。实现水资源管理业务处理过程的电子化、网络化，以提高业务人员工作效率，构建协同工作的环境。水资源业务管理系统具体包括以下方面的内容：

1）取水许可管理。取水许可管理涵盖取水许可审批管理与取水许可监督管理两大业务，系统的功能主要包括基本资料管理、水资源论证管理、取水许可审批管理、取水许可延续与变更管理、取水许可监督管理、查询统计分析和取水许可审批空间辅助决策支持等功能。

2）地下水管理。地下水管理包括基础水文地质资料管理、地下水动态监测和地下水开采管理等业务，系统主要包括基础水文地质资料管理、地下水管理基本资料管理、地下水动态监测管理、水井管理和地下水辅助决策等模块。

3）节约用水管理。节约用水管理系统的功能主要包括用水计划管理、节水载体创建管理、节水试点管理、节水技改管理、水平衡测试管理、节水管理辅助决策。节水科研和新技术推广、节水宣传的内容在水资源信息发布平台实现。

4）水资源规费征收管理。水资源规费征收管理主要包括水资源规费征收、查询与统计业务，系统的功能主要包括基本资料管理、规费核算、规费征收、征缴计划管理、统计分析等模块。

5）入河排污口管理。入河排污口管理系统主要包括基本资料管理、排污口设置审批管理、排污口排放量管理、排污口巡检管理、辅助决策支持等功能模块。

6）饮用水水源地管理。饮用水水源地管理主要包括水源地安全状况评价、水源地整治管理、水源地巡检和应急调度管理。系统主要包括基本资料管理、安全状况评价、水源地整治管理、水源地巡检管理等功能模块。

7）水功能区管理。水功能区管理的内容包括水功能区水质状况评价和水功能区巡检管理。系统主要包括基本资料管理、水质状况评价、水功能区巡检管理和辅助决策支持等功能模块。

8）水务管理。水务管理的内容包括城市的供水和排水管理，系统的功能包括供水管理、排水管理、供排水考核管理。

根据水资源管理需要，还可以增减其他业务管理内容。

（3）水资源综合统计。水资源综合统计主要是各类报表的管理，是水资源管理的重要组成部分。水资源管理综合报表主要包括水资源管理报表和各类业务报表，包括水资源管理统计年报、水资源公报系统、水质通报、地下水统计年报、入河排污口统计年报、城市水务统计年报及其他统计报表。

水资源综合统计子系统的功能模块包括报表模版管理、报表数据录入、报表上报、报表数据汇总、报表数据查询与修改、报表发布、报表打印等。

（4）水资源辅助决策支持。水资源管理辅助决策支持主要包括预警与应急服务、地下水管理空间辅助决策、水资源评价、水资源配置等方面的功能。

1）预警与应急服务。通过对水资源监测数据进行综合分析，将分析结果可视化，并根据业务规则，对超过正常范围的信息发出预警信息；当出现突发水污染、地震等危及水环境和供水安全事件时，为水资源应急调度决策提供信息支持服务。主要包括超常预警、应急预案管理、应急信息服务等功能模块。

2）地下水管理空间辅助决策。根据地下水动态监测成果，利用地下水模拟模型模拟地下水流动及存储状况，预报重要监控区域地下水位变化趋势，为地下水开发利用提供辅助决策支持。包括地下水三维可视化模拟、地下水流可视化、地下水资源评价、地下水资源预测预警等功能。

3）水资源评价。在流域或行政分区的基础上，计算区域水资源量，开展区域地表水资源、地下水资源和水资源总量评价，结合水资源质量评价，进行水资源综合评价，并可在GIS地图中显示分区评价结果。

4）水资源配置。通过水资源系统分析和概化，建立基于规则的水资源配置模型，应用该模型进行区域水资源供需分析，并显示统计结果。建立水资源配置多目标优化模型，将有限的水资源在各分区、各用水部门之间进行优化配置，以提高水资源的分配效率和利用效率。

(5) 水资源信息发布。建立水资源信息发布的统一平台，将水资源管理动态、水资源调查评价成果、水务改革等成果信息通过网站进行发布，为社会公众和用水企业提供水资源相关的实时信息和其他相关信息。

水资源信息发布平台应具有信息维护和发布、信息浏览、信息查询、用户交互等功能。

11.5.3 系统数据库

水资源数据库是水资源管理系统应用软件的信息支撑层。水资源数据库设计应充分考虑和水资源实时监控系统的衔接和兼容问题，实现数据共享。

水资源管理信息系统数据库所涵盖的信息内容分为：在线监测信息、业务管理信息、基础信息、空间信息、多媒体信息等，对应的数据库为在线监测数据库（实时库）、业务数据库（业务库）、基础信息数据库（基础库）、空间数据库、多媒体数据库。各数据库建设的同时，建立相应的元数据库。

另外，为了满足应用系统安全有效运行要求，需要建立系统运行维护相关的专用数据表，如用户表、功能控制表、版本维护表等。

(1) 在线监测数据库。存储实时远程监测数据，包括取水、地下水和实时水雨情数据。其中，实时水雨情数据库可由水文部门接入。

(2) 基础信息数据库。存储水资源管理需要的基础信息，包括水资源评价数据、业务管理基础数据、基础水文数据和社会经济数据。

(3) 空间数据库。主要包括国家基础地理信息数据、水利基础地理数据、水资源专题空间数据。

(4) 业务数据库。是以业务管理为目的，根据水资源业务管理实际操作中各种档案、文书、表格信息而建立的数据库，以及为水资源管理辅助决策支持需要建立的专题数据库。包括取水许可、地下水、节水、水资源规费征收使用、入河排污口、饮用水源地、水功能区、水务管理、水资源论证、综合统计、专题数据等。

(5) 多媒体数据库。包括图形与音频、视频、规章制度、标准规范等。多媒体以数据文件形式存储，采用数据库管理文件路径、版本信息、内容概要等内容。

11.5.4 数据库管理平台

(1) 数据库管理维护平台。在大型数据库管理系统自身提供的数据管理功能的基础上，应为水资源业务管理人员开发易于操作的数据库管理维护平台。数据库管理维护平台需提供的功能主要包括：建库管理、数据输入、数据查询输出、数据维护管理、代码维护、数据库安全管理、数据库备份恢复、数据库外部接口维护等，如图 11.5 所示。

(2) 数据库安全机制。为保证系统数据的安全，需要集中到数据库服务器中进行统一管理，使数据具有独立性，并提供对完整性支持的并发控制、访问权限控制、数据备份与安全恢复等。对于系统中的某些关键信息（如用户密码），需要格外保护其保密性及完整性，即保证信息存储的安全。

由于系统的访问对象比较广泛，涉及不同级别、不同部门的人员，因此，必须建立一

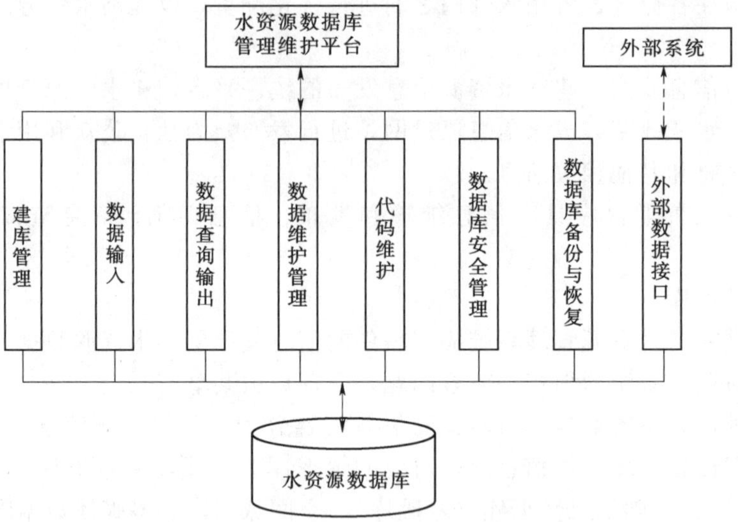

图 11.5 水资源数据库管理平台的功能

种信任及凭证验证机制，保证用户身份唯一性，保证认证的权威性，并且需要提供用户和服务方的双向身份鉴别。

系统可采用基于角色的访问控制机制，进行系统权限管理，从而决定一个用户或程序是否对某一特定资源执行某种操作，防止用户或程序越权使用，消除系统隐患，同时提供良好的系统柔性。

思 考 题

1. 水资源管理的基本原则包含哪些方面？
2. 请简述我国的水资源管理制度。
3. 我国最严格水资源管理制度的主要内容是什么？
4. 合理的水价应由哪几个部分组成？
5. 什么是两部制水价？其价格如何构成？
6. 简述水权的内涵，并说明水权初始分配模式有哪几种？
7. 水资源管理信息系统的组成一般有哪几个部分？主要包括哪些功能？

主 要 参 考 文 献

［1］ 冯尚友．水资源可持续利用管理导论［M］．北京：科学出版社，2000.
［2］ 郭元裕．农田水利学［M］．3版．北京：中国水利水电出版社，1997.
［3］ 季学武，王俊．水文分析计算与水资源评价［M］．北京：中国水利水电出版社，2008.
［4］ 杨志峰，崔宝山，刘静玲，等．生态环境需水量理论、方法与实践［M］．北京：科学出版社，2003.
［5］ 吴俊奇，付婉霞，曹秀芹．给水排水工程［M］．北京：中国水利水电出版社，2004.
［6］ 张启海，原玉英．城市与村镇给水工程［M］．北京：中国水利水电出版社，2005.
［7］ 伊学农，任群，王国华，等．给水排水管网工程设计优化与运行管理［M］．北京：化学工业出版社，2007.
［8］ 朱元甡，金光炎．城市水文学［M］．北京：中国科学技术出版社，1991.
［9］ 李广贺，刘兆昌，张旭．水资源利用工程与管理［M］．北京：清华大学出版社，1998.
［10］ 陈锁忠，常本春，黄家柱．水资源管理信息系统［M］．北京：科学出版社，2006.
［11］ 国家环境保护总局环境影响评价管理司，水利水电开发项目生态环境保护研究与实践［M］．北京：中国环境科学出版社，2006.
［12］ 水利部长江流域规划办公室，河海大学，水利部丹江口水利枢纽管理局．综合利用水库调度［M］．北京：水利电力出版社，1990.
［13］ 孙鸿烈．中国资源科学百科全书［M］．东营：石油大学出版社，北京：中国大百科全书出版社，2000.
［14］ 水利部水文局．中国水资源评价［M］．北京：水利电力出版社，1987.
［15］ 水利部水资源管理司，水利部水资源管理中心．建设项目水资源论证培训教材［M］．北京：中国水利水电出版社，2005.
［16］ 万永华．水电能源系统规划［M］．北京：中国电力出版社，1997.